人生期望心理探微

彭豪祥　著

武汉大学出版社

图书在版编目(CIP)数据

人生期望心理探微/彭豪祥著.—武汉:武汉大学出版社,2024.9
ISBN 978-7-307-24261-6

Ⅰ.人… Ⅱ.彭… Ⅲ.心理学—通俗读物 Ⅳ.B84-49

中国国家版本馆 CIP 数据核字(2024)第 033417 号

责任编辑:胡国民 王智梅   责任校对:鄢春梅   版式设计:马 佳

出版发行:**武汉大学出版社** (430072 武昌 珞珈山)
(电子邮箱:cbs22@whu.edu.cn 网址:www.wdp.com.cn)
印刷:武汉邮科印务有限公司
开本:720×1000 1/16 印张:21 字数:421 千字 插页:3
版次:2024 年 9 月第 1 版   2024 年 9 月第 1 次印刷
ISBN 978-7-307-24261-6   定价:78.00 元

彭豪祥，男，1957年12月出生于湖北省武汉市蔡甸区，三峡大学田家炳教育学院教授。1986年毕业于华中师范大学教育系，获教育学学士学位，1991年在北京大学心理系助教进修班学习研究生课程。长期在高校从事心理学科的教学与研究，先后在专科、本科及研究生主讲的课程有：普通心理学、社会心理学、教育心理学、学前心理学、医学心理学、健康心理学等。先后主持并完成十余项省厅级教育科学与人文社会科学项目，出版的主要著作有《教师教学问题探论——基于认知偏差的视域》（独撰）、《现代教师心理学》（主编）、《学生心理研究技术》（独撰）、《中学生学习方法引读》（主编）、《三峡移民社会适应性研究》（合著），先后在《中国教育学刊》《心理学探新》《心理与行为研究》等国内近20种学术期刊公开发表学术论文70余篇。多篇论文获校级科学研究成果一等奖，多个教育科学项目和人文社会科学项目分获省厅级优秀成果二等奖和三等奖。

前　言

　　期望是人类的生命主题，是人类的本质所在。人类一路从期望中走来，远古时代的人们通过"夸父逐日""嫦娥奔月""龙宫探宝""精卫填海"等幻想反映期望，现当代的人们通过科学的探索和发明与创造表现期望，使古老的传说与幻想在今天逐步变为一个个现实，且人们在新的期望中奔向明天，创造更加美好的未来。期望推动了人类社会的进步与繁荣。期望伴随着人的生命历程，我们每个人都在期望中诞生、在期望中成长、在期望中发展，在期望中走完人生……

　　正是由于期望在人类及个体生命中所具有的重要地位及影响作用，人类有关期望问题也就为众多的思想家、哲学家、心理学家等所关注与思考，从古今中外许多学者的著作中都能找到期望探索的踪迹，且有些期望研究的触角已经深入心理学、教育学、经济学等专门领域。然而，如莎士比亚所言"期望经常破天，又是经常地产生"，较之于博大而深邃的期望，迄今为止我们对于它的认知实属有限，特别是贴近人们生活方方面面的期望研究显得如此匮乏，以至于完全难以满足人们现实丰富的期望生活实践的需要。

　　我们看到，在人生的期望之路上，有的人在期望中成长起来，在期望中获得成功，而有的人在期望中潦倒下去，在期望中走向衰败；有的人在成就了自我期望的同时，也成全了他人的期望；有的人为了实现自己的期望，却以毁掉他人的期望为代价，最终也使自己的期望破灭；有的人因为期望的实现，承受了人间太多的艰辛；有的人因为期望的幻灭，而陷入深深的痛苦……期望究竟是什么？期望能给我们带来什么？我们为什么要在期望中坚守，甚至在期望中苦苦挣扎？我们怎样才能使期望给我们带来更多的福祉，而不是苦难与不幸？人们对于这些期望问题的追问，就是在寻求期望的知识。

　　人们是否需要期望的知识，答案应该是肯定的。在某种意义上讲，人类的实践应该是人们期望的实践，人类的生活应该是人们期望的生活。因此，作为"应然"的人类的生活与实践和期望息息相关。这种"应然"的生活与实践是建立在一种有目的有意识的自觉基础上的，而这种有目的有意识的自觉实践又只能建立在相应的理性基础上，缺乏一定理性的生活与实践不是期望的生活与实践。同时，期望与人生相伴，而人的生存与发展需要知识，没有知识或知识的欠缺都将有碍于人的正常成长与发展。现实的许多事实告诉我们，有的人因为具备相应的期望知识，而通过不断努力顺利实现了一个又一个人生的期望；有的人因为缺乏期望所需的知识，一个又一个期望付之东流；有的人因为期望知识的缺乏，不但自己无法实现其生活的期望，且妨碍了他人期望的实现。今天人们在追求所期望的生活方面出现的各种这样与那样的问题，在较大程度上反映了人们在相关期望方面知识的缺乏。因此，生活的现实也告诉我们，人们不仅需要懂得更多的期望知识，且需要用更多的期望知识指导自己的生活实践。

当然，还有那么一些人，尽管有相应的期望知识，也没能实现生活中的期望，而这并不代表期望的知识对人实现期望没有用，而表明期望的实现同时受到多种因素的影响。就人自身而言，要想实现期望，还需要同时具备其他素质，而知道具备哪些素质，本身也属于一种知识。由此也进一步表明，人要想实现期望，不只是需要某一单方面的知识，而是需要多方面的较为复杂的知识，只有同时具备了多方面的知识，才有可能通过自己的努力实现生活的各种期望。

另外，某些人看似具有较为丰富的期望知识，而实际上没有有效实现其期望。这往往被人们看作"知与行的脱离"，也可表明其"知易行难"。为什么出现知行不一，或知易行难的问题，其中原因固然很多，但保不齐也与知识有关。有些知行不一者，或因他知知不准、知知不深，甚至知知有误，而不知其可，而所有这些实质上均还是属于一种无知，就是说他对某种与期望行为有关的本真知识或观念性知识、或意义性知识、或方法方面的知识等的认知存在明显问题。如一个人虽然有关于幸福是什么的知识，但其幸福的观念知识有问题，或对于幸福意义的理解存有严重偏颇，或缺乏起码的追求幸福方法方面的知识，都可能影响到他对幸福期望的行为追求。另外，期望行为往往受外在某些因素的影响，如一个人追求幸福的行为需要得到必要的社会支持，而本人又由于缺乏如何获得社会支持的知识等，如此这般，当然难以表现出追求与实现幸福期望的行为。

因此，要想解决"知行不一"或"知易行难"问题，从知识本身的角度来讲，其一，必须正确理解与行为相关的知识所具有的本真意义。如一个人要想实现幸福的期望，他必须正确理解什么是幸福和幸福期望是指什么。其二，应该明确该期望行为所具有的意义方面的知识，即为什么要有该行为。如"为什么要有幸福的期望与追求"或"追求幸福和实现幸福期望有什么意义"。其三，应该进一步明确有关怎样去行动的知识。如"怎样去追求幸福，实现幸福的期望"或"追求幸福，实现幸福期望的有效方式是什么"等。总之，就是要真正理解"是什么""为什么""怎么样"三个方面的知识。其中"是什么"和"为什么"的知识属于认知性的知识，认知心理学也将它们称为"陈述性知识"。它使我们明白事物的意义及价值。"怎么样"的知识是关于怎么做的过程性或操作性知识，认知心理学称它为程序性或操作性知识。关于这三个方面的知识，人们在实际生活中往往更多地看重和强调"怎么样"，而不那么注重"是什么"和"为什么"。其实，这三种知识相互关联，同时对于人的生活及实践均不可或缺。在此试想，如果一个人连"幸福"或"幸福期望"是什么都不知道，他又何以理解"幸福"或"幸福期望"的意义（为什么）呢？当他不知道什么是"幸福"或"幸福期望"，同时又不知道为什么要"幸福"或要有"幸福期望"，他怎么可能去寻求（怎么样）获得幸福而实现幸福期望呢？只有他同时懂得了什么是幸福，幸福对他有什么意义时，才有可能寻求通过怎样得到幸福的知识，并通过这些知识的帮助去行动而获得幸福，从而实现幸福的期望。若一个人将幸福理解为一种单纯的"物质的富有与享受"，同时他又不具有（或无视）道德的知识，那么为了得到所理解的幸福，他有可能会不择手段去获取与占有其物质财富而企图获得个人认为的幸福，而最终他不但不能获得真正的幸福，他所理解的幸福也可能无法得到，甚至还有可能给社会中的他人造成不幸。因此，只有当我们同时拥有了这三个方面相互关联的正确知识，才有可能从知识的角度解决"知行不一"或"知易行难"的问题。

　　基于上述分析，笔者并没有将期望作为一种专门的学术问题去探究，因为这不是撰写此书的初衷。本书并不准备将期望的探索以一种纯粹的"科普"读物呈现于世人，因为有关期望的普通知识就是普通读者也并不完全缺乏。因此，笔者力图想在"学术"与"科普"二者之间找到一个切入点，以理论为"经"，以实践为"纬"，构建本书的整体结构及内容框架，并按照此思路去布局谋篇。

　　全书分为两大部分：第一部为上篇，第二部为下篇。上篇主要就期望的一些基本问题予以初步而有限的理论阐释，其中包括期望的本质、特性、功能、类型、期望研究及其意义、期望的要素与心理架构、期望的心理过程、期望效应、期望受挫及其补偿、期望的发展与变化、角色期望等基本问题，通过这些问题的分析，主要使我们明确什么是期望，期望所具有的功能意义，期望构成及期望的心理活动过程，期望活动的结果及其影响，人的期望的发展与变化及角色期望等基本内容，为后一步探讨期望的具体内容奠定一定的理论基础。下篇主要就人类最为基本而常见的期望内容展开探讨，其中包括与刺激寻求、安全、归属、爱、健康等基本需要相联系的期望和发展性相联系的期望，如声誉、成就、幸福、道德等。并就这些与人的现实生活关系较为密切的期望内容、意义、实现条件等作出一些实际性的探析，旨在帮助读者认识对诸如此类期望内容及其问题的理解，并期望从中找到一些对自我人生有一定借鉴和启示意义的知识，对于实现自己所期望的生活有所帮助。

　　每个内容都保持相对的独立性和基本完整性，都是按照"是什么""为什么""怎么样"的序列铺陈开去。具体来讲，就是按照期望或某某期望是什么、为什么、怎么样的三种知识而展开讨论的。在涉及期望等"是什么"方面的分析中，主要就其本质属性的内容予以较为广泛而深入的探讨，尽可能做到在对现有的理论观点进行介绍的前提下，就其存在的一些分歧或对于读者带来误读的内容做出一些必要的补充或适当纠正性解释，尽可能使读者能够从比较完整与准确意义上把握这方面的知识，从而避免一些不该发生的误读或片面的理解。在关于"为什么"的期望知识方面，主要从专业理论与生活实践的结合上对其价值意义予以阐释，并特别注重联系现实中的问题，加以一定的纠偏，澄清人们在价值观念方面存在的问题，以尽可能做到帮助人们正确认识有关期望内容的价值意义。在关于"怎么样"的期望知识方面，由于涉及的内容较为广泛，所涵盖的专业知识领域也多，囿于篇幅及笔者的知识能力，因此，对此方面的知识只能是粗略概括，更多的只是涉及一般性的原则性知识，有许多需要读者结合自己现实生活的实际去体会与摸索，以获得具体可行的实现其期望的方法性知识。

的确，关于一般期望方面的知识，我们的了解十分有限，且"仁者见仁，智者见智"。关于某一或某些期望方面的具体知识更是知之甚少，在一定侧面反映出期望这一现象本身的复杂性，也反映出我们对这一现象的认知尚处在一种"必然王国"中，尚未进入的期望认知的"自由王国"。虽然古今中外专家学者的著作中有许多关于期望的知识，虽然早在20世纪三四十年代德国著名哲学家恩斯特·布洛赫在美国流亡期间，整整用了10年时间写出《希望原理》这部具有重要影响的专门著作，虽然在现代当的心理学、教育学等学科领域的学者对期望作过相应的研究，但至今为止，我们对"期望之道"的认知还十分有限，我们仍然无从知晓期望的全貌，有关期望的知识仍然不能够完整解释人类迄今为止所反映的各种期望。期望的众多具体领域尚处在"蛮荒"之中，我们至今仍然只是在期望的表层及局地徜徉，远远没有将研究的触角深入期望的核心及全局。

孔子曰，"朝闻道，夕死可矣"，其所反映的隐喻大概是指其"道"的复杂性与变化性，同时也有"闻道"之重要、"闻道"之不易的寓意在里面，而对于人类生活具有普遍意义的"期望之道"，诚然也是如此吧！

庄子曰："始生之物，其形必丑。"虽然在撰写过程中，参阅了一些相关研究，但由于目前可资借鉴的有关期望研究显得尤为匮乏，因而，拙著乃始生之物，可谓"奇丑无比"。无论是在其整个框架体系方面，还是在具体的期望内容的探讨与分析方面均存在许多瑕疵与不足，甚至难免有诸多的谬误。在此，由衷期望各位读者予以批评指正，不胜感激！

在撰写此书中，曾参阅了国内外许多文献与资料，在其写作过程中也曾得到多位同仁在部分内容方面的建议与指点，尤其得到武汉大学出版社的领导和胡国民、王智梅等编辑的精心指导和倾力相助，在此一并表示真挚的感谢！

作者
2022 年 11 月 30 日

目　　录

上　篇

下　篇

上　篇

第一章 绪 论

在漫长的人生征程中，我们都是长途跋涉者。每个人对自己的前程都充满着种种期望——年轻人期望自己未来有美好的姻缘，有幸福的家庭，有辉煌的事业；老年人期望老有所依，老有所养，子女有所作为。我们每个人都期望享有现代文明给我们带来的各种物质与精神方面的享受，期待着自己的明天比今天更美好。同时，我们也对他人、对社会、对国家乃至对整个人类社会都充满着各种各样的期望——我们期望亲朋好友一生平安幸福，期望世间所有的有情人终成眷属，期望天下每个家庭都和睦，期望世间一切善良的人好心有好报，期望国家与民族蒸蒸日上、不断走向繁荣富强，期望世界各国人民远离战争、贫苦、饥饿、疾病，期望我们生活的地球环境变好，期望我们生活的社会安定有序……我们在期望中成长，在期望中行动，在期望中发展，在期望中走完人生……

同时我们也看到，在人生的期望之路上，有的人在期望中成长起来、在期望中获得成功；有的人在期望中潦倒下去，在期望中走向衰败；有的人在成就自我期望的同时，也成全了他人的期望；有的人为了实现自己的期望，毁掉他人的期望，最终也使自己的期望破灭；有的人因为期望，饱受人间艰难困苦；有的人因为期望的幻灭而陷入深深的痛苦……期望究竟是什么，期望究竟能给我们带来什么，我们为什么要在期望中坚守，甚至在期望中苦苦挣扎？我们怎样才能使期望给我们带来更多的福祉，而不是苦难与不幸？这些将是本书所要关注和探讨的问题。在此章中，我们需要就期望的本质及特性、功能、种类等基本问题予以分析。

第一节 期望概述

一、期望的界定

期望虽然是在现实生活中使用频率较高的词，但因其内涵的丰富性，是一个较为复杂而难以准确定义的词。在中国，最早是将"期"与"望"作为单音节词而分开使用的。《南史·蔡约卷》中有："想副我所期。"这里的"期"就含有"期望"之义。《汉书·英布传》曰："布又大喜过望。"这里的"望"，也指"期望"的意思。现代汉语辞书中对期望的解释也有多种：如"期待""希望""等待"之义。① 从以上解释当中，我们或许知道期望也即希望，即盼望、期待，但却无法从中知道期望的内涵。期望是"对未来的事物或人的前途有所期望和等待"②。在此表述中，我们似乎知道期望是指向未来的，其内容是关于某种（些）事物或人的前途的。这种表述不仅多少有点循环定义的意思，还在"是谁对于未来的事物或人的前途有所期望和等待"这一表述上显得模糊与笼统。期望是"心里想着达到某种目的或盼着出现某种情况"，"愿望所寄托的对象"，"表示一种可能性"。③ 从这三种关于期望的表述中我们可以认识到期望与想法、目的、愿望等的关联性，可以看到它是一种与愿望及目的相联系的心理活动。这一解释已经抓住了期望的内涵，凸显出期望的关键，但其表述的欠周延性仍然可见。

期望作为一种心理学术语，不同的心理学家解释也不尽相同。新行为主义者托尔曼认为，期望是"一种认知变量，即信念价值的动机，是一种可以变化的心理状态，是在人们对外界信息不断反应的经验的基础上，或是在推动人们行为的内在力量的基础上而产生的对自己或他人的行为结果的某种预测性认知"④。他用期望和价值（被期望结果的价值）来解释人的动机，认为一个行动是否执行，得到什么样的结果，以及这种结果具有什么样的价值。其公式是：动作的执行＝期望×价值。⑤ 罗特尔认为，期望是指个体因在具体的情境中做出某种具体行为，而希望接受某种特殊的强化。他认为，期望强调的是个体所具有的关于行为结果是否被强化的主观可能性，一方面这种期望无疑受到了客观强化历史的影响，另一方面这种期望与强化发生的可能性并不一定一致。⑥ 他认为，"行为出现的概率是强化的函数"这种观点是不确切的，行为的出现是由于人认识了行为与强化之间的依赖关系后对下一步强化的期望。他的"期望"概念也不同于传统的"期望"概念。传统的期望概念指的只是结果的期望，而他认为除了结果期望外，还有一种效能期望。结果期望指人的某种行为会导致某一结果的推测。如果人预测到某一特定行为将导致特定的结果，那么这一行为就可能被激活和被选择。例如，儿童感到上课注意听讲就会获得其所希望取得的好成绩，就有可能认真听课。效能期望则是指人对自己能否进行某种行为的实施能力的推测或判断，即人对自己行为能力的推测。它意味着人是否确信自己能够成功地进行带来某一结果的行为。当人确信自己有能力进行某一活动，他就

---

① 《辞海》，上海辞书出版社 2000 年版，第 4317 页。

② 《现代汉语词典》（第 7 卷），商务印书馆 2016 年版，第 1021 页。

③ 《小学语文多用词典》，中国和平出版社 1987 年版，第 142 页。

④ 《社会心理学词典》，农村读物出版社 1988 年版，第 364 页。

⑤ 《辞海》，上海辞书出版社 2000 年版，第 4317 页。

⑥ 杨鑫辉：《心理学通史》（第四卷），山东教育出版社 2000 年版，第 415 页。

会产生高度的"自我效能感"并进行这一活动。例如，学生会在知道注意听课可以带来理想成绩并且有能力听懂教师所讲的内容时认真听课。人们在获得了相应的知识、技能后，自我效能感就成为行为的决定因素。

结合以上有关期望的解释，我们可以从不同的侧面和不同的水平认识期望。期望从其存在的形式来看是一种心理现象，即它可以看成一种由认知、情感等多种心理成分所构成的具有一定结构的心理状态，也可视为一种反映当前现实与未来联系的心理活动。

因此，期望是与多方面因素相关联的一种复杂的心理现象。期望与人的认知、情感、意愿、价值观、意志以及人格等多种心理现象有着密切的关系，同时，其所反映的是人与人之间或人与事之间的一种关系，所联结的是心理与心理、心理与行为、个人与他人、他人与社会、现实与未来等关系的重要心理纽带，因而其所反映的是一种多侧面的复杂关系。

期望是集关爱、信任、责任于一体的综合心理表现形式。关爱、信任、责任是期望得以产生与实现的最重要保证。期望的本质就是期望者对被期望者所表现出的一种关爱、一种信任、一种责任。例如，如果没有教师对学生的关心、信任、责任等，那么心理学家的"预言"就不可能在教师的期待中实现。正是因为这种关爱、信任、责任，才孕育了期望，支撑着期望，使期望形成了与多方面、多种人之间复杂的有机联系，并惠及众方。期望充满爱的情愫，在缺乏关爱的世间里孕育不出期望；期望表达了人的真诚愿望，在没有真诚信任的关系中根本就不存在真正的期望；期望背负的是一种责任，在缺乏责任的组织中，期望充其量只是某些人冠冕堂皇的托词。我们很难想象，当离开了关爱、信任、责任，期望何存？期望的各种关系何存？期望所包括的一切何存？

总之，当一个人谈及对某人的期望，就意味着他对某人的一种关爱、一种信任、一种责任。同时，正是充满关爱、信任、责任的期望，使关爱、信任与责任延续下去。当一个人认为不能辜负他人的期望时，反映出他对所期望的人的爱的回报和信任以及所肩负的责任；当一个人认为他没有辜负他人的期望时，那就意味着在他身上滋长了关爱、发展了信任、担负了责任。因此，我们同样可以说，离开了期望，关爱无法滋生，信任无法形成，责任也无法铸就。

二、与期望相近的几个词的辨析

希望、期待、期盼、渴望、厚望这些用语，从词性学角度来看，一般统称为一种表现意愿的情态动（名）词。从语义学角度来看，它们是一组意义极相近的词，所表达的意思是"想得到……"的心理与行为的倾向。如果说它们之间有差别的话，也只是情感色彩的强度、语意的轻重、用词的场所、角度等方面的差别。如，"希望"是一般意愿，语意较轻，可以对别人，也可以对自己；"盼望"是殷切的希望，语意较重；"期望"有殷切期待的意思，语意更重，多用于书面语言。"希望""盼望"则口语、书面语都可用；"渴望""厚望"表明"想得到"的程度进一步加深。鉴于笔者是在进行一种书面形式的学术探讨，考虑其规范统一与庄重，除了在引用中考虑到尊重原作者提及的"希望"或"期待"等有关术语以外，在一般情况下，统一使用"期望"一词。

值得注意的是，在实际的社会生活中，人们几乎很少将期望与欲望进行区分，就是在有关研究中，也极少对二者作出明确的区分。虽然二者仅一字之差，但却有本质的区别。尽管二者具有密切的关联性，但所反映的内涵极不相同。从区别来看，二者的产生不尽相同。欲望是与生俱来的本能反应，也就是说，欲望是随着个体生命的诞生一起来到这个世界的；而期望主要是在后天的社会生活中形成与发展起来的，是人的心理发展到一定时期的产物，并会随着人的社会生活和个人成长而发生变化。因此，期望是一个从无到有的过程，而欲望则是与生俱来的。有时欲望可能因为某些社会文化的作用受到一定程度的抑制，也可能在某些特定的历史条件下受某些因素的作用而趋于膨胀。且欲望无论是在哪个历史时期，也无论是在个体发展的哪个阶段都是存在的，不会因为历史或社会的进步而消失。只要个体存在一天，欲望也就随之而在，它会伴随人的一生，且会遗传给子孙后代。二者针对的对象有所不同。欲望通常是与满足人的生物或生理需要相联系的，如性欲、食欲、物欲等均是欲望的表现形式。期望不仅反映人的生理需要，也反映人心理方面的需要。二者所表现的方式是不一样的，欲望所表现的是一种非理性的冲动，期望则是充满理性的。由于欲望是非理性的冲动，因此欲望就更能导致人的贪恋和贪婪，无所节制；而期望是基于理性的追求，因此，能够在一定程度上做到有所节制。欲望是一种由一定诱因所引发的动机，而期望是一种目的性的动机，因而欲望有对象而无目的，而期望不仅有对象性，同时也有目的性。因此，一个人期望得到财富和一个人因欲望的驱动得到财富并不完全是一回事。一个期望得到财富的人，会做出审慎的选择，通过适宜的方式去实现当初确定的财富目标；而仅受欲望驱动想要得到财富的人会不择手段、不顾后果。如果说二者有联系的话，期望尤其是事关生理需要的期望，是在欲望的基础上产生的，但期望又超越了欲望。期望可以抑制欲望，也可以助长欲望。期望是充满理性的，因此一些基于合理理性形成的期望可以在一定程度上帮助人抑制其冲动性的欲望，而一些不合理的理性所形成的期望则有可能促使人的某些欲望的加剧。因此，一个受完全欲望驱动的人和一个主要受期望驱动的人，所表现的行为性质显然是不一样的，最终结果也有本质不同。人类所需要的不是消除欲望，而是控制欲望。控制欲望的最好方式，就是用充满理性的期望作为其人类行为的主动力。

第二节 期望的特性

期望作为一种复杂的社会心理现象有其特性。探讨这些特性，对于我们从理论上进一步认识期望的本质属性，探讨其在实际生活中如何积极有效地发挥作用，具有重要的意义。概括来讲，期望的基本特性主要集中在如下方面：

一、指向性与交互性

（一）指向性

期望的指向性是指期望总是针对一定对象发生，不存在没有对象的期望。而期望指向的对象通常是与人的需要相联系的人或事物，如一个人期望遇到知心朋友，这与他的爱与归属的需要相联系。又如一个学生期望自己受到老师的表彰，这与他因赞许而得到的自尊等需要相联系。期望是指向尚未实现但心里想满足的需要，因此期望的指向性是对将要或将来所发生的事的一种指向，而且是对所想到达目标的一种指向。由于期望的指向性是与人尚待实现的需要相联系的，而人的需要往往是复杂多样的，因此，期望的指向性也具有多样性。但期望的指向性不仅直接受到人的需要的作用与影响，同时也在较大程度上受到人的价值观的调节。期望通常指向的是对人来讲有价值的对象，例如对于平时十分重视饮食营养价值的人来讲，当他有了求食的需要，在简单充饥的食物和具有丰富营养价值的食物之间，他当然期望以具有营养价值的食物来满足自己求食的需要。进一步讲，期望的指向性是受人的价值观念引导的。当人们在一定时期内有多种期望需要得到满足时，首先选择的是自己认为最具价值的期望去实现。根据期望的这种指向性特性，人们在提出期望之时，应遵从有关当事者的价值取向。

（二）交互性

就其发生与形成过程来看，期望通常反映一种活动关系状态，因此，期望也反映了一种特殊的关系及其交互作用的特性。尤其是在有关他人的期望中，这种关系及交互性体现得更为直接而明显。即便是一种自我期望，也同样反映出一种关系和交互作用，只不过是一种作为集期望者与被期望者于一身的个体的"主我"与"客我"之间的交互性。正是有了这种交互性，期望才得以发生并产生一定的效果。我们很难想象，当没有这种关系及其交互作用作保证，期望能否正常发生并产生一定的效果？当然并不是任何关系的交互性都会产生期望，只有建立在相互尊重与相互吸引关系的基础上，交互性才是期望所具备的特性。由此，我们应该进一步认识到，要想使期望正常发生并产生预期的积极效果，合理而有效地发挥期望中的交互

7

性是必要的，且交互性应该建立在相互信任的关系的基础之上。要想达到期望产生预期的效果，必须确保期望过程中彼此之间积极的互信关系。

二、个体性与社会性

(一)个体性

期望虽然反映了一种关系，但其首先表现为一种个体的心理活动。这是因为期望发出者需要根据自己的经验和与被期望者的关系，思考向被期望者发出怎样的期望信息和采取什么方式发出信息，才能达到预期效果。由于期望者的知识经验、人格特点的不同，他们所发出的期望信息及其方式也会有所不同。同时，作为被期望者的个体能否接受期望者的信息，在何种程度上接受期望者的信息，接受信息的有效性程度以及采取怎样的方式接受信息，要在很大程度上受到他对期望者及期望信息的认知、情感、态度等个体因素的影响。因此，无论是从期望信息的发出者来看，还是从期望信息的接受者来看，期望的发生与最终实现首先应是一种个体的心理活动，其表现受到期望双方个体的认知、情感与态度以及个性乃至生理条件在内的多方面多因素的影响。在现实中我们不难看到，父母对孩子所寄予的许多期望，多是凭自己主观意愿而非孩子实际，没有充分尊重孩子的个人特性，最终使其期望成为泡影。期望所具有的个体性，客观上要求期望者在提出自己的期望时，要尊重被期望者的个人特性，从被期望者的需要、兴趣、能力、认知等个体特性出发，而不应从期望者本人单纯的意愿出发。只有充分尊重被期望者的个人特性和自主选择，才能让被期望者接受期望者发出的信息，继而通过被期望者自身的努力，实现期望者的期望。

(二)社会性

期望不只是期望者与被期望者的个体心理活动，更是人的一种社会活动。期望所反映的不只是期望者与被期望者之间的简单个人关系，而是一种复杂的社会关系。无论是对他人的期望，还是对自我的期望，无不折射出社会的要求，无不打上社会历史与时代的烙印。人们所处的社会历史条件的不同，所反映的期望也有明显差异；即使在同一社会历史条件下，文化的差异所反映的期望也不相同，人们所处的社会政治经济地位不同，所表现的期望也存在明显的差异。人们所表现的各种期望是对特定社会现实的反映，因此，各种期望的实现离不开一定的社会外部条件。由此看出，人们在现实中的任何一种期望，无一不体现出明显的社会性，无不是对一定的社会现实的反映。根据期望的社会性，一方面，要求期望者所提出的期望在充分考虑被期望者个人特性的同时，认真考虑与期望有关的各种社会历史条件；另一方面，社会及其组织应该积极创造条件，尽可能为更多的人实现各种正当的期望提供必要的外部条件。

在此我们应该进一步明确的是：期望的个体性与社会性只有实现有机统一，才有可能促成期望的实现。如果期望的个体性与社会性难以形成有机统一，那么不仅难以保证期望的实现，也会造成期望双方的压力与痛苦。今天，部分人生活在个人主义的天地里，他们关心自身的权利，忽略了自己应尽的社会责任和对他人的关心，有的为了实现个人的期望，而置社会和他人利益于不顾，甚至严重损害社会及他人利益，结果触犯法律，受到制裁，最终由一己私利所产生的期望也化为乌有。其实个体任何一种期望的实现，都需要社会及他人的支持，离开了社会与他人，个人的期望不仅是微不足道的，也是注定不可能实现的。因此，一个人要想实现自己的任何期望，就不能不考虑社会和他人的利益，就应该肩负起对社会和他人的责任，尽可能将个人的期望融入一定的社会现实及群体组织。

三、认知性与情感性

(一)认知性

期望是一种有目的、有意识的活动。期望实现的过程是做出分析、决策和计划的认知活动过程。对于期望者来讲，选择对谁形成期望，形成怎样的期望，以怎样的方式传递期望等，都是通过个人的认知加以反映的。同样，被期望者在接受期望者的期望时也不是盲目的，要对对方为什么要形成对自己的期望，其期望内容的价值如何，期望的实现所付出的代价和成本会是怎样的，不实现期望将会造成怎样的损失等问题进行必要分析。由此看出，如果离开了期望双方的认知活动，期望是无法发生的，因而期望是具有认知性的，也就是说，期望是由包括感知、记忆、想象、思维等在内的一种认知活动。无论是在期望者发出有关期望信息，还是被期望者接受期望信息都离不开双方的认知活动，且期望的水平、期望过程及其最终的期望效果，在较大程度上受到期望活动双方认知能力与认知方式等的制约。

(二)情感性

期望不单纯是一种认知性活动，同时也是一种情感性的活动。情感活动几乎贯穿于整个期望活动过程。许多期望是基于期望者对于被期望者的一种情感而发生的，同时被期望者是否接受期望者的期望信息，怎样去接受期望者的信息，也在较大程度上受到被期望者对期望者及其期望信息的情感的影响。期望最终产生的效果怎样，会使期望者和被期望者产生明显的情感体验。我们可以这样讲，情感性是期望的根本特性。没有合适的情感性，期望难以发生，更谈不上取得预期的期望效果。人的情感从其性质上判断有积极与消极之分。期望的情感性是表现为积极方面还是消极方面，也就是说与期望相关联的情感是积极的还是消极的，抑或是同时具有积极与消极的意义，不同的学者对此的观点有所不同。

　　法国学者亨利·柏格森认为，期望所表现的是一种强烈的、愉快的情感。在他看来之所以如此，"乃是由于这个事实：依照我们喜好而被设想的未来，同时通过许许多多方式呈现在我们眼前，这些方式都同样吸引我们，都同样有实现的可能。即使我们所最爱好的一种方式成为事实，我们也无法得到其他各种方式，从而遭受很大损失。心目中的未来却充满无穷的可能，因而好像比事实上的未来能使我们有更多的收获。希望比占有所以更加明媚动人，梦想比现实所以更加动人，道理就在这里"①。著名的荷兰哲学家斯宾诺莎指出："希望是一种不稳定的快乐，此种快乐起于关于将来或过去某一事物的观念，而对于那一事物的前途，我们还有一些怀疑。"②他将希望看成与善的事物概念相联系的情感，并明确指出："当我们把一件未来的事物设想为善的，而且是可能出现的，则心灵因此就获得了一种我们称之为希望的形式，这形式无非就是带些痛苦的某种快乐而已。"③他还指出："但是如果事物被我们设想为善的，同时又是必然实现的，则由此在心灵中产生了一种我们称之为确信的宁静状态，这也是某种快乐，但与希望不同，并不带有痛苦。"④

　　尽管柏格森与斯宾诺莎都认为期望所带来的是一种愉快或快乐的积极情感，但他们给予的解释是不一样的：柏格森是基于期望给人提供的未来乐观估计来解释，而斯宾诺莎是基于关于将来或过去某一事物的观念而提出的，对于柏格森关于未来的乐观反应，斯宾诺莎还心存"一些怀疑"。其实，期望的情感性不是单一的而是复合的，不是静止的而是变化的。就算那些最终得以实现的期望，也并不只给人以满足与愉悦的积极体验，还伴随着一定的痛苦与辛酸的消极体验。同样，就算那些沦为幻灭的期望，也不全都是为无比的痛苦所充斥，还伴随着痛苦的"甜蜜"。

　　在此，我们应该认识到期望的认知性与情感性不是分离的，而是相互联系与相互作用的。一般来讲，期望的正确认知性，由于更加符合或贴近期望活动过程中的实际，能保证其期望产生预期的效果，因此，更容易使期望产生积极的情感反应；一些不合时宜或消极的期望认知，往往不利于产生积极的效应，而会产生一些负面的情绪情感。当然，人在期望活动中所表现出的积极的情感，往往会成为产生正确期望认知的基本原动力或助推器；人在期望活动中表现出的消极的情感，则有可能

---

①　[法]柏格森：《时间与自由意志》，商务印书馆1989年版，第6页。
②　[荷]斯宾诺莎：《神、人及其幸福简论》，商务印书馆1987年版，第204页。
③　[荷]斯宾诺莎：《神、人及其幸福简论》，商务印书馆1987年版，第204页。
④　[荷]斯宾诺莎：《神、人及其幸福简论》，商务印书馆1987年版，第204页。

会对期望的正确认知性起到一种妨碍的作用。

四、复杂性与变化性

(一)复杂性

期望的复杂性首先表现在期望的内容方面。由于期望所反映的是人们在现实中的各种各样的需要，如与人的基本生存需要相联系的期望、与人的成长与发展需要相联系的期望，而无论是人的基本生存的需要，还是成长与发展的需要，都是复杂多样的。因此，与之相关的期望内容与表现形式也是复杂多样的。其次，表现在期望的心理结构方面。期望是由需要、情感、认知、意志等多种心理成分所构成的一种复杂的心理活动系统。这些因素不仅在期望中表现出各自相对独立的机能，同时彼此之间相互作用，共同影响并决定期望的生成及能否实现。再次，表现在期望形成过程及实现的条件方面。期望的过程及其效果，要受到多方面多种条件的影响与制约。期望的复杂性决定了期望实现的难度性，同时也告诉人们要想实现期望，应该认真分析和有效利用各种实现期望的内外条件。

(二)变化性

人是一种需求不断的动物，除短暂的时间外，极难达到完全满足的状态。一个欲望满足后，另一个欲望会迅速出现。人几乎总是在希望着什么，这是贯穿于人的整个人生的特点。[①] 期望总反映出期望者在一定时期内的心理需要和情感诉求，而这种心理需要和情感诉求并不是完全一成不变的，它往往会随着期望者所处的外在社会历史条件，以及其内在的认知观念的变化而发生改变。因此，反映这种心理需要和情感诉求的期望同时具有变化性。一方面，期望随着社会文化环境的变化而改变。社会文化环境的变化如果是进步的，便能够激发人产生更多的与之相适应的充满积极意义的期望。另一方面，期望随着个体身心及内在条件的变化而改变。人在发展的不同时期所反映的期望是不一样的，就算是在发展的同一时期，人的期望也会因各种认知观念等心理或生理的变化而有所不同。一个人对自己的期望，往往因自己年龄、身体、经历等内在条件的变化和外部环境等的变化而发生改变。如果某人的期望不能发生变化，其可能因期望无法实现而感到无比的沮丧、失落和焦虑，甚至对身心健康造成伤害。期望的变化性客观上要求有关期望者应能审时度势，因时因人制宜，形成与之相适应的期望反映。

---

① ［美］马斯洛：《动机与人格》，许金声等译，华夏出版社 1987 年版，第 29 页。

五、现实性与超现实性

(一)现实性

人的期望总是建立在一定现实需要的基础之上，总要由于一定的现实需要而引起。一般来讲，有些期望可能因人们在现实中的某些基本需求匮乏而导致。正是因为必需的东西没有得到满足，才期望得到，这些匮乏性的需要一旦在现实中得到满足，期望也会随之消失。如一个人因为饥饿而引起对于食物的匮乏性需要，这种需要促使其产生想得到食物的期望，一旦得到满足，对食物的期望也就随之消失。有些期望可能是对现实中已经得到的东西不满而激发产生的。正是因为对现实的东西的不满足，才激起人有所期望的反应。如一个人并不缺少填饱肚子的食物，但他却对眼前的这些食物不满意，或因不合自己的口味，或因缺乏丰富的营养价值。由于想要得到更符合他口味，或更具有营养价值的食物，于是他便产生相应的期望。因此，人的期望从某种意义上讲是对现实的一种不满而产生的。

期望的现实性还反映在期望的实现要受到包括期望者在内的各种内外现实条件的制约。首先，人的许多期望的实现受到来自许多外部现实条件的制约。一定的社会生产力发展水平和相应的经济基础等现实条件制约着人的期望，一定的现实的意识形态与文化环境氛围影响着人期望的实现。在充满民主、平等、公正、开放的文化环境中，不仅为人产生各种期望提供了适宜的外部条件，也为更多人期望的实现提供了重要保障。相反，在一个缺乏民主、平等、公正、开放的文化环境中，不仅会抑制更多人对于生活的积极期望，且会严重阻碍许多人正常期望的实现。其次，人的期望的实现受到人自身的各种现实条件的制约。人自身的生理和心理的素质直接影响人期望的实现，人在现实中所处的地位身份也会影响人期望的实现。在一个充满激烈竞争的社会现实中，一个既没有任何背景，自身又缺乏足够实力的人，期望自己在某些方面获得巨大的成功是非常难的。许多地位普通的人，之所以在现实中满足现状，并没有过高的追求，可能是因为他们深知自己的地位及实力不足以使自己有过多过高的期望与追求。

(二)超现实性

尽管期望基于一定的现实基础与条件而产生，但期望结果所向并不是"此时此地"的，而是"彼时彼地"的。期望所连接的一般是现实与未来，所反映的是人的一种愿望、理想及信念，是一种尚待实现的现实。因此，从这种意义上讲，期望具有超现实性特点。期望的超现实性反映出人类所具有的超越精神与创造能力，且从根本上反映出期望者对现实状态的否定、跨越，对理想事物的追求与创造。期望的超现实性不仅反映在人们的真实生活中，也表现在各种文学、艺术的创作方面，表现在科学的发现与创造之中，甚至体现在思想家的著作里。

在现实生活中我们不难看到，人们不满足于现实的生活状况而形成对新的生活样式的期盼与追求，他们以坚韧顽强的拼搏精神和励精图治的努力奋斗，从而改变了自己现实的命运。我们难以想象，在现实中如果离开对新的生活的期望与追求，人们如何能过上自己所需要的新生活。在文学艺术家创作的大量艺术作品中，无不展现出他们对理想人生的期望与追求。我们也难以想象，如果文学艺术家没有对美好人生的期望和追求，如何能够为我们展现出反映理想生活世界的脍炙人口的佳作。正是由于许许多多的发现者与创造者，发现现实世界中存在着的许多瑕疵，才激发他们产生了改变现实的期望，激发出他们创造发明的冲动和灵感的火花，从而对人类有所发明有所创造。我们还难以想象，一切新的发现、新的发明和创造，出自那些安于现状、毫无理想和对新的事物没有一丝追求和期盼的人身上。思想家在他们的著作中为我们所描绘的"理想国""乌托邦"，正是他们对人类现实所存在的不满而形成对理想世界的期望的产物。在此，我们不难想象，如果这些思想家对现实世界一切都是看好的，而丝毫没有形成对新的理想世界和理想生活的期盼，他们如何为我们勾勒出一种全新的理想的王国。

正是由于期望的超现实性，引领人们去寻求新的生活，激发人们去发现和创造新的东西，催发文学艺术家的创作，才促使思想家为我们展现理想的世界。期望的现实性与超现实性特点，要求人们无论是对他人提出的期望，还是对自己形成的期望，都应该从现实出发，充分考虑其期望实现的各种内外条件；同时也应该使期望通过思维、想象而超越现实，连接未来，形成新的发现与创造，从而使期望的现实性与超现实性达成统一。

第三节　期望的类型

我们可以根据不同的标准，将期望分为不同的类型。认识期望的类型，对于我们进一步深入认识期望具有一定的实际意义。

一、积极期望与消极期望

按期望的性质或对人的影响作用，可将期望分成积极期望和消极期望。积极期望是一种充满活力的积极向上的期望，这种期望有一种催人奋进、积极进取的力量。积极期望往往反映的是期望者使被期望者"得到什么"，在促进人的进步与发展中具有重要的作用。积极期望的实现是有条件的。它建立在期望的当事人现实条件的基础上，既能够满足个体生存或成长的需要，同时也符合社会发展的方向。

那些严重脱离期望当事人的实际，或不能够真正满足其个体生存与成长的需要，或违背社会发展要求的期望是不可能实现的，而不能实现的期望不可能对人产生积极的影响作用。因此，这样的期望就不是我们所要强调的积极期望。

消极期望是一种充满保守的退而求其次的期望，它往往反映期望者希望被期望者"避免什么发生"。如果一个人处在逆境，消极期望也会具有积极的意义。当然，如果一个人在现实中背负的消极期望，往往会使其裹足不前，不思有为，最终无法得到健康的成长与发展。因此，对于一个需要得到更好的成长与发展的人来讲，需要更多的是积极期望而不是消极期望。

二、近景性期望与远景性期望

从时空距离来分，可将期望分为近景性期望与远景性期望。近景性期望是与人的现实最接近的期望，这种期望主要与人当前一段时间内的现实的需要有直接关联。近景性期望主要是人对当前的需要及与需要相联系的各种条件刺激的一种反映，且主要借助于感知活动产生，因此可以将这种近景性期望称为感知性期望。近景性期望的维持主要靠外在的直接强化手段。如果有满足其实现期望的各种条件，那么，其近景性期望就可以产生，并通过一定的方式予以实现；否则，其近景性期望就难以产生。

远景性期望是与人的较为长远的需要相关联的期望。这种期望通常与人的长远愿望、理想及信念相联系，主要通过想象与思维活动而形成。如果是通过形象的形式而产生的远景性期望，我们可以称其为想象性期望，如果是通过抽象的思维活动而形成的远景性期望，我们可以称其为推理性期望。远景性期望主要靠人的理想信念来支撑和意志去实现。一个缺乏理想信念的人是不可能产生远景性期望的，而一个不具备坚韧不拔的顽强意志的人是不可能实现远景性期望的。

一般来讲，近景性期望直接影响人当前的行为及其表现，而远景性期望则对人形成持久性影响效应。因此，若要期望能够既产生直接的现实的效果，又具有长期的影响作用，应该尽可能同时兼顾这两种期望，并力求使这两种期望协调一致。但在实际生活中，这两种期望往往难以做到完全一致，有时甚至会产生明显的矛盾与冲突。面对这种情况，不同的人处理的方式也不一样，一些现实主义者很容易选择近景性期望而舍弃远景性期望，而一些理想主义者则更多地考虑实现远景性期望。这种顾此失彼的做法当然不足取是，比较理想的处理办法应该是：重新找到近景性期望与远景性期望的平衡点，调整这两种期望，从而使二者逐步趋于一致。

三、自他期望与自我期望

根据期望的直接发出源不同，可将期望分为自他期望与自我期望。自他期望是指期望由他人发起，他人是期望信息发出的主体。这种期望的对象是另一个与之相关的人——期望信息的接受者或称被期望者。如教师对学生的期望或学生对教师的期望，父母对子女的期望或子女对父母的期望，上司对下属的期望或下属对上司的期望等，都是一种自他期望。这种期望就其实质来讲是一种社会角色期望。这种角色期望较为明显反映出人们在社会中的各种关系，由此形成的期望也是相互的，因这种关系的不同而形成的期望及其效果也不相同。这种关系有对等的期望关系与不等对等的期望关系，前者如同事、同学、夫妻之间的期望，后者有父母与子女、上司与下属之间的期望。如父母与子女之间的期望是一种以血缘为纽带的亲情性的期望，这样的期望有非常深厚的情感基础，几乎是在彼此之间自然发生的。如果双方在期望的内容上有基本一致的认同感和具备期望实现的基本条件，其期望是容易实现并产生预期的积极效果的。但在实际的生活中，由于长辈与晚辈之间在生活的许多方面存在观念上的"代沟"，通常彼此对有关期望内容方面的认知等存在明显的差异，而使期望无法朝着积极的方面发展。这样给期望双方带来情感上的很大压力。而上司与下属之间的期望，主要是受一种社会契约而形成的不平等关系的期望形式，这里更多的是基于工作的需要而形成的有关期望。就此而言，这种角色期望一般会随着工作关系的变化而发生改变，或随着以其工作关系的解体而告结束。

自我期望是期望者与被期望者为同一个体的期望，这种期望虽然乍看是一种与他人无关的纯个人心理与行为反映，但其实质还是一种社会角色期望。因为个体对自己的期望是基于自己在社会中所扮演的角色而产生的，也要受到来自他人关于自己角色的期望与要求的影响，因此自我期望也是一种特殊的角色期望。尽管如此，与其他角色期望相比，自我期望有其自身的特点。如果是基于真正的个人意愿的自我期望，能在较大程度上反映出个人在期望内容方面的自主选择性，而且在较大程度上表现出个人在实现自我期望上的自觉性；如果所反映的自我期望的内容符合自己的实际，并无有违社会的规范，同时与他人的利益也没有构成明显的冲突，只要个人表现出实现期望的自信心与坚持性和一如既往的积极努力，并同时能够很好地有效利用各种有利的外部资源，那么，个人的自我期望终将会实现。反之，无论是违反上述哪种情况的自我期望，都恐怕难以实现，甚至将事与愿违。

四、感知性期望、记忆性期望、推理性期望、想象性期望

根据期望产生的认知水平的不同，我们可以将人类的期望分成感知性期望、记忆性期望、推理性期望、想象性期望四种类型。

感知性期望主要是由当前目标物的直接刺激引起的期望。这个目标物一定是直接与期望者的现实的需要相联系，且这种期望刺激具有相当的强度。这是一种基于直接具体的认知而产生的期望，其质量在很大程度上取决于有关期望者的感知经验及其能力。如果有期望者感知经验丰富，感受能力强，他便能时时对有关的刺激形成敏锐的觉察力，及时提出或接受对当前生活有价值的期望信息。相反，如果期望者感知经验贫乏而感受力低下，那么他就对与现实生活有重大关系的信息缺乏敏锐的洞察力，就难以及时提出或接受对当前生活有价值的期望信息。记忆性期望主要

是指由于过去对某一特定对象有过的经验引起的期望。这种期望的质量主要取决于期望者的记忆能力及记忆偏好。推理性期望主要是指由以往经验和目标物的当前刺激综合作用而产生的期望，这是一种概括水平更高的期望。这种期望质量取决于期望者的抽象推理的思维能力，其抽象推理能力越强，越容易形成推理性期望。这种基于高水平的推理性期望建立在应有的理性基础上，因此更为合理，也更容易实现。想象性期望主要是借助有关记忆表象的经验，并通过发挥一定的想象而形成的一种期望，这也是一种具有一定概括水平的期望。这种期望质量在很大程度上直接取决于期望者的表象及其对表象进行加工的想象能力。

五、个体期望与群体期望

就期望的主体而言，有个体期望和群体期望之分。个体期望是指基于个人的意愿与需要基础上产生的期望，所反映的是个人诉求。个体期望因个体的情感、态度、人生观、价值观及个性、年龄、性别等的不同而显示出明显的差异性。我们要研究与了解个体期望，必须同时考虑这些因素对其期望的影响。群体期望是基于一定群体的共同利益和共同需要，而形成的一种具有一定共性的期望。群体期望所反映的是一定群体的共同诉求，是群体共同意愿的一种展现。群体期望因群体特性、群体规范、群体地位等的不同而有所不同。群体期望不仅对整个群体共同目标的实现构成直接的影响，同时也对群体中的个体的心理与行为构成一定程度的影响。一定的社会组织应该高度关注不同群体期望，应将加强对不同群体期望的正确引导作为一项维护社会安定与稳定的重要工作。

另外，我们还可以根据期望的内容，将期望分为安全性期望、爱与归属期望、声誉的期望、成就的期望、幸福的期望等，有关内容将在后面分章专门介绍。

第四节　期望的功能

期望的本质属性是它的动力特性。人类一切有目的有意识的活动，都是由于其期望动力作用的结果。期望的功能反映在正向与反向两个方面。

一、期望的正向功能

期望的正向功能是指期望对于被期望者的心理与行为产生积极的作用，从而使被期望者的有关表现朝着期望者的预期方向发生变化。期望的正向功能突出表现在如下方面：

(一)引导

A. 阿德勒认为："促使人类作出种种行为的，是人类对未来的期望，而不只是其过去的经验。"[①]一般来讲，期望对被期望者的心理与行为具有引导的作用，即期望促使被期望者的心理与行为朝向期望者所指的方向活动，从而使其心理与行为离开与期望无关的活动。而期望能否充分有效地发挥这种引导功能，在很大程度上取决于期望者对被期望者所提出的期望信息的适切性与价值意义。如果所提出的期望信息能够使期望接受者感到有价值意义，同时又使其感到难易适当，这样期望者的信息，就能对被期望者的心理与行为起到应有的引导作用。如果被期望者感到期望者所提出的期望信息，不清晰且不明确，或难度较高、缺乏应有的价值意义，在这种情况下，期望者的信息就很难对被期望者的心理与行为，起到真正的引导作用。因此，我们要想期望能够更好地发挥引导功能，所提出的期望信息应该具有明确具体、清晰和难易适度等特性，并同时使期望者感到有一定的价值意义。

(二)维持

期望不仅对被期望者的心理与行为具有引导作用，同时也表现出一定的维持功能，即期望可以促使被期望者的心理与行为，在目标尚未实现之前一直朝向所期望的目标，并同时离开与所期望的目标无关的活动，以保证所期望目标的最后实现。要想有效发挥期望的维持功能，与期望联系的目标应该表现出清晰性与明确性，并同时对被期望者产生强烈的吸引力，能够引起被期望者的浓厚兴趣。当然，期望者的鼓励与被期望者的意志与信念，也是实现期望维持功能的必要心理支撑条件。从现实中的种种现象可以看出，期望在一部分人中的维持功能很弱，恐怕与期望联系的目标往往不够清晰明确，对被期望者缺乏应有的吸引力，以及被期望者实现期望目标的信念缺乏或意志不够坚定等有关。

(二)激励

期望的激励功能主要指期望者发出的期望信息，对被期望者有一种明显的唤醒、激发、感召与鼓舞作用，使被期望者充满对期望活动的热情与积极性，表现出努力实现其期望的旺盛斗志与力量。期望激励功能的有效发挥，一方面充分反映出期望者所发出的信息，对被期望者有巨大的吸引力与感召性，且充满人生的价值与生活的意义；另一方面，也反映出被期望者具备奋发向上、锐意进取、不负期望的精神风貌。

二、期望的负向功能

期望的负向功能是指期望对被期望者的心理与行为产生消极的作用，使被期望者的有关表现背离期望者的愿望与需求。

---

① [奥]A. 阿德勒：《自卑与超越》，黄光国译，作家出版社1986年版，第5页。

(一)压抑(情感)

期望往往表现出期望者对被期望者所赋予的一种使命或责任,而履行这种使命与责任不仅需要被期望者表现出自信、坚强和应有的智慧等品质,同时还需要适宜的外部条件。而在实际生活中,有人因在自信心、意志力、智慧等方面存在的不足无法有效履行这样的使命与责任,还有人因缺乏必要的实现期望的外在支持条件,或遇到巨大的外在阻力而无法或难以顺利地履行期望的使命与责任。对于这些人来讲,期望所带来的并不全是实现后的快乐,而是完全相反的一种感受与体验。对于他们,期望就如同一副沉重的精神十字架,不仅有期望所带来的巨大压力,还有因期望的落空而出现的失落与痛苦甚至产生极其无助等体验。就是对于那些个人素质良好,实现期望的各种外在条件兼备,并且最终实现期望的人来讲,期望给他们带来的快乐,只是期望实现时的那一刻,而他们在实现期望的过程中仍然要承受着期望压力所带来的痛苦体验。因为不管怎样,期望往往是同时伴随着快乐与痛苦的。对于一般人来讲,期望所带来的快乐与痛苦是参半的,那些因期望值过高而过于执著的人,期望所带给他们的痛苦可能会多于快乐,尤其是当他们的自我调节机制受损时,其痛苦、焦虑等不良情绪将反应尤甚。

(二)削弱(行为)

当期望给人带来痛苦、失望、焦虑等负性情绪体验时,它也可能对人的行为造成削弱和阻碍等不良影响。有可能涣散人的斗志,使人表现出退缩、动摇、放弃等行为。在现实中我们不难发现,有的人因追求受阻,期望没有实现而心灰意懒、一蹶不振,从此放弃各种努力;有的人遇事逃避或回避,不思有为;有的人甚至自甘潦倒与堕落。所有这些可以表明某些无法实现的期望,会对人正常的行为及其表现造成削减与致弱作用,如现实中某些人的"躺平"现象大多如此。

(三)伤害(身心)

当期望者的期望无法在被期望者的身上实现时,如果这种期望对于双方来讲又是十分重要,而且双方都不愿轻易放弃的情况下,就容易引起彼此的期望焦虑反应。随着时间的推移,焦虑将不断加重,进而还会产生抑郁等不良情绪。如果这些不良的情绪不能够得到有效的排遣,将会对彼此的身心造成危害。任何需要的长期匮乏都会使人沮丧,从而动摇生活的信念。这种动摇有损于人的抵抗能力。[①] 另

---

① [美]乔兰德:《健全的人格》,许金声、莫文彬等译,北京大学出版社1989年版,第90页。

外，一个人如果在生活中的许多期望未能实现，并且经常为期望不能实现的不良情绪所困时，也容易造成对个人身心的伤害，出现失眠、消化不良、办事效率下降等身心功能的异常，如果持续下去，还会造成如高血压等身心疾病和焦虑症、抑郁症等心理疾病。当一个人的生活没有达到他所期待的积极目标时，他可能会失去信心，逐渐变得情绪低落、绝望，甚至会自杀。①

应该说，期望的正向功能与负向功能的划分是相对的，在许多情形下，这两种功能可能同时会交织于一起，不过往往有主次之分。一般来讲，那些具有重要价值的同时又能得以实现的期望，可能显现出更多的正向功能，而那些具有重要价值同时又没能实现的期望，可能会显现出更多的负向功能。

第五节　期望研究

一、期望研究的意义

(一)期望研究的实践意义

社会发展史是一部人类实践发展史，人的实践是一种期望的实践。从社会的进步与发展来看，人类社会进程中的每一历程，无不镶嵌在期望之中，无不负载于期望的车轮上。正是因为期望，人类才孕育了一个又一个重要的发现与发明，正是一个又一个的发现与发明，才引领着社会前行。如果我们所有的社会成员只是满足和安于一定现状，而没有对未来生活形成任何的期盼，那么新的发现从何而来，新的发明怎能诞生？而没有了新发现与新的发明创造，我们的社会怎么能够不断地发展与进步？正是期望孕育了思想家、哲学家、艺术家、发明家、改革家。正是期望的实践，使人类将古老的"龙宫探宝""嫦娥奔月"等许多动人而美好的神话传说，逐步变为今天的伟大现实。

人们常讲，"要生活在当下"。此话并没有错，因为我们都是生活于"此时此地"的现实中，但这并不意味着生活在当下的人，就没有理想与追求，就没有期望。布洛赫在美国流亡期间，整整用了10年时间写出《希望的原理》这部具有重要影响的著作。他在这部著作中所提出的中心命题可以概括为：对更好的生活的向往，是人类历史发展的首要驱动力。布洛赫不是把人当成特定的目前具有的种种属性总和的人，而是当成正在超越他本身的人。人是有其本质的，但那个本质并不是静止的、停滞不前的；实际上这个本质还没有被规定，因为它正朝着实现自我的道

---

① ［美］乔兰德：《健全的人格》，许金声、莫文彬等译，北京大学出版社1989年版，第52页。

路上行走。归根结底，人是一个开放的实验的存在，人连同其周围的世界一道，组成一个盛放未来的庞大容器。因而，人对未来的可能性总是盼望与期待着。这一切不仅是人们意识的标记，而且如果加以正确的理解和定义，也是整个客观现实的一个根本性的决定因素。人的本质的无限性与开放性，促使人把眼光投向未来。无论何人，只要一息尚存，都会有期望。人是在期望中生活的。期望不是人生偶然的插曲，而是一切时代人生存的基本态度。期望伴随一个人的一生。从每一个体来讲，从幼年到成年，无不都是在与之相关的他人的期望中成长与发展起来的，而一个人从成熟到衰老的经历中，也能见到他人期望的影子，同时也寄予着他对新人与社会的种种期望。就这样一代又一代，周而复始，期望绵延不绝。

期望是人类生活的重要主题。期望是一种看似非常普通，而又实属尤为重要的心理现象。这不仅仅因为期望与其他众多的心理现象有关，也不是仅仅因为期望对许多的心理与行为构成影响，更重要的是因为期望与人生的各个主题，有密切关联的一种现象。正如莎士比亚《皆大欢喜》所言，期望经常破灭，又是经常地产生。期望是构成对人类的各个方面，有重要动力学意义的心理现象，关系到人的沉浮、进退、祸福直至生死。期望对于期望的人们来讲，犹如一把双刃剑。从积极方面来看，人在期望中存在，在期望中生活，在期望中行动，在期望中成长，在期望中走完人生历程。如果人没有了生存的期望，他的生命就会很快枯萎；如果人的生活中没了期望，他的生活也就失去了应有的光亮；如果人的行动没有期望，他也就失去了行动的力量与方向；如果人的成长离开了期望，他有可能永远长不大。从消极的方面来看，期望的幻灭将酿成人生的重大损失甚至悲剧。在现实中我们看到，有的人虽然衣食无忧、身体健康，但是心灵上失去生的期望，过早地结束了自己宝贵的生命；有的人虽然才智超群，失去生活的期望，一辈子浑浑噩噩，无所作为。同时我们还看到，在现实中，有的人难以承受他人期望之重而没了斗志、沉沦不起，有的人甚至失去生存的勇气而走上不归路——一个个鲜活的生命因此而过早地枯萎与凋零。

期望的积极意义就在于它能够促进人成长。在 20 世纪 60 年代，美国两个教育心理学家罗森塔尔（R. Rosenthal）和杰克布森（L. Jacbson）做了一个教师期待实验：他们先在某小学中对 6 个年级的学生进行了智力测验，但告诉教师这是"预测未来发展的测验"。然后他们并不根据智力测验的结果，而是随机抽取了 20%的学生，并告诉这些孩子的任课老师他们的发展潜力非常大，希望以这种方式使教师对这些学生的发展产生积极的期待。8 个月后，当再次对这 6 个年级的学生进行智力测验时，奇迹出现了：被"界定"为发展潜力"非常大"的孩子的智商与其他孩子相比有了提高，而且教师对这些学生的评价是"求知欲很强"。罗森塔尔等借用了古希腊的神话故事，比喻这一教师期待效果：皮格马利翁效应——古代塞浦路斯国王皮格马利翁，迷恋自己雕刻的一尊女像，并日夜祈祷能和她一起生活，爱神知道后为其真诚所感动，就赋予了雕像生命，皮格马利翁终于如愿以偿。后来人们就把这种期待所带来的期待对象的戏剧性变化称为皮格马利翁效应。罗森塔尔把它引进教育心理学领域，后人也把这个效应直接叫做"罗森塔尔效应"，指的是教师对学生良好的期待会使学生产生积极的变化。

总之，"有生命的地方就有希望"，"有希望的地方就有梦想"。期望与现实中的芸芸众生有不解之缘，期望伴随人成长，期望使人产生幻想，期望又使幻想成为现实。人生如果没有期望，如同世间没了太阳，一切都变得暗淡无光；人生如果失去期望，犹如万物失去甘霖，一切都会变得杳无生机。正是人类有了期望，才使人生充满阳光与勃勃生机。因此，从实际意义讲，既然期望与人生关系重大而密切，既然期望与人类的生死祸福攸关，加强对期望的研究就显得必要。

(二)期望研究的理论意义

期望是人类存在与发展的本质。从一般意义讲，社会发展的历史是人类的发展史，而人类的发展史也是一部期望发展史。期望推动着人类科学及生产力的发展，从而促进人类社会的发展与进步。因此，我们完全有理由在更加广阔的领域，深入开展期望理论的研究，从而建构更为宏大的期望科学。我们可以在社会人文科学领域建构期望社会学、期望政治学、期望经济学、期望伦理学、期望教育学、期望人类学等，从而在社会、政治、经济、道德伦理、教育等众多人类领域，建构与擘画人类社会期望的理论蓝图，为人类不断向美好而理想的社会前进指明方向。且我们从古往今来的哲学家、思想家、政治家、经济学家、教育学家、伦理学家等的相关著作中，都不难找到关于期望方面的论述，有关期望方面的思想可谓源远流长。这些期望的描述在一定意义上，成为推动社会发展和文明进步的重要理论基础。在自然科学中，我们似乎也可以尝试建立某些相应的期望学科，如期望环境学、期望生态学、期望医学、期望建筑学、期望空间学、期望交通学等，因为在环境、生态、空间、医疗卫生、建筑、交通这些等重要领域，无不镶嵌着人类的期望与追求。尤其是作为这些学科的共有而必要理论支撑之一的心理科学，更需要建构较为完整而系统的期望心理学，从而为其他期望科学的形成与发展，奠定必要的理论基础和提供最基本的研究方法。总之，期望是人类从必然王国走向自然王国的发动机与推进器，因此，人类要想从必然王国走向自然王国，就不能不重视与加强有关期望理论的进一步系统而深入地研究。

这里必须指出，并不是所有期望都对人生充满积极意义，只有遵从事物发展规律的期望，才会给人类带来福祉；而那些有违事物发展规律的期望，不但不会给人类带来幸福，反而会给人类造成痛苦与不幸。因此，我们要想使相伴于我们的期望，真正成为促发我们通往理想与幸福的积极力量，有效地防止与克服因不当的期望，给我们有可能带来的不必要的痛苦与灾难，就应该站在一定理论的高度，用理性的眼光去审视期望,以有效探求期望的真谛,以期造福于我们的人生。

二、期望研究的内容及主要指标

期望研究的内容反映在多个层面上。就其整体性讲,期望研究包括期望的本质、特性、类型、功能、过程、具体内容、方法等研究。从主体性讲,可以有个体期望的研究,包括个体所具有的期望特点、变化及其相关的影响因素研究,从而把握其个体期望状况,并以此为依据,加强对其个体期望的指导;群体期望研究,包括对不同职业、不同年龄、不同文化等群体期望的特点、内容及其变化规律等的研究,以此为相关的组织与部门的决策提供依据。从期望的内容来看,可以就某一方面的单一期望进行研究,如安全期望研究、幸福期望研究等,从而就人们在某一方面的期望特点及变化等状况加以研究,以有针对性地做好与之相联系的工作;可以同时从几个期望侧面进行研究,如关于"安全期望、健康期望、幸福期望的相关研究",从而了解不同期望之间的关联性,以便同时加强一些与之相关的较为复杂问题的处理;也可以从整体内容方面开展人的期望研究,从总体上了解人的期望状况;可以就期望与之关联的因素展开研究,如期望与认知、期望与情感、期望与人格、期望与文化,等等,以弄清期望与其他因素之间的联系;还可以从发展的角度,研究人在不同时期期望的内容及发展与变化,以弄清人的期望发展与变化的规律等。

期望研究可以从不同的角度获得相应的评价指标。常见的期望研究指标有期望值、期望效价、期望效应等。

期望值指一个人对某目标能够实现的概率估计,即是指个人根据以往的经验,对某一行为导致特定成果(目标)的可能性或概率的估计与主观判断。期望值=目标价值×期望概率。目标价值是指"一定的目标对于满足个人需要的价值,即一定事物对于一个人的重要性程度与价值大小"[1];期望概率是指"根据个人经验判定实现目标可能性的大小"[2]。关于期望概率主要是一个由主体所决定的变量,直接受个体认知水平及判断能力的影响,同时也受到个体的自我效能感等个性的影响。一般来讲,目标的价值越大,估计实现其目标的概率越大,个体所表现的期望值也越大;如果期望概率很小,目标就难以实现,或实现的可能性就很小。实际结果小于期望值,往往会让人感到失望,且实际结果小于期望值越大,其失望感表现得越强,并表现出明显的挫折感;如果实际结果大于期望值,往往会给个体带来信心与力量,且实际结果越大于期望值,会使个体信心越大、力量越强,并充满意外的惊喜和自豪感。如果实际结果等于期望值,也会使人产生一定的满意感,对人的行为

---

[1] 刘斌等:《管理心理学及领导科学》,中国新闻出版社 1985 年版,第 100 页。

[2] 刘斌等:《管理心理学及领导科学》,中国新闻出版社 1985 年版,第 100 页。

也起到一定的推动作用。

因此，期望值是反映人期望水平的一种重要变量。期望值有高低之分，一般预期目标高于达成的实际目标，就意味着其期望值偏高，其偏离的程度愈大，意味着期望值也就越高；预期目标低于所达成的实际目标，就意味着期望值偏低，其偏离的程度越大，意味期望值越低。期望值过高，目标难以实现，容易产生挫折，易造成人的失望；期望值过低，又会减少激励力量，不利于人的积极性的发挥。由此可见，通过期望值的研究评估，能帮助人们有效地调节与控制其期望值，使其保持在一种较合适的理想水平。

期望效价是对期望目标的价值或报酬的主观判断和评价，也就是指人们对所期望目标的一种价值判断。期望效价也存在高低之分，高期望效价表明人们对所期望目标的价值有高的估价，而低期望效价意味着人们对所期望的目标价值持有较低的估价。通过期望效价的评估，可以知晓人们对所期望的事物意义的认知状况，进而从一定侧面了解期望对人的行为，有可能产生影响作用的大小。一般来讲，当人们所形成的期望效价较高时，意味人们对所期望的事物较为看重，这意味着该期望将会对人的行为产生重要影响，因此人们会通过自己的积极努力去实现该期望；当人们所形成的期望效价较低时，反映出人们对所期望的事物不那么看重，这就意味着该期望对人的行为不会产生多大的影响，人们也就不会那么积极努力地实现该期望。而要想人们朝着期望的目标去努力，就应该通过一定的方式增强其期望效价，也就是提高人们对所期望事物价值重要性的认知，从而促进人们努力实现其期望。

期望效应是指期望活动结果给人的心理及行为等所造成的影响效果。一定的期望发生后，总会给相关人产生这样或那样的影响，且所造成的影响有大有小，有积极与消极、有及时有延缓，等等。因此，通过期望效应这一指标，我们可以知晓期望所产生的实际效果是怎样的，是产生正面影响还是负面影响，影响的程度是大还是小，影响的时间是短还是长；进而帮助人们有针对性地根据不同的期望效应去调整期望，使期望尽可能产生积极的影响，努力避免或消解消极期望对人产生的不良影响。

三、期望研究的方法论思考

心理学家罗特尔认为，期望虽是个体的主观状态，但"主观"并不意味着对期望的评定是不可能的。一种简单的方法就是在强化值控制的条件下，观察个体的选择行为。在一定情境中那个将要发生的行为，就是个体期望有最大可能获得强化的行为。另外可以用言语报告法测量期望值，即让个体对有可能获得具体特定强化的不同行为进行等级评定。①

---

① 杨鑫辉：《心理学通史》（第四卷），山东教育出版社 2000 年版，第 415 页。

　　要想使期望研究系统而深入，需要有较系统而专门的研究方法。期望研究方法也应有相应的层面，既应该有形而上的研究方法，又要有形而下的研究方法。通过形而上的方法，应该就期望的本质、特性及所属概念的构架和期望的内容结构以及期望产生的机制、过程及变化规律等，予以理论层面的深入探讨。通过形而下的方法，就期望所反映的具体内容、具体特性及其具体影响因素等，作出具有实践意义的探索，通过实际的数据资料、事实等去印证其理论，从而赋予理论的解释意义与实践意义。只有以形而上与形而下相结合的方式，才能对期望作出既全面又深入同时又具有实践意义的研究。

　　从期望研究的一般过程及步骤来讲，首先是收集现有期望研究资料的方法，具体包括选择与确立所要研究期望的目的、内容与选题，提出有关研究假设，形成期望研究方案等，需要用到分析、抽象、概括、演绎等思维方法；其次是实施期望研究的方法，包括研究对象、研究工具等选择、研究的具体步骤及有关研究数据的收集处理、分析等，需要用到观察、测验法、调查法、访谈法、实验法、数据统计与分析法等；最后是就有关研究形成文本，即有关的研究形成初步的成果，得出研究结论等，需要用到图表法、分析法、归纳法等。

　　从其研究的主要类型看，期望研究也有相关研究与因果研究。相关研究就是对有关研究对象所进行的两个及以上变量之间相互关联程度的研究，它是一种非控制性与非操纵性研究，主要研究在客观自然条件下所发生的心理与行为事件，所使用的具体研究方法有观察法、测量法、调查法等。在进行相关研究时，通常是观测一个群体中每个成员的两种或两种以上的特征变量，然后就两个变量或两个以上变量的分数之间的相关程度进行比较，其相关程度通常用相关系数加以说明，即通过相关系数的计算来决定相关程度与方向。相关系数 r 大小在 $1 \sim -1$ 之间，当 $r = +1$ 或 $r = -1$ 时，分别表明所研究的相关变量完全正相关或负相关；当 $r = 0$ 时，表明所研究的变量之间没有相关。当 r 愈接近 0 时，表明两变量间的相关愈低，而 r 愈接近 1 时，表明两变量相关性愈高。其相关系数只是表明两个或两个以上变量相互关联的程度，而不能直接解释变量之间的因果关系。这种相关研究可以直接用于期望方面的研究，一是可以用于各种期望之间的相关研究，如"安全期望、健康期望、幸福期望的相关研究"，以此弄清各种期望之间的关联状况；二是用于期望与其他因素的关联情况，如"成就期望与自我效能感的相关研究""幸福期望与人格的相关研究"，由此可以弄清期望与其他因素的联系程度。

　　因果研究是弄清变量与变量之间因果关系的研究。通过因果研究，可以弄清某些心理及行为产生的原因。与相关研究不同的是，因果研究在控制一些条件的基础上，通过有意识地操纵一些变量，以引起人的心理与行为反应，从而弄清所操纵的变量，与其心理及行为反应之间所构成一种怎样的必然联系。这种研究通常是在严格的实验室条件下，或在有控制的现场情境中以实验的方式来进行。进行因果研究，应具备的基本条件有：一是其中至少有一个研究变量是可以通过研究者进行操纵的，同时这种操纵又不至于违反一定的道德伦理，也不影响被试者的身心健康；二是其中通过一些方式使某些与研究无关，但同时又会造成对研究结果发生影响的变量加以必要的控制；三是通过操纵而引起的心理及行为反应的变量应具有可测性，其数据能够通过必要的统计学分析处理。通过因果研究，主要是弄清某些期望通常是由哪些具体的原因引起，这些因素在多大程度上成为期望产生的原因，从而认识与把握其期望产生的规律，以帮助与指导人们的期望实践活动。

第二章　期望要素及心理构架

期望是人的一种社会心理活动，不管是哪种期望的产生与实现，都应由一定的基本要素所组成。任何一种期望，都需以下基本要素参与其中：期望者、被期望者、期望关系、期望内容以及期望表现形式等。缺少其中任何一种要素，期望都不能发生。同时期望又是与人多种心理有密切联系的复杂心理现象，是需要、目标、认知、情感、意志以及能力和人格等多种心理因素交互作用的产物。离开了这些心理活动，人的期望就失去了起码的心理支撑。期望由产生到实现，是由这些要素及其心理活动共同作用的结果。因此，从理论上对这些基本要素与心理成分进行分析与探讨，对于我们正确理解期望的形成和与之相关的问题均具有一定的意义。

第一节　期望的基本要素

一、期望者

期望者通常是指提出并发出期望的人，是期望的主体。没有期望者，期望就失去依靠而无从发生。人只要活着，总会有需要存在，总会与人形成一种关系，因此，人总是会有所期望的。只是在不同的成长时期和不同的条件下，由于人的知识、能力以及人的其他身心状态的不同，期望者会不时改变自己在履行期望过程中的期望内容与形式。如人在年幼时为了满足自己生理与归属的需要，期望他人给自己提供为生存所必需的实物并期望得到他人的关爱与照顾，由于知识能力等缺乏，往往以比较幼稚的方式表达对别人的期望。当人成年后，需要越来越多，与他人的关系也越来越复杂，所表现出的期望内容也就越来越多。作为期望者，其发出什么期望信息和用怎样的方式表达自己期望的信息，除了与其当时的需要有直接关系外，同时还与其跟对方所构成的是一种怎样的关系有关。另外，作为期望者要想有效地表达自己的期望，并使期望朝着自己所预期的方向发展，且最终达到自己所期望的要求，将会受到如下因素的直接影响：

(一) 价值观

价值观是指一个人对周围的客观事物(包括人、事、物)的意义、重要性的总评价和总看法。个体对诸事物的看法和评价在心目中的主次、轻重的排列次序,就直接构成了个体价值观体系。价值观和价值观体系是决定人行为的心理基础。在一定意义上讲,期望的过程就是期望者向被期望者传达某种信息的过程。因此,期望者固有的价值观念,总要影响到有关期望信息的内容及其选择,也就是说期望者向被期望者传递什么,直接受到他的价值观的影响。一般来讲,将名利看得很重的父母,他们往往更多的是向子女传递关于如何获得名利方面的期望内容;而将德行看得很重的父母,他们往往更多地向子女传递的是关于如何行善积德等方面的期望内容。个体老板总是期望他的员工给他带来巨额的利润,而员工总期望老板能够给他们以丰厚的报酬。总之,期望者的价值观不一样,其向被期望者传达的期望信息也会不一样,因此,期望者的价值观念是影响其期望的最重要的因素。

(二) 认知经验

认知经验主要是人在实践活动中所积累的知识能力水平和看问题的方式与方法等。期望者的认知经验不仅直接影响到他对期望内容的选择,同时也直接影响到期望的表现方式,甚至关系到期望最终能否实现。一般来讲,期望者的认知经验丰富,即在平时表现出较高的认识水平与能力,那么他就能够很好地审时度势,洞悉被期望者的个性禀赋等心理特性,并因势利导,从而选择适当的有关期望传递的内容,并在恰当的时机采取适当的方式向被期望者表达自己的期望信息;而且当遇到意外时,还能做到及时调整期望的内容或发出方式,确保自己所发出的信息能够产生预期的效果。我们在实践中发现,有的期望者由于自身认知经验的局限性,他们所发出的期望信息内容及方式等,严重脱离被期望者的基础和个体特点,因而他们的期望不但往往落空,有的甚至产生适得其反的效果。因此,期望者要想使自己的期望达到预期的目标,就应该不断注意通过学习,努力提高自己的认知经验水平。

(三) 情感态度

期望者对被期望者及其相关事物的情感态度,不仅直接影响期望的发生及其传递,而且直接关系到期望最终的效果与质量。如果期望者对被期望者缺乏真正的关心与爱护的情感,不具有对被期望者的良好尊重的态度,那么不管期望者向被期望者发出怎样具有价值的期望信息,都难以使被期望者有效接受。在实际生活中,我们有些教师对于学生缺乏一种尊重与关爱的情感与态度,因此他们对学生的期望哪怕具有重要的意义,也往往有可能被学生拒绝。就是在有血缘关系的父母与子女之间,由于父母对孩子缺乏起码的尊重与应有的关心,他们对孩子发出的期望信息在很多情况下也可能付之东流。因此，期望者无论与被期望者是一种怎样的关系，而要想使自己发出的期望信息，能够很好地为被期望者所真正接受以达到预期的目标时，首先应该对被期望者抱有一种积极的情感与态度。如果不能很好地解决这个关键问题，那么即使期望者向对方发出了重要价值的期望信息，其结果往往会令自己失望。

(四) 个性特点

期望者的个性及其特点是影响其期望内容和表达方式的选择及其传递的重要心理根源。一般来讲，期望者的个性及其特点不同，从一定侧面上表现出的价值观不同，也反映出在情感态度方面的差异，并由此影响到他们在现实中的各种行为表现。气质内敛、性格内向的父母可能期望孩子平时表现得内涵与稳重一些；气质活泼、性格外向的老师，则更期望他的学生是活泼而充满朝气的。一个自私自利的人，当他发现自己的孩子平时表现出许多乐善好施的行为时，他更加期望自己的孩子学会如何保护好个人的利益，同时，他当然还期望他的孩子在生活中学会占便宜；一个乐于助人的家长，当他发现自己孩子平时有些爱占别人小便宜的行为时，他当然会期望他的孩子尽快改变这种行为。一个平时对学习不认真的学生，当然期望在期末考试评定中任课老师笔下留情。一个情绪型的人对自己或他人的期望中，可能表现出过于强烈的情绪色彩而缺乏应有的理性成分；而一个理智型的人对自己或他人的期望中，可能显示出更理性的光辉。总之，一个人向别人表达什么期望，在较大程度上是受到自己所具有的个性及其特点的影响的。因此，从期望者平时发出的各种期望信息中，往往不同程度地投射出期望者的个性及其特点。

(五) 社会地位

期望者的社会地位一般是指期望者在一定的社会活动中的身份与位置。一般来讲，期望者的社会地位的不同，对自己及其相关人物的期望也不尽相同。现实表明，那些社会地位高的人无论是对自己还是与其有关的人，所表现出的期望值都比社会地位低的人的要高。出生在社会地位较高家庭的孩子，在享有比普通家庭孩子更优越生活的同时，也背负着比普通家庭孩子更大的期望压力。而对于大多数处在普通地位的人来讲，他们对自己与相关的人与事所表现的期望值往往不高。他们在生活中只是期望获得作为普通人所需要的东西，因此，他们很容易满足。同时，他们也很少表现出因期望值过高，而无法达到时所带来的不良反应。至于他们的孩子，由于平时父母对他们的期望不是很高，他们也就没有明显的期望压力，因此，他们的生活也显得比较自由与宽松。当然在现实中也不排除有极少数社会地位比较低的人，不满足自己的现状，对自己或相关的人与事表现出较高的期望，但由于种种条件的限制，生活按照他所期望的样子的人往往只是极少数，并且他们中还有极少数人，因无法实现自己所期望的生活而有可能铤而走险，做出一些伤天害理、违法乱纪的事情，有的则可能更加失去创造美好生活的勇气而自甘潦倒。

二、被期望者

被期望者通常是指期望的对象，即期望信息的接受者。被期望者既是期望信息的受体和期望活动的落脚点，同时也是期望实现的主体。期望者发出的期望信息能否为被期望者所接受，并通过自己的努力加以实现，在很大程度上为被期望者所决定。一般来讲，被期望者的以下个人因素构成对其期望的明显影响：

(一) 价值信念

期望者所发出的信息能否为被期望者接受，在很大程度上要受到被期望者价值信念的影响。如果期望者发出的期望信息内容，与被期望者的价值信念是一致的，也就是说符合被期望者的价值取向与追求，就容易得到被期望者的认同。在这种情形下，被期望者就有可能接受期望者所发出的期望信息。相反，如果期望者所发出的期望信息，与被期望者已有的价值信念不相符或者是完全对立的，在这种情况下，被期望者为了维护已有的价值信念，就有可能拒绝期望者所发出的信息。在现实中我们会经常看到类似的现象，父母总是将自己的意志强加给自己的子女，期望子女按照自己所期望的要求去求知做人，但到了一定年龄阶段的孩子，往往会逆其道而行之，父母期望孩子学理，将来做一名工程师，而孩子的兴趣却是学文，期望将来做一名作家。有的妻子期望自己的丈夫在仕途上有所发展，而对方偏弃政从商。由于被期望者的价值观念及其取向与期望者不一致，这直接影响到被期望者对有关期望信息的接受。由此表明，期望者要想真正使自己的期望在被期望者方面实现，就应该研究被期望者的价值观念，并尽可能根据被期望者已有的价值信念提出自己的期望信息。当期望者想提出与期望者的价值信念不一致的期望时，首先要做好被期望者的思想转化工作，并通过充分的事实与充足的理由，让被期望者感到不接受自己的期望，所带来的损失或要付出的高昂代价，从而使被期望者调整甚至改变其已有观念及想法，努力接受自己发出的期望信息。

(二) 认知能力

被期望者的认知能力直接影响到对有关期望信息内容的理解和接受。如果被期望者具有良好的认知能力，就有助于他正确理解有关期望者所发出的期望信息，并有利于进一步准确接受有关期望者的期望信息。相反，如果被期望者的认知能力差，这样不仅将影响到他对期望者期望信息的正确理解，同时也将直接影响到他对有关期望信息的准确接受，最终无法从根本上保证期望的有效实现。因此，期望者要想使自己所发出的期望信息，能够使被期望者正确理解、准确把握，应该充分了解被期望者的认知能力，并根据其认知能力水平，采取能够为对方所理解的方式发出自己的期望信息。如对于理解水平很低的儿童，所发出的期望信息应该尽可能简明、具体，使其能直接明白自己该怎样按照你的要求去行动，从而保证你发出的期望信息被对方正确理解与接收。

(三)当时的心理状态

人当前的注意、情感、认知状态，直接参与并影响到他对外在有关信息的加工反映。一般来讲，当人的注意不集中、情绪状态不佳时，他对外在各种信息的认知效果往往是不好的，因此在这种状况下对其发出期望信息，其效果往往也不好。如在现实中不难见到，有的教师或父母因在儿童心理状况不好的情况下，向他们发出这样或那样的期望信息，结果他们都没有很好地接受，有的甚至产生强烈的抵触情绪与对立反应。因此，当我们要向他人发出自己有关期望的信息之前，应该通过一定的观察与对话，摸清其当时的注意及情绪状态，如果对方当时的心理状态不好，就不要急于表达自己对对方的期望，而应该寻找一种对方心理状态最佳时机，向对方表达自己的期望信息。这样才有助于对方更有效地从积极方面理解和接收其期望信息。

(四)相关素质

期望者对被期望者所形成的期望要求，往往是高于被期望者的实际情况的。其期望能否如愿往往受到被期望者一些相关素质的影响。如学习成绩一般的学生要实现老师期望他的学习成绩在最短的时间内位列上等，这个学生需要表现出较强的学习能力和必要的学习信心以及勤奋刻苦的意志品质，才有可能实现老师对他的这种期望。这就表明，一个人要想实现自己或他人的期望，其必须具备相关的素质才行，如果不具备相关的素质，期望就根本难以实现。

与乐观主义者相比，消极主义者很可能会把消极效益的发生概率预期得更高，而把积极效益发生的可能性预期得更低。因此，基于这两种不同素质的人来讲，在有关期望的实现方面存在明显差异。消极主义者由于往往低估积极事件发生的概率，而经常在现实中更多地趋于保守及防范的心态，他们所持的目标及期望往往是较低的，因此这种人对于别人寄予的期望往往持低调的回应。乐观主义者由于能够更多地预期积极事件的发生，因此在现实中更表现出积极向上的心态，他们所持有的目标及期望值往往较高。这种人常常对来自他人的期望报以积极的回应。

由于期望是指向未来并对被期望者充满一定挑战的目标任务，而被期望者能否接受这种挑战并实现其目标任务，在较大程度上受到其自我效能感的影响。一般来讲，自我效能感高的人由于对自己的将来充满积极的信念，他们相信自己有能力实现自己的目标，因此他们比自我效能感低的人更有信心实现自己或别人寄予的期望。而那些自我效能感低的人，由于对自己的将来缺乏积极的信念，他们往往难以相信自己能够实现其目标，因此，在实现自己或他人的期望方面往往信心不足，进而直接影响其实现期望目标中的具体行为表现，并因此影响到期望的最终实现。当然，实际的能力更是被期望者实行其期望的不可或缺的重要素质。

三、期望关系

期望关系主要是指期望者与被期望者之间的关系，它是期望得以产生的基本条件。如果没有这种条件，期望也就不可能发生。根据一般人际关系的性质与水平等，可将期望者与被期望者的关系分为平行型的期望关系(同事、朋友、夫妻、同学)和垂直型的期望关系(上下级、师生、父母与子女)。平行型期望关系最突出的特点，应该是期望者与被期望者彼此之间在现实中的平等性，其关系的亲疏程度主要由彼此之间的情感来决定。如果情感融洽度高，彼此期望的真诚度也高，期望所反映的强度及效果也就明显；如果彼此之间情感融洽度低，期望的真诚度一般不会很高，期望的反应强度及其效果也就不那么明显。垂直型的期望关系所表现的突出特点就是实际地位的不平等性，其关系的状况主要由相互的角色关系来决定，期望的强度及其效果在较大程度上主要由彼此的相依程度来决定。相依程度越高，时间越久，其相互期望的反应强度也大，效果也明显；如果相依程度低、时间短，其期望的反应与效果也就不会很明显。另外，还有一种较为特殊的利益型的期望关系(顾主与顾客、老板与雇员、合股经营者)，这种关系的最突出的特点是彼此之间的利益性。其关系的程度主要取决于双方在利益上一致性程度，期望的反应强度及效果，主要由彼此之间所共同利益的多少来决定。一般来讲，如果彼此之间的共同利益大，期望反应的强度及其效果就大；如果彼此之间的共同利益不大，期望反应的效果也就不会很大，且期望将会随着彼此之间共同利益的变化而发生改变，当双方的利益关系不存在时，由此产生的期望也就从此终结。也许不同类型的关系，在期望的产生与形成中有其各自的特点与条件，但不管是由哪种关系所形成的期望，都需要具有以下基本条件：

(一)平等

这里指的平等不是指客观地位与位置的平等关系，而是指期望者与被期望者在心理上的一种平等的感觉与体验。不管是在什么类型的关系中，要想产生正常的期望及其效果，期望双方在心理上感受与体验到一种平等是很有必要的。从生活实践中我们看到，由于一些实际关系如上下级之间、父母与子女之间等的不平等，而使其中的下属或子女心理上感到不平等，彼此之间往往缺乏必要的沟通与理解，其相互的期望往往就因此受阻而无法实现。就是在客观上是平行的关系中，有的因为彼此给对方造成心理上的不平等，期望也往往难以产生预期效果。因此，期望中的双方平等的关系，应该是保证形成与实现期望的最基本的关系条件。

(二)互尊

这里的互尊并不是完全指彼此对对方的地位与辈分的尊重，而主要是彼此对对方人格、价值信仰、生活方式等的心理尊重。只有期望关系双方形成互尊，才有可能使彼此之间形成及实现期望的动力和不执行期望所带来的压力；只有形成互尊，才能使期望者在提出期望时，够更好地考虑被期望者的实际需要和感受；只有形成互尊，才使被期望一方真正感受到期望一方对自己的关心与爱护，并能朝着期望者所期望的方向去努力。如果没有互尊，期望者很可能不顾被期望者的需要与感受，仅凭自己的一厢情愿向被期望者提出一些不切实际的期望，被期望者也很有可能因为感受不到期望者对自己的尊重，而无视期望者对自己提出的期望，或采取敷衍甚至抵触的态度来对待期望者的期望要求。

(三)互信

任何一种期望的产生与实现，都是建立在期望者与被期望者互信的基础之上的。如果期望者对被期望者缺乏起码的信任，是不可能向被期望者提出自己的期望要求的。同样，如果被期望者对期望者一点信任感都没有，也就根本不可能去接受期望者的有关期望信息。在双方缺乏互信的情况下，也就谈不上期望的产生和实现。在现实中我们发现，由于有的教师对学生缺乏信任，更多地表现出一些冷淡的反应，有的父母对孩子缺乏基本的信任，他们更多的是采取一些严厉的训斥与处罚的手段对待孩子。当孩子从教师与父母那里感受不到应有的信任时，他们也对自己失去信心与期望。当然教师与父母之所以对孩子缺乏信任感，有可能与孩子平常的表现令他们失望有关。但不管你是谁，也无论你处在怎样的位置，当你想对他人形成某种期望时，你首先得信任对方，同时也得使对方信任你，从而形成彼此之间的互信，只有建立与形成相互的信任，才有可能实现其期望。

四、期望内容

期望内容在一般情况下是指由期望者所操纵并发出，同时需要被期望者接受的期望信息。从一般意义上讲，社会生活及人的生存与发展的各个方面的人与事，都构成了现实中人们所期望的内容。期望内容具有变化的特性，且受到一定的社会历史条件的制约。从期望实现的机制来看，期望内容的如下特性影响期望的实现：

(一)期望内容的性质

期望内容是丰富多样的，且具有一定的层次性。我们可以将其分为与一般基本需要相联系的期望内容和为发展所需要的期望内容。前者指安全、就业、爱与归属等，后者指声望与成就等，前者的期望内容更多地与人的基本需要的满足与否相联系，因此，人们对此期望内容的实现是高度关注与尤为迫切的。如果这方面的期望内容没有得到实现，将会导致人出现各种生理与心理上的病症。后者的期望内容由于主要是与人发展的需要相联系，对于那些具有非常强烈发展需要的人来讲，如果这方面的期望受阻，也会导致其出现这样与那样的身心问题。当人们同时面临着基本期望内容与发展期望内容的选择时，人们一般会优先考虑基本期望内容的实现，然后考虑发展期望内容的实现。当然，在现实生活中这两种期望内容的实现有时也具有一致性，如当人们发展期望内容实现的同时，也获得了基本期望内容的实现。只有当两者不一致的矛盾情况下，人们才会优先考虑其基本期望内容的实现。

(二)期望内容的效用

期望者提出的期望内容，能否为被期望者所接受并产生一定的作用，直接受到期望内容效用的影响。这里的效用主要是指一种主观的效用，也就是在期望的当事人看来其期望内容所具有的价值如何的判断，就是指期望内容在期望双方主观上看来的重要性。就单方面而言，如果在被期望者看来具有重要价值的期望内容，往往会形成对其期望接受的重要压力，如果不接受并加以实现，被期望者会感到损失很大，并会由此感到一种强烈的失落感；如果被期望者看来不是那么重要的期望内容，则其感到的压力小得多，就算没实现也不会构成对期望双方的过于明显的影响。因此，只有被期望者看来具有一定价值意义的内容，才可能促成其实现它的积极主动性，而那些在被期望者看来不很重要的期望内容，是不足以引起其去实现的动力性的。而被期望者对期望内容价值反映，主要是对其进行的一种认知评价。因此，期望者要想使被期望者产生接受自己所期望的内容信息，必须设法首先使被期望者在思想上，明确其期望内容对于他的重要性。如果无法做到这一点，期望者向被期望者发出的期望内容就难被接受，也就无法实现其期望。

主观期望效用理论认为，人类行为的目标是寻求快乐，避免痛苦。根据这个理论，人们做决策时总是试图追求最多的快乐(积极效益)，并使痛苦(消极效益)降至最低。在这个过程中，我们每个人会计算主观效用(根据个人对效益大小的主观判断，而不是客观实际)和主观概率(根据个人估计的可能性，而不是客观的统计结果)。[1] 根据主观期望效用理论，人们会将有关期望的主观积极效益乘以其主观概率，再减去主观的消极效益与其主观概率的乘积，然后从这些计算结果中根据相

---

[1]　[美]Robert J. Sternberg：《认知心理学》，杨炳钧、陈燕等译，中国轻工业出版社 2006年版，第 325 页。

对期望值来做出选择。具有最高期望值的选项将被选中。① 而在实际生活中，尽管人们在一般性内容方面不会进行这种准确的计算，但往往还是要做出一些起码的效用估算，而然后决定其期望内容的选择和是否实现其期望。

(三) 期望内容的难度

由于期望是一种由此及彼的过程，期望内容的难度应该包括客观难度和主观难度。前者是指期望内容与被期望者实际状况的客观差距，后者是指期望内容与被期望者主观估计上的差距。这两种难度都影响着期望的实现。如果期望内容的确与被期望者实际具有的条件及能力有很大差距，被期望者是难以实现其期望的。在更多的情形下，由于主观难度影响其期望的实现，即被期望者由于缺乏应有的实现期望的自我效能感，而对自己实现期望的实际能力估计不足，导致其放弃努力而舍弃期望。根据期望内容的难度特性，期望者向被期望者提出的期望内容难度要适宜。如果难度过高，即使被期望者看来其期望内容的价值再大，也难以被其接受。同时，也需要帮助被期望者提高实现期望的自我效能感，增强其实现期望的信心，避免因信心不足而造成轻易放弃对实现期望的努力。

在其他条件相同的情况下，如果有多种不同价值的期望选择，根据价值实现的最大化原则，人们通常优先选择具有最高价值的期望去实现，而最后选择那些具有较低价值的期望；在具有同等价值期望的选择上，人们通常首先选择的是那些难度适中、有较大把握实现的期望，而最后选择那些难度很大、实现把握很低的期望。在许多情况下，被期望者是否接受期望者所提出的期望内容，主要是期望内容的价值与难易共同决定的。如果期望内容对被期望者越重要且难度适中时，越能够激发被期望者实现期望的动机和行为倾向；如果期望内容对被期望者不重要或有较大难度时，被期望者很容易放弃其实现期望的努力；如果期望内容对被期望者很重要且实行期望的难度太大时，容易引起过于强烈的焦虑反应，并最终有可能放弃实现期望的努力；期望内容对被期望者来说价值不大且难度较小，则难以激发其实现期望的积极性。由此，我们应该明确，当我们想要让别人接受我们的期望时，一定要设法使其真正感到期望内容对他本人具有重要价值，同时应该使提出的期望内容的难度适中，尤其要注意帮助对方增强实现期望的信心。否则，哪怕是对被期望者来说再重要的期望内容，也难以在其身上实现。

五、期望形式

期望形式是指期望信息的载体及其传输方式。通过一定的形式，期望者才能将

---

① ［美］Robert J. Sternberg：《认知心理学》，杨炳钧、陈燕等译，中国轻工业出版社 2006 年版，第 325 页。

自己要表达的期望信息发送给被期望者，被期望者才能通过这种形式，接受有关期望者的期望信息。在许多情况下，有关期望的内容与信息需要期望者，通过一些较为合适的方式与话语向被期望者加以传递，这样才能为被期望者察觉到，如果期望者不能够采取合适的方式，发出自己的期望信息，被期望者就难以觉察。在这种情形下，期望就不可能实现。一般来讲，期望者向被期望者所表达期望的形式主要有：

(一)直接而显性的形式

直接而显性的形式是期望者在比较确定的场所与时间内，通过直接的方式向被期望者发出有关的期望信息，而且这里面本身就含有有关"期望"的话语。如面对学习成绩不够理想的孩子，父母直接向孩子表明"我们期望你要加倍努力，使自己的学习成绩在班上排在前列"。在这种直接的表达中，其期望话语形式有无条件式的和条件式的。无条件式的如"我想我是会实现自己的……期望的""我期望你……""我们期望你……"这种期望话语格有主有宾，关系明确、表述简单，但过于直白、生硬，缺乏一定感情元素，很容易使被期望者感到不平等；条件式的，如"我想，只要你继续努力而不轻言放弃，你一定能够实现自己的……期望"，用语较为柔和，表达条件较为明确，只是有可能使被期望者感到期望者与自己还有一些心理距离。"我坚信，有我们的共同的努力，我们(你)的……期望一定可以实现。"其语气充满刚毅，情感意味较浓，使被期望者与期望者有一种在一起的亲近感。"我完全相信你，只要你能够一如既往，你是有能力实现自己的……期望的"，希望中充满激励，使被期望者有了更多的自信，因此，所传递期望的效果有时可能不一样。

(二)间接而隐性的形式

间接而隐性的形式是期望者采取隐蔽或含蓄的一些方式，向被期望者发出一些期望信息。如面对一个学习成绩较差的孩子，父母可能当着孩子的面，夸奖这个孩子班上某个成绩好的学生。这里面的潜台词是"我们多么期望你的学习成绩也变得优秀一些"。还有的采取一种让对方直接行动的方式来表达自己的一种期望，如一个期望孩子学习成绩优秀的父母，他可能经常要求孩子认真完成老师布置的作业，并不时要求孩子复习功课，那么，这背后就反映出父母对孩子在学业方面一种期望的间接表达。间接而隐性的形式一般要比直接而显性的形式委婉迂回一些，不过这种形式表现的期望需要被期望者表现出应有的知觉的敏感性和领悟力，否则其期望信息就难以为被期望者察觉。

(三)期望传达情境

期望作为一种彼此的信息传递过程是在一定的情境条件下进行的，因此期望传达情境如何，将会直接影响到期望的结果。期望传达的情境包括广义上的和狭义的情境，前者是指期望传达的整个大的社会文化背景，后者指期望传达的具体环境条件。大的社会文化背景是从根本上影响并决定人的期望产生与实现的主要外部条件。人的各种期望本身就是对一定社会的政治、经济、文化及历史和现实的一种反映，所有这些因素都构成对人的期望的重要影响。几乎所有期望的实现都离不开相应的外部环境条件。从期望传达的具体环境来讲，一般在相对自由宽松的情境中更有助于收到应有的期望效果。因为在这样的情境中，期望的接受者相对来讲不会感到来自期望者方面的压力，个人有一定选择的主动权。而在气氛较为严肃正式的情境下，无形之中会增添期望接受者的心理压力，期望的接受者因为主动权受到限制，且因知觉的自我防御机制的作用而直接影响到期望信息的接受效果。当然在某些时候，由于正式场合的压力作用，会使某些自信心不足的个体，容易接受来自期望者方面的信息，并产生意想不到的期望效果。在期望传递中，除了应该充分考虑大的社会文化背景外，还应因人、因时、因事选择较为适宜的具体的情境条件，从而保证期望达到预期的良好效果。

以上五个方面构成了期望的五大要素，它们之间形成了一种相互联系、相互作用的整体活动系统，抽出其中任何一个要素，期望就无法产生，且这些要素之间相互影响、共同作用于期望活动过程，缺失其中任何一个要素，都有可能构成对其他要素的不利影响，都将直接影响到期望活动的正常进行。因此，要想确保期望的实现，就应该同时考虑和有效协调与发挥各种要素的作用。

第二节　期望的心理架构

一、需要——期望产生的基础

(一)需要与期望的关系

需要是有机体感到某种缺乏而力求获得满足的心理倾向，它是有机体自身和外部条件的要求在头脑中的反映。[①] 一般来讲，有机体为了维持自身生理和心理的平衡，总要表现出对维持这种平衡的物质或精神上的需求反映，这便是我们所讲的需要。人类不仅有维持生理平衡和种系繁衍的各种生理性需要，同时也有维持心理平衡的多种精神需要。正是由于各种需要，才为人的各种生产与生活奠定必要的基础；也正是由于各种需要，才使人类不断形成对各种事物的探究与创造活动；正是由于各种需要，才使人产生了为更好地实现这些需要的期望。因此，需要不仅是人

---

① 　全国十二所重点师范大学联合编写：《心理学基础》，教育科学出版社 2002 年版，第 55 页。

的一切心理与行为产生的基础与源泉，且也是期望产生的基础与前提。如果没有需要，就不会形成人有所"期盼"的期望。如果一个农民没有维持生计等的需要，他就不可能产生农事的活动，同时也不会产生对于活动的结果——粮食丰收的期望。同样，一个学生如果没有学习的需要，他也不可能发动学习的行为，并对好的学习结果形成期望。

从需要与期望的这种密切关系来看，有时我们可以将二者作为互替语。如，我们可将"安全需要"表达为"安全期望"，将"爱的需要"表达为"爱的期望"，因为它们所反映的基本意思是一致的。但从更严格的意义讲，它们并不完全是一回事，因为需要只是期望产生的基础与前提条件，而人的期望的实现还依赖于需要以外的许多内部和外部的条件。需要与期望之间也不是一种完全一一对应的关系，因为在某一期望的背后，往往可能表现出期望者或被期望者的多种需要，如父母期望他的孩子考入名牌大学，它既反映出父母对孩子成长的需要，也可能隐含有一种自我提高（自尊）的需要，甚至有一种想过高贵生活的需要等，而且孩子也有可能与父母有类似的需要。

另外，从存在的方式来看，需要是当前的"此时此地"的一种静态的心理现象，而期望则是连接"此时与彼时"和"此地与彼地"的一种动态的心理活动。需要只是期望"此时此地"的起点，而期望还要离开需要到达"彼时彼地"去。仅有需要，不可能直接使人去行动，而如果一个人有了期望，他得行动起来。如果他不行动，他所期待的东西就无法得到，他的期望也只是停留在"此地"的一种愿望。如果他认为一般的期望不能实现，他有可能感到的只是一种遗憾或惋惜；如果他认为非常重要的期望不能实现，他可能感到十分的痛苦与焦虑。因此，为了避免这种情况发生，当一个人有了某种期望时，他会通过自己的实际行动去实现期望的。

如果用相应的话语形式加以表达，一个人的需要通常用"我要……"而期望的表达方式则可以是"我想要……"这种话语形式尽管只有多一字与少一字的区别，但所反映的意思则有明显的差异。另外，当人有了同样的需要，并不一定表现出完全相同的期望，如当人有了学习的需要，一个普通的学生期望自己的成绩在班上中等偏上就感到很满足了，而对于一个成绩一直都不错的学生来讲，他对成绩的期望可能要高得多。又如，对于有同样需要食物来解除饥饿的两个人来讲，其填补肚子的期望，无论从形式还是从内容来讲都会有所不同。经济条件较为拮据的人更期望能够用最少的花费填饱肚子，而富足的人可能更期望找一家高档次的酒楼，用不菲的花销去满足他"肚子"的需要。由此分析，我们应该看到，需要与期望既有密切的联系，又具有明显的区别。

（二）需要的层次性

期望直接为需要所引发，人们有什么需要就会激发人某种或某些期望。人有维护生存的基本需要，也有促进成长的发展需要。因此，人们也就有相应的有维护生存的期望和促进发展期望。

维持生存的基本需要主要是指安全、从属、爱、尊重和自尊等内容的需要，人本主义心理学家马斯洛从如下几个方面的特征予以说明：一是它的缺乏导致疾病；二是它的出现防止疾病；三是它的恢复治疗疾病；四是在某种（十分复杂）自由选择的情境中，被剥夺的人较之其他满足，更乐于得到它的满足；五是它处于低潮时在健康人身上是不活跃的，或在功能上不出现。马斯洛还指出，基本需要另外两个特征是主观的，即一种有意识的或无意识的向往和欲望，一方面是匮乏感，好像丢了什么东西似的；另一方面则是惬意感。① 由此可见，对于一般人来讲，与维持性需要相联系的期望是不可或缺的，一旦或缺将易使人们产生紧张焦虑，甚至有可能产生疾病，而一旦这种期望实现，就可避免疾病的发生。

发展需要主要是以自我实现为其特征的需要。在马斯洛看来，基本需要与发展需要有所不同的是，前者要求紧张缓解和恢复平衡，而与成长相联系的发展需要为了长远的和通常达不到的目标而保持紧张。缺失性需要的满足避免了疾病；而成长性需要的满足则导致积极的健康。② 因此，与发展性需要相联系的期望一旦得以实现，则可导致积极的健康状态。

在发展的需要方面，有物质性需要和精神性需要，因此也就形成了人们在物质方面追求的物质期望，以及在精神方面追求的精神期望。按照有关人的身心资源有限论来讲，如果人对物质需要表现过于强烈，就会极大地刺激其对物质方面的期望欲求，而会在较大程度上抑制他的精神需要，从而使其对精神的期望显得淡漠。因为一个被物质的欲望所激发的人，在他眼里就是物质的东西，他的注意力就在那些能够满足他欲望的物质上，而其他精神的东西，几乎没有进入他的视野，更不必说他还对这些东西存有什么期望了。客观地讲，人们对于物质方面的期望一方面刺激了社会的生产与消费，对于社会的物质繁荣与经济的发展起到了积极的作用，另一方面也导致人们的物质欲望过于膨胀，物质享乐主义盛行，精神的追求越来越缺乏，内心充满空虚感。我们今天强调物质文明与精神文明一起抓，就是需要二者的平衡协调发展，就是为了有效防止因二者的不协调所带来的各种社会问题。

二、目标——期望的指向者

（一）目标与期望的关系

目标在动机心理学中指的是个体预期自己行为所达到的结果。目标系统功能的

---

① ［美］马斯洛：《存在心理学探索》，李文湉译，云南人民出版社1987年版，第18页。
② ［美］马斯洛：《存在心理学探索》，李文湉译，云南人民出版社1987年版，第27页。

动力包括激活、维持和实现目标。某一目标可以由外在刺激激活，也可被内在刺激如生理、想法或意念等激活。① 每个人各自不同的生活目标，这些目标决定着个人的行为和行动的方向。人们对于未来有追求和期盼，而这种追求与期盼所指就是目标。人们期望的实现就是所期望的目标的实现。期望的激励作用，既表现在期望因基于需要发生而产生的，对人的行为的推力作用上，同时还表现在期望目标对人的行为的拉力作用方面。因此，应该说期望是将人的行为的"推-拉"结合的最直接与最重要的心理动力形式。

　　无论是在理论上还是在实践中，我们几乎很难将目标与期望割裂开来，因为当我们提及目标时，其中就包含有期望，当我们说到期望时，目标也自然在其中。有期望必然有其目标，有目标必然是期望所指的目标。一个目标的达到过程，就是其期望的实现过程。我们只能说期望是目标的一种抽象，目标则是期望的一种具体化。但正如期望与需要关系密切而又不同一样，期望与目标在严格意义上也是有差别的。期望是内在的，目标是外显的；期望是动态的，目标是相对静止的。期望就如同一个旅行者，需要就是他的出发点，目标就是他的终点。因此，如果说需要是期望的基础与起点，那么目标就是期望的指向与归属。同时，我们应该看到，尽管期望与目标之间关系密切，但彼此也并不是一一对应的关系，同一目标往往可能背后隐含着多种不同的期望。

(二) 目标的价值性与期望

　　目标的价值性主要是指目标对于目标的当事者所具有的意义。人们会更愿意去从事那种目标价值高、实现可能性大的活动，而不去做那种目标价值低、实现可能性小的事情。而目标的价值性越高，人们实现目标的期望值也越大，因此，期望值越高，也在一定程度表明目标的价值也就越高。当然人们期望值的高低，直接受到人们的抱负水平的影响。只有那些抱负水平较高的人，他们在现实生活中才可能产生较高的期望值，从而努力追求并实现那些具有重要价值的目标，而那些抱负水平低的人，往往只持有较低的期望值，因而他们一般不会努力追求那些具有重要价值的目标。

(三) 目标的层次性与期望

　　个人目标是以等级序列结构组织的。目标按等级排列，有些是高层次目标，有些是中低层次的目标。系统结构是可以改变的，以至于有时候通常较为重要的目

---

　　① [美]L. A. 珀文：《人格科学》，周榕、陈红等译，华东师范大学出版社 2002 年版，第315 页。

标，也可能成为较不重要的目标的下属目标。① 系统内的目标可能是整合的也可能是冲突的。当这一个目标的追求妨碍对另一个目标的追求时，这两个目标是冲突的②，如通常情况下精神目标应该作为一种高层次的目标，而物质目标相对而言属于其下属目标。在现实中人们在追求物质享乐目标时，有时会与追求精神方面的目标发生对立与冲突，此时作为高层次的精神的目标，有可能沦为不重要的下属目标。

与目标的层次性相联系，期望也有高层次的期望与低层次的期望。我们将那些与人基本需要相联系的目标视为低层次的目标，与之对应的就是低层次的期望；而与人的高层次需要相联系的目标视为高层次目标，与之对应的就是高层次的期望。按照渐次原则，对于大多数人而言，由于首先所要满足的是低层次的需要，因此，其所追求的目标及其期望都属于低层次的。在正常情况下，只有当低层次的目标期望得到一定的实现，才能进一步追求高层次的目标及期望。当然，对于不同的个体而言，可能存在一定差异，一些人可能由于各种主客观条件的限制，仅止步于低层次的目标及其期望的追求，在该情况下其高层次的目标与期望就显得不够重要；而部分社会精英，也可能首先想到的是高层次的目标及其期望的追求与实现，因此，在这种情况下低层次的目标与期望也就不那么重要。

(四) 目标的多样性与期望

人在现实中的需要是多方面的，人在现实中所要追求的目标也具有多样性。从内容方面讲，有同各种物质需要相联系的目标，也有同各种精神需要相联系的目标；从时间序列来讲，有近景性目标和中远景性目标，且这些目标之间往往存在不一致甚至矛盾的地方。那么，与目标联系密切的期望也会表现出类似的特点。当出现这种情况时，人们会进行其价值及实现的条件等各个方面的权衡与比较。奥尔波特认为"拥有长远的目标，对于我们每个人的存在来说，被看作是主要的"③。班杜拉则认为，特定的、有挑战性的、现实的和近期的目标比模糊的、不现实的、无挑战的和长远的目标更有助于自我激励。④ 而珀文则主张："一个人可以有长远目标，

---

① ［美］L. A. 珀文：《人格科学》，周榕、陈红等译，华东师范大学出版社 2002 年版，第 314 页。

② ［美］L. A. 珀文：《人格科学》，周榕、陈红等译，华东师范大学出版社 2002 年版，第 314 页。

③ ［美］舒尔兹：《成长心理学》，李文湉译，生活·读书·新知三联书店 1988 年版，第 25 页。

④ ［美］L. A. 珀文：《人格科学》，周榕、陈红等译，华东师范大学出版社 2002 年版，第 323 页。

但个人的进步通过将长远目标转化成为较为即时的下属目标能得到最佳成效。"①他认为，"从积极方面来说，为了增强目标的动机力量，目标应该是特定的对现实有挑战性的，并且通过较为近期的目标追求而与未来相联系的"②。一般来讲，人们往往会优先选择那些极其重要的，且又相对较为具备实现条件的目标及期望，并努力去实现它。当然，人生往往有时会面临具有同等价值的目标及期望，此时虽然难以决定取舍，但需要人凭借高超的智慧和应有的意志做出最后的抉择。那些缺乏智慧的或不具备有良好意志的人，往往因此而犹豫不决，徘徊不前，最后无法实现其目标及期望。

三、情感——期望的依托者

期望是与一定的情感相联系的。情感几乎伴随期望的整个活动过程。一定的情感引发期望，期望的进展与实现始终与情感如影随形。没有情感的期望是不存在的，缺乏必要的情感的期望也是无法实现的。因此可以说，情感是期望的直接依托者。同时，情感也是期望的一种重要心理表现形式，人们对自己或他人怀有某种期望时，往往表现出巨大的热情甚至产生某种程度的激情，当人们的期望实现后，会表现出快乐与愉悦等情绪情感体验。相反，当人们的期望没有实现时，人们往往会感到伤心与痛苦，并有可能产生不同程度的焦虑与抑郁，甚至有时还伴有一定的敌意与愤怒等。情感的性质、倾向性及程度等，对期望的产生与维系及实现都会产生明显的影响作用。

(一) 情感的性质与期望

期望的发生建立在一定的积极情感基础上，期望的实现也建立在一定的积极情感基础上。正是基于期望者对被期望者的一种关爱的积极情感，才使期望者向被期望者提出期望，也正是被期望者对期望者的一种信赖的积极情感，才使被期望者能够接受期望者所传递的期望信息。因此一定的关爱与信赖是期望得以产生的必要条件。我们很难想象，当一个人对另外一个人是冷冰冰的时候，他会对该人寄予什么期望？当一个人从另一个人那里感受不到丝毫的关爱时，他怎么会去接受对方的期望，并努力实现这样的期望？期望是在爱中得以孕育与萌发的，它也是一种爱的表达。期望伴随着爱，爱孕育了期望。保证期望实现的爱是一种无私的真爱，是一种基于理性所形成的爱，而不是一种占有似的自私的非理性的爱。如果是建立在占有

---

① ［美］L. A. 珀文：《人格科学》，周榕、陈红等译，华东师范大学出版社 2002 年版，第 324 页。

② Leif W, Anne S R. Measuring optimism-pessimism from beliefs about future. Personality and Individual Difference, 2000, 28, pp. 717-728.

基础上的自私而非理性的爱，反映出期望双方的一种扭曲了的不平等的和缺乏互信与互尊的关系，而基于这种关系形成的期望是根本不可能实现的。只有当人们真诚无私同时建立在一定理性基础上的爱，才是期望形成与实现的重要情感基础。

(二)情感的倾向与期望

情感的倾向性影响着期望者对期望对象及其期望内容的选择，在一定程度上决定期望的向背。一个热衷于物质享乐的人，很难形成对自己或他人在较高精神层面上的期望。一般来讲，期望者在形成期望时，他要首先决定对什么人持有期望，持有怎样的期望。在做出这种选择中，固然离不开认知的作用，即他要通过有关观察、思考等认知活动，做出以谁为期望对象和做出怎样的期望的决定。在这个过程中也反映出期望者的一定情感倾向，也就是说，期望者的情感倾向性在一定程度上影响到他对期望对象及其内容的选择。这就是一种期望中的情感偏好表现。一名教师的情感倾向性将直接影响到他对不同学生的期望及反应，一位母亲也可能要根据自己情感的偏好对孩子形成相应的期望及反应。而作为被期望者在接受他人的期望时，也会受到自己情感的偏好性影响。

(三)情感的深度与期望

情感的深度是情感所反映的一种亲疏或深浅程度，它在一定程度上影响着期望者对被期望者的期望值。期望者与被期望者之间的情感越深厚，期望者所表达的期望值可能越高。一般来讲，亲密的朋友之间所表现的期望值，往往要高于一般普通朋友之间的期望值；对子女表现出非常深厚亲情的父母，往往会对其子女表现出较高的期望值；教师往往对那些自己喜欢的成绩好的学生的期望值，要高于其他一般学生。正是因为情感深度的作用，致使那些对人持有高期望值的人，当期望没有实现时而往往会表现出失望感。

(四)情感的丰富性与期望

情感的丰富性一般是指人的情感广泛性程度。情感的丰富性在一定程度上影响到有关期望内容的多样性。在现实中我们不难看到，有些人对于生活的多个方面充满热情，在各种活动中尽可能展露自己的风采，不仅自己在许多方面表现出各种期望，有的甚至也期望他的朋友、子女等，有如自己一样的广泛的热情和从事各种活动的良好表现。那些情感欠丰富的人，生活中难免有些单调，他们所表现的期望也就显得较为单一。

在期望中有关情感反映的性质、倾向性、强度等，可能受到多个方面多种因素的影响，对于期望者来讲，主要受他的期望值及其自身认知调节水平的影响。如果期望值不是很高，则有可能容易实现其期望，也就容易获得满足感，当最后实际的结果远超过他的期望值时，他还会有一种意外的惊喜；如果他的期望值很高，一般较难达到时，就有可能产生一种不满意的失落感，当实际所得到的与他所期望的有一种较大的差距时，他也可能感到失望与痛苦，当发现最后所得到的与他所期望的背道而驰时，他可能感到非常的焦虑甚至表现出一定的愤怒。当然，如果他表现出一定的理性，他会通过有效的认知调节，使期望所产生的情绪反应保持在恰当的范围与程度，既不因为出乎意料的期望收获而大喜过望，也不因为意外的失落而感到过于忧伤。对于被期望者来说，其期望所带来情感情绪反应的性质与程度，主要由期望内容与他固有的价值体系是否一致，是否容易实现以及他与被期望者之间关系的重要性程度等因素所决定。当他发现有关期望的内容与自己已有的价值体系是一致的且容易实现，那么他在接受期望中就感到一种乐趣，并在实现期望后有一种满足感；当他发现有关期望的内容与自己已有的价值体系不一致，或与自己的实际有较大的距离，实现起来有一定难度时，他就有可能感到紧张与不快。同时，他发现期望者与自己的关系又甚为密切时，有可能进一步加重这种紧张与不安，有时他会显得犹豫不决。当然，如果他能够通过自己的认知调整自己，有关方面的不适情绪可能不会构成对他的大碍，如果不能够通过认知等方式加以有效的调整，不良的情绪如果持续下去，就有可能会伤害其身心。

四、认知——期望的调适者

期望总是基于一定的经验发生，而人的经验在很大程度上是人们认知活动的结果。认知几乎作用于期望的整个要素及其活动过程，在期望的产生与实现过程中发挥着重要的作用。一般来讲，认知能力、认知加工方式等均从不同的侧面影响着人们的期望。其中认知能力直接影响着人们对期望内容的理解与选择，并进而影响到期望内容的传达乃至对期望后果及其影响的评价与调适。

一般而言，人们借助于感知、记忆、想象、思维等认知活动形成了各种经验，又通过认知活动对这些经验予以分析与判断。在此基础上明确什么东西是重要的，什么人应该具有这样重要的东西，从而形成对有关对象相应的期望。同时，当人接受某人或自己的期望时，也需要借助于已有的感知、记忆、想象、思维等认知活动所积累的经验，决定是否接受或在多大程度上接受期望。与此同时，人们还要借助于认知活动，对接受或不接受有关期望所形成的各种利弊得失进行权衡，并根据这种权衡决定是否接受有关期望。

(一)认知的选择性与期望

现实世界纷繁复杂，人所面临的需求林林总总，期望什么而不期望什么，往往需要通过一定的认知选择性来实现。在一定意义上讲，人的期望是人认知选择性的结果。

首先，从期望的产生来看，有关期望者对谁发出期望，发出怎样的期望，以怎样的方式发出期望，发出期望后有可能产生的结果会是怎样的，如果出现预料之外的结果将怎样应对等方面，直接为其认知选择所决定。在确定被期望对象时，期望者需要借助于自己的认知选择，对有关被期望者的各种特性及与自己的关系形成分析判断，并根据这样的分析判断，进一步借助于自己的认知，选择并决定为被期望者提供怎样合适的期望信息，同时还需要通过自己的认知选择活动，考虑如何以有效的方式向对方发出相关的期望信息，使对方按照自己期望的方向努力，实现自己的期望。如果期望者的认知选择水平低下，将直接影响到他所发出期望信息内容的质量和发出方式的有效性。如果期望者形成刻板的认知方式，他就不能审时度势地选择期望信息，同时也不能适时调整自己期望值，当期望没有实现时，他也难以做到有效调节自己的一些失落情绪。

其次，从期望的实现过程来看，被期望者需要借助于自己的认知选择，形成对期望者是谁，他与自己的关系是怎样的，他对自己的态度如何等的选择判断，同时还要借助于自己的认知选择，对期望者所发出的期望信息是什么，实现这种期望的条件是否具备，在实现期望中自己的得失将会是怎样的等形成必要的分析与权衡。当期望没有实现后，期望双方需要借助于认知选择等活动，对于期望目标及其期望值以及由此产生的各种情绪加以调整。

(二) 认知比较与期望

认知对期望的影响的一种常见而重要的形式就是有关社会比较的作用。社会比较是个体基于一定的参照标准和自己的价值观等经验，对有关人或事的比较判断的认知活动。一般来讲，期望者形成对自己或他人的期望，往往是根据对有关类似的人或事的观察比较的基础上形成的。在人们所形成的关于自己或他人的期望中，往往反映出一种社会比较的认知活动。如果这种社会比较是适当的，当然对期望及其实现具有积极的意义，但如果社会比较严重失当，将会使期望误入歧途，而无法真正实现。这样的教训在现实中往往较为常见。

总之，人们在现实中需要通过认知对期望内容的选择，对期望值与期望目标、期望关系、双方期望态度及情感反应等的调适，从而使期望的内容、期望值与期望目标更为合适，期望关系与态度及情感反应更积极而合理，以确保期望产生预期的效果。

五、意志——期望的执行者

期望是一种有意识的指向未来的心理活动，期望的实现需要一定的意志。意志是人自觉确立行动的目标，调节与支配行为并克服行动中的困难实现目标的心理过程。意志与人类有目的的心理与行为联系在一起，对人的有意识的心理与行为起着发动、维持与制止的作用。因此，意志对人的期望心理及其行为具有发动、维持与制止的作用。通过意志的发动与维持作用，使期望者根据一定的目的自觉发动期望、表达期望行为，使被期望者主动面对期望者所发出的期望信息，并根据自己的状况来决定自己是否去执行期望者发出的期望，在多大程度上执行这种期望。被期望者一旦决定执行期望者的期望，会通过一定意志的作用，将心理与行为集中于该期望的活动中，并努力制止与实现期望无关的一些心理与行为，克服各种困难，实现期望者所期望的目标。因此，意志不仅对期望者期望行为的产生发挥一定的作用，同时对于被期望者实现期望的执行及维持行为也产生一定作用。

另外，当自我期望与来自他人期望产生一定矛盾与冲突的情况下，也需要发挥意志的调节作用。因为在所面临社会生活中，我们不仅对自己充满着种种期望，而这些期望有时会产生一定的冲突，在二者不可兼得的情况下，我们得通过意志的努力做出最终的选择。我们在生活中经常碰到关于自我的期望与来自别人对自己的期望不一致的情况，在这种情况下需要通过必要的意志做出最终的决定。当一个人面临诸如此类的情况，如果缺乏必要的意志或意志不坚决，就容易陷入深深的矛盾所造成的痛苦而无法自拔，而只有通过意志的决断，才能做出有效的选择。

(一)意志的自觉性与期望

期望活动所反映的是一种有明确目的和意识的活动，这种活动客观上需要期望当事人表现出一定的意志的自觉性。如果期望者缺乏必要的自觉性，就无法自觉确立有关期望的目标，也不可能做到有意识地向被期望者发出有效的期望信息，这样就可能导致期望者在产生某种期望时陷入盲目。如果一旦出现这样的盲目状况，有关期望就可能带有很明显的主观随意性，这样的期望很难被期望者接受，即使勉强接受，结果也不一定会好。同样，如果被期望者缺乏必要的意志的自觉性，他也难以自觉接受有关期望者的期望，更不可能自觉执行有关期望者的要求。当被期望者不能够自觉接受有关期望时，期望者如果不能够自觉适时地变更或调整自己的期望信息，那么，整个期望就根本无法实现。因此，意志的自觉性在整个期望活动中具有十分重要的作用。自觉性反映在期望活动中，主要表现为自觉确立期望的目标，自觉选择期望对象、期望内容、期望方式和自觉发出信息与接收信息，并自觉解决期望活动中所遇到的各种问题，从而避免期望活动中出现的盲目性和随意性，使期望的发出者和接收者都能够在明确的意识的支配下，富有理性地发出期望信息和接收期望信息，从而尽可能确保期望产生积极的效应。

(二)意志的自制性与期望

人们在期望活动中，往往受到来自自身的情绪、非理性的冲动和外在的各种干扰等因素的影响，要想使期望活动不受内外各种因素的干扰而正常进行，就需要期望的当事人表现出一定的自制性。自制性反映在期望活动中，主要表现为期望双方都能够有效控制来自自身或外部的干扰因素，消除期望活动中所产生的不利影响，确保期望活动能够在正常的状态下取得预期的成效。

(三) 意志的坚持性与期望

期望更多的是指向未来，而未来的期望之路也非一帆风顺，常常会遇到各种意想不到的困难和来自内外的各种障碍与阻力。在这种情况下，需要期望当事人表现出良好的意志和战胜各种艰难险阻的信心与勇气，只有这样才能最终抵达期望的彼岸。无数的生活事实告诉人们，只有通过意志的历练与坚守，不畏艰难，一往无前，我们才有可能实现人生一个又一个的期望。离开了人的意志的坚持作用，我们的期望永远只能滞留在"心想往之"的此岸，而不可能到达期望的彼岸。

六、人格——期望的引领者

在现实中人们期望什么或接受怎样的期望，从其内部根源来看，是由其人格决定的。在一定意义上讲，期望就是人的人格的一种表征。当一个人具有怎样的人格，他就有可能期望自己或他人怎样去做出行动。具有不同人格倾向的人，往往表现出不同的心理需要，具有不同的生活目标，同时所表现出的认知方式与情感体验以及意志行为都是不一样的。前面我们所分析的与期望有直接关联的心理因素，无不受到个体所具有的人格及其特点的影响。在一定意义上讲，期望所反映的需要、目标、认知、情感、意志等心理活动的背后都是人格作用的结果，也就是说人格决定了人所具有的需要、目标、认知、情感、意志的特点及其表现，因此，期望最根本的心理机制是人格机能的作用。一个具有健康人格组织及其机能的人，他所表现的需要是正常的、目标是符合实际的、认知是合理的、情感是适宜的、意志行为是积极有效的。因此，无论是他对于自己的期望，还是对他人的期望，抑或是他接受并实现别人的期望，往往是积极有效的。而一个人格组织及其机能不健全的人，所形成的需要可能是有问题的，其目标往往是不切实际的，所表现的认知是不合理的，情感体验与反应是失常的，意志及其行为表现也是失当的。因此，这种人无论是对自己或别人所形成的期望，还是他接受并实现他人的期望，往往是消极无效的，有时甚至是有害的。人格对于期望的具体影响集中反映在如下两个方面：

(一) 人格特性与期望

人格特性主要指人格所具有的倾向性特性而人格的倾向性一般是指人经常出现的较为稳定的心理及意识的指向性。这种倾向性往往反映在人的心理及行为的多方面，在此可以从如下两个维度展开一定的讨论：

一是乐观主义者与悲观主义者的期望。从认知信念及情绪表现的倾向性来看，人们在现实生活中存在乐观与悲观两种典型的人格倾向。有些人即使在逆境中，也能够保持积极乐观的状态，而另外也有那么一些人，即使处在顺境中，也往往容易流露出悲观的情绪。Leif 等人依据期望-价值模型来定义乐观-悲观：乐观-悲观是指个体对有关个人生活和社会方面的未来积极和消极事件发生的可能性和价值的主观评定。① Scheier 等人首次提出了气质性乐观的概念，认为气质性乐观是对未来好结果的总体期望。综观目前有关乐观的应用研究，大部分研究者采用的是 Scheier 等人对乐观的定义。本书认为，乐观是一种人格特质，其理论核心是个人对未来事件的积极期望，相信事件的好结果更有可能发生，表现为一种积极的解释风格。而悲观主义者对于未来的结果并不看好，因此他们对于未来的期望往往表现出消极的预期，并采取相对消极与保守的行为反应方式。

Norem 和 Cantor 等人关于防御性悲观（Defensive Pessimism）的研究，将防御性悲观与人们理解的一般的悲观区别开来，指出并非所有的悲观都是适应不良的表现，消极思维也可能产生积极的效果。② 一般认为，防御性悲观的两个基本成分是消极期望（Negative Expectation）和反思（Reflectivity）。研究者一般把防御性悲观作为人在成就情境中的一种认知策略。为自己将来的成绩设置低的期望水平是防御性悲观的特征之一，它主要服务于自我保护的目标，如利用对可能失败的焦虑和消极情感服务于动机目标。防御性悲观者会额外地关注将要发生事件的消极可能性，无论他们对事件的期望如何，他们都会想象消极的场面。这种对事件结果的消极关注，能进一步服务于防御性悲观的动机目标，因为想象消极场面，能促使人为了避免这些场面发生而更加努力。③

使用防御性悲观策略的个体，在事件发生前会感到十分焦虑，认为自己对事件失去控制力，即便他们在过去相似的情境中做得很好。防御性悲观就是对这一消极情感的一种反应。应用这种策略可以帮助人们更好地控制焦虑情绪，并为将来做出积极的准备。使用防御性悲观策略的人，当他们预想将要发生事情时，往往考虑最坏的可能性，甚至是发生概率很低的结果。由于仔细考虑了最坏的可能性，焦虑不会对防御性悲观者的成绩产生干扰作用，反而能使他们将精力集中在手头的工作

---

① Scheier M F, WJ K, Carver C S. Coping with stess: Divergent strategics of optimists and pessimists. *Journal of Personality and Social Psychology*, 1986, 51, pp. 1257-1264.

② Norem J K, Cantor N. Anticipating and post hoc cushionistrategies: Optimism and defensive pessimism in-rissituations. Cognitive Therapy and Research, 1986, 10: 347-3; Showers C. The effect of how and why thinking on perception of future negative events. Cognitive Therapy and Resear, 1988, 12, pp. 225-240.

③ Showers C. The motivational and emotional consequences of considering positive or negative possibilities for an upcoming event. *Journal of Personality and Social Psychology*, 1992, 63, pp. 474-484.

上。在这有两处看似矛盾的地方，首先，尽管一般情况下期望水平越低，实际表现会越差，但对于防御性悲观者则不是这样。其次，尽管高的焦虑水平通常会破坏成绩，但防御性悲观者则能将自己的焦虑化为动力。① 与防御性悲观相反的一种策略是乐观。乐观的典型策略之一是在事件之前不考虑那么多可能的结果。如果广泛考虑各种不同的情况，乐观者的感觉就会很糟糕。对于一开始就设置了高的期望水平的乐观者而言，反复思考并不意味着会导致消极的结果并唤起他们的焦虑，因此为了避免想到那些消极的可能性，他们不会在事情发生前反复思考很多。

乐观和防御性悲观的一个区别是在预期策略和回溯策略使用上不同。② Norem等人认为防御性悲观者使用预期策略，比如在事情发生之前设置低的期望水平，并想象各种不同的结果。相反，乐观者使用回溯式的策略，如当已经知道事情结果的时候再调整对自己表现的认知。无论是防御性悲观者还是乐观者，在自我评价可能受到威胁时都有自己的优先使用策略。通过设置低的期望水平和反复思考将要发生的事情，防御性悲观者利用焦虑来激发自己，而乐观者会在最初设置高的期望水平，并在失败时通过回溯式策略保护他们的自尊。

二是现实主义者与完美主义者的期望。"现实主义者"看到的只是事物的表面特征。③ 我们所讲的现实主义者，主要是指那些一切着眼于当前利益的满足，考虑更多的是当前的成败得失，寻求的是直接的物质及感官的享受，为了眼前利益而不顾长远利益，甚至为了满足眼前利益而不惜牺牲长远利益的人。这种人只有近期目标而没有长远目标。因此，这种人更多的期望是寄予眼前与当下，而几乎很少表现出对未来的期望。而在现实的各种利益的角逐中，他们有的表现出异乎寻常的占有欲，并且不时地展示或不断刷新自我存在感。当谋求现实的利益受阻或遇到外来的打击，他们中的许多人又会对自我缺乏信心，表现出无比的沮丧，看不到未来与期望，而过上一种得过且过，蝇营狗苟的生活，从而对现实期许要求不高，一下子又很容易在现实中获得满足。

"完美主义者"的最大特点是追求完美，而这种欲望是建立在他们认为事事都不满意、不完美的基础之上的，因而他们平时容易陷入深深的矛盾之中。要知道世上本就无十全十美的东西，完美主义者却具有一股与生俱来的冲动，他们将这股精力投注到那些与他们生活息息相关的事情上面，努力去改善它们，尽量使其完美，

---

① Thompson T, le Flvre C. Implications of manipulating anticipatory attributions on the strategy use of defensivepessimists and strategic optimists. *Personality and Individual Difference*, 1999, 26, pp. 887-904.

② Norem J K, Cantor N. Defensive pessimism: Harnessing anxiety as motivation. *Journal of Personality and Social Psychology*, 1986, 51, pp. 1208-1217.

③ ［美］埃利希·弗罗姆：《为自己的人》，陈学明译，工人出版社 1988 年版，第 96 页。

乐此不疲。但是，当实际情况却往往事与愿违时，他们又会往往半途而废——虽然这些都是自动自发的。也许开始工作时有一股永不罢休的劲头，但后来都会衰减，原因就在于在工作过程中，不完美此起彼伏，他们根本顾及不了那么多，最后那股稳做不辍的冲动只有认输。他们竭尽全力达到自己设定的高标准，当无法达到这些标准时，往往会过度自责、变得抑郁，害怕达不到标准失去了被爱、被接受的资格，极度恐慌被遗弃，这也是他们追求完美的出发点。完美主义者不仅对于自己要求完美，同时对于他人也是非常苛求，不仅对于自己表现出过高的期望，同时他们也总希望别人把事情做得尽善尽美，因此，常把人际关系搞得很糟。他们之所以不顾一切追求完美，是因为深信其他人，并对他人寄予厚望，当自己或他人没有实现其期望时，他们会感到无比的失望甚至绝望，若不能从中摆脱出来，容易产生身心失调问题，极个别的甚至有可能因极度的抑郁而产生轻生念头和行为。

（二）人格类型与期望

关于人格的类型目前理论上有多种不同的划分，在此我们仅从弗罗姆人格分类学和斯普兰格人类社会文化学人格分类与期望为例开展一些分析。

弗罗姆将人的人格划分为创发性心向和非创发性心向。对于非创发性心向，他又将其分为"接受心向者""剥削心向者""囤积心向者""市场心向者"几种。对于这些具有典型的人格类型的个体来讲，其表现的期望是具有明显的不同的。具有"接受心向"的人，往往期望从他人得到更多的关爱、帮助及有效的各种支持，为了实现这些期望，他平时更多采取非常温顺的方式去讨好对方；而具有"剥削心向"的人，他们往往期望占有他人更多的东西，并且是带有一定强制性的甚至是完全不正当的（如剽窃、偷盗等）方式，从他人那里满足自己的占有欲；具有"囤积心向"的人，往往期望通过一种有秩序有条理的"积累"使自己越来越富足，且是一种异常谨慎与收敛的方式实现这种期望；对于"凡是把自己当成商品并以交换价值作为个人价值的性格心向"，即"市场心向"的人来讲，他们所期望的是自己的"个人价值"在市场中有个好价钱，并采取极强的应变力和包装方式兜售自己，以获取丰厚的"个人利润"。①

德国心理学家斯普兰格依据人类社会文化生活的六种形态，将人的人格划分为"经济型""理论型""审美型""权力型""社会型""宗教型"六种。对于这六种不同人格类型的人来讲，所表现出的期望也有明显的不同。"经济型"的人更看重的是经济的价值，他们期望获得更多的财富和巨额的利润；"理论型"的人更加看重的是理论的价值，他们更加期望对科学的探索和对真理的追求；"审美型"的人更加崇尚审美的价值，他们更加期望获得感受美和创造美带来的快乐；"权力型"的人

---

① ［美］埃利希·弗罗姆：《寻找自由》，陈学明译，工人出版社1998年版，第88页。

更加看重的是权力地位的价值，他们更加渴望拥有无上的权力和形成对更多人支配的地位；"社会型"的人更加看重个人对于社会和他人的价值，期望自己能够为社会为他人作出更多有益的贡献；"宗教型"的人所信奉的是神明的力量，将信仰视为个人所追求的最高价值。

从以上分析中我们不难看出，由于人的人格系统是复杂的且在一定时期表现出矛盾性，因此由人格所反映出的期望也不是单一的，而是复杂且充满矛盾的。

七、能力——期望实行的保证者

由于期望是指向未来的，是对于现实的一种超越，而要想实现这种超越必须具备一定的能力，不具备相应的能力，我们根本无法实现这种超越。因此，能力应该是实现期望的重要保证。实现期望的能力应该是一种包括反映在认知、情感、意志等各种心理活动和期望实现过程中所需要的各种能力的综合，也就是说期望实现所要求的能力不是单一能力而是综合能力。

(一)认知能力与期望

期望的实现过程是有意识地确立目标、选择与加工信息作出决策和实施决策的过程，要想如此，必须具备相应的认知能力。认知能力直接关系到选择和确立怎样的期望目标，选择和使用怎样的期望信息及传递方式。只有具备良好的认知能力，才能选择与确立合适的期望目标，选择和发出适宜的期望信息，并能够采取有效的方式发出期望信息，从而保证所发出的期望信息能够产生积极的效果。

(二)情感能力与期望

期望是以一定的情感为依托的，期望所需要的情感能力突出体现在积极情感的表现力和消极情感的控制力以及期望实现过程中各种情绪的调节力等方面。只有期望的相关人员具有良好的积极情感表现力，才能促进期望产生更为良好的效果；只有期望相关人员具备较强的控制消极情绪情感的能力，才有可能保证避免不良情绪情感对于期望所产生的负面影响；只有相关人员具有良好的情绪情感的调节能力，才能有效防止在期望活动过程中出现的各种不当的情绪反应，以保证期望得以顺利进行并达到预期的效果。

(三)意志力与期望

期望的实施过程是人的一种意志活动过程，因而要想实施期望活动，必须表现出良好的意志力。在期望过程中所需要的意志力，集中体现在期望者能够做到自觉确立期望目标，努力坚守并敦促被期望者实现其期望目标，有关期望人员并能够克服与战胜各种影响期望实现的困难以及内外因素的干扰，确保最终期望目标的实现等方面。只有期望者能够做到自觉确立目标，才能避免因其期望的盲目性与随意性而造成的期望目标的失当；只有期望的相关人员表现出克服各种困难和战胜内外因素干扰的意志力，才能保证其期望的实现。

(四)践行力与期望

期望的实施过程是一种人的实践过程，因此一定的实践执行能力是确保期望实现的必不可少的条件。由于期望所关涉的实践活动领域不同，因此其实践执行力也就有所不同，如一个学生要想实现老师或自己在学业方面取得好成绩的期望，必须具备学习的实践能力，只有这样才有可能保证其学习期望的实现。又如，一个领导者要想实现其领导角色的期望，必须具备较强的领导能力才能保证实现领导者角色期望。当然，除了因期望实践领域的不同需要有不同的实践能力外，还需要具备一些一般的执行力，如一个学生要想实现其学习的期望，则需要有与周围同学处理好关系的能力，以保证在自己遇到学习困难时利用好来自同学的帮助。领导也是如此，要想实现其领导角色的期望，平时也应该表现出良好的与人交往与沟通的能力，以便能够得到来自他人的支持而实现其领导角色的期望等。

第三章　期望的心理过程及机制

　　人们也许会关心并提出这样的问题，为什么有的人能够实现自己的期望，而有的人却收获了失望？在前面有关期望的组成要素及其心理架构等内容中，我们涉及了一些分析，这里还得进一步从期望的心理活动过程及其主要机制加以认识。期望是一种心理活动，大凡心理活动都有一个发生、变化、终结的过程，期望也是如此。在此，我们仅就期望发生和实现的心理过程与其产生的效应等主要机制予以分析，并在此基础上对期望受挫的反应及其补偿机制展开一定的讨论。

第一节　期望的基本心理过程及机制

　　期望的基本心理过程包括期望的产生过程和期望的实现过程。前者主要是由期望者所主导，后者主要靠被期望者所践行，且在一定外部环境条件下，由于双方的共同作用，导致其期望产生各种不同的效果。

一、期望产生的心理过程及机制

　　期望的产生主要是指期望者基于一定的需要和相关的经验，所形成的一种期盼自己或他人得到他所想得到的东西的一种心理活动。在这种心理活动中，必须解决如下任务：明确对谁形成期望，对谁形成怎样的期望，为什么要对谁形成这种期望以及采取什么方式来发出有关的期望信息等问题。期望的产生主要应该包括期望的唤起和期望的发出两个最基本的心理活动过程。

　　期望的唤起有其最基本的机制。首先，期望主体有一定的主观上有所缺失而表现出力求满足的愿望达到一定的强度，同时他感到满足这种缺失的目标物存在，并且觉得能够得到该目标物。如果是基于对他人的期望，往往是由于与他人某种特殊的关系所导致的责任而唤起其期望。由此表明，在关于考虑为什么形成对自己或他人的期望时，主要是出于对于自己或他人的需要来进行的，对于自己所形成的某种或某些期望，有的确实是因为实际上有所欠缺而希望得到，有的可能实际上自己并不缺少，但只是在认识上觉得还不甚满足而有所期望。在关于为什么对他人形成这样与那样的期望时，一般是出于一种关心、责任及义务等的考虑。

　　对于不同的个体来讲，在关于明确对谁形成期望的问题方面是容易确定的，一般不是形成对自己的期望，就是形成对他人的期望，关键的是对谁形成怎样的期望和形成其期望的意义、条件及方式等的思考与定夺。

　　在关于形成自己怎样的期望上，他要判断自己目前需要什么，如果有多种需要，还要进一步明确每种需要，对于自己的价值的轻重，同时还要考虑实现这些期望所需要的条件是否具备，实现这些期望自己所付出的成本代价，和有可能不能实现时所给自己带来的损失等问题。如果他认为自己某种期望是重要的，同时基本具备了实现期望的条件，并且实现它所付出的代价不是很高，况且万一不能实现自己也不会造成多大损失，完全会将此作为期望的内容确定下来的。当然，在现实中这种情况往往是很少的，更多的可能是期望内容的价值愈大，所付出的代价也会相应增大，并且由此产生的后果风险性也较大。在这种情况下，是否作为期望的内容，往往并不那么容易确定。此时他可能要充分考虑其实现条件的成熟性，如果他觉得实现期望的条件很充分，就有可能将其期望的内容确定下来；如果他觉得实现该期望的条件仅一般，就有可能选择它并确定下来，也有可能放弃这种选择；如果他觉得实现该期望内容的条件根本就不具备，放弃该期望的可能性就较大。这些只是对于那些理性的人来讲是如此，而对于那些非理性的冲动性的人来讲，他们更考虑其期望实现所给自己带来的价值，如果他觉得自己所期望的东西对他来讲很重要，他有可能不顾一切地选择并将它确立为自己的期望内容。如果他觉得其期望内容对他来讲显得一般甚至不那么重要，他就不会那么干脆地将它确立为自己一定要实现的期望。

　　一旦考虑并决定了期望内容，他就得进一步思考采取怎样的方式实现自己的期望。在决定采取怎样的方式去实现自己期望的过程中，他可能要想到利用哪些外部条件与资源，怎样去利用这些资源，同时他还要进一步明确，自己通过怎样的具体行动方式去实现自己的期望等。个人的自我期望一旦被唤起，随之就开启实现期望之旅。

　　在形成对他人期望之前，首先要明确自己与他人是一种怎样的关系，这种关系的确立将直接影响到他对对方形成怎样的期望，和以怎样的方式向对方发出自己的期望信息等内容。在考虑自己与期望对象的关系时，他需要思考对方与自己关系的亲密性和重要性的程度。如果他觉得对方对自己很重要或很亲密，就会形成对对方期望的责任或义务，也就很容易形成对对方的期望；如果他觉得对方与自己的关系并不很重要，或不具有很强的亲密性，就不那么表现出期望的迫切性。一般来讲，在他的意识中所反映的与被期望对象不同的关系类型，所选择的期望内容及其表达期望的方式是不一样的。如果与期望对象是一种亲情关系，他不仅感到有一种重要的向对方提出期望的责任和义务，同时所提出的往往是有关对方生活与发展有直接意义的期望信息，而且所提期望的方式往往是直陈式的；如果他发现对方与自己只是一种朋友式的关系，而且是一般普通朋友的关系，所提出的期望也较为单一而明确且是最一般的。

在明确其与他人的关系后，在分辨一定责任的基础上，就是思考并决定期望的内容及其价值意义，当他觉得自己有一定的责任，需要发出他认为较为重要期望时，他还要思考，在什么条件下，采用什么方式向其发出期望，当所有的这些逐一落实后，才最后向对方发出所期望信息。所有这些都需要期望者通过一定的判断、甄别、比较、权衡选择等一系列较为复杂的认知活动来完成。

二、期望实现的心理过程及机制

在实现个人自我期望中，为了确保期望的实现，需要有效利用外在的各种有利资源，同时需要个体做出不懈的努力，并充分激活自身潜力，以积极饱满的情绪和坚韧顽强的意志朝自己所期望的目标迈进，并能够采用各种有效的方法克服行动中的各种阻力，战胜来自内外的各种困难，而努力实现自己的期望。当然，在具体实施期望的过程中，也可能会遇到一些事前没有考虑到的问题或困难，要做出适时的调整与改变，尽可能地按照最初的预期实现其期望目标。当经过一定的实践，发现实现期望的条件暂不具备，尽管觉得也有必要去实现它，此时可暂时搁置下来，等条件成熟再去实现其期望。当然，在这个过程中，如果他有了新的需要，且表现出更强烈的满足的愿望，他也可放弃以前的期望追求，向新的期望目标发起冲刺。

如果是基于对他人提出的期望，此时对于被期望者来讲，他要解决的问题是，是谁向我发出期望，他所期望的内容是什么，他为什么要向我发出这样的期望，我是否要去实现他的期望，如果实现他的期望，需要具备哪些主客观条件，我是否具备这些条件，其中我所要承担的风险和代价是什么？如果不接受他的期望，我会有哪些损失？要承担的风险有哪些？怎样规避这些风险？这里仍然要反映被期望者的注意和选择性知觉、记忆、思维等一系列复杂的心理活动，形成对有关期望的判断、权衡、选择、决定等。

社会心理学研究发现，人的认知活动具有明显的选择性，即人们总是根据当前的需要和任务以及已有的经验决定去认知什么，从而忽略或回避一些与当前需要任务无关或个人不感兴趣的内容。通过注意和选择性的知觉活动，被期望者形成有关期望的认知定向，即知道是谁在向我发出期望信息，发出的是怎样的期望信息。外在的环境、个体经验、价值倾向等，会直接影响被期望者在期望认知定向中的注意和选择性知觉活动。

人们认知的选择性还为如下两种因素所决定，一是刺激物的作用强度，一般说，刺激量越大，越易引起认知者的注意，而过于微弱的刺激则不可能成为有效的知觉选择对象。因此，引起被期望者注意和选择的期望信息，应该是达到一定强度的，如果期望者向被期望者发出的期望信息，缺乏应有的强度，是难以为被期望者所注意与选择的。

二是以往对报偿和惩罚原则的体验。一般如果某种刺激物能给主体带来愉悦，即报偿时，就会引起积极的认知反应。相反，对于那些令人不愉快和压抑的人和事，个人将逃避或置之不理。因此，被期望者更容易形成能够给自己带来愉快的，且与自己的态度和信念一致的期望信息内容的注意与选择，而无视甚至有意识地回避那些与自己的态度与信念不一致，且容易引起自己不快的期望信息。有关认知的防御性也表明，在现实中人们为了维持自己内在的平衡和完整统一，和保持与外在的协调一致，从而形成一种认知防御机制，即对那些影响自己内在平衡和完整统一的信息而采取一种抑制性的抵御反应。根据这种认知的防御性特性，被期望者一般更容易接受那些与自我内部保持一致性的期望信息，而对于那些与自我内部不一致的期望信息，由于认知的防御性机制的作用，他们往往是难以顺利接受的。除非通过一定的特殊方式，突破其认知的防御性，打破他们原有认知的平衡性，并通过所提供的新的期望信息，促进其内部实现新的平衡。

之所以如此，恐怕主要是由人认知的完形特性决定的。所谓认知的完形特性就是人们在形成对有关对象的认知反应中，往往倾向于将认知客体的各个方面的特征加以规则化，形成完整的印象。这种特性在一定程度上决定了在人们的意识中，对有关对象的认知往往是力求一致的，而无法忍受自相矛盾的认知，如对于一个人来讲，他不可能形成他既是好的又是坏的认知反映，当出现这种"认知分离"现象的，人们会通过有关幻想或想当然的方法，对这个对象寻求一种一致的看法。这种认知的完形特性决定了被期望者在接受他人的有关期望信息内容时，更多的是选择那些与自己已有的认知信念相一致的内容，而将那些与自己已有认知信念不相符的信息内容过滤掉，以保持其内在认知的完整统一。

另外，被期望者在实现其期望的过程中，还需要通过记忆与联想等活动，形成对自己与期望者的关系以及实现期望条件的认知反映，同时通过思维与想象等活动，形成对有关期望信息内容、期望实现的可能性、实现期望所要付出的代价及承担的风险等的判断分析，再做出决定。如果通过思考分析，觉得实现其期望具有较大的或一定的价值意义，且一切条件基本具备，风险可控，他便会全力以赴地朝期望的目标迈进。当然，在具体实现期望的过程中，也可能会遇到各种困难和一些事前没有料到的新问题，需要面对与解决。有的人可能凭借顽强的意志和发挥超常的能力去克服各种困难，想尽一切办法去解决问题，最后实现其期望，而有的可能止步于此，最后无果收场。

第二节　期望效应及其影响机制

一、期望效应及其表现

期望是否实现或期望最后的结果会对人产生怎样的影响作用，主要是通过一定的期望效应所体现的。在现实中尽管我们看到许多人，每每陶醉在期望实现后的满足、快乐和兴奋中，同时也发现有许多人，经常承受着因为期望没有实现所带来的无望、痛苦和焦虑。那么为什么会存在这种截然相反的状况呢？这主要是因为期望的不同结果所造成对人的不同影响效应。

"效应"一般"指物理的或化学的作用所产生的效果"[1]。这种将效应限定在物理或化学现象方面的解释显然是不够全面的。一般来讲，效应往往是因事物的作用而留下的一种印记。如果从这种意义上说明效应，那所反映的效应现象是非常广泛的，既包括物理和化学事件的现象，同时还包括生物世界与心理世界的现象。效应几乎存在于整个世界各种事物和事物之间的作用过程中。在此我们要分析的期望效应是因为期望的作用所产生的效果。

由于期望是一种较为复杂的心理现象，因而期望所产生的效果往往是复杂的多方面的，我们可以从不同的侧面与维度认识期望效应及其表现。

从其内容维度讲，期望包括生理效应和心理效应以及行为效应。期望的生理效应是指因期望的作用所给人的生理方面产生的影响，如有的人因一些重要期望长期不能够实现而产生睡眠、饮食等神经和消化方面的不良生理反应。期望的心理效应是指期望给心理方面所产生的作用，如期望的实现使人产生快乐、自豪等体验，并增强了自信与自尊，而期望的幻灭往往会给人带来明显的伤痛与失落，同时也会抑制人正常的认知活动，且有可能使其失去自信等。期望的行为效应是期望所带来的人的行为变化，如教师合理的期望引起学生学习行为的积极变化等。期望的生理效应与心理及行为效应往往是相互关联与交互作用的，只不过在许多情况下可能会有主次之分而已。

因此，根据期望作用的大小可将期望效应分成主效应和附带效应。期望的主效应是指期望对人的生理或心理及行为产生主要作用的效应，而附带效应则是指对人的生理或心理及行为产生次要作用的效应。对于不同的个体来讲，期望的主效应与附带效可能是不一样的。对于心理上敏感者来讲，可能更容易产生心理方面的主效应，而对于生理上的易感者来讲，可能更容易产生生理方面的主效应。期望对有关当事人所带来的影响作用往往不是单一的。而这种主效应和附带效应应该有一定的时相性，也就是说有些期望在一定时期内起主效应的作用，而其他的可能是起附带效应，但可能在另一段时相内，原来只是起附带效应的变为一种主效应，而原来起主要作用的则成为一种附带效应。由此表明，期望的主效应与附带效应是相对的，在某些情况下二者之间甚至可以相互转化。

按照期望对其生理、心理及行为所产生影响的时间先后，可将期望效应分成即时效应与延缓效应。期望的即时性效应是指期望在发生后较短的时间内所产生的作

---

[1] 《现代汉语词典》，商务印书馆 2016 年版，第 1447 页。

用；而期望的延缓效应是期望产生后间隔一定时间才显示其作用。期望的即时效应和延缓效应，有时在其性状方面可能是一致的，有时可能是不一致的甚至是相反的。现实中人们更多注重的是期望所产生的即时效应，尤其是那些急功近利与急于求成的人往往是如此，而他们几乎很少甚至根本就没有考虑期望给人所造成的延缓效应，而恰恰期望的延缓效应给人的成长与发展所造成的影响作用更大。因此，他们中的许多人因为急于实现自己的当前利益，而无形之中给自己或被期望者以后的发展制造了障碍。

根据期望对人所产生效应的显著性程度将其分为期望的显性效应和隐性效应。期望的显性效应主要是指期望所带来的对有关当事人的一些明显的影响作用，如一个平时不那么用功的学生在教师的期望下变得越来越勤奋努力就是一种显性效应。期望的隐性效应主要是指期望对有关当事人所带来的内在或潜在的影响作用，如父母对于孩子平时生活习惯的期望，可能对于孩子个性的形成与发展有较大的影响。在现实中人们往往容易看到，期望给人的行为所带来的显性效应，而往往没有注意到期望给人的生理或心理所造成的隐性效应。其实，在一定条件下，这种隐性效应对人的影响作用可能会更大更持久。

二、期望效应的影响机制

不管哪种期望效应，集中体现在对于期望当事人心理、行为及生理的影响方面，都有积极和消极之别。凡是对于心理、行为及生理造成积极影响的便可叫期望正效应，否则称为期望负效应。期望的正效应是指期望者发出的期望信息，为被期望者所顺利接受并成功实现，同时对期望双方的心理行为以及生理等产生积极的影响作用。所谓期望的负效应是指期望者所发出的期望信息，没有能够很好地被期望者所接受而最终没有预期实现，同时对期望一方或双方的心理与行为以及生理等所产生的消极作用。

从一般客观立场来讲，如果期望的实际效果大于或等于事前的预期效果，就有可能表明期望产生了正效应，也就是说在这种情形下，期望给当事人的心理、行为及生理产生了积极的影响作用；相反，如果期望的实际效果远远低于事前的预期效果，就有可能表明期望产生了负效应，也就是说在此情形下，期望对于当事人的心理、行为、生理等方面有可能产生消极的影响作用。当然，期望产生何种效应，并不完全取决最终的结果，而是取决期望当事人对期望结果的态度与评价。有时候哪怕实际结果低于预期结果，也不一定会造成对当事人的心理及行为等产生消极的负效应。在一般情况下，期望的正效应对于期望的当事者是有益的，而期望所造成的负效应对于期望的当事者往往是不利的。

美国曾有"斯尼奈奇迹"之说：斯尼奈原是一个药物计算中心的一名扫地工人。但计算中心的负责人预言他将成为一名计算机专家，并把此预言告诉了斯尼奈，并对他予以了鼓励。结果这个工人果然改变了对自己原有的态度，克服了自卑心理，后来果然成为一名计算机专家。① 显然，这是一种期望的正效应的案例，从这个案例我们不难看到，期望正效应产生的条件，首先期望双方所形成的互信和期望者对被期望者的尊重与鼓励，其次是被期望者对于期望者期望的良好的认同感和对自己的信任以及所表现实现期望的热情与意志力。

具体来讲，要想使期望产生正效应需要具备以下条件：

（1）期望者对被期望者应有很好的了解。这是实现期望正效应的前提条件，只有期望者对被期望者的个性特点、思想状态、当前的需要等基本内容有一个较好的认识与了解，才能够做到有针对性地向被期望者发出符合其实际可行的期望信息，有关期望信息才有可能为期望者所接受。

（2）期望者对被期望者形成应有关爱的情感。这是实现期望正效应必要条件，期望者只有对被期望者出于一种真诚关爱的情感，并通过一定的方式使被期望者感受到这种关爱，才能使被期望者因为回报你的爱心而愿意接受并尽力去实现您的期望。

（3）期望者对被期望者充满尊重与信任。这是形成期望正效应的最根本的保证，期望者只有对被期望者形成尊重与信任的态度，并使被期望者能够真切地感受到这种尊重与信任，被期望者才会对期望者的要求做出积极的回应，这样才有可能保证期望者的期望得以实现。

（4）期望者发出的期望信息内容是适切的。只有期望者发出的期望信息有价值、有需要，且符合实际条件，才能使被期望者表现出实现期望的积极性与自觉性，并为实现其期望做出积极的努力。

（5）期望者向被期望者所发出信息的方式是恰当的。期望者在向被期望者发出有关期望信息时，应该选择恰当的时间和合适的情景，并以一种真诚友好的方式清晰地表达自己的期望信息，这样才有可能使被期望者以良好的心态对其期望信息形成积极的反应。

（6）被期望者对于期望者的一定的依赖性。只有被期望者对于期望者形成一定的依赖性，才促使其被期望者积极努力地根据期望者的要求去行动，这样才有可能实现期望者的期望。

（7）被期望者对于期望者信息有正确的理解与良好的认同度。被期望者只有正确理解了期望者发出的有关期望信息，并对此信息表现出必要的认同，这样才有可能使被期望者做出积极而正确的反应，使期望者的期望产生应有的积极效应。

（8）被期望者对于实现期望的正确信念与积极的情感态度。只有被期望者对于

---

① 胡成富：《生存·发展·成功——打开人际关系的深层结构》，陕西人民教育出版社1989年版，第323页。

实现期望抱有一种积极的情感态度和信念，才能够更加坚定其实现期望的自觉性与积极性，这样才有可能保证期望者的期望朝着预期的方向发展，而产生应有的积极效果。

(9)被期望者具备实现期望的基本个性品质。期望的最终实现需要被期望者付出一定的努力，有时甚至要克服许多的困难，因此，需要被期望者具备实现期望的必要能力外，还需要被期望者具有自信、坚持、勤奋、努力等个性品质，这样才有可能保证其期望的实现。

(10)有实现期望的适宜的外部环境条件。人的许多期望的实现要受一定的外在环境条件制约，如一个高考成绩非常优秀的学生，期望能够就读某重点大学的某专业，那么，这所大学的该专业要招生，他才能如愿。因此适宜的外部环境条件，也是保证其期望实现并产生积极效应所不可缺的。

由上述分析我们不难看出，产生期望正效应是由多种条件共同作用的结果。我们要想确保期望产生预期的积极效果，就应该同时考虑与发挥这多种因素的协同作用。

在现实中为什么会产生期望负效应，这主要是由以下因素影响的结果：首先，来自期望者方面的影响因素，主要包括有：

(1)对被期望者缺乏真正的了解。由于期望者对被期望者的实际情况缺乏真正的了解，因此他们所提出的期望往往严重脱离被期望者的实际，容易表现出过高或过低的期望倾向。期望过高，往往使被期望者产生对期望的一种畏惧感和巨大的精神压力，在这种情况下即使被期望者按期望者的要求去做了，也难以产生积极的效果，而更有可能会产生一些负效应；如果期望要求过低，无法激起被期望者实现期望的热情与积极性，因此，在这种情形下也容易产生令期望者失望的负效应。

(2)对被期望者缺乏应有的关爱与尊重。如果期望者对被期望者平时缺乏应有的关爱和基本的尊重，那么，被期望者不但难以接受期望者有关期望的要求，有时甚至表现出与期望者的要求背道而驰的行为举动，而直接导致期望负效应发生。在现实中我们不难看到，那些平时对孩子关心很少，同时对孩子缺乏应有尊重的父母，他们对孩子在重要时期的一些期望不但没有真正实现，甚至招来孩子的一些反感，并直接或间接地表现出与父母期望相反的行为举动。

(3)对被期望者发出的期望信息缺乏应有的适切性。一般来讲，如果有关期望的信息，并不能使被期望者感到实现它所给自己带来的价值，甚至觉得没有丝毫的必要，或者期望对其被期望者有一定的价值，但被期望者缺乏实现期望的各种主客观条件，无论是在哪种情况下，期望都难以实现，并无法产生积极的效果。如果期望者利用一些高压手段，迫使被期望者去按自己所期望的要求去做，就有较大可能产生负效应。

(4)对期望者发出期望信息的方式不当。如果期望者是在被期望者情绪或生理状况不好的情况下提出期望的信息，尤其是一些难以接受的期望要求，则很容易遭到被期望者的拒绝。同样如果采取比较生硬的甚至命令的口吻，向被期望者发出期望信息，在这种情况下，被期望者的尊重受到威胁，个人的选择自由感到被剥夺，出于维护自尊和一定自由度的需要，被期望者很有可能采取直接或间接的抵制态度，如果期望者一定勉强被期望者按照自己的意愿去行动，最后也极有可能产生负效应。

其次，来自被期望者方面的影响因素，主要包括有：

(1)对期望者的情感及态度问题。被期望者对期望者所表现的情感与态度，直接影响到他对期望信息的接受。当被期望者对期望者的情感与态度是冷淡与疏远的，甚至是怀有明显的反感与敌意的情况下，他不但不会对期望者的期望形成积极的回应，甚至有可能反其道而行之，这样就完全有可能产生负效应。

(2)对期望信息的理解与认同度的问题。被期望者如果不能正确理解期望信息，就必然会导致一些与期望者的初衷不一致甚至完全相反的行为反应，这样也就容易产生负效应；如果被期望者对期望信息的认同度差，就不会按照期望者的期望去行动，在这种情形下也有可能会产生负效应。

(3)实现期望的个人素质缺乏。被期望者自身素质的欠缺，往往是影响期望顺利实现的最常见的障碍。如果被期望者缺乏实现期望的基本能力，和必要的自信以及应有的勤奋性与坚持性等基本素质，是很难实现期望者提出的期望要求的，且也完全有可能产生负效应。

另外，虽然期望的个人条件基本具备，但如果缺乏必要的外部条件，如某些负面的信息、不利的环境、不合时宜的沟通情境等，特别是当遇到外在的阻力时，在较大程度上可能产生负效应。

如上所述，造成期望负效应的因素也是多方面的，我们要想避免不应有的期望负效应的产生，就应该充分注意这些因素对期望所造成的不良影响，并尽可能避免这些不利期望实现的因素出现，或在这些因素出现后，采取必要的措施设法纠正其对期望的影响。

三、期望效应交互性机制

事物总处在一种对立的统一过程中，期望所造成的正效应与负效应也是如此。尽管二者处于对立地位，但彼此可能相互联系，并存于某种或某些期望之中。实践表明，期望对期望双方是产生积极影响还是产生消极影响，二者是难以决然分开的，往往在同一种期望中可能同时存在，并且相互作用，这就是期望的正向与负向交互效应问题。在某些期望中，可能存在同向交互效应，即期望是否实现对期望者与被期望者的影响是相同的。有些期望存在异向交互效应，即期望是否实现给期望者与被期望者所产生的影响作用是不一致的，即当期望的实现可能会使期望双方中的一方产生积极效果，另一方则产生消极效果，同样期望没有实现，也可能在期望双方中的一方产生积极效果，另一方产生消极效果。期望的交互效应还可能表现在对于期望中的任何一方，期望既可能对其产生积极的效果，同时也伴随一定的消极效果。

这是由于期望与人的需要、目标、认知、情绪情感、意志及人格等多种心理现象密切相关，这些现象之间构成极为复杂的联系，而造成对于期望影响的复杂多样性，并且即使是同一个人同一种心理现象，由于情境条件的变化而有所不同，因此其造成对于期望效果的影响也会有所不同。就拿需要来讲，它是期望产生的心理基础，而人的需要具有复杂多样性，在一定时期与范围内往往多种需要并存，而这些需要有时也会存在一定的矛盾。

从期望与目标的角度看，一般情况下期望与目标应该是高度一致的，期望的实现，意味着目标的达到，期望的落空，同时也就意味着目标没有达到。但是二者不能完全一一对应，因此，有时可能某一个所期望目标的实现，而造成另一个相关联的目标的受阻，如一个孩子按照其父母的期望高考报考了他并不喜欢的工科院校，这样他一心想学文科的目标就无法正常实现。在这种情况下，这时可能会同时造成期望的正效应和负效应交互作用。

从期望与认知的角度看，一般来讲，由于积极的认知观念作用，所产生的期望往往应该是正效应，而消极的认知信念作用，所产生的期望往往可能是负效应，而在实际生活中也不尽然。有时由积极的认知信念所产生的期望，也可能会产生负效应，而由消极认知信念所产生的期望可能会产生正效应。这是因为消极认知信念有一定的保护性作用，如当一个人有"我是一个笨蛋"的消极观念，则可能降低其对自己的期望，这样即使以后在工作或生活中出现错误和失败，也不会打击太大，同时，当这种想法表达出来为别人所知晓，这也就降低了别人对他的期望，这样他就能在一定程度上规避外来的一些压力和风险。另外，当自己和别人都只对自己抱有较低的期望后，他本身也许会有一份轻松的心情，而在这种轻松自然的状态下，往往能够比在过于紧张焦虑的状况下做出更好的成绩，而一旦取得好成绩，自己会得到别人的认同，且产生出乎意料的惊喜。因此，这种消极认知所形成的期望便产生了正效应的作用。相反，那些持积极认知信念的人，往往有可能高估自己的力量，低估期望实现过程中的困难，而表现出过高的期望值，但在具体实施期望的过程中，往往有可能面临较大的风险与挑战，并由此产生高度的紧张与焦虑，从而难以保证其正常发挥以致无法实现期望，而产生期望负效应。

从期望与情绪情感的角度看，社会心理学有一个基本公式：情绪指数＝期望实现值/内心期望值。这里的情绪指数是期望表现的强度，内心期望值实际上是期望者最初期望要达到的目标，而期望实现值则是指期望实际达到的目标结果。一般来讲，如果期望实现值大于内心期望值，情绪指数会表现出大于1的结果，在这种情况下所反映的是正性的情绪，而且是一种"喜出望外"的情绪体验；当期望实现值与内心期望值是等同时，则情绪指数正好是等于1，在这种情况下，所反映的情绪也是一种正性的，只不过所表现的强度是一种满意的体验；如果期望实现值小于内心期望值，则情绪指数小于1，在这种情况下，所表现的情绪往往是负性的，且形成的多是一种不满意带来的失望、伤心痛苦等体验。这个公式告诉我们，在期望实现值一定的情况下，内心期望值越高，情绪指数就越低，这样人们体验到的消极情绪就较多。

而实际上期望效应如何，还要受期望当事人对于期望结果的态度和自我调节水平等因素的影响。如果期望当事人对于期望结果抱无所谓的态度，那么无论是期望实现与否，可能对其身心的影响作用并不明显；如果期望当事人对于期望结果能够持一种正确的态度或具有良好的自我调节能力，那么即使期望实际的结果远远低于预期结果，也不一定会对期望当事人产生较为明显的负效应。也就是说，期望效应并不完全由实际的期望结果所决定，在较大程度上受期望当事人，对于实际期望结果的态度与评价以及自我调节能力等因素的影响。

况且期望通常又是一种人与人之间关系的反映，而人与人之间不仅存在明显的个别差异，同时彼此之间的关系也是纷繁复杂的，因此所造成对于期望的影响也是千差万别的。另外加上外部的环境条件的复杂多样性，其对于期望的影响作用也是极其复杂多样。综合其所有这些方面，充分表明人的期望及其效果显示出复杂性、多样性以及明显的交互性，我们只有通过进一步的条分缕析，弄清彼此之间的复杂联系，才能更好弄清其期望及其对人所产生的影响效果如何。

鉴于期望所产生的效应具有多样性，并且对人影响作用的性质、大小等的不同，我们要想期望对人产生持久的强有力的积极影响作用，就应该在形成对自己或他人的期望过程中，更加慎重与理性，从多个方面思考并提出有关期望要求，提防因过于随便轻率的期望，有可能给人带来的不良影响，并尽可能减少直至避免这种不良影响，从而更好地发挥期望对人的积极影响作用。

第三节　期望受挫的基本反应及补偿机制

在实际生活中，人们无论是来自自我方面的或是来自他人方面的许多期望，由于各方面因素的积极协调与配合作用而如愿以偿。此时，有关当事人会沉浸在期望实现后的快乐中。另外一种情况期望最终没能实现，当事人的期望受挫。期望受挫主要是指被期望者接受期望者的期望后几经努力而期望最终没有实现，社会心理学所称为的"欲求不满"状态。这种情况往往反映在期望者与被期望者双方。它是指人在追求期望过程中，受到外部的阻止或内部的障碍而无法实现目标时的一种状态。一般来讲，当个体形成某种目标期望时，就伴随一种紧张心情，这种紧张会随着期望目标的实现而削减，但当出现期望受挫这种欲求不满的情况时，这种紧张不但没有得到削减，反而会更加强烈，因此，就容易出现各种不良反应。从理论上探讨这些反应，对于我们克服因期望受挫对人所造成的不良影响是有益的。

一、期望受挫的反应

期望受挫后的反应往往是多方面的，有心理和行为及生理的，且它们之间是相互影响的。

(一)期望受挫的心理反应

期望受挫后的心理反应主要包括情绪的和认知的反应。期望受挫给人造成的主要情绪反应有焦虑、抑郁、失落、愤怒等。其中的焦虑与抑郁最为典型。期望受挫后的焦虑反应通常是指因为期望没能实现，而使人感到紧张不安并同时伴有害怕与担忧等恐惧性的情绪体验。这种焦虑体验的程度，在很大程度上与人对受挫的期望内容的反映有关。如果人感到所失去的期望对他来讲非常重要，那么他所表现的焦虑也就愈加严重。焦虑表现的持久性程度，与人自身的自我调节机制和社会支持系统也有密切的关系。如果人具有健全完好的自我调节机制，那么人的焦虑程度会逐步减轻并慢慢得到消解，同时，一定的社会支持也可以使人由此引起的焦虑程度较低并得到及时缓解。我们都知道，当一个人所追求的期望一旦落空后，周围人的安慰、鼓励和帮助，对于缓解其焦虑不安的情绪是大有裨益的。如果期望受挫不但得不到他人的支持，反而受到不应有的冷落、指责，其焦虑不仅会加重，甚至会使其感到极其无助，从而产生明显的抑郁体验。因期望受挫而形成的抑郁反应，主要是由于期望的失落所导致的一种沮丧、无助、心境恶劣的情绪状态，会使人丧失生活的信心与勇气，感到前途的暗淡与无望。

期望受挫后同时会使人的认知心理发生改变，最为明显的改变是对自己的认知评价上的变化，因为期望没有实现，对自己的能力产生怀疑甚至否定反应，对自己缺乏信任，同时也可能产生责任推诿，怨天尤人，将期望受挫的原因归属于与己无关的外在相关事件上，以此来减轻因期望受挫所带来的精神压力等。

如果人在实际生活中的多种期望受挫，或在某一重要方面的期望累累受挫，有时有可能造成人的某些性格的改变，容易形成自卑、自轻、自贱、不思进取、懒散等不良性格，而这些不良性格一经形成，又会严重妨碍人对新的期望的追求，这样有可能进一步导致人在追求新的期望中的挫败。

(二)期望受挫的生理反应

期望受挫的生理反应，主要是指期望受挫后所形成的以神经解剖学为基础的，同时涉及生理各系统与组织所产生的各种生理变化，而这种生理反应与变化不是孤立发生的，在许多情形下是同期望受挫后的情绪反应与变化一同产生的。如期望受挫后的焦虑会促使交感神经激活，并由此引起心率、心肌收缩力和心血输出量的增加，引起血压升高、瞳孔放大、汗腺分泌增多等一系列内脏生理变化；期望受挫后的抑郁情绪往往会伴随失眠、食欲不振、性欲降低等生理反应；因期望受挫所导致的愤怒情绪会增强交感神经的兴奋，促使肾上腺分泌增加，而使心率加快、心血输出量增加、支气管扩张等生理反应。开始是一种功能的生理变化，但如果不良情绪反应，得不到及时的排除，将有可能进一步导致其生理组织的某些病理改变，直接影响其身体健康。

(三)期望受挫的行为反应

期望受挫后，有关当事人会表现出各种各样的行为反应，其中比较典型的有退行、逃避、攻击和物质乱用等。

所谓退行，就是因为期望受挫，有关期望的个体从此表现出与年龄、阅历等不相称的一些幼稚的行为举动。消退理论认为，由于目标受阻，期望没有实现，机体的有关表现倒退到不成熟的孩提时期，出现一些像孩子般未分化的十分幼稚的行为方式，如一个母亲面对自己对孩子的各种期望的落空，她有可能从此不负担做母亲的责任，对孩子不管不问，或经常采取央求的方式要孩子做这做那，而当孩子没有实现母亲的期望时，也有可能变得毫无主见，完全听任大人的摆布等，这些都是退行反应。勒温等人的研究发现，挫折与退化两者之间有密切的关系。如果形成这样的反应，对于当事人可能在非常短暂的时间内有一定的减压镇痛的效果，但会给他造成更长远和更大的损失。如果一个母亲因为对孩子的期望没有实现，而对孩子采取退化行为反应，从此对孩子不管不问，对于尚未成人的孩子所造成的不良影响是可想而知的，同时，一个孩子因为没有实现母亲的期望，而采取退行反应，他将会面临成长中的更多更大的障碍。在现实生活中，那些缺乏自信的胆怯之人和属于抑郁质气质类型的人，往往容易在目标受阻，期望没有实现的情况下产生这样的退行反应。

梅尔和埃伦的"固着理论"也认为，在挫折面前，有机体行为显得呆板，不知变通，出现一些没有实际意义的无用的重复举动。如有的小孩没有能够很好地实现大人对他有关学业方面的期望，他可能不时拿着书本，总是在那里念念有词或反复地做题，但实际上他根本就没有学进去或解答什么。有的成人因小孩没有按照自己的期望行事，成天冲着孩子喋喋不休、唠叨不止，对其孩子很可能没有起到任何积极的作用。这些在一定程度上也是一种"固着"反应。形成这种呆板固着的反应在很大程度上说明，人的某些重要的调节机能的严重不足或受损。对于一个心智十分健全的人来讲一般不会形成这样的反应，只有那些具有一定心理障碍的人才会形成这样的反应。正如凯伦·霍妮所指出"一切神经病人身上可鉴别出两种特征：其一是反应方式上的某种固执，缺乏对不同情境作出不同反应的灵活性；其二是潜能和实现之间的脱节，神经病人往往感到他自己就是自己的绊脚石"①。

所谓逃避，这里主要指在期望受挫没有达到目标的情况下，有关当事人采用一些故意回避或逃离的反应。那些在衰败过程中找不到出路的人，就会对希望感到惧怕，并且反对希望。无望(Hopelessness)是最令人难以忍受的，是完全与人类的需要不相容的。当个体企图控制情境的努力被证明是无用的时候，就可能出现动机问题。结果无助的人就可能不再采取行动去改变他的境况。无助的个体可能不能学会新的有助于他们解决问题的策略，此时，就可能产生抑郁等情绪问题。② 而当人一旦出现消极的情绪，而又没有找到其他可以排遣的渠道，他就会采取逃避的方式，逃离引起他不良情绪的情景及事件，以此消解不良情绪所带来的压力，如现实中有些父母当对孩子在学业方面的期望一次又一次落空后，感到极其失望和无助，最后他们选择了放弃与逃避，从此不再过问孩子的学业成绩。又如，有些年轻人，创业失败，期望没有实现，从此离开职场。还有些人追求理想的婚姻无望，从此不再考虑个人婚姻问题，个别的甚至出家遁入佛门。逃避这种情况通常发生在那些情绪化表现明显，而意志缺乏或薄弱者方面。一个具有一定理性而意志坚强的人，在期望挫败面前一般不会选择逃避的反应。

所谓攻击，就是人因期望受挫而表现出对有关对象形成某种程度的伤害等行为反应。根据多拉德的"挫折-攻击理论"，当人们期望受挫，目标不能实现时，就必然产生攻击反应，而攻击的目标会依其不同的具体情况而有所不同。如果期望因为是他人的原因而没有实现，同时这个对象又相对弱小，攻击的目标往往是这个对象本身；如果这个对象的力量较强大，其攻击目标往往是有关的其他人或事；如果不忍心进攻他人，或当事人本身个性快弱，那么往往自身容易成为攻击的对象，一般称为内罚性反应，如轻则自责，极为严重的就是自杀。尽管多拉德的挫折-攻击理论得到了某些研究的证实，同时也能够解释现实中的某些类似情况，但挫折与攻击之间是否构成了完全意义上的因果关系，也就是说挫折与攻击之间是否构成内在的必然联系，这是许多人质疑的。不管怎样讲，因目标受阻而期望不能实现，所采取的攻击反应是一种非常不明智的表现。通过这种方式至多帮助自己暂时出出怨气，或发泄一些积压的不良情绪，而要想通过这种形式重新拾起失去的期望几乎不可能，而且这种表现方式最终可能要付出更高昂的甚至是惨痛的代价，现实生活中的许多相关的例子完全能够说明这种情况。只有那些完全凭感情用事的冲动型的人，

----

① ［美］卡伦·霍妮：《我们时代的神经症人格》，转引自卢大振、华蕾蕾：《世界心理学名著导读手册》，中国城市出版社 2002 年版，第 137 页。

② ［美］Shelley E. Taylor：《健康心理学》，朱熊兆、姚树桥等译，人民卫生出版社 2006 年版，第 179 页。

才有可能尝试这种付出高额成本与代价的行为方式，而具有一定意志力或具有一定理性的人一般不会选择这种得不偿失，害人害己的方式。

物质滥用是指反复、大量地使用与医疗目的无关且具有依赖性的一类有害物质，包括烟、酒，某些药物(如镇静药、镇痛药、大麻、可卡因、幻觉剂，有同化作用的激素类药物等)。我们在现实生活中不难看到，一些人遇到一些不如意事，如工作不顺心、夫妻闹矛盾、人际关系紧张或其他种种期望与追求落空等，一些被压抑的情感无法释放，他们中的一些人往往是通过过度吸烟、酗酒，有的甚至吸毒等方式来麻痹或麻醉自己。诚然，这种行为反应方式不仅不能从根本上解决问题，久而久之，还会直接造成对身心健康的巨大危害，有的甚至会给自己及家庭或他人及社会造成重大的危害。一般来讲，一个精神正常、意识清晰且具有理智，而同时又表现出一定意志能力的人，是不会做出这种饮鸩止渴的行为反应的。

以上我们探讨的只是期望受挫后所产生的一些消极的行为反应，而在实际生活中，也有不少人会表现出愈挫愈勇的积极反应，这需要当事者表现出良好的心理素质，同时也需要有好的外部支持条件。

二、期望受挫的补偿机制

补偿是指个体在某一或某些方面的期望目标没有实现的欲求不满状态下，以其他可能成功的期望来代替，从而弥补因有关期望目标受挫所失去的心理平衡。因此，补偿不是放弃期望，而是寻求另外新的期望。补偿是一种表现较为常见的挫折应对方式，且也是在现实中许多人用来弥补不足，或超越自我的一种常见机制。

人们在期望没有实现的情况下采取怎样的反应，往往受到各种内外因素的作用。有的主要是由外在环境因素所造成的目标受阻，期望不能实现，有的可能主要是由自身原因直接造成的期望不能实现，在大多数情况下往往是因为内外因素的共同作用，使人的期望不能实现。在物质匮乏和科技落后的时代里，人们往往通过想象与白日梦的方式，形成某些精神上的补偿，或者是以绘画、文学创作等形式进行物化的代偿。随着现代社会物质文明的进步与科学技术的发展，人们用以补偿的途径与方式越来越多。在今天 E 技术时代，网络已成为人们在现实生活中，期望落空而寻求满足的一种较为普遍的补偿途径与方式。一个在现实中人际期望没有得到实现的人，往往会通过网上交友的补偿方式获得其交往性的满足。这种方式尽管在一定程度上对人因现实中期望的失落，所造成的紧张与不安起到暂时性的缓解作用，但如果涉足太深，会导致人们更加远离现实，并由此产生更加严重的紧张与不安。

补偿所表现的形式及内容往往是多方面的，如有人在爱情、婚姻上的期望没有实现，他可能以事业上取得骄人的成就而感到欣慰；一个在事业中感到不如人的人，可能在人际交往上出类拔萃；一个在学习上感到不成功的学生，很可能因自己在活动中的不同凡响的表现而感到自豪；一个在工作上十分平庸的女人，很可能是家庭理财的高手；一个容貌欠佳的女孩，可能是学习上的佼佼者；一个身体有明显缺陷的小伙子，可能是身怀某种绝技的高手；还有的人通过美容、健身去修补自身体像的不足，有的通过日常生活的装饰如穿高跟鞋、打领带、佩戴各种首饰等补偿形式，弥补自己在生理的不足或心理上的自卑等。在许多社会领域，在为数不多的高层人物中，我们往往看到一些"其貌不扬"，或有明显身体缺陷的人的身影，这些人之所以能够跻身于精英群体中，其重要的动力机制就是"心理补偿"。还有一些非常典型的案例，就是某些有明显身体缺陷的人，在一些领域内做出一些身心俱全的人难以达到的奇迹。

补偿不只是限于期望者个人本身，也可能转向与之相关的其他人，如有的父母因自己在学业或婚姻等方面没有如愿，他们往往将自己未了的心愿期望子女去"补偿"。

有些补偿是有益的，一个学生因家境贫寒而发奋学习，成为学习的佼佼者；一个失恋之人，潜心于科学研究，且有所成就；一个在生活中遭受坎坷的人，而在事业上取得辉煌成就；一个身体上有缺陷的人，全力打拼，为社会做出卓越贡献，所有这些补偿应该看成积极而有益的，我们通常将这样的补偿叫做升华。

有些补偿是有害的。那些对个人身心或社会及他人带来不利影响的补偿称为消极有害的补偿，如果一个在事业上显得平庸的男人，通过某些不正当的如欺骗的方式，捞出个人的社会资本或地位，一个学生企图在网吧游戏的虚拟世界，获得成功以补偿在现实学业中失败，一个在家庭得不到爱的女孩，轻易随便将自己的终身，托付给一个看似关心自己且已有家室的男人，所有这些类似的补偿对于当事者来讲往往是有害的。

人们为什么在某种或某些期望落空时寻求补偿的机制，且为什么不同的人所寻求的补偿机制存在明显的差异呢？对于前者，恐怕主要是为了维持自身心理平衡的需要，因为当人们的某种或某些期望没有实现，人们此时感到有一种明显的心理失衡反应，而在心理失衡的情况下，个体就感到紧张与不安，为了消除这种紧张与不安，就促使人通过一定的方式，设法去消除其紧张与不安，以恢复其心理平衡。因此，人们往往就通过一定的补偿机制寻求一种新的心理平衡，从而消除因某些期望的落空而失去的平衡所造成的紧张与不安。为什么同一期望的落空，不同的人会采取性质完全不同的补偿呢？一般来讲，有可能是他们所面临的外在环境条件不同而形成的补偿方式不同，也可能彼此之间的人生观、价值观以及能力等主观方面的差异所造成，在更多的情况下可能是因为彼此的主客观因素差异所造成。不管补偿差异形成的原因怎样，的确在有关补偿问题上，需要我们多一点理性和自觉性，而尽可能避免一定的盲目性和情绪化反应，因为只有基于一定自觉和理性基础上的补偿机制，才显得更为合理和更具有积极的意义，而盲目的和单纯情绪化的作用下的补偿机制，往往对自己或他人是有害的。

　　总之，从维护身心平衡的角度看，在补偿问题上，应该是有补偿总比没有补偿好。如果一个人期望受挫后不能够通过补偿的机制，去寻求一种释放紧张，恢复心理平衡，就会因此找不到出路而形成压抑、退缩、逃避等反应，而这些反应对其健康发展是有害的。当然，我们所要提倡的是积极的补偿，因为积极的补偿要比消极的补偿好。积极的补偿于己于人均是有所裨益的，而消极的补偿往往对己或对人会产生不良的影响。同时我们应该明白，过度的补偿往往弊大于利，因此也是不宜提倡的。

第四章　人的期望的发展与变化

"从健康和生活的享乐两方面看，生命之始与终之间，常呈下坡之势。欢乐的儿童期，多彩多姿的青年期，困难重重的壮年期，虚弱堪怜的老年期，最后一段是疾病的折磨和临终的苦闷，很显然的呈一条斜坡，每况愈下。"①叔本华对人生的这段描述是符合实际的，而从期望的立场看，人从来到这个世界后，就伴随其期望而前行，直至生命的终了。在不同的发展时期，由于人发展的任务不同，因此来自外在的他人和自我的期望也不尽相同，因而认识与考察不同发展时期人的期望的变化与发展，对于我们人生的成长与发展不无一定意义。

哈维哈斯于20世纪50年代首次提出人生"发展课题"的理论认为："人为了度过幸福的人生，在各个时期有在该时期必做的事情，错过时机就不行。如果能完成各时期的课题，便是幸福的，并且以后的课题也将易于完成；如果没有完成，本人就会不幸，也会受到社会的谴责，完成后面的课题也将是困难的。"②此话虽然过于绝对，但也并非没有道理。的确，根据人的成长与发展的阶段性，在不同的时期人所面临的主要任务和要解决的主要问题是有所不同的，且根据人的发展的连续性，前一个时期所解决问题的状况如何，将会影响到后续阶段有关任务的完成。从人的人格与社会性发展来看也是如此。埃里克森有关人格发展的阶段性理论也认为，人在发展的不同时期，都要面临一对基本矛盾的解决，且只有更多地从积极方面解决了这对矛盾，他才顺利进入下一个阶段的发展，并有助于以后各阶段矛盾的有效解决。③ 在此，我们将根据有关理论，就人在不同发展时期期望发展与变化展开一定探讨。

---

① ［德］叔本华：《叔本华论文集》，陈晓南译，百花文艺出版社1987年版，第104页。

② ［日］荫山庄司等：《现代青年心理学》，邵道生译，上海翻译出版公司1985年版，第8~9页。

③ 孔令智、汪新建、周晓红：《社会心理学新编》，辽宁人民出版社1987年版，第98页。

第一节　婴幼儿期期望的发展与变化

婴幼儿时期主要指 1~6 岁时期，包括两个发展阶段：1~3 岁早期成长阶段和 4~6 岁学前发展阶段。整个婴幼儿时期既是生理发展的快速时期，也是其心理发展的关键时期。哈维哈斯认为，幼儿期的发展任务是：①学习走路；②学习拿取固定食物；③学习说话；④学习排泄方法；⑤懂得脾气的好坏，学习控制自己的脾气；⑥得到生理上的稳定；⑦形成有关社会和事物的简单概念；⑧同双亲、兄弟姐妹和他人建立感情；⑨学习区别善恶，发展良心。[①] 根据这些任务，儿童有了最初的期望及其发展与变化，这些期望主要来自父母或其他养护人及儿童自身。

一、婴幼儿早期期望的发展与变化

1~3 岁是人生的起点阶段，也是其成长与发展的一个重要时期。父母在孩子没有出生就有了对孩子的种种期望。孩子一出生，对于不同性别的孩子所起的名字就蕴含着父母的期望，然后根据其头脑中已经形成的男孩或女孩的图式，开始形成对孩子各自不同的期望反应。总体来讲，父母对孩子的期望一般是依据社会及时代发展的要求，和自我价值观以及孩子在不同发展时期所面临的发展任务的综合考虑而形成的。父母对不同时期孩子发展所提出的不同要求，就集中反映了父母对孩子所表达的种种不同期望。孩子对于自我的期望是基于个人自我概念形成后，并伴随其父母或他人的期望开始形成，随着其个人自主独立意识的进一步发展成熟，开始有了较为独立的自我期望意识。

处在这个阶段的儿童通过摸、触、看、听等活动，其感知机能得到较好的发展；通过坐、卧、爬、滚、走等活动，其动作的协调性得到很好的发展；通过与养护人的接触与互动，与人发生了最初的联系，具备了初步的语言交流能力，并与养育他的成人形成了依恋情感；通过直接的游戏与动作等，开始对于周围外部世界的探索，从一个客我不分的个体，成长为一个初步自主独立的个体。所有这些都是在特定的环境条件下与养护人的相互作用的过程中实现的。没有合适的环境条件，缺乏与养护人的积极有效的相互作用，所有这些几乎无法正常发生。

父母期望处在此阶段的孩子的身体及其机能得到正常的发育和成长，期望孩子在一定时期内能够学会正常行走、学会说话、学会大小便的方法，学会掌握和使用固定的东西，学会自己吃饭等，同时也期望孩子的心理及社会性，也能够得到正常发展，能够在自己的示范与引导下，与周围人建立一种积极的互动关系。为了让此

---

① 转引自孔令智、汪新建、周晓红：《社会心理学新编》，辽宁人民出版社 1987 年版，第 72 页。

时期的孩子能够按照自己的期望做，父母十分注重对孩子的训练。有的父母可能更多地采取示范，引导孩子按自己期望的去做，而有的父母可能按照严格的规则，对于孩子进行训练，并不时会采取一些较为强制的方式约束孩子的一些行为。

艾里克森人格发展阶段理论认为，在婴幼时期，人格的发展要解决如下两对基本矛盾：

一是从出生~18个月的婴儿应该解决信任对不信任的矛盾，从而使其建立对于世界的基本信任感，而克服不信任感。所谓基本信任感，埃里克森认为是"充分信任他人以及自己也值得信赖的一神基本感觉"①。在此阶段，母亲或以母亲身份出现的人，必须能够满足婴儿对食物和爱抚的需要。如果母亲或其代理人是矛盾的、拒绝的，那么她将是婴儿挫败的根源。母亲或其代理人的这些行为，使得婴儿对周围世界产生不信任感。这种不信任感不仅影响到下一个阶段自主性的形成，且会伴随着整个儿童期，并影响成年期的正常发展。②

二是从18个月~3岁应该解决自主对怀疑的矛盾。处在此阶段的儿童学会了独立行走、玩耍，开始离开成人独立探索周围现实世界。他们不再想完全依靠成人，努力达到自主，即试图自己做一些事情。埃里克森认为这个阶段的儿童具有双重渴望：既想获得父母的支持，同时也渴望父母放手让自己做主。而有些过分严厉和苛求或过度保护的父母，则使得儿童产生无力感和无能感，让儿童感到羞怯，怀疑自己的能力。

处在婴幼儿时期的孩子，虽然各种能力较弱，尤其是表达自己愿望的能力还很差，但即使如此，孩子也有对于父母或其他养护人关于自己照顾方面的期望。他们还不会讲话时，可能会用某种表情动作对养护人示意自己的期望，当没有得到养护人的及时回应时，他们会通过哭闹的方式表达自己的一些诉求。当孩子开始会语言后，最初他会用一些简单的动词或名词去表达自己的期望，如"吃""拿""饼饼"等。随着语言的进一步发展和自我意识的初步形成，儿童会更为完整表达自己的期望。能够行走后儿童可能会按照自己的意愿，取来一些自己期望得到的东西。概括来讲，处在该时期的孩子，集中表现期望得到成人的合理照顾，期望有一个成长的安全基地；期望能够开始一定的自主独立的探究活动，并期望这种活动受到大人的鼓励而不是限制；期望有适合自己的活动内容与范围，而不期望受到来自他人的管制；期望有人与自己友好交流，一起玩耍；期望通过自己独立的活动与探索，从而获得信任感与自主感等。

由于孩子经验的局限，他们所反映的期望更直接而具体。当孩子讲"我

---

① 孔令智、汪新建、周晓红：《社会心理学新编》，辽宁人民出版社1987年版，第98页。

② ［美］罗伯特·斯莱文：《教育心理学：理论与实践》，姚梅林等译，人民邮电出版社2004年版，第38页。

要——"时，实际上所表达的是当前他要实现的期望，当孩子哭闹想得到某种东西时，所反映的可能也是孩子当前要实现的一种期望。当然，即使这种期望是正当的，但由于所反映期望的方式欠妥，在此种情形下，父母也不能马上满足，否则就容易形成孩子不好的习惯。同时，偶尔让孩子经历一些挫折，对于以后面对生活中所遇到的逆境也会起到一定的积极作用。当然，对于孩子某些不合理的期望，父母则应该通过一些不致伤害孩子信任感与自主感的方式予以巧妙的拒绝。

根据婴幼儿时期的发展特点及相关理论，父母应该做到与孩子建立与保持良好的亲子关系。这既是使孩子获得信任感的需要，又是使孩子获得安全感、发展自主探求未知世界的重要条件。因为积极良好的亲子关系，使孩子能够从父母那里得到精心的照顾，感受到来自父母的关爱与温暖。良好的亲子关系，具体表现在父母应该经常陪伴孩子，多与孩子保持拥抱、抚摸等身体方面的接触，同时，还应经常与孩子保持亲切的言语方面的互动与交流，用微笑与点头的方式，赞许孩子一些积极的行为表现，对于孩子的各种生理与心理诉求，予以积极的关注和适时的回应。当孩子饿了时，应该及时为其提供所需要的食品；当孩子尿布打湿后，应该为孩子及时更换尿布；当孩子需要睡觉时，应该及时安排孩子入睡；当孩子身体有不适时，应该帮助其处理等。只有当孩子这些正当的期望得以实现，才能形成其对于这个世界的信任感和安全感。如果孩子这些正当的诉求没有得到及时的满足，甚至经常遭到来自外部的漠视或打压，孩子就会因此而对所来的这个世界缺乏信任感和安全感。当孩子没有获得信任感和安全感的情况下，是不可能形成对于这个世界大胆探索的，这样将会直接影响到孩子良好性格的形成，从而使其变得胆小、退缩、怀疑。

随着孩子的独立行走和从事一些简单的生活自理与活动，孩子有了一定的自主性。这种自主性的形成与发展，将对于孩子独立人格的形成具有基础性的作用。因此，父母应该在确保孩子安全的情况下，不仅要放开对于孩子的任何限制和不必要的束缚，同时还应创造必要的环境条件，允许并鼓励孩子通过各种自主活动，大胆探索周围世界。这不仅对于孩子智力的发展大有裨益，同时更有助于孩子独立的自我意识和自主性格的形成。如果父母因为孩子年幼而担心安全问题，或不信任孩子的自主表现，采取包办、限制甚至阻碍孩子的自主行为表现，特别是当孩子的某些行为出现差池，如不小心摔坏杯子、玩具或偶尔尿湿了裤子，父母或成人如果采取打骂责罚，将会导致孩子形成羞怯感，并怀疑自己的能力，而这样带来的进一步后果是影响孩子自信心的形成。当孩子缺乏自信的情况下，是很难形成良好的自主性的，并会滋生较强的依赖性，诚然，这对孩子以后的发展与成长是极为不利的。我们知道自信是影响人的能力形成和获得成就的必不可少的性格特征。

二、学前期期望发展与变化

学前期是指儿童 3～6 岁的时期。这个时期儿童主要在幼儿园，其主要活动方式就是通过游戏等活动，获得各种知识与简单的生活技能，形成与伙伴的联系，并建立最初的与他人友谊关系，同时这个时期也是培养儿童各种生活习惯，形成一些对于生活琐事及人的最基本态度的重要时期。随着具体形象思维的形成，儿童通过一些具体形象的方式，接受简单的读写算等知识技能和唱歌跳舞等才艺的学习与训练。在人格发展方面，埃里克森认为，3～6岁时期儿童要解决的基本矛盾是主动对内疚，是形成主动性、克服内疚性的一个重要时期。①

在前期自主性发展的基础上，随着儿童的动作和口头语言技能逐渐成熟，其活动范围扩展到家庭以外，尤其是进入到幼儿园，与老师和许多小朋友的接触，儿童从而对包括自我在内的周围各种陌生的事物充满好奇心。在这种好奇心的驱使下，他们便要进行一些探索活动，并经常性地向成人提出各种问题，如"我是从哪儿来的？""为什么我和别的小孩长得不一样？""为什么有黑夜？"等，期望得到大人的回答。面对孩子的一些提问，也许父母能够做出一些回答，有的可能回答不了，但无论如何，父母应该从积极的方面尽可能满足孩子的好奇心，鼓励、引导孩子的好奇心朝正常的方面发展，而决不能采取回避、无视，甚至打压与嘲讽对待其提问。因为孩子好奇心对于以后的求知、创业等都具有重要的作用，因此，父母对此应尽到保护和激发的责任。如果对儿童的主动好奇及探索活动，进行过度的限制和严厉惩罚，会让儿童对自己天性中的强烈需求感到内疚，而这种内疚感将对这个阶段及后续阶段产生持续的消极影响，从而在以后的活动中不再那么主动，并有可能变得更加被动与懒散。

游戏是此阶段孩子所期望与喜爱的活动，通过游戏活动不仅能促进儿童脑的发育，且在促进儿童智力发展的同时，也使其社会性得到锻炼与培养。因此，父母或老师应该为儿童从事各类游戏活动，提供必要物质和环境条件，并尽可能抽出一定时间参与孩子的游戏活动，与孩子一起分享游戏带来的快乐。开始通过模仿性游戏，使孩子逐步懂得并遵守一定的游戏规则，以后逐步带领孩子创作一些游戏，培养孩子创造的兴趣与能力。在游戏过程中父母或老师应该引导儿童遵守游戏规则，在集体游戏中应该培养合作精神，并对儿童所表现的遵循规则和与人合作的行为予以充分的肯定，将儿童对于游戏的兴趣引导到活动过程中去，而不仅仅盯住其结果。应该注重游戏内容的丰富性与多样性，帮助儿童在各种游戏中找快乐、学知识、长见识、懂规则、辨好坏。在其过程中学会具体分辨其善恶和自己的脾气的好坏，期望儿童在自己的帮助下，能够学会控制某些不好的脾气等。

另外，此阶段是儿童口头语言发展的关键期，且儿童口头语言的发展是进行其他活动的重要基础。它不仅影响到儿童与其他人的交流，同时也会影响到儿童抽象思维能力的形成与发展。因此，父母平时在注重自己与孩子多交流的同时，还应允

①　孔令智、汪新建、周晓红：《社会心理学新编》，辽宁人民出版社1987年版，第98页。

许和支持儿童与其他伙伴的交流，并为其创造必要的交流环境与条件，也可以通过幼儿读物的阅读和说故事等活动，培养与发展儿童的口头语言能力，为以后发展其书面语言和抽象思维能力奠定一定的基础。

在此阶段，也是儿童生活习惯形成与培养的重要时期，父母应该通过日常的生活与活动培养儿童各种良好的行为习惯，如按时作息习惯、清洁卫生习惯、自我整理习惯、讲究文明礼貌的习惯，与人分享的习惯等。好的习惯一经形成将使人终身受益。在孩子习惯的养成中，应该联系具体生活实际，通过父母的积极参与与示范作用，使孩子在不经意中，自然而然地形成，并应该通过必要的表扬、奖励等方式及时强化与巩固孩子好的习惯及其行为表现，及时帮助与纠正孩子改变不良的行为反应，防止不良行为的定型化。

第二节　学龄期期望的发展与变化

学龄期主要是指在学校接受正规教育的时期，我们可以将这个时期分为学龄初期、学龄中期及后期。整个学龄期前后时间较长，具体包括有小学、初高中直至大学时期。对于许多人来讲，学龄期主要指中小学时期，因为后期的大学教育尚未普及。在中小学时期主要任务是系统地接受各种文化科学基础知识与基本技能的学习，培养基本的品德，在德智体美劳诸方面都得到一定的发展，为未来的人生发展奠定必要的基础。这个时期虽然所面临的共同任务都是学习，但其成长的主要任务和所要解决的发展问题有所不同，因此，此时期不同的阶段的期望发展与变化也有所差别。

一、学龄初期儿童期望的发展与变化

学龄初期主要指 7~12 岁的发展时期，即小学阶段时期。儿童期是人生最单纯、最自在、最活泼、最无拘无束的时期，也是充满幻想与欢乐的时期。一方面儿童期的期望表现出鲜明的现实性与真实性，最贴近生活和最为简单与朴实。他们期望快乐地学习、快乐地玩耍、快乐地活动，还有快乐的伙伴相伴；他们期望有父母的陪伴、老师的关心、同学的爱护与帮助等。另一方面，此时期儿童的期望又充满较为明显的对于未来的幻想性和变化性，儿童时而会"我长大以后将要怎样怎样"，时而又会"长大又如何如何"，前后表达出完全不同的对于未来的期望，但在更多的情形下，他们不会直接向他人流露出这种或那种期望，因为他内心清楚这种具有幻想性的期望有些遥不可及，他们尚不具备最起码的实现这种期望的实力。

哈维哈斯关于儿童期的发展课题任务包括有：①学习一般性所需的动作技能；②培养对于自身有机体的健康的态度；③和同伴建立良好关系；④学习男孩或女孩角色；⑤发展读、写、算的基本能力；⑥发展日常生活的必要概念；⑦发展道德性

及价值判断的标准；⑧发展人格的独立性；⑨发展对社会各机构和群体的态度。①
这个阶段的主要任务是通过在学校里的学习完成的。为了完成诸如此类的学习任务，儿童首先必须适应学校的学习生活，因此，他们期望有好的学习环境，有关心爱护他们的好老师，有能够相互帮助的好伙伴。同时，他们期望在学习中获得好成绩，当他们学习落后了，更期望得到老师和父母的鼓励与帮助。为了使儿童能够适应新的学习生活，学校及教师也对其形成了各种相应的期望，如期望学生能够遵守学校所规定的纪律与各项学习制度，上课认真听讲，认真思考，按时完成老师布置的课内外作业，形成良好的学习习惯；同时期望与同学友好相处，团结互助，关心班集体，维护学校与班级的荣誉，积极参加学校组织的各种体育、文娱、公益等活动，成为守纪律、有爱心、品德优秀的学生。

　　同时，教师与家长应该多肯定孩子在学习等活动中所取得的点滴进步，特别应该关注孩子的学习活动过程，淡化过于注重其学习结果的评价，及时发现其学习过程中所存在的方式和方法方面的问题，并予以纠正与指导，从而尽可能避免因孩子方法方式问题所造成其学习效果不佳；应该帮助孩子学会正确对待学习中偶尔的失误或不尽理想的学习效果，一定的失败的经验，可能对于孩子日后的成长有一定的积极意义。当然，父母或教师需要引导孩子学会从其方法、方式、努力等可控因素进行归因，而尽可能避免使孩子形成自己学习不好，是因为能力差的归因方式；应该多鼓励孩子，充分调动其学习积极性，尽可能避免给孩子做过多的消极评价，即使面对一些问题，也应该与孩子一道进行冷静分析，找出原因，帮助其找到解决问题的方法。一味地批评、指责甚至处罚并不能帮助孩子解决实际的问题，反而会严重挫伤孩子的自尊与自信心，甚至导致孩子害怕学习，产生不必要的学习焦虑而引起的逃课逃学；应该培养孩子面对学习困难的坚持精神和勇于克服困难的斗争精神，因为这段时期的孩子，意志较为薄弱，遇到困难容易打退堂鼓，久而久之，就容易造成学习无法跟进的被动局面。因此，应注重培养孩子能够正视困难、战胜困难的信心与勇气。这不仅对孩子克服当前学习中所遇到的困难，防止其掉队具有直接的意义，同时对于孩子以后的成长与成才，也会起到积极的影响作用。

　　当然，学校教师及父母除了要关心儿童的知识、技能的学习外，也要关心其思想品德及心理的发展，应该加强对孩子的思想教育与引导。由于在此时期孩子辨别是非善恶的能力较弱，且自我控制能力也不成熟，因而容易受外在不良因素的影响，染上贪玩、偷懒、欺凌同学、抄袭作业等某些不良习性。因此，学校教师及父母平时应该高度关注孩子的行为变化，及时发现与纠正不良的行为，培养与增强孩子辨别是非善恶和自觉抵制外在不良因素影响的能力，为孩子成长提供好的榜样，

---

　　①　转引自孔令智、汪新建、周晓红：《社会心理学新编》，辽宁人民出版社 1987 年版，第72 页。

确保孩子在正确的道路上健康成长。

二、学龄中后期期望的发展与变化

这段时期没有严格的年龄划分，主要指 12~18 岁的中学时期，可以适当推延到大学，也泛指青少年时期。文学家笔下的青少年时期是充满浪漫与怀春的时期，心理学家的青少年时期是"心理断乳期"与"第二反抗期"，家长眼里的青少年时期是难以管教的"叛逆"时期，老师眼里的青少年时期是具有个性和充满变数的时期。从社会发展的角度看，青少年是未来的期望，是继往开来的一代。站在国家层面看，青少年是未来国家之栋梁，民族兴旺之希望。从人生之发展来讲，青少年时期是从依赖走向独立，从幼稚走向成熟的时期，是充满激情和富有理想与追求的时期，是人生观、世界观初步形成的时期。如果在该时期能够得以健康成长与发展，对于以后的整个人生的发展，必将起到积极的影响作用。

哈维哈斯特关于青年期发展的任务是：①学习同龄男女的新的交际；②学习男性与女性的社会角色；③认识自己的生理机构，有效地保护自己的机体；④从父母及其他成人那里独立地体验情绪；⑤有信心实现经济独立；⑥准备选择职业；⑦做结婚与组织家庭的准备；⑧发展作为一个市民的必要的知识与态度；⑨追求有社会性质的行为，并且实现它；⑩学习作为行为指针的价值与伦理体系。[①]

青少年时期是人生发展的重要转变时期，是各种矛盾交汇的时期，面临着各种成长的烦恼，因此也是人生发展的关键时期。这段时期的青少年大多数仍在学校学习，且学习内容越来越多，也越来越复杂，学习的难度与升学或就业压力也随之增大。青春期生理方面的突然变化，第二性征的出现，使其一下子感到难以适应而变得闭锁甚至苦恼；随着生理的逐渐发育成熟，其成人意识不断增强，他们表现出比以往任何时候都更自我、更独立。他们期望自己的事自己能够做主，而不期望成人有过多的干预，但由于涉世未深，经验不足，因此许多实际问题又不能独自解决，特别是没有独立的经济能力，从而表现出独立性与依赖性之间的矛盾。自我意识的发展有了新的变化，是客观化自我意识向主观化自我意识发生转变的时期，他们一方面有了关于自我的意识的独立判断，而另一方面非常在意其他人尤其是他所信赖人关于对自己的评价。同时其性别角色意识基本形成，他们对于异性表现出由开始的好奇到好感，进而期望与异性建立更为接近与亲密的关系。

因此，处在此阶段的青少年也充满着矛盾，一方面随着身体的发育成熟，其成人感与独立意识有了较大的发展；另一方面，与生理成熟不一致的是心理发展相对滞后，其冲动性与依赖性、自我封闭性也表现较为明显。因此，其期望的发展与变

---

① 转引自孔令智、汪新建、周晓红：《社会心理学新编》，辽宁人民出版社 1987 年版，第 72 页。

化也充满矛盾性，既期望自己的事自己能够做主，又因各种经验的不足担心自己做不好这个主，期望得到大人的指点，却因成人意识的作用而不愿表现出明显的依赖性。

这段时期的青少年不仅关心容貌与长相，同时也关心内在的性格、能力等，且喜欢将自己与同龄人相比，如果发现自己较他人要优秀，就容易形成自信；反之，会产生一定的自卑感。在这段时期，青少年所表现的期望既反映出一定的现实性，又体现出对于未来理想的追求；既表现出一定的矛盾性，又表现出一定的同一性；既表现出一定的共性，又表现出鲜明的个性；既表现出一定的稳定性，也表现出一定的变化性。其主要期望内容包括现实的和理想的两个方面，对于现实的期望主要有：期望了解自己；期望心理上的独立；期望获得"他尊"，尤其是来自同伴的尊重；期望得到异性的青睐并与其建立一种情感联系；期望自己表现得比同伴出色；期望父母与老师能够理解自己。对于理想的期望主要有：期望将来能够考上理想的大学；期望能够找到一份满意的工作；期望将来有美满的婚姻和幸福的家庭；期望能够在将来事业上有所作为与成就等。

青少年期是充满激情的时期。这段时期的青少年由于精力旺盛而自我控制能力和坚持性相对较弱，特别是当他们生活或学习等所追求的目标一旦受阻，有时容易发生动摇，有时会因一时的冲动而表现出一些过激的行为反应而干出一些出格之事。虽然他们具有一定的明辨是非好坏的能力，但有时也会一时的冲动而造成对于他人或社会的危害，有的甚至因此违法犯罪。这就需要父母或老师给予必要的引导，引导他们将过于旺盛的精力用于一些体育、健康的娱乐或公益的活动，用于对于知识及美好事物的追求。还要不时地提醒与警示他们，防止一时的冲动所造成的危害和自己所要付出的代价，并使他们懂得在遇到何种情形时应该保持冷静与克制的有效方式，从而避免一些不该发生的事件出现。

青少年期充满对于友谊的渴望。处在这一时期的青少年，非常渴望与同伴的交往，期望与同伴建立友谊，期望来自同伴的支持与鼓励，期望在同伴中享有一定的自尊；开始表现出对异性的思慕，期望与同龄异性有更亲密的接触，并在其面前有一定的魅力。在这一时期，同伴的影响可能超过包括父母在内的其他成人的影响，他们平时更愿意与伙伴待在一起，而不愿与父母待在一起，更愿意接受来自同伴的建议，而不那么乐意接受父母等成人的意见，甚至对于父母的合理要求，也会产生一定的抵触情绪。如果父母采取过于简单或粗暴的方式干预他们的生活，很容易招来反抗。尽管如此，他们也非常期望得到父母及其他成人的理解和必要的引导。虽然青少年表现出较强的自主独立性，且希望自己的事自己能够做主，但由于知识经验的局限，当他们遇到生活中一些难以解决的矛盾和产生一些烦恼时，他们又期望得到父母及其他成人理解的，并期望获得必要的帮助与引导，使自己能够尽快地解除烦恼。因此，父母与教师不能放弃对于他们教育与引导的责任，应该关注在此阶段孩子所面临的矛盾与困惑，应该高度重视青少年期身心的变化，特别是应引导他们正确交友，防止交友不慎而误入歧途；适时有针对性地开展青春期教育，引导他们与异性的正确交往，学会尊重对方，与异性保持正常的关系，为其克服青春期所遇到的各种困惑与矛盾提供必要的帮助，使他们能够顺利度过青春期。

青春期充满对于未来的憧憬。他们开始思考自己的将来，期望自己有一个美好的未来，并能够将自己的当前现实与未来的理想联系一起，且会通过一定的努力，向理想的目标迈进。当然，他们也容易产生个人现实与理想之间的矛盾，有的随着这种矛盾的解决，而表现出对于实现未来理想的信心，也有的因为这种矛盾无法统一而造成一定的苦闷，有的甚至因现实与理想相距甚远而缺乏更进一步行动的动力，还有的可能看不到自己的前途而变得越来越迷茫。因此，埃里克森认为，这段时期所要解决的基本矛盾就是获得同一感而克服同一性混乱，关键是促成青少年自我意识的确定和自我性别角色的形成。①

如果在前面几个时期能够更多地发展其信任感、自主感和勤奋感，并在当前的学习生活中，其行为表现能够为他人所认可与接收，得到来自老师及父母的肯定，那么就有助于他们顺利地克服此阶段的各种矛盾，形成健康的自我同一性，如果在前面几个阶段的发展受阻，其信任感、自主感和勤奋感发展严重不足，产生过多的怀疑感、羞怯感、自卑感，且在此时期的行为表现不能够得到包括老师、父母在内的，尤其是同伴的接受与认可，就容易形成消极的自我同一性，或因无法有效解决此阶段所发生的各种矛盾，而因此产生同一性混乱的状况。无论是后面哪种情况的出现，都不利于成人后的发展。

因此，要想有效处理青少年期所面临的各种矛盾与问题，战胜在此期间成长与发展的各种困扰，实现当前的期望并朝未来理想的期望迈进，青少年应该在前面几个阶段正常发展的基础上，在老师与父母正确的教育与引导下，解决好如下问题：

首先，努力培养与具备科学世界观、正确人生观和健康价值观的基础。因为人生在世，需要面对各种艰难与困苦，需要战胜各种艰难与险阻，需要处理生活中各种矛盾与冲突，需要不断负重前行。因此，也就需要用科学的世界观去看待我们前行中所遇到的这些困难与冲突，需要我们用正确的人生观和健康的价值观做指导去解决这些困难与冲突。如果缺乏这样的观念，我们不但不能够正确而有效地处理这些困难与冲突，反而会被这些困难与冲突击败，甚至因此误入歧途，自毁长城。只有当真正形成了科学的世界观、正确的人生观和健康的价值观，我们才能在前进道路上永不迷失方向，才有可能在我们锲而不舍的努力下，拥有一个光明而美好的前程。

① 转引自孔令智、汪新建、周晓红：《社会心理学新编》，辽宁人民出版社1987年版，第99页。

其次，应该树立远大的理想。理想是人生的灯塔，人生不能没有理想，尤其是年轻人要想有光明美好的未来，必须树立远大的人生理想，且所树立的理想应该顺应历史的潮流和社会发展的规律，同时将个人的理想与追求，与社会及国家乃至人类的命运与前途密切联系起来。只有将个体理想与前途，同社会及国家乃至人类的前途与命运联系起来，个体所追求的理想才有望得以实现。

再次，应该学会担负一定的社会责任。理想与责任是密切相关的。要想实现人生理想，就应该学会肩负起一定的社会责任。在青年时期就应以积极进取的态度和满腔的热情，投身于现实的学习和火热的现实生活中，刻苦磨砺自己，经风雨、见世面，练就一身过硬的本领，学会勇于承担起一定的社会责任。

最后，应为开创美好未来做好准备。要想担负社会责任，实现人生理想的追求，应勿蹉跎岁月，切忌"内卷躺平"，虚度光阴，力戒懒散与碌碌无为，而应倍加珍惜大好青春时光，不负韶华，勤奋学习，努力提高自我素质，培养与塑造健康的人格，为未来人生做好各种知识、能力、思想、道德等充分准备，集聚各种能量，夯实坚实的基础，唯其如此，才能在未来的人生征程中大显身手，一展宏图，实现人生之理想与期望。

第三节　成年期期望的发展与变化

成年时期，包括成年早期和中年期。整个成年时期是人生发展的漫长时期，从18岁到退休，是负重前行实现少年理想和人生价值的时期。由于各种生活的重任交汇于该时期，各种矛盾与困惑也会随同出现，因此，也是最艰难最不易的时期，被叔本华称为"困难重重的时期"。这一时期可分为两个阶段，一是成年早期阶段，二是中年时期阶段。每个阶段同样面临着各自的发展任务，同时也表现出各自不同的期望。

一、成年早期期望发展的特点

成年早期主要是18~30岁，这一时期是从年少进入成人的早期，其中有的还在继续完成学业，有的提前走向社会参加工作。哈维哈斯特认为，这一时期的主要任务是：①选择配偶；②学会与配偶一起生活；③家庭中添了第一个孩子；④教养孩子；⑤管理家庭；⑥就职；⑦担负市民的责任；⑧寻找合适的社会群体。[①] 埃里

---

① 转引自孔令智、汪新建、周晓红：《社会心理学新编》，辽宁人民出版社1987年版，第73页。

克森认为在成年早期所要解决的基本矛盾是获得亲密而避免孤独感。[①] 亲密感是人与人之间的亲密关系，包括友谊和爱情、亲情等，其意义在于能使人相互关怀。人主要通过恋爱、结婚、成家、生子等方式获得亲密感，而避免孤独感，通过立业承担其家庭与社会责任，找到归属感与群体认同感。简而言之，就是人们常说的成家立业。一般两者不可偏废，如果论先后，当以业为先，业不立，难立家。因此处在该阶段的人最现实、最主要的期望就是有一个自己满意的职业，能够给自己及家庭带来不菲的收入，且在其工作中获得应有的归属，发挥其才能，感受工作带来的满意感与成就感。同时，期望有能力更好担负起家庭所有的责任，包括养育孩子、照顾父母等。为了更好地肩负起此阶段的责任，顺利完成其任务，实现其期望，需要解决好如下问题：

首先，应该做好人生的两大选择。一是选择好职业。选择好职业，成就一生。二是选择好配偶。选择好配偶，幸福一生。如果我们做好了这两大选择，无疑对以后的人生具有不可估量的积极意义。

在职业的选择方面应该把握所选择的职业是自己能够胜任的，同时也尽可能做到是符合自己的兴趣与专长的。当然，也要充分考虑所选择的职业，能够解决个人乃至家庭的经济负担等要求。选择自己能够胜任的职业，有助于避免因无法胜任所造成的心理负担与压力，尤其是那些本身心理承受力差、可塑性较小的人应该将此作为职业首先原则；选择符合个人兴趣和专长的职业，有助于激发工作兴趣和发挥其特长，并有利于在工作中取得应有的成就；如果有较重的经济负担，同时自己又具有较强的抗压能力，当然可以选择那些收入高的职业。另外，在职业的选择上，有关职业发展的前景和工作单位的各种环境条件等也是应该考虑的。当然，以上这些是较为理想的职业选择考虑，而只有那些具有较强的实力的人才能够充分而全面地考虑这些要求，并有足够的底气进行这样的选择。

在实际生活中对于许多人来讲，有时就是就业也面临一定的困难，且不说自己有职业选择的自由。如果是处在这种情况下，较为妥当的做法就是先就业再择业，这样才能保证不失业。当有了一份职业后，就应该尽可能去适应它，而不是嫌弃它。若经过一段时间觉得实在不适合该工作，可以重新选择工作，当然，前提一定是你能够找到或已经找到适合自己的工作。

在职业的选择上应该持一些积极的观念与想法，如行行出状元，职业无贵贱之分等。对于工作应该持积极的态度，做到干一行爱一行，如果这山望着那山高，干一行怨一行，不但干不好工作，而且会让情绪越来越糟糕，影响正常的生活。

在配偶的选择上，一般需要把握这样几个要求：一是要对称。这里的对称主要

[①]　转引自孔令智、汪新建、周晓红：《社会心理学新编》，辽宁人民出版社 1987 年版，第100 页。

指个人条件和家庭背景力求相当，也就是我们平时讲的"般配"。这种般配可以维持一种平衡，双方都不会给对方造成任何压力，相处也轻松。二是要互补。这里的互补是指性格、气质、能力等方面的互补。只有形成相应的互补，才能做到彼此之间的取长补短；只有形成互补，才可形成一种天衣无缝的融洽，奏出情感的协奏曲。三是互爱。所谓互爱就是讲彼此之间应该情投意合，也就是应该找一个"你爱他(她)，她(他)也爱你"的人。只有形成了这样的相互性，才能维护彼此的平衡，而奏响爱情的共鸣曲。如果在情感方面不能形成这种相互性，是难以形成恋人之爱的。即使由于某些特殊情况走到一起，其关系也难以稳定，即使因为其他的原因维持着一种所谓的稳定关系，但也难以享受真正的恋人之爱。除非其消极的一方发生根本的改变，即由原来的不爱，改变成积极的爱，才能最终实现一种积极的相互关系。

在对象的选择中，还需要解决可能遇到的如下两种冲突。一是双趋冲突，也就是一些年轻人会遇到这样的两难情境：在其选择中同时遇到自己所喜欢的两个人，或同时碰见有两个喜欢自己的人，而爱情的专一性和排他性，只允许我们选择其一。在这种情况下如果不做明确的选择，不仅会造成自己精神的困扰，还会造成对他人的伤害。因此，必须经过慎重思考后作出明智的决断与明确的选择，而不应该有任何拖沓。这样做既不是对己负责，又不是对人负责的表现，且如果时间一长，会造成相互间的伤害，也容易引发一些悲情。怎么做出选择，应该根据前面提出的对称与互补原则，结合自己与当事人的具体情况做出合理的选择。二是趋避冲突。由于人无完人，每个人都可能存在这样与那样的不足，当你遇到一个你爱的人，同时他(她)爱你的人时，你会发现他(她)有许多吸引你的优点，同时也存在一些较为明显的你不喜欢的不足，那么你是爱他(她)还是不爱他(她)呢？此时就处在一种趋避冲突中，你必须有所选择。怎么选？这就取决你的价值判断了。一般是权衡轻重，如果对方的优点是你所在意的，那么你就应该学会包容其不足，而彼此进一步发展一种情感关系；如果比起喜欢对方的优点你更加讨厌其不足，此时，你似乎需要考虑离开对方。当然，除了以自己喜好程度去决定取舍外，更应学会抓住问题的实质与关键，那就是从对方所表现的本质考虑其取舍就更为稳妥。如果对方本质是好的，就应该学会包容某些非本质的不足，而不能舍本逐末。

其次，学习与适应新的角色，努力担负起各种角色责任。整个成年时期是角色发生重大改变和扮演较多角色的时期，开始由学生转换为职工，由依附父母的孩子变为一家之主，成家有了孩子后又先后增添了妻子或丈夫和父或母的新的角色，进入工作岗位后，在扮演员工角色的同时，也有了同事角色、上司或下属等角色，进入社会后又承担着法定公民的角色。随着角色的增多，其面临的任务与责任也在不断加重。而要想实现角色的转变，顺利扮演好新的角色，就必须加强与新角色有关的各种知识、技能、情感、态度的学习，以更好地承担其各种角色的责任与义务，从而避免因角色知识技能和角色情感态度的缺乏，而导致的角色适应困难和由此产生的角色缺如现象发生。

再次，应该妥善处理现实中所遇到的各种矛盾与问题，努力克服履责尽职中所遇到的各种困难。人们在这一时期主要是肩负各种社会生活的角色，有效履行本年段应该承担的各种生活责任，努力完成好家庭、社会、组织所赋予的各种任务，实现其人生的价值。同时，在这一时期也经常面临各种矛盾与问题需要处理，尤其在成人早期，存在理想与现实、个人能力与实际要求、职业兴趣与所从事的实际职业之间的矛盾，同时要处理家庭与事业、养育子女与照顾父母、工作中与领导和同事之间等关系的处理等，可能会面临情感与婚姻、就业与经济等多方面的压力与危机。面对各种纷繁复杂事物及其矛盾等问题，我们应尽可能采取积极的充满理性的、务实而稳妥的应对方式加以处理。只有采取积极的方式，才能有助于问题从积极的方面解决；只有采取充满理性的方式，才能有助于避免因情绪化地处理问题，所造成的不良后果；只有采取务实而稳妥的方式，才能真正使问题得到切实有效的解决，而避免不切实际的应对方式所带来的各种问题的进一步升级。这样我们方能最终战胜在此期间的各种危机，成功履行好自己的角色，实现自己的人生价值。

二、中年期期望的发展与变化

中年期主要是30~60岁。这一时期是实现人生梦想的时期，是负重前行的重要时期，也是人生发展的由盛而渐衰的时期。处在这一时期的人所表现的期望更具有务实性，他们期望伴侣之间相互理解与支持、携手到老；期望有一个幸福、温暖、安宁的家，可以避风挡寒；期望子女少时品学兼优、长大有出息、能成才；期望父母健健康康；期望能够有一个自己喜欢而较为理想的职业、一份安稳而又待遇丰厚的满意工作；期望能通过自己的辛勤劳动积累一定的财富；期望为社会为国家作出自己应有的贡献；期望取得引以为傲的骄人成绩，从而实现少年理想和人生的价值。期望有能够相互交心，坦诚以待的朋友；期望有一定的休闲生活，能够从繁忙的事务中摆脱出来，享受几分轻松，同时也还期望有一副强壮的身体和强大的心理等。

维哈斯特认为中年期的任务有：①形成作为市民的社会责任；②建立一定的经济生活水平，并维护这种水平；③帮助十几岁的孩子成为一个能被人信赖的幸福成年人；④充实成年人的业余生活；⑤接受并适应中年期生理方面的变化；⑥照顾年老的双亲。[1] 埃里克森认为，中年期所要解决的基本矛盾是获得创造力感，避免"自我专注"。[2] 这一时期的主要任务，是在建立家庭生活的基础上，事业上有所成

---

[1] 孔令智、汪新建、周晓红：《社会心理学新编》，辽宁人民出版社1987年版，第73页。
[2] 孔令智、汪新建、周晓红：《社会心理学新编》，辽宁人民出版社1987年版，第100页。

就与发展。如果能够关心家庭成员、肩负家庭责任和培养孩子长大成人，同时又能在事业上有所作为、有所成就，就会从积极的方面形成创造力感，否则就会走向"自我专注"。所谓"自我专注"主要是指处在此阶段的部分人，过多关注于自己个人的利益与需要，一心寻求个人的满足，很少关注家庭、关心下一代或社会及他人，而不去承担自己年龄段所要肩负的责任，形成自我专注者更多地表现为"今朝有酒今朝醉"，所贪求的是及时行乐，不是为家庭担责，为社会作贡献，而是得过且过，混世度日。因此，为了完成这一该时期所承担的角色任务，有效解决所遇到的各种矛盾，获得亲密感和成就感，避免孤独感和"自我专注"，从而实现其这一时期的各种期望，需要做到如下几点：

首先，要积极肩负起家庭的责任，维护好家庭的稳定。处在此时，家庭的担子更重，上有老下有小。且处在此阶段的成年人，身体机能开始衰退，精力不如以前，平时也少不了有些小病小灾，需要相互照应。家庭是需要抱团取暖，共同承担责任的，且家庭责任也是不可旁贷的。因此，需要夫妻双方共同积极担当起家庭责任，维护好家庭的稳定。

其次，要承担好工作的责任，认真做好本职工作。工作责任不仅是一定的组织所赋予的，也应该成为个人的一种自觉。因为我们在工作中，能够获得为生计所需的报酬，同时还能通过工作获得一定的精神满足，且能够实现我们职业成就的期望。处在成年时期，应该是工作经验丰富的骨干力量，因此，理应承担起工作的重任，以高度的主人公的精神、积极的态度和饱满的热情投身于工作，出色地完成好工作任务，在为单位作出应有贡献的同时，实现自己的职业成就期望。

再次，要承担必要的社会责任，为社会作出应有的贡献。作为普通的社会一员，所要承担的基本社会责任，即指承担法律所赋予每个公民应尽的社会责任与义务，如依法经营、依法纳税、依法出行、依法驾驶，以及按照某些所规定要求的如义务捐赠、救灾、抢险等，就是基于一定道义所要履行的社会责任及义务。

最后，应该加强自我调整，积极稳妥处理生活中所遇到的矛盾与问题。进入成年中后期，可以说人生的坡坡坎坎、风风雨雨都经历了，到了成年后期也应是开枝散叶、收获成果和实现各种期望的时期。许多人为期望而辛苦奔波，为实现期望而不遗余力，全力拼搏，从而努力争取去实现一个又一个人生期望。有的收获了幸福美满的家庭，婚姻美满、儿女茁壮成长；有的收获了事业，工作称心、事业有成；有的收获了财富，家境富足，衣食无忧；有的收获了友谊，志同道合，心心相印。许多人因为各种期望的实现，而充满获得感和幸福感，且信心满满。然而，由于各种主客观条件的限制，人们往往因这样或那样的事期望未能实现，难免留下遗憾。有的虽然事业一帆风顺，但个人感情却一波三折；有的虽然家庭圆满，但事业无成；有的虽然事业有成，但可能家门不幸；有的可能子女有出息，但父母常年患病需要照顾；有的虽然父母健康，但子女不走正道；有的虽然在事业上小有成就，但夫妻关系常年不和；有的人虽经过多年打拼，集聚了不菲的财富，但身体过于透支，积劳成疾，留下健康的隐患，甚至极少数人因此英年早逝，无缘步入老年时期等。还有部分人哪怕努力拼搏，最后几乎在诸多方面与自己最初的期望差距甚远，而难免大失所望。

面对当初的期望无法得以实现，往往会引起人情绪、认知、行为等一系列的变化。如情绪上的变化：失落、焦虑、抑郁、愤怒、敌意、不满等不良情绪有可能产生，且会因此伤害到个人自尊心与自信心。如果这些负性情绪不能够得到及时的排遣与消除，积日良久后就有可能进一步演化成一种病理性的性格，尤其是在前面几个发展时期均不顺利者，更是如此，极少数有可能导致抑郁症或焦虑症等情感性精神障碍。随着不良情绪的出现，其认知也会随之发生改变，更多的是对于自己和相关的人以及现实世界采取否定的认知反应。这些消极的认知观念进一步强化了不良情绪，使人更加悲观失望，郁郁寡欢。在消极的认知与不良情绪的作用与影响下，容易产生各种不良的行为反应。

面对某些期望没有实现，人们一时产生这样或那样的不良反应似乎很正常，也可以理解，但如果陷入其中，不能自拔，就应该引起重视，并需要采取妥当的方式加以处理。在实际生活中面对诸如此类的问题，我们应该尽可能避免出现以下消极的应对：

一是压抑方式。这是将因期望没有实现所引起的愤怒、不满、敌意等情绪有意或无意地加以抑制，而不致表现出来，如夫妻之间为了不使其夫妻关系趋于恶化而刻意去压抑对对方的不满与愤怒，员工为了保住饭碗而对于上司给予自己不公正的对待，总是一味地克制与忍让，父母不满孩子学习退步又不愿伤及孩子而采取克制的反应等。所有这些虽然在一定程度上避免了矛盾的激化与升级，但问题并没有得到根本有效的解决。"抑制的累积效应可能会导致相当巨大的紧张感，以至于使控制成为不可能的事情。那时，这个人就会以更激烈的表现爆发出来。"①水满则溢。如果人遇到不顺意的事，采取经常的长期压抑的方式处理，有可能达到一定极限后爆发出来，所造成的负面效应可能更大。另外这种经常而长期的压抑，将造成对身心健康的危害，且有可能走极端，做出一些出格或危及社会与他人的事。因此，比较妥当的一些做法是：有了诸如不满、愤怒、敌意等负性情绪后，应该通过寻找合适的渠道，及时地宣泄与排遣，以恢复心灵的宁静与安稳，如通过体育运动、找朋友倾诉、听几首放松心情的歌曲等，也可以写写倾诉日记，以各种方式化解消极的情绪。

二是逃避方式。一些人因为所追求的期望目标无法实现，为了减轻或降低由此

① ［美］乔兰德：《健康人格》，许金声、莫文彬等译，北京大学出版社1989年版，第118页。

造成的心理压力，往往采取一些逃避的方式，如夫妻之间有了矛盾，但又不愿简单分离，于是就采取一些逃避或躲避反应，平时尽可能制造一些远离对方的方式，如有意识地拖延下班时间和提前上班，或找一些其他借口尽可能少地与对方接触，有的甚至干脆分居。还有极个别的当处处感到不如意的情况下，似乎就看破红尘，于是干脆出家，从此遁入空门。这种逃避方式的确在一定时间内可以帮助减压，能够缓解一定的正面冲突，但问题并没有得到真正解决。

事实上，人往往难以通过逃避来解决问题。与其采取逃避的方式，不如采取积极应对的方式。我们始终应该坚信办法总比问题多，只要我们能够找到问题解决的办法，就一定能够解决问题。即使有些问题一下找不到有效的解决办法，也应该保持一定的定力与耐心，有时时间是处理问题的最好方法，随着时间的推移，所谓的问题可能就不是问题了。如对于孩子成长中不满意的问题，可能会随着孩子的进一步成长与发展得到解决。如果当我们遇到孩子令我们感到失望的表现后，就失去初心和耐心，采取不问不管而放弃责任的逃避行为，就容易导致孩子对自己也失去期望，不思有为，甚至走上歧路。又如一段时间内暂时遇到的经济困难，可能会随着社会的发展，个人待遇的提高等，得以逐步缓解并最后得到根本好转。再如，夫妻之间的关系紧张，可能随着时间彼此改变了某些想法，而达成相互的谅解，关系会有所改善等。

三是麻醉方式。现实生活中我们看到某些人因为自己所追求的期望没有实现，从而采用酗酒等方式麻醉自己，从而减轻内心的焦虑和缓解心中的烦闷。虽然这种方式短期内的确产生一定效果，但这些物质本身具有对人身心的危害性，和人对这些物质所具有的生理和心理方面的耐受性和上瘾性，因此这种方式不足取。另外，还有极少数人面对人生的重大失落而采取赌博、嫖娼、盗窃等放纵方式而违法犯罪，结果走向堕落与毁灭，害人害己。这种方式更是需要我们绝对避免。

总之，面对生活中的一些失落、矛盾与问题，我们不应该采取消极的情绪化的方式予以对待，而应该采取积极的理性的方式去处理。通过积极而理智的自觉调整处理问题，可能离期望越来越近，并最终实现诸多期望；而采取消极而失去理智的情绪化处理的结果，可能离最初的期望越来越远，且造成一些不应该发生的事。具体来讲，在涉及与人的关系问题的处理方面，较为合理的方式就是换位思考，学会包容，增强沟通，以达成彼此的理解；在涉及过往的爱恨情仇等问题方面，最好的方式就是学会放下，不必纠缠；在直面的现实冲突面前，只要不涉及原则问题，较为妥帖的做法就是退一步海阔天空，大事化小，小事化了；在涉及自己应尽的责任方面，应该勇于担当，量力而为；在涉及名利问题上，做到不斤斤计较，不与人相争，能让则让。

另外，做些必要的自我调整。"中年是自我调整和发展新兴趣、新价值观的时期。如果不能这样做，就导致不当的自我关注或停滞，甚至生理疾病。实际上，研究显示发展多种兴趣，能够缓解成人的心理和生理疾病。"①而要想做好适时的调整，处在该时期的人应该有较高的站位，"不畏浮云遮望眼"；应该有一定的雅量，"风物长宜放眼量"；应该豁达与大度一些，"一蓑烟雨任平生"；应该淡定与从容一些，"宠辱不惊，闲看庭前花开花落，去留无意，漫随天外云展云舒"。② 这样，我们才能真正领略到什么叫"回首向来萧瑟处，归去，也无风雨也无晴"平淡无奇的人生。

总之，经验告诉人们，当我们面临生活中发生的种种令我们感到沮丧失望的事件，我们更需要的是积极进行自我调整并有效地处置与应对。因为只有这样才是解决问题的有效方式。我们应该坚信，哪怕到了成年中后期，面对某些未了的心愿，"亡羊补牢，犹为迟矣"，通过进一步的努力，是完全能够如愿以偿的。当然，往事不再来，未来犹可期。因此，面对实在无法弥补和挽回的东西，我们就该努力学会放下，以一种全新姿态迎接下一个阶段的生活。

第四节 老年期期望的发展与变化

老年时期主要是 60 岁以上的发展时期。按照世界卫生组织最新的年龄划分，将老年人细分为三个时期，60～74 岁为年轻老年人，75～89 岁为老年人，90 岁以上为长寿老人。进入老年期，有岗位的基本从岗位退下来，难免有些失落，特别是从重要岗位下来的人，其失落感尤甚。从人生整个发展来看，老年期的确是走下坡路的时期，无论是生理还是心理的机能，逐步出现较为明显的衰退。但老年时期也应该是人生最少羁绊、最为洒脱、无拘无束，且相对来讲也是较为轻松自在的时期。退休了，不再奔波于早去晚归的上班路上，不再为能否完成繁重的工作任务而担忧，再也不需要看领导的脸色行事，更无须为所谓的名利而打拼，也完全避免了与人发生一些不愉快的利益纷争。

当然，老年期也要面对一些新的问题与挑战。哈维哈斯特指出老年期发展的主要任务或主要课题是：①适应体力与健康的衰退；②适应退休和收入的减少；③适应配偶的死亡；④与自己年相仿的人建立快活而亲密的关系；⑤承担市民的社会义务；⑥对于物质生活的满足方面要求降低。③

在埃里克森的发展阶段理论看来，这一时期要解决的基本矛盾是获得完美感而

---

① ［美］卡伦·达菲等：《心理学改变生活》，张莹等译，世界图书出版公司 2006 年版，第 57 页。

② 宋长河：《菜根谭》，蓝天出版社 2016 年版，第 362 页。

③ 转引自孔令智、汪新建、周晓红：《社会心理学新编》，辽宁人民出版社 1987 年版，第 73 页。

避免失望感。① 他认为，如果前面的每个阶段的发展大多顺利，即前面积极成分的发展如果多于消极的成分，就会使人感到这一生的发展是较为完满的，生活是有意义的，因此到了此时就有完美感；如果前面发展中消极的成分多于积极的成分，那么，此时就会产生失望，回顾一生多有遗憾，有绝望感，于是萎靡不振。这种观点有些道理，也确能解释现实中的部分真实状况。我们不难发现，那些在前面各个阶段发展较为顺利的人，进入老年期后有满满的获得感，而对于过往的人生充满自豪与成就感，感受到此生没有虚度。也不难发现，尚有部分人，一生碌碌无为，平庸无奇，有虚度之感，而难免有所失望。但是，埃里克森的观点并不能完全解释所有老年的情况。

一、老年期期望变化的特点

面对老年时代的到来，人们表现出两种决然不同的反映，一是较为消极的反映，慨叹"夕阳无限好，只是近黄昏"；另一种是较为乐观积极的反映，有道是"莫道桑榆晚，微霞尚满天"。坚定的革命者则发出"老夫喜作黄昏颂，满目青山夕照明"的乐观与豪迈的壮语，有作为的政治家发出"老骥伏枥，志在千里，烈士暮年，壮心不已"的慨叹，由此表明人们对于老的不同观念，也反映出两种决然不同的老年心态。

人至老矣，不是一切将无。只要生命在，期望就在。进入老年期的人，同样心存期望，怀揣梦想。概括来讲，老年期的期望主要有：

他们期望发挥余热，老有所为。"失之东隅，收之桑榆"，随着人的寿命的延长，即使到了老年阶段，尤其是老年早期，也能老有所为，不但能够发挥余热，且能在某些方面和一定程度上弥补以往的缺憾，为人生增光添彩。因此不管过往如何，退下来的老人接下来还可"亡羊补牢"，秀出人生的精彩。处在老年早期，如果身体没有大碍，精力尚可，是可以做一些事情的。研究发现，随着社会的发展与进步，教育水平的提高与人的寿命的延长，其成才的年龄有向两头延伸的趋势，即出现早期与晚期都有成才的可能。这就告诉我们，即使到老，也是能够有所作为的。因此，老年人应该克服来自自我的一些偏差与惰性。进入老年期后，许多人就觉得老了精力不济，该歇下来了。由于认知的偏差，不仅直接导致其虚度与浪费宝贵的生命时光，同时也加速了各种衰老的到来。一些对于老者的社会文化偏见，也在一定程度上阻碍了老年人的心理与社会功能的有效发挥，而过于早的退休制度和社会中广泛存在的"老朽""老来无用"等偏见也在一定程度上影响到老有所为。

一些研究与事实为老有所为提供了一定的依据。美国国立老年化问题研究中心

---

① 转引自孔令智、汪新建、周晓红：《社会心理学新编》，辽宁人民出版社 1987 年版，第100 页。

的科学家运用大脑扫描的办法对从 27~83 岁的人们脑内的化学物质进行了研究发现，健康老人的脑和健康年轻人的脑同样活跃，同样有效率。[1] 苏联科学家魏坚科夫指出"劳动，其中包括智力劳动，能够锻炼神经系统，而游手好闲却对神经系统很有害"[2]。英国神经生理学家斯塞里斯和米勒也认为，"人的大脑受训越少，衰老也就越快"[3]。用进废退。无所事事，就会使脑神经细胞出现废退性萎缩，加速衰老过程。马森等人 1991 年研究指出，创造者的全部成果非常均衡地分布于整个一生中，他列举了一项 738 名年龄在 79 岁及以上研究对象发现，历史学家、哲学家、植物学家、发明家四类人在 60 多岁成就最多，科学家则在 40~60 岁成就卓著者多，艺术家 30~50 岁之间成果诸多。如米开朗琪罗 70 岁开始了圣彼得大教堂的创作，毕加索在 85~90 岁之间完成了三个系列画作。在现实中，我们也发现不少已过耄耋之年的老人，还坚守在自己的岗位上发挥余热，为社会作出贡献。

当然，对于老年人讲，老有所为一般不应是出于某种功利的目的，刻意做出些什么，而是根据自己原有的能力基础或兴趣爱好做出一些力所能及的事。如果有专业特长，可以利用自己的所长去辅助年轻人，帮助他们尽早成才；如果没有专业特长，可以根据自己的基本条件，培养一些兴趣爱好，还可以参加一些能够胜任的公益性活动等，从而使自己的老年生活过得充实而有意义。从事一些既有益于愉悦自我身心，同时又有益于社会或他人的各种活动，应该是老有所为的最好选择。一定的社会组织应该为老有所为，创造与提供必要的环境条件。

期望晚年生活安定与有保障。老有所依，老有所养，老有所安，这些几乎是每个老人所持有的共同心愿。因此，晚年生活的安定有保障是老人的最基本的期望。因为只有生活安定与有保障，他们才能够有所依归，有所心安。这种依归应该具体体现在生活的诸方面，居则有其屋，病则有其医，衣食无其忧。只有生活诸方面安定有保障，他们才能安度晚年。另外，社会应该进一步健全与完善各种老年保障制度，以从制度层面保障老有所依。

期望与人保持一定的交流。虽然老人退休，客观上造成与外在的往来少了，但老人仍然普遍表现出与外在交流的心理诉求。害怕孤独，几乎是每个老人的一种共有心态，那些儿女不在身边或失去老伴的老人，其孤独感尤为强烈，那些平时就比较爱交流的爱热闹的老人，更是难耐寂寞与孤独。因此，老人可以经常参加一些社区或单位组织的活动，如歌咏会、舞会、各种展览会等，常到户外走走，主动与人搭搭讪、唠唠嗑，与人分享一些生活的经验。喜欢宠物的，老人可以养养宠物；那些平时不爱热闹与交往的人，可以养养花、种种草，静心阅读自己所喜欢的读物。

---

① 董奇：《脑与行为》，北京师范大学出版社 2000 年版，第 196 页。
② 王恩群等：《青年生活中的心理学》，群众出版社 1987 年版，第 16 页。
③ 王恩群等：《青年生活中的心理学》，群众出版社 1987 年版，第 16 页。

总之，可以通过多种形式排遣寂寞与孤独。另外，还可以利用现代网络媒体技术与不在身边的儿女、其他亲朋好友进行网络互动聊天等。

期望延缓衰老，健康长寿。由于现代社会的发展，人们的物质与精神生活有了较大的改善和提高，社会的经济与医疗有了一定保障。因此，延缓衰老，健康长寿几乎是所有老人的共同愿望。在其他内外因素相同条件下，可以说其中的一些个人因素，包括生活方式、个性、情绪等因素在人的健康与长寿中最终起到主导性的作用，且绝大多数影响健康长寿的个人因素对于个体而言是可以掌控的。

二、老人怎样实现延年益寿的期望

基于上述分析，处在老年期的人要想延缓衰老、延年益寿，需要个人保持良好的心态。所谓良好的心态，从健康意义上讲，就是维护好一种心理平衡，不大悲大喜，不焦躁不安，不喜怒无常，做到开朗乐观，能够平和处理生活中遇到的各种问题，看淡功名利禄，心存善念。良好的心态有助于改善人的各种生理系统的功能，不仅有益于生理的健康，同时也有益于增强人的社会机能和精神健康，提高人自身的免疫力和某些疾病的自愈效果，从而达到促进延缓衰老、健康长寿的目的。对于老年人来说，要想保持愉悦、乐观的情绪等为主要特征的良好心态，需要正确对待如下问题：

一是正确对待过往的人生。老人常倾向于回忆过往。人生的得与失、成与败、酸甜与苦辣、幸福与痛苦等，只要是经历过的、思过想过的一幕幕都可能在脑海中经常萦绕，且不时伴随各种情绪体验，有的甚至沉浸其中，不能自抑，而影响到当下的生活。因此，对于老人来讲，要想尽快适应新的老年期生活，需要正确对待过往的成败得失、兴衰浮沉。也许你认为自己是成功人士，或认为自己是失败者，但自古以来不以成败论英雄，何况人的成与败并非以个人的意志为转移。作为成功者，你可以为昔日的成功而自豪，但不可嘲弄与鄙视他人的失败，因为他人的失败可能没有遇到更好的"天时"与"地利"；作为失败者，你也没有必要妄自菲薄，懊恼悔恨，当然也没有必要嫉妒成功者，甚至觉得别人的成功是运气好或有过硬背景，因此而投以嫉恨，而应该看到他人为实现成功而付出的艰苦努力。因此，我们无须对于自己或他人的成功或失败，表现出一些有失偏颇的反映，否则可能会因此产生不良的情绪，而不利于开启新的老年生活。

二是应该正确对待当下所面临的主要问题。首先，正确对待疾病，进入老年时期后，恐怕难以找到完全健康的人，绝大多数人会随着身体机能及其免疫能力的下降而患这样与那样的疾病，特别是随着年岁的越来越高，患各种疾病的风险几乎无法避免。我们所能做的只是通过如适宜锻炼、合理膳食、心理调节等一些必要的方式，尽可能延缓疾病的到来，或有了疾病后采取一些必要的措施减轻疾病对于我们健康的危害。对于一些无法根除的慢性疾病，应该通过必要的措施，在一定程度上有效控制其对我们身体所造成的进一步伤害。我们既应该以一种平常的心态看待疾病，又应该以一种积极的方式处置疾病，尽可能减少或降低疾病对我们生活质量，所造成的消极影响和对我们身心所造成的伤害。其次，应该正确对待衰老问题，做到尽可能延缓衰老。对于许多老人而言，最大的期望莫过于延缓衰老，健康长寿。因此，需要老人正确认识衰老和有效地防止与延缓衰老。

三是正确对待生死。"生如夏花之绚烂，死如秋叶之静美。"这是诗人对于生与死的充满浪漫而美好的赞誉。而实际生活中，人们更多的是关注生，而不愿关注死。许多人不愿提及死亡，甚至有意回避有关死亡的任何事件。"死亡，特别是我们自己死亡的可能性是如此残酷的事实，以致几乎没有人可以直接面对它。拒绝有助于我们对自己死亡威胁的焦虑，保持在一个较低的可以控制的水平，拒绝也可以帮助我们避免想到和心爱的人的分离。"①其实，生与死是密切关联的，没有生就无所谓死，而没有死，也无所谓生。从生理学意义上讲，生就是具有呼吸、心跳和脑电在活动等生命体征，死亡是以失去呼吸、心跳和脑电活动等生命体征为其标志的状态。人是无法超越生死的。正是基于这点，我们应该很早的时候就要加强对于死亡的教育，使人懂得死亡的不可避免，而更会使人明了生命的珍贵，而更好地珍惜生命与敬畏生命，并努力维护好生命，实现生命的价值，同时避免造成人们对于"死亡"的恐惧与焦虑。

人们在濒临死亡之际，会有不同的选择，有的期望得到充分的救治，以进一步延缓生命；有的难以承受疾病之痛，因不愿给活着的人增添更多的负担而不愿采取过度救治，期待"自然死亡"。在生命的最后时刻，如果人的意识状态是清醒的，无疑他会无比眷恋人生；与此同时，也会伴随着无比的伤心与痛苦，显得万般无奈。在无法抗拒的自然规律面前，当面对残酷现实的时候，不妨顺其自然，坦然面对。

当老人正确对待疾病与衰老及生死等问题之后，在接下来的老年生活中还需要做到如下几点：

一是动以养身，静以养心。适宜的运动具有健身调心、延缓衰老的作用，因此对于老人来讲，根据自己的身体状况选择适合自己的运动是很有裨益的。如果腿脚无疾，行走是一种简便易行且有效的方式；如果腿脚不便，可以通过练太极拳、瑜伽，或通过做手指运动、身体按摩、肌肉放松等活动，以达到健身养心之功效。在进行一些以有氧为主的运动的同时，还应该根据自己的体质状况进行有一定强度的强肌运动，以延缓肌肉的衰退。但要注意，活动宜缓不宜急，特别应注意防止跌倒，以避免对健康与长寿造成不利影响。另外，还可以经常通过一些呼吸吐纳、闭

---

① ［美］卡伦·菲等：《心理学改变生活》，张莹等译，世界图书出版公司 2006 年版，第345 页。

目养神、冥想和倾听一些轻松、舒缓、静心的古典音乐，调理心绪，也可以通过一定的阅读，或通过与朋友的闲聊等方式使心身轻松舒缓。

二是合理膳食，饮食有节。对于老年人来讲应该做到营养均衡，食物应适当多样，且容易消化。不贪食，不偏食，不暴饮暴食，少吃多餐、细嚼慢咽，以帮助促进消化；除了一天三顿正餐外，应该在其间补充水果、坚果、牛奶等，以补充正餐营养之不足，达到营养的均衡；适当多喝水，以增强体内循环和促进身体的代谢。

三是起居有常，精神内守。老年人应该特别注意作息有规律，即根据自己的身体状况，顺应四时和早晚气温之变化，合理安排就寝及起床时间，保持足够的睡眠；合理安排出行，外出旅游、走亲访友或其他活动与事物。形成规律后，应该依规而行，不要轻易打破规律，否则会因出现身心不适，造成不必要的内耗而影响身心健康。所谓精神内守，即应该做到平时保持心境平和、安稳、内敛、神情淡定，遇事从容、不躁，忌易怒、忌动气。对待生命的最后时光，不以物喜、不以己悲，不为欲所动、不为情所困。

总之，只要老人能够正确对待过往、对待疾病与衰老、对待生死，以积极健康的生活方式，以顺其自然的态度，以恬淡平和的心态过好当下的每一天，便有可能延年益寿，享有更加绵长的生命。

第五章　角色期望分析

人生就是一个大舞台，每个人都在这个舞台上扮演一定的角色，且人在不同的发展时期，往往需要同时扮演多种角色。不仅每个人对自己所扮演的每种角色有一定的期望，同时社会中的组织或他人也对每个个体所扮演的角色有所期望。那么，人生一般需要扮演哪些重要角色，该怎样实现相应的角色期望，成功扮演好各种角色呢？在此，我们将这样的问题展开讨论。

第一节　角色期望概述

一、什么是角色

"角色"一词最初是由拉丁语 Rotula 派生出来的，本是戏剧舞台中常用的一个概念，原意是指演员根据剧本扮演某一特定人物。20 世纪初，美国著名社会学家 G. 米德把"角色"一词引入社会心理学领域，以此来说明人的社会化行为，因此也称社会角色，由此开启了学者对于角色的研究，并形成不同的角色理论。

对于什么是角色，学者们提出各自不同的看法。国外有的学者将角色视为人在社会中的地位，如莱威（M. J. Levy）在他的《社会结构》一书中将角色定义为"由特定社会结构来分化的社会地位"。有的学者将角色理解为一种行为期待或规范，如拉尔夫·林顿（Ralph Linton）在《个性的文化背景》中认为"角色——这是地位的动力方面，个体在社会中占有与他人地位相联系的一定地位。当个体根据他在社会中所处的地位而熟悉自己的权利和义务时，他就扮演着相应的角色"。有的学者将角色视为个体一定地位中所表现的行为，如纽科姆在其《社会心理学》认为"角色是个人作为一定地位占有者所做的行为"。角色理论研究者彼德尔（B. J. Biddle）也将角色视为行为或行为的特点，他在《角色理论：期望、同一性和行为》中强调，角色是一定背景中一个或多个人的行为特点。有的学者从社会关系的角度理解角色，如森冈清美把角色分为两种："群体性角色"与"关系性角色"。以家庭为例，所谓群体性角色是观察家庭内的各个位置与家庭群体的整体关系时的概念，如户主、主妇、户成员的区别那样；所谓关系性角色是从家庭关系角色来观察各个位置时的概念，如妻子对于丈夫、儿子对于母亲那样。有的从组成要素的角度解释角色，如苏联社会心理学家安德烈耶娃把角色要素分为以下三个方面，即社会角色是社会中存在的对个体行为的期待系统，这个个体在与其他个体的相互作用中占有一定的地位，角色是占有一定地位的个体对自身的特殊期待系统。[1]我国有学者认为，社会角色包含角色扮演者、社会关系体系、社会地位、社会期望和行为模式五种要素，于是，他们把社会角色定义为"个人在社会关系体系中处于特定社会地位，并符合社会期望的一套个人行为模式"[2]。

综上所述，科学的角色定义包含三种社会心理学要素：一是角色是一套社会行为模式；二是角色是由人的社会地位和身份所决定，而非自定的；三是角色是符合社会期望(社会规范、责任、义务等)的。只要符合上述三点特征，都可以被认为是角色。

二、角色的类型

人们在现实生活中所表现的角色林林总总，根据不同的标准可以将角色划分为不同的种类，从不同的角度认识其角色的分类，对于我们深入了解角色期望等问题是必要的。

(一)理想角色、领悟角色和实践角色

这是按角色存在的形态不同所进行的分类。理想角色也叫期望角色，是指社会或团体对某一特定社会角色所设定的理想的规范和公认的行为模式。理想角色是一种持"应该如何"的角色观点，如做教师就应该为人师表，身教重于言教。又如做医生就应该救死扶伤，具有人道主义精神等。领悟角色是指个体对其所扮演的社会角色的行为模式的理解而表现出的一种角色，如每位父母对其做父母的角色及其表现各有不同的理解，因此在承担父母角色中的具体行为模式便不尽一样。实践角色是指个体根据他自己对角色的理解而在执行角色规范的过程中所表现出来的实际行为，是一种"实然"角色。实践角色属于客观现实形态，就是一种在现实中通过具体的行为直接反应的角色。其实，这三种角色是相互关联的，理想角色是领悟角色的基础，也就是说领悟是基于人们对于所期望角色的理解，而领悟角色是实践角色的前提和基础。由于个体所处的环境、认识水平、价值观念、思想方法等的不同，因此不同的人对所期望的角色规范、行为模式的理解是不完全相同的，对于哪怕是同一期望角色，所表现的具体的实践角色行为也不尽相同。同时，由于每个人的自身条件和环境条件不尽相同，因而即使对同一期望角色有相同的角色理解，而在执

---

[1]　[苏]安德烈耶娃：《社会心理学》，蒋春雨等译，南开大学出版社1984年版，第67页。

[2]　时蓉华：《社会心理学》，上海人民出版社1986年版，第56页。

行其实践角色中，所表现的具体行为也未必相同。如面对领导这一角色，虽然不同的领导对于其期望的领导角色，有完全相同的角色理解，但其具体扮演的实践角色可能大相径庭。这里也同时反映出人们在扮演一定角色的过程中，有可能出现期望角色与实际所履行角色之间存在明显的差异。

(二)先赋角色和自致角色

这是按照角色获得的方式不同进行的分类。先赋角色是指个人与生俱来或在成长过程中自然获得的角色。它通常建立在遗传、血缘等先天的或生物学的基础之上，如性别角色以及由父子关系产生的父亲角色或儿子角色等。还有一些先赋角色是由社会规定的，如封建社会中通过世袭制度继承的皇帝、公爵等角色也属于先赋角色之类。自致角色指个人通过自己的努力和活动而获得的角色。自致角色体现了个人一定的自主选择性。在现代社会中，一个人一生中扮演的多数角色是自致角色，包括个人职业的选择、婚姻家庭的缔结、事业的成就、地位等方面的角色，这些都是个人凭借自己的努力而实现的角色。无论是先赋角色还是自致角色，均反映出一定的社会关系，都体现出一套社会期望的模式。

(三)规定性角色和开放性角色

这是根据受角色规范的制约程度的不同所进行的分类。规定性角色也称正式角色，是指角色扮演者的行为方式和规范都有明确的规定，角色扮演者不能按照自己的理解自行其是。他们在正式场合下的言谈举止、责任、权利、义务以及办事的程序都有明确的规定，应该做什么和不应该做什么都必须按照规定办。如政府外交官、法官、议员即属此类角色。开放性角色也称非正式角色，是指个人可以根据对自己地位和社会期望的理解，自由地履行的角色，如父亲、朋友、非正式群体的自然领袖等属于开放性角色。这类角色有很大的行为自由，善于适应不断变化发展的社会生活。尽管开放性角色没有规定性角色那样，在其角色行为方面有严格的规定要求，但开放性角色仍然需要体现出对于其角色扮演者行为的期望与要求。

(四)支配角色和受支配角色

这是按角色之间的权力和地位关系所进行的分类。支配角色、受支配角色是德国社会学家达伦多夫(R. Dahrendorf)关于冲突理论中的两种基本概念。他认为，只要人们聚在一起组成一个群体或社会，并在其中发生互动，则必然有一部分人拥有支配力，而另一部分人被支配。具有支配他人权力的就是支配角色，而受他人支配的即受支配角色。达伦多夫认为，在现实社会中，这两种角色具有下列特征：①在每一个受权力关系支配的群体内，作为支配角色的人和作为受支配角色的人必将形成针锋相对的非正式阵营。一般来说，作为支配角色的人总是极力维持现状以维护其既得的权力，而作为受支配角色的人必将设法改善受人约束和限制的现状以获得自己的权力。②这两种角色必然要建立符合自己利益的群体，各有自己的方针、计划和目标。① 显然，达伦多夫只看到了彼此之间矛盾的一面，而没有看到二者的相互依存性。因为任何一个群体或社会的维系总会有支配角色和受支配角色，不可能只有支配角色或受支配角色，同时这两种角色必须有一致的目标、计划和方针；否则，群体或社会将是一盘散沙，并会出现混乱。一个充满高效能和凝聚力的群体或社会组织，必须从根本上解决好支配角色和受支配角色心怀各异、相互掣肘的状况，这样才能保证其群体组织或社会的和谐与稳固以及产生积极的效能。

(五) 功利性角色和表现性角色

这是按角色扮演者的所图进行的分类。功利性角色是指该角色行为是计算成本、讲究报酬、注重实际效益的。这类角色的价值在于利益的获得和行为的经济效果。生产和商业活动中的角色及其行为就属于此类。一个公司经理的角色行为，在于能为这个公司带来经济效益。一般来讲，功利性角色应该对提高团体效益、促进社会经济的发展有重要意义。表现性角色是指该角色行为是不计报酬的，或虽有报酬，但不是从获得报酬出发而采取的行为模式。表现性角色的行为目的不是报酬的获得，而是个人表现的满足。如艺术家表演、医生看病、教师教学等，都是强烈的"自我实现"的愿望所驱使的角色行为，是个人地位的责任感、义务感的体现。当然在实际生活中，很难截然将这两种角色完全分开，因为公司经理，也要承担一定的社会责任，而负有一定的社会义务，而艺术表演家也需要生活，因此其角色也不可避免会表现出一定的功利性。

(六) 个人角色与团体角色

这是按角色主体性进行的分类。个体角色就是一个独立的个体所具有的一套行为模式。这种角色模式虽然也反映出一定的社会性，但更加突显的是个体性，充分体现了个体所具有的各种素质特性。个体在其一生中需要扮演多种不同的角色，每一种角色都有其相对独立的职责要求与相应的行为模式。个体角色需要根据具体的对象，适时进行角色的转化，如果不能够适时进行角色转化，就易导致角色适应方面的困难，而无法承担其相应的角色责任。人们常讲的"忠孝不能两全"，就是一种典型的角色无法同时兼顾所造成的现象。

团体角色是由若干个体所组成同时承担完全相同的角色责任及任务的角色。不同的团体有完全不同的角色责任与任务，其相应的行为模式也不尽相同，如教师团体和干部团体等，由于其服务的对象不同，其责任及义务也不同，因此其角色行为

---

① 　乐国安：《社会心理学》，广东高等教育出版社 2006 年版，第 146 页。

模式要求也不尽相同。在同一团体中虽然其团体成员有共同的目的、责任及义务，有基本一致的行为模式，但是其每个成员也因其个体存在差异，因此其具体的行为表现也显示出明显的差异，而在某些团体中，其同一成员可能要同时兼有多种角色，如教师团体中，每位教师均要承担组织者、育人者、教学者、研究者、咨询者等多种角色，且每一种角色都有相应的职责与一套具体的行为模式要求。当然，团体责任的落实，目标的实现更需要整个团体成员的协同努力。

三、角色期望及其特性

角色所反映的是人在社会生活中的行为模式的期望系统。每一种社会角色都代表着一套行为及行为期望系统。行为是否符合他所处的地位和身份，要看他在多大程度上遵从了角色期望。角色期望是指社会或个人对某种角色应表现出特定行为的期待。布耶娃认为角色期望无非是"社会实践中存在的客观社会关系的思想形态、主观反映"①，"这些期望可以分为个体在扮演某一角色时的权力期待和义务期待"②。角色期望规定了人们在扮演某一特定社会角色时所应有的行为，并且每个人只要扮演了某一角色，社会或团体中的其他人，将不约而同地以该角色所应具备的角色行为标准来评价他的行为，而这里角色行为标准实际上就是人们所形成的角色期望。角色扮演者要想承担起应有的社会责任与义务，就应该通过一套较为稳固的行为样式来实现。这种行为样式一方面是社会中的他人，根据其角色的责任与义务以及约定俗成的一些规则与规定而形成，所反映的是人们对相关角色的一种期望。这种期望分别来自社会中的他人和角色扮演者自身，而社会中他人的角色行为期望与角色扮演者的自我角色行为期望，在许多情况下并不完全一致，甚至有时出现明显冲突。

在个体社会化过程中，角色期望首先表现为社会外界对角色的期望，通过人们的言语或行动为个体所感知，从而对个体的一系列行为发生影响。在自我意识发展到一定程度时，便出现了个体对自身所扮演角色行为方式的期待，这是一个主动的过程。只有在社会对某一角色的期望和个体对自身的角色期望一致时，才能对个体行为起较大的作用。而他人的这种期望若未能被自己领悟和接受的话，就不会发生期望效应。从某种意义上讲，角色期望实现的过程既是一个人履行相应的角色责任与义务的过程，也是角色扮演者不断处理角色冲突、解决角色矛盾、努力适应角色的过程。一般角色期望具有如下特性：

---

① ［苏］安德烈耶娃：《西方社会心理学》，李翼鹏译，人民教育出版社 1988 年版，第 171 页。

② ［苏］安德烈耶娃：《西方社会心理学》，李翼鹏译，人民教育出版社 1988 年版，第 170 页。

（1）角色期望的社会性。角色所反映的是一个人的社会存在，因而角色期望是人们对自己或他人所履行的角色行为及其表现的一种愿望的体现，而这种体现又是对于所处社会现实的一种观照与反映，而表现出明显的社会性。角色期望的社会性，集中体现在角色期望的内容及要求，要受到一定社会文化和时代特点的影响。不同的文化对于人的某些角色所赋予的责任、任务及行为模式虽然存在一定的共性，但其差异性也显而易见，如古代"教书先生"和现代"人民教师"虽然有"教书育人""传道授业解惑"的共性，但在不同的文化和不同的时代里，社会所赋予教师在教书育人、传道授业解惑的具体内容与方法等方面的要求却不尽相同，在其履职中的行为模式及要求也就不同。今天人们对于教师的角色期望，要远远超过以往任何一个时代，当今教师还肩负着研究者、咨询者、激发者、伦理者等角色，且围绕这些角色人们也形成了相应的行为期望模式。

（2）角色期望的个体性。虽然角色期望反映出一定社会中他人，对于特定角色所具有一定共性的要求，但这种要求只有作为角色主体的个人形成相应的角色认同，才有可能为个体所接受。如果角色个体不能够形成相应的认同，外在的他人对于角色者有关的行为期望模式及要求就难以为个体接受，这样也就无法通过其个体一定的内化作用，变为自己的一种自觉行为样式。另外，个体在形成某种角色的过程中，除了外在对于其角色形成一定期望外，个体自身对于自己所扮演的角色也有相应的自我期望。这就表明一定的角色的形成，并不是完全由外在的社会或他人的角色期望所决定，同时要受到角色扮演者的自我期望的影响。这种自我期望的形成，尽管在一定程度上也要受到外在的他人对于其角色期望的影响，但主要受到角色扮演者自身的人生观、价值观、性格、气质、能力等诸多个人因素的作用，如同样是同一时代所扮演的"父母"角色，因其个人的人生观、价值观、育子观方面的不同，而在具体的养育孩子方面的角色行为方式也就不尽相同，由此也就表明其角色期望具有明显的个体特性。

（3）角色期望的变化性。由于角色期望所反映的一定社会，对于角色者所要承担的责任及义务等的一种期待，而社会总是在变化与发展的，因此，随着社会的变化与发展，人们会对相应的角色的责任及义务等，提出新的甚至更高的要求。随着时代的变化其角色反映的内涵及要求可能要发生变化，如传统的性别角色往往要求男女有别，男主外，女主内；男性要刚强自立，女性要柔弱依人等。而随着时代的进步，女性不断解放，开始提倡男女平等、男女同工同酬、女性与男性一样独立地干一番事业等。角色者必须通过学习，增强其角色的适应性，才能不负这种期望，进一步履行好相应的角色。如果做不到这点，就会导致履责中的"角色阙如"，而不称其职，如果不被淘汰出局，就会给社会及他人造成不利影响。尤其是那些履责在一些重要的职业领域的角色，因不称职所造成的社会不良影响会更大，如教师和某些在领导岗位的角色，如果不作为或乱作为，对于社会所造成的不良影响是很大的。

四、角色期望的意义

首先，一定的角色期望有助于人们形成社会所认同的角色。角色通常是社会所赋予个人或团体的，反映一定社会对于个体或团体的一定期望与要求，而个体或团体要想以一定的身份跻身于社会，他就必须获得一种为社会所认同的角色。只有获得了这种角色，才有可能满足自己的各种社会性需要，而找到实现人生自我价值的舞台，并借此舞台充分展示自我才能，以便得到社会中他人的一定认可，从而更好地实现自己的社会及人生价值。因此，人对于角色的期望，也就成为推动自我获得社会认可的角色，实现其各种社会需要的基本动力。

其次，一定的角色期望有助于明确自我的社会地位与身份。角色往往是人们社会身份与地位的一种标志。如果在社会生活中，人们没有充当一定的角色或不明确其角色，也就无法明确其在社会中所处的地位与身份。如父母这一角色，所反映的是其在家庭中的身份与地位，领导角色所反映的是在一定团体中所处的位置与身份，教师角色是在学校中所处的位置与身份。如果没有相应的角色，就无法知晓其个体的社会地位与身份，而一个没有或不知晓个人在社会中的地位与身份的人，不但无法履行在社会生活中的责任与义务，也无法获得相应的社会价值认同感和存在感。因此，人们之所以表现出角色的期望是因为想通过一定的角色获得为社会所认可的身份与地位，并由此获得社会的认同感和个体存在感。

最后，有益于人们更好地明确并履行好个人的责、权、利。任何一种角色都应包括责、权、利三个方面的内容，因此，人们关于角色的期望也主要反映在这三个方面。人们一般期望有关角色应该是责、权、利三个方面的统一。以"责"为先，子女总是期望自己的父母首先尽到自己做父母的责任，而父母则也期望子女尽到做子女的责任；学生期望教师尽到做教师的责任，教师也期望学生尽到做学生的责任；下属期望上司尽到做领导的责任，而上司则期望下属尽到下属的责任。所谓尽到责任，就是应该认真履行与自己的角色相匹配的职责，就是要有所作为。在"权"字方面，则人们更多地期望角色扮演者行使正当的权力。所谓正当的权力，就是与相应的角色相匹配的权力，并且在具体的行使权力的过程中，做到尽可能尊重他人，而不是滥用权力，也不是采取恶劣的专横的态度对待他人。在"利"字方面，人们期望对方只是享有正当的角色利益，而不是利用其权力牟取不正当的利益，或为了个人的一己私利，而不惜牺牲他人利益。总之，作为角色扮演者，应该首先形成对自己角色的准确定位，并明确社会所规定的有关角色责任、权力和利益，并严格按照这些履行好自己的角色。

第二节　常见主要角色期望分析

人在生命历程中，不仅在不同的时期里扮演着形形色色的社会角色，且在同一时间里也扮演着不同的角色。在此，我们不可能面面俱到，一一加以分析，仅就一个人一生中所要表现的，或有可能遇到的几种主要角色及其期望开展有限的分析。

一、父母角色期望分析

父母与子女间的角色应该是人生所必须经历的也是贯穿时间较长的一对角色，是唯一的直接血缘关系为其基本特性的人生中重要的一种角色关系，同时也是一种具有连带性与传递性的角色。如果这对角色扮演好了，将有利于我们进一步扮演好人生的其他方面的各种角色。父母与子女要想扮演好各自的角色，除了要明确和践行好各自的角色责任以及所承担的义务外，更重要的是要处理好角色之间的关系，有效化解角色之间的冲突。这就需要父母与子女相互之间，形成合理的角色期望和有效的角色认同。

父母角色期望，包括父母自我对于做父母角色的期望，同时包括社会从一般意义上对父母所形成的期望，而这两种期望集中反映在对于子女的养育要求方面，另外被养育的子女对于父母也有期望。父母对于子女合理的期望，是子女成长的积极推动力量。孩子从小是在父母期望中成长起来的。正是父母将对孩子的期望，化作平时的一言一行、一举一动的无微不至的关心、关怀、鼓励与支持，才促使孩子一天天成长起来，而要想使自己对于孩子的期望，成为推动孩子健康成长的有生力量，需要父母尽可能做到：

应该转变传统的父母角色观念，根据社会及时代发展的要求形成对子女的期望。今天我们可以看到一些父母仍然按照其当初自己的父母对于自己的期望要求和做法去对待孩子，而形成对自己孩子的一些期望要求，并且仍然以家长制的作风和做派管教孩子，而使处在开放民主条件下的孩子却并不能接受这些，更不可能按照父母的所谓意愿去做，直接致使这些父母对孩子所形成的角色期望，往往落空而无法实现。这就需要父母改变传统的观念，转变家长制作风，摒弃各种专断的教育行为方式，以民主平等的方式与孩子相处，做孩子的朋友。这样更容易了解孩子的想法，同时使自己的要求更贴近孩子的实际，也容易为孩子所接纳，才更有利于孩子接受并实现父母的期望。

父母对于子女的期望应该是合理的。只有合理的期望才能够为人所接受，从而对其产生积极的影响作用。父母对于子女的合理期望是指父母对子女的各种期望要求，能够很好地从自己子女的实际出发，只有从自己孩子性别、年龄、兴趣、爱好、知识能力基础、个人愿望与需要等实际出发而提出的期望，才有可能为子女自觉接受，并愿意为之付出努力，以实现其期望。而脱离孩子实际的过高或过低的不合理的期望，不仅不能够起到对孩子行为的积极影响作用，反而会遭到孩子的抵抗与拒绝，有时甚至产生较为严重的对立反应。如果父母对孩子抱的期望过低，将有可能导致孩子放弃对于自己的严格要求，而行为表现更消极，不利于孩子的进步成长；如果父母对孩子期望过高，孩子因无法实现其父母的期望而会感到沮丧，甚至产生较为严重的焦虑反应。这样不但不利于孩子的健康成长，反而会使孩子产生一些心理问题。父母应该切记，不要在孩子的期望上与其他孩子相比，因为每个孩子存在明显的差异，只有根据自己孩子的实际情况提出的合理期望，孩子才有可能去努力实现。

父母对于孩子的期望应该是积极而充满正能量的。只有积极而充满正能量的期望，才能够促进孩子的健康成长。今天，受市场经济和多元开放社会文化的影响，有些父母因为自身出现价值失范甚至价值扭曲，他们有可能因此形成对孩子一些消极或负面的期望，而这些将会对孩子的健康成长造成极为消极的影响，甚至有可能直接将孩子引入歧途。父母要想形成对孩子积极的充满正能量的期望，就必须从根本上改变这种状况。父母只有根据社会发展和时代进步所形成的对人的素质的要求，形成对孩子更多而充满正能量的积极期望，这样才能促进孩子走正道，做正直之人，而与时俱进，行稳致远。

父母对于孩子的期望应该是全面的而不是片面的。父母都期望孩子成才，而将成人视为一种自然的过程，将其淡化于期望之外。而要想使孩子成人，每位父母应该明确自己在孩子整个成长中的责任与义务，改变对于孩子重养轻教，重智轻德等片面观念与做法，切实履行好对孩子整个成长所肩负的责任。在实际生活中我们不难发现，有的父母只是重视孩子的身体发育，而很少关注孩子的心理健康；有的父母非常关注孩子从小智力的开发与投入，却完全不重视孩子的德行之优劣、性格之好坏，在此方面似乎没有形成较为明确的积极期望。父母这种片面期望是不利于孩子的全面发展的。每位父母应该对孩子一生的成长与发展负责，明白对于人来讲，哪些才是最重要的。应该从小加强孩子诸如生活、学习、劳动、身体锻炼、与人交流、合作、自信、个人情绪的管理等方面习惯及素质的培养，因为这些对于孩子一生都是非常重要的东西。父母有配合学校所实施的孩子全面发展教育的责任，同时全面关注孩子身心方面的成长，并以其合理期望要求孩子，这样才能更好地促进孩子的全面发展。

父母应同时发挥在孩子性别角色形成中的作用。性别角色的社会化是人社会化的重要组成部分。随着社会的进步发展，虽然男女性别角色的差距不断缩小，但男女有别这种现象仍然存在。现代社会同时需要具有以同性角色为主的，同时也需要兼有一定异性特质的性别角色。也就是说，男性除了具有自信、责任、勇敢、强悍等男人特质以外，还需要有一定的体贴、包容、耐性、克制等传统女性所具有的特质；而女性除了具有传统女性所具有的稳重、温柔、细心、包容、仁慈等特质外，还应具备男性所具有的自信、自立、自强、自主等特质。只有适当兼有一定的异性特质，才能更好地适应现代生活。这就同时需要发挥以同性父母为主导的和以异性父母为辅的，父母双方在子女性别角色形成中的双重作用。因为孩子对性别角色的认同和性别角色的社会化，在很大程度上是受同性父母影响的结果。而性别角色的形成对于孩子来讲又是一个无法绕过的角色。孩子的自我同一性的形成，首先应该是性别角色的同一性的形成，如果一个男孩不能够认同自己男性的性别角色，甚至厌恶自己的性别，那他就无法形成其性别角色的同一性。这样他就难以融入正常的社会生活，而直接影响其社会适应性；女孩也是如此。另外，根据社会发展的时代要求，也需要在一定程度上发挥其异性父母对孩子性别角色的影响作用，从而使孩子逐步形成一定的异性父母所具有的特质，这样更有利于孩子的性别角色适应社会发展的要求。

二、教师角色期望分析

教师是一种非常重要的社会角色。随着现代社会教育的推广与普及程度越来越高，人们几乎都要接受在教师教导下的正规学校教育。教师在每个人的成长与发展中起着非常重要的作用，因而教师角色所具有的重要性也就显然易见。教师的角色期望，既反映出一定的包括学生在内的整个社会成员对于教师角色的要求，也反映出教师自身对于教师角色的要求，它是推动教师做好教育工作，履行好教师职责的重要心理力量。教师角色期望的实现，既反映在教师自己怎样做教师方面，同时也应体现在教师对于学生的期望方面，这两种期望应该是统一的，并且均主要通过所培养的学生而体现出来，因此，教师角色期望实际上就是指教师对于所教学生的期望。教师对于学生是否持有期望，或持有怎样的期望，不仅直接影响到教师对于教学及学生的行为反应及表现，同时也对学生的成长产生不同程度的影响。

实现教师期望是一个受多方面多种因素影响的复杂过程，在实现过程中也存在期望的性质与效果方面的明显差异。我们所要强调和主张的是教师对学生积极合理的期望。教师积极合理的期望，应该体现在对于自己所教的每一个学生的积极信念方面，即教师应该相信每一个学生在自己的教育和个人的努力下，都能够得到相应的成长与进步；也体现在对于每一个学生的积极关爱与热情教导以及积极鼓励与鞭策方面，更是体现在立足于对每个学生一生的全面发展的高度责任方面。

教师积极合理的角色期望首先来自对教育事业的热爱，教师如果不热爱自己的教育事业，是不可能形成对每个学生积极合理的角色期望的；教师积极合理的角色期望，来自教师对自己做好本职工作的责任感，如果缺乏对做好本职工作的责任感，教师是不可能形成对每个学生积极合理的期望的；教师积极合理的角色期望，来自对每个学生成长的关心与爱护以及对每个学生的全面而深入的了解，如果教师不能够形成对于每个学生成长的关心与爱护，不能够做到全面而深入认识与了解每位学生，教师是不可能形成对每位学生积极合理的角色期望的；教师积极合理的角色期望，来自对做好教育工作的积极信念，如果不具备这种积极信念，教师是难以形成对于每个学生积极合理的角色期望的。

教师积极合理的角色期望能否产生积极的效应，在一定程度上要受到学生某些个人因素的影响。研究表明，学生对于教师的情感与态度、对于教师期望行为的理解力与接受度、对于学习所持的态度与学习的自我效能感等因素，从不同程度影响着教师角色期望的实现。如果师生关系融洽，学生对教师持积极的情感与态度，那么就有助于学生接受教师的角色期望，并按照教师所期望的行动而努力；相反，如果师生关系紧张，学生对教师持消极的情感与态度，那么就难以接受教师的期望及其要求，甚至有可能与教师的期望背离而行。学生如果能够正确与全面理解教师所提出的期望要求，就有利于从积极的方面接受其教师的期望，并朝着教师所期望的目标而努力；相反，如果学生缺乏对于教师期望行为的全面与正确理解，就无法保证其教师期望的实现。学生如果对于自己的学习持较高的自我效能感，那么就有助于增强其按照教师所期望的要求作出自己的努力，并由此实现其教师的期望。如果学生缺乏搞好学习的自我效能感，那么，他们就难以按照教师所期望的要求做出努力，也就无法实现教师的期望。因此，教师要想使自己积极合理的期望能够在学生方面产生积极的效应，平时应该与学生保持一种积极的建设性关系，使学生对自己持一种积极的情感与态度，并通过合理的方式表达和传递自己的期望要求，能够使学生正确理解与接收自己的期望要求。同时，在整个教育教学中，通过各种有效方式促进学生学业的成功，培养与增强每个学生学习的自我效能感。只有这样，才能使自己的期望为每个学生更好地接受，从而产生积极的效应。

三、职业角色期望分析

尽管教师是一种职业，教师角色也是一种职业角色，但其特殊性在于教师所生产的对象是人，是对于人的培养，且具有一定的公益性，而其他的职业则不具备这些特点。在其他职业中主要针对物的生产与经营及管理等，且更多地体现出较为明显的功利性。

对绝大多数人来讲，所从事的是非教师的职业。职业角色几乎是每个人的人生都需要扮演的一种重要的角色，且职业角色的扮演，就个体来讲，关乎每个人的家庭、事业、成就、幸福等。就社会来讲，关乎社会的政治、经济、科学、技术等方方面面的发展和整个社会的进步。正是各种职业角色撑起了整个社会各行各业的发展。职业有千种万种，就职业的分工来讲，主要有管理者和普通员工，也就是说不管你从事何种职业，要么就是从事管理的职业角色，要么就是从事直接的生产或经营或服务者的普通员工角色，或者在某些情况下，你既是管理者也是生产、经营或服务者。就性质来讲，职业角色有两大类别，一种是基于国家及公共利益性质的职业角色，就是我们平常讲吃公家饭的角色，如国家公务员、国企员工等。另一类就是除前一类的其他所有的职业角色，如私企、民企、外企或中外和企中的职业角色等。第一类角色主要服务于国家及社会管理与建设，第二类角色主要是服务于一定的公司集团或直接的个人，共同点就是同时有管理岗位角色和被管理岗位角色，所不同的是服务性质的不同，前者职业角色主要服务于公，后者职业角色服务于私。当然，这只是就其职业角色的性质而论，不管是前者还是后者都体现出明显的职业角色的具体分工，且都有其职业角色管理的制度、明确的职业角色责任及义务等。

管理者是指在组织中直接参与和帮助他人工作的人。管理者通过其地位和知识能力，对组织负有重要责任，是能够实质性地影响该组织经营及达成成果的角色者。管理有其层级性，从上到下有高层管理、中层管理、基层管理。这种层级具有相对性。从政府层面讲，有国家管理、地方管理、基层管理，而每个层面及具体部门，又可分高层管理、中层管理、基层管理，一些大型的企业与公司也是如此。不管是从事何种性质管理职业角色，都具体可以分起决策作用的管理者和一般执行作用的管理者。起决策作用管理职业角色的通常就是人们所说的领导者角色，所谓领导者，目前尚缺乏统一的认识，简而言之，是指居于某一领导职位、拥有一定领导职权、承担一定领导责任及实施一定领导职能的人。

非领导岗位的管理者是一种受支配角色，他既要对于领导者负责，又要对被管理者负责，在一般情况下，这两者应该体现高度的一致性与统一性。一般管理者首先应该尊重领导的权威，服从其领导的管理，并认真完成领导所分配的工作。领导所需要的是帮手，而不是对手，因此，非领导岗位的管理者在履职中应该尽可能避免与领导的矛盾和冲突。当然，领导如果出现一些重大决策或工作的失误时，应该予以善意的帮助，提出合理化的建议，而作为领导者则应该虚心接受一般管理人员的合理化意见，作风民主，切勿独断专行，防止个体一己之见所造成的决策失误。

普通员工也是受支配的职业角色，是组织团体中最基本的群众，主要承担和执行组织及管理者所分配的工作任务，直接从事生产、经营等具体的劳动任务，是社会财富最直接的创造者。

不管人们处在何种性质的管理角色岗位，或普通一员的职业角色岗位，既有来自社会或他人的职业角色期望，也有来自自我的职业角色期望，同时也有彼此对对方职业角色的期望。因此，职业角色期望包括个人对自我职业角色的期望，也包括所属的职业团体及上司对其职业角色的期望；而职业角色间也存在一种期望，突出表现为管理者对于员工的角色期望，也表现在员工对于管理者的角色期望。

我们每个管理者都期望自己能够胜任管理工作，成为一名员工所接纳与拥护的合格管理者，同时我们每个普通的员工也期望自己能够胜任所从事的职业角色，在其职业生涯中有所作为，成为一名管理者所信任的合格的员工。与此同时，非领导管理人员与领导之间和管理者与普通员工之间也有相互对彼此之间的期望。领导者期望一般管理人员能够服从自己的领导，积极支持与配合自己完成对全体成员的管理工作。期望一般管理人员及全体员工能够忠诚于所在的团体组织，在自己的领导下，团结一心，勤奋工作，一起努力实现其团体组织的共同目标。而非领导岗位的管理人员也期望领导能够信任自己，能够尊重并支持自己独当一面的工作，同时也期望所属员工能够服从自己的管理，积极努力，尽职尽责地完成自己所安排的工作。普通员工也期望领导及其管理人员，能够公平公正地对待每个成员，充分尊重每个员工在团体组织中的地位，进行合理的劳动分工，提供各种劳动保障，不断提高自己的劳动报酬等。

另外，对于从事政府工作的管理人员来讲，一定的政府组织也赋予相应的角色期望，而这些期望均以相应的各种组织和责任制度规定所体现，同时整个社会的普通百姓也对其形成相应的期望。他们期望这些管理人员能够秉公办事，廉洁奉公，体察民情，顺应民意，为群众办实事，办好事，将国家和地方及整个社会治理好，能够使他们安居乐业、生活平安幸福等。

要想实现职业角色的期望，不管是处在何种地位的职业角色，首先应该形成对于自己及对相关的其他职业角色的正确意识。每位从业人员都应该认识到，不管担任何种职业角色，都是因为一种基于一定工作需要而进行的社会分工，既然是社会分工，就不应存在高低贵贱的不同。因此，当领导的和搞管理的也不要颐指气使，有高人一等的感觉，而一般员工也不要妄自菲薄，有低人一等的感觉。彼此之间应该平等相处，相互尊重，合作共事。只有形成对于自己及其他相关人职业角色的正确认知，才能更好地履行自己的职业角色，才能形成对他人所扮演职业角色的正确态度，从而才能保证在实际的履职过程中做到在各司其职的同时，相互协调与有效配合。

其次，明确各自的职业角色责任与分工。只有明确了各自的责任与分工，才能各司其职，有效履职。如果责任不明，义务不清，权利不分，就有可能出现"处其位而不履其事，则乱也"的无序状态。不同的职业角色应该有各自不同的角色责任与明确的分工。从管理层面讲，由于管理具有层级性，相应的管理中的领导也具有层级性。不同层次的领导应该有各自不同的责任权限，行使各种不同的职能。一般最高领导层主要行使决策及其部署、监督等责任权限；中层领导主要行使上传下达，同时负有一定的部署、督促、检查等权限；基层领导主要是执行与落实，同时也有一定的督促与检查等权限。从彼此之间的关系来讲，应该是下级服从上级，地方领导应该服从国家领导，只有形成了层级分明、分工明确、权限清晰的管理体制，才有助于各级管理者在各自的岗位上各司其职，各行其责，而扮演好各自的管理角色。

　　不管在哪种性质和哪个层次的管理者中，领导的角色是最重要的角色，即领导者是一种支配角色，在整个管理中具有核心的作用。领导不仅是团体组织的重要决策者，同时也是确保决策落实的重要维护者者与支持者，直接关系到团体目标的最终实现，同时对于员工的成长、发展及个人利益也具有重要的影响作用。因为团体目标能否实现，同时也直接关系到团体中每个人的利益与诉求。领导层中的第一把手又是核心的核心，肩负着整个团体组织领导的使命。一把手最重要的是要知人善任，选好用好人，组建好一个强有力的充满凝聚力的能干事干好事的领导班子，并充分协调班子中成员之间的关系，有效调动与发挥好班子中每个成员的工作积极性；而班子中的其他成员应该积极配合与协助第一把手的工作，同时主要完成其自己所分管的各项管理任务。

　　管理的本质属性是对人的管理，因为事是人做的，如果人管理好了，自然事也就好办了。而人有理智、有情感，需要理解、尊重和信任。同时，人有局限，免不了要出错，因此需要包容、帮助。另外，人们从事工作是为了生活。人的生活需要一定物质条件做基础外，快乐而有意义也是人的生活不可或缺的组成部分。如果人们在工作中只是获得了维持生活的物质条件，而失去了快乐而有意义等精神的东西，这对于当事人来讲不是一件幸事。因此，作为管理者应该清醒地意识到，管人，不是用各种管理制度与办法去约束与限制人，也不是凭借所谓的权力去使唤人，而是充分尊重人在工作中的首创精神，有效激活人的工作活力和创造性，充分发挥人的潜能和工作积极性，使人在努力为组织做出自己应有贡献的同时，也在工作中感受到一份快乐和应有的价值意义，且能够获得一定的成就感。管理者应该深谙其中的道理，切实树立人本管理理念，为人的工作与发展尽可能创造与提供更为宽松、自由、平等的环境条件，使人的聪明才智和积极性在工作中得以充分发挥，这才是管理的应有之义。

　　再次，就是要切实履行好各自的职业角色。积极投身于职业实践，努力在职业实践活动中建功立业，实现其人生的价值。作为领导者在管理实践中应尽可能做到：

　　一是根据组织需要，通过合适的方式选好管理人员。管理者有的是直接为上级组织按照一定的职责要求任命的，有的可能是经过民主推选的，还有的可能首先通过一定的民主评议推选，然后由上一级主管部门或同级领导委任。相对而言，第三种方式可能要好一些，因为完全无视民意的任命方式，可能导致由于缺乏群众基础，而难以取信于民，其在群众中难以形成管理者的威信，且容易造成在以后的工作中只唯上的官僚主义工作作风。如果完全按照民主的形式推选，可能会出现与组织及领导想法完全不一样的情况，也会造成人选的无序与混乱状况，甚至有可能出现在工作中不服从上级领导、自立山头、各行其是、尾大不掉等现象。因此，比较理想的领导产生方式是在民主推荐，组织考察的基础之上的由上级或同级的相关职能部门委任。这样就可以避免与弥补前两种方式的不足，同时也能够更好地发挥其管理者的作用。

二是根据组织目标通过合适的方式做好科学的管理决策。心理学家和行为科学家将领导者的决策行为方式归纳为集权型（或称专制型、独裁型）、民主型、放任型等不同类型。撇开具体的环境条件，很难说哪种领导决策类型更合适更有效。不过从时代发展的特征来讲，民主决策的领导方式可能更适应时代的要求。这不仅是因为人们的民主意识的加强而呼唤其民主型领导，更重要的是现代社会前所未有的复杂性与变化性，需要领导者发挥集体智慧的作用，才能够更有效地发挥领导者的作用，因为一个人的智慧与能力毕竟是有限的。当然领导在实行民主决策过程中，应该防止出现群体思维所产生的负面作用，在此种情况下作为决策者的主要领导，应该注重那些与众不同的声音，结合个人经验适时作出决策，而不能简单顺着多数人的意见而作出不应有的决策。

三是充分发挥领导者的影响力。由于领导者发挥着组织、管理、激励等多种功能作用。其组织作用具体体现在，根据其团体组织的需要，负责制定团体目标，进行各种决策；合理地组织和使用人力、物力、财力，以保证组织目标的实现；建立科学的管理系统，提高管理的科学性与有效性；其激励作用，提高被领导者接受目标、执行目标的自觉程度；激发下级实现组织目标的热情；提高被领导者的行为效率。领导者要想发挥最大的领导效能，从而成功履行领导者角色的责任，实现其领导者角色的期望，需要具备各种管理、组织、决策等的知识、能力等硬素质。这是有效履行领导职责，实现领导角色期望的最基本的条件，不具备这样的条件就难以胜任领导者角色。同时也需要领导者具有良好的人品、人格、修养、亲和力、宽容与理解能力、责任感、使命感、自信心与自主性、自我调控与自我管理等软素质或软实力。这些软素质既是形成和表现其领导硬实力的基础条件，也是有效发挥其领导效能的重要保证。在实践中，我们不难发现，有许多具备领导者硬素质的人，由于缺乏应有的软素质，因此直接影响他领导才能的充分发挥，有的因为软素质出了问题，直接导致其无法胜任领导者角色，少数个别的甚至失去或被剥夺其所扮演的领导者角色。只有同时兼有其领导者的硬素质和软素质，才能够真正胜任领导者角色，充分而有效发挥领导者的作用。

总之，不管是处在何种职业角色岗位，应该形成对彼此职业角色的良好认同和接纳，从而在履职实践中真正做到彼此尊重、相互理解、相互配合、相互支持。这样才能形成合力，团结一心，在实现各自职业角色期望的同时，共同努力实现团体组织的共同目标。

四、性别角色期望分析

世界是由男女组成的世界，因此性别角色是最为普遍的角色，也是最为基本而重要的角色。这种角色事关人的成长、发展，影响人的家庭、事业及整个人生的幸福。

另外，我们不难发现性别角色又是人们在现实中最容易产生误解的角色。在许多人看来，男女之间的差异是由生物学所造成的，是因为男女之间的生理解剖特点的不同所带来的。这种观念所带来的后果就是彼此之间在社会功能方面的不可逾越的鸿沟和男女生而就不平等的偏见。

心理学家哥尔德伯格做了这样一个实验：实验者将一位学者写的文章复印成两份，一份署上"约翰"的男子名，另一份署"琼"女子名，然后发给一群女大学生被试评定，结果发现，不管文章是建筑(传统的男性领域)，还是食物营养(传统女性领域)，文章署名约翰的得分总比署名琼的得分要多，即女性对男性的成就评价一般总是高于对她们自身的评价。① 由此从一定侧面反映出，女性因受社会文化偏见的影响所形成的对于女性自身的消极认知偏差。

研究表明，尽管男女性别差异在某些方面在某种程度上受到一定生物学因素的影响，这种性别差异也与后天的社会文化环境因素的影响作用分不开。在许多文化里，好斗被认为是男性的主要特征，而消极被动是女性的重要特征，且男性的好斗往往被认为是一种勇敢、顽强的表现而为社会所认同，而女孩若表现出同样的行为，则会遭到包括父母在内的其他人的训斥、指责。影视作品中所表现的攻击好斗的行为大多是男性，而女性往往是以被人欺负的弱者出现在剧情中。这样由于性别角色的认同作用，他们会分别模仿各自的同性对象，因此其攻击性的性别差异就由此而形成。

人类学家玛格丽特·米德通过对新几内亚境内的三个原始部落考察表明，男女性别角色的差异主要是后天社会文化所塑造的结果。她明确指出："所谓男性和女性的特征并不依赖于生物学的性基础，相反，它是特定社会的文化条件的反映。"② 米德发现三个部落相互间的性别角色存在十分明显的差异。一个叫阿拉佩什部落的人常年居住在深山中，在他们的观念里男女在行为和个性方面不存在性别差异。儿童从幼年时代就被要求懂得爱与体贴他人，男子的侵犯行为几乎不存在，男女受制于同等的社会规范，共同承担对孩子的养育责任，无论男女都无嫉妒心理，他们与女子一样彬彬有礼。而另一个叫蒙杜古马的部落则正好相反，该部落成员从呱呱坠地起，无论男女都被要求成为进攻型的人，两性成员在交往中具备攻击性成为这个部落的习俗，哪怕夫妻之间的"爱抚"都是彼此间的一种疯狂撕咬，且女性的嫉妒和复仇心理不亚于男性。还有一个叫德昌布利的部落里，男女性别角色规范和我们

① 孔令智等：《社会心理学新编》，辽宁人民出版社1987年版，第462页。

② [美]玛格丽特·米德：《三个原始部落的性别与气质》，宋践等译，浙江人民出版社1988年版，第8~10页。

的社会正好相反，男的喜欢聊天、搬弄是非、乐于吹拉弹唱，每天要花费许多时间梳妆打扮，一天之中换几次衣服，从头到脚缀满配饰。但他们的妻子却"汉子气"十足，注重实际，精于生计，在部落经济生活中占据着十分重要的地位。① 由此不难看出，男女性别角色的差异主要受特定的社会文化的影响，是在特定的社会文化中人们对于性别角色形成不同期望的结果。

在我们的传统文化中，特别是在旧有的父权制的封建社会，无论是在家庭还是在社会中，所突显的是男性的霸主地位，而女性则要按照"未嫁从父、出嫁从夫、夫死从子"的"三从"和"妇德、妇言、妇容、妇功""四德"的角色身份生存于世，缺乏自信、自主、独立等意识，表现出明显的依赖性、被动性、软弱性等特质。哪怕在今天，虽然我们的社会不断强调与提倡男女平等，也在此方面有较大的实质性变化，但由于传统文化的巨大惯性与积淀作用，对于女性性别角色的消极偏见仍然存在，突出表现在家庭、教育、就业、人才的选拔与任用方面仍然不能做到与男性平分秋色，一视同仁。在家庭中，我们仍然能够看到大男人主义、男女不平等的现象仍然表现突出，尤其是在农村多子女的家庭，男孩所接受的正规教育往往要多于女孩。在大学教育里，许多专业男女比例严重失衡，男孩多于女孩的专业往往要大于女孩多于男孩的专业，直接造成女孩在择业与就业面上要窄于男孩。在具体的就业中，重男轻女现象仍然存在，许多本来男女均可从事的职业领域，往往是男性比女性多。在人才的选拔与任用上虽然没有男女在政策方面的壁垒与鸿沟，但实际上在一些重要的领域中，男性所占比例都大大超过女性。我们看到，在各行各业里涌现出的一些能手标兵之类的人物，往往是男性多、女性少。

社会在性别角色方面的问题，不仅严重阻碍了女子的发展，也成为其成才的巨大瓶颈。对于男性而言，则造成生活方面的巨大精神压力，因为无论是家庭还是社会组织给男性所赋予的担子要重，男人要挑大梁，要扛起家庭和社会的责任，当履责中遇到困难时也不能打退堂鼓，不能叫屈，男人有泪不轻弹，否则就不是男子汉。

随着现代社会的发展与进步，尤其是随着民主、平等、自由的意识越来越深入人心，人们的性别角色意识与观念发生了前所未有的深刻变化。男性不只是不顾"家室"而独立"主外"的职场一霸，女性也不只是完全"主内"的"贤内助"，女性也是驰骋职场的一支劲旅。

因此，其男女不仅对自己的角色形成新的期望，同时对彼此的角色也有新的期望。女性期望自己能够更独立、更自由，更能与男性在社会生活中享有平等的权利，能够在职场里实现自己的人生价值，而她们同时希望男性能够更加尊重自己、在家里能够承担一些必要的家务。面对一路走来的升学、就业、家庭负担、职场竞争以及女性的越来越强势的局面，男性也因巨大的压力和挑战而难以承受其重，他

---

① 孔令智等：《社会心理学新编》，辽宁人民出版社 1987 年版，第 479~480 页。

们虽然身为男人之躯，心也有非常柔软脆弱的一面，他们也期望得到女性的理解和支持，同时也期望女性表现出更多的宽容与大度。要想实现其性别角色的期望，尚有许多问题要解决。在此，主要解决好如下问题：

其一应该承认男女有别。从生物学意义讲，男女与生俱来在其生理解剖、第二性征、生理激素等生理特性是不一样的，且这些生物学所造成的差异是难以改变的。虽然现代科学可以通过某些技术手段完成所谓变性人的手术，但也无法从根本上完全改变人性别的所有生物特性。因此，对于绝大多数人来讲，面对这些由生物学造成的差异我们只能是去接受和适应它。这种差异在一定意义与程度上决定了男女在后天的社会生活中最初的基本的分工，女性承担繁衍后代以及与此相关的"家庭"事物，男性则凭借自然禀赋承担获取生活资料的责任。另外，男女之间的社会性差异主要是后天的文化因素所造成的，它会因为社会文化的不同或变化而发生改变。因此，从性别文化的角度讲，我们应该尽可能适应一定文化对于性别角色的要求，如果不能够适应这种要求，性别及行为反应就难以为相应的社会所接受与认可，个体也就难以融入社会生活。而且，承认男女有别，就应该形成对彼此性别角色的理解与包容，只有这样才能形成对对方角色及其行为的接纳，从而促进男女角色关系的改善。

其二，应该消除在性别方面的各种歧视与偏见。今天我们不难发现，男女性别角色方面的刻板印象普遍存在，这些性别刻板印象表现出较为突出的偏见。其中包括对自我性别的偏见和对彼此性别的偏见。

其三，应该形成相应的性别角色的认同，既包括对自我性别角色的认同，又包括彼此对对方性别角色的认同。所谓性别角色认同，在一定程度上就是对一定社会文化所规定的性别角色的认同，或指自己实际的性别观念及行为与社会所要求的同性别观念及行为达成一致与统一。这叫自我性别的认同，所谓彼此性别角色认同，就是对社会所规范的对方性别角色观念及行为的认同。不同的时代和不同的社会总要赋予男女各自不同的角色责任与义务，男女只有承认与接收这些角色责任与义务，才能为社会所接纳，并更好地适应社会。如果男女对于一定社会所赋予的性别角色的责任与义务缺乏认同感，或产生拒绝甚至厌恶，就极易造成其性别角色的失范，而其表现的性别角色行为就无法为社会中他人所接受与认可，同时也会造成某些性别角色的混乱，而无法保证履行正常的性别角色行为。在此种情形下，就无法保证正常性别角色期望的实现。

其四，形成男女性别角色的平等、互尊、互信。性别不平等现象，必然要造成两性之间的矛盾与对立，导致彼此之间的相互抵触和不信任，而"普遍存在于两性之间的不信任妨碍了所有的开诚布公，其结果是整个人类都蒙上损失"①。不仅影

---

① ［奥］艾·阿德勒：《理解人性》，陈刚等译，贵州人民出版社1991年版，第102页。

响到女性的社会性发展，且在一定程度上影响性别认同，容易导致其产生一定的自卑。同时也容易助长男性的专横与霸道，进而导致彼此之间的相互伤害，而要想改变这种状况，男女之间必须形成平等、互尊、互信。这里的平等是在做人的权利和社会生活中的平等。这里的互尊，应该同时包括对自我性别角色的尊重，又包括对对方性别角色的尊重。只有既尊重个人自我性别角色，同时也尊重异性性别角色，这样才能既保证自己做人的尊严，又能够使自己与其异性平等友好相处，进一步形成彼此之间的相互信任与接纳。

当然，要想实现性别角色的期望，需要进一步通过一定社会强有力的制度机制，彻底打破性别角色在社会分工方面的各种壁垒，形成完全平等的社会分工，尤其要消除对于女性在教育、就业、劳动分工、报酬待遇等方面的不平等现象，确保女性如男性一样享有教育、就业、劳动分工、报酬待遇等方面同等的权力，为性别期望的实现，提供有力的政策及制度保障。同时，还需要通过发挥较为广泛的舆论宣传与监督作用，形成有助于实现其性别角色期望的良好社会氛围。

五、公民角色期望分析

公民角色是一个社会人必须扮演的终生角色。与性别角色不同，公民角色完全是为后天所赋予的，是人人都必须承担的角色。公民角色是国家通过一定的法律所赋予的角色。国家的有关法律赋予每位公民享有的平等的权利、义务与责任，并通过一定的法律形成对于每位公民的各种约束机制，也就是说作为每一位公民，只能在法律所允许的范围内履行相应的公民的职责，享有公民的权利和义务，一旦突破或违反有关法律的约束机制，就要受到相应的惩处。这既是维护和保护他人合法权益的需要，也是维护社会公平正义和正常秩序的需要。因此，我们每个人无论你是普通百姓，还是身处高位者，无论你从事何种职业，也无论你是贫穷还是富有，要想在社会生活中生存与立足，首先要扮演好公民角色，而要想扮演好公民角色，就应该知法懂法，遵纪守法，尤其是在法制严明的社会里务必如此，否则就要因违法付出代价。

公民角色期望主要包括国家对于其公民角色的有关期望和公民对国家的期望。国家期望每位公民能够遵纪守法，捍卫与维护国家安全，认真履行国家赋予公民的各项权利与义务，积极投身于国家的建设，为国家的发展作出自己应有的贡献。与此同时，每位公民也有对于国家所形成的在公民方面的诉求与期望。每个公民都期望国家强大、繁荣、发达、兴旺昌盛、长治久安、和平稳定，期望国家能够保障公民的各种正当权益，维护好公民的人身安全，保障公民享有一定的民主、自由与平等，使公民能够过上安宁幸福的生活等。

另外，公民角色也在一定程度上反映了世俗文化与传统道德礼仪的影响作用，因为在社会生活中，我们每一个人不可能完全超凡脱俗，而作为世俗之人的公民，除了要遵守一定的国家法律法规和享有国家赋予公民的权益与义务以外，还应按照一定的世俗规矩行事。因此，我们要想很好生活于社会，同周围人和谐共处，还得恪守一定社会所约定俗成的道德礼仪和为人处世的规矩。这也是人们对于每个社会成员的一种期望，而我们要扮演好公民角色，实现角色期望，就应该有所遵循一定社会约定俗成的规矩；否则，我们也就难以适应社会，扮演好自己的公民角色。

第三节　角色期望实现的条件

我们不难理解，在人生的舞台上，我们每个人都要充当各种角色，都需要扮演好各种不同的角色，从而实现角色的期望。要成功扮演好自己的各种角色，并不是那么轻而易举之事，它同时需要具备相应的主客观条件。角色期望实现并不是一个完全自发的过程，也不是随着年龄的增长而随之自然而形成的过程，而是一个不断学习的过程。角色期望实现的过程，也是一个人不断社会化活动的结果。由于人的社会化是一个贯穿于一生的过程，因此，一个人角色期望的实现是一个处在动态中的变化过程。在其过程中，同时要受到各种主客观因素的相互作用。

一、角色期望实现的主观条件

(一)正确的角色观念

角色期望的实现首先需要正确的观念为引领。人的任何一种角色行为及其表现，都要在一定程度上受其观念的影响。从根本意义上讲，人的世界观、人生观、价值观决定了人怎么看待世界、人生及其意义，直接影响着人生活道路的选择和现实中各种行为表现与反应。因此，一个人无论承担何种角色，都要受到这些相应的观念的作用与影响，而我们要想成功扮演好人生各种角色，实现其角色的期望，就应该以科学的世界观、正确的人生观和健康的价值观为重要引领，从而保证我们在扮演角色的过程中不迷失方向，保持定力，充满活力，有所担当与作为，持续发力，毫无懈怠。

(二)明确的角色意识

一定的角色意识是我们形成角色自觉、有效承担角色责任与义务的基本前提和先决条件，也是对于角色承担者的基本要求。如果我们角色意识模糊不明，甚至完全错误，将无法准确而合理地承担其相应的角色，甚至会错误地执行某些角色。在实际生活中，如果做父母的不知道自己应该扮演的角色的内容及要求，就无法保证其承担好父母角色；做教师的如果缺乏对于自己所要履行角色的责任及要求等角色意识，就无法保证做好教育工作。我们发现在现实生活中出现的各种角色问题，如角色冲突、角色越位、角色阙如等现象，其中一个很重要的原因就是角色承担者缺乏明确的角色意识。因此，我们要想成功履行角色责任，实现角色的期望，就应该首先具备明确的角色意识，即要明确自己目前或今后一段时间内需要承担的角色有哪些、为什么要承担这些角色、怎样承担这些角色，承担这些角色的要求有哪些等。只有当我们具体明确了这些有关角色的内容及要求时，我们才能自觉去承担与扮演好各种角色，实现其角色的期望。

(三)必要的角色学习

任何一种角色期望的实现，都应具备相应的知识技能基础，而几乎所有的角色知识技能，都是后天学习获得的。因此，角色知识技能学习是有效履行角色责任，实现角色期望的基本保证。要想获得某种角色并成功扮演好，实现角色期望，就应该通过相应的角色学习。角色学习包括角色责任、义务以及相关的知识技能等内容的学习。有些角色学习需要从很小的时候开始，有些角色学习需要在承担之前就开始，如父母角色、夫妻角色等，有些角色学习需要在承担之日开始，如学生角色和某些职业角色等，有些角色学习需要长期进行，如父母角色、夫妻角色等。只有通过学习，才能把握角色责任及义务的内涵；只有通过一定的学习，才能拥有履行角色所需要的各种知识及技能。角色学习的方式有多种。一种是模仿学习，就是通过直接模仿有关他人的角色行为表现，从而获得相应的角色行为知识与技能，如子女通过模仿同性父母的某些行为，获得性别角色和以后做父母角色的知识与经验；徒弟模仿师傅的有关职业操作行为，从而直接获得其职业角色知识及技能。另一种是观察学习，即通过对他人各种行为的观察、思考形成相应的知觉经验，并通过一定的方式存储在大脑中，以后根据其自己所扮演角色的需要加以提取与应用。当然，我们今天还可以采取专门的培训方式，学习各种角色所需要的知识与技能。对于我们每一个人来讲，不管要承担何种角色，通过学习至少要具备如下方面的知识与技能：

一是科学文化基础知识。人类已经进入以知识经济为主的智能化时代，在这样一个时代，我们无论承担何种角色，都需要具备一定的科学文化基础知识。这种知识既包括传统的读写算的知识，也包括一定的计算机、网络、通信信息等方面的基础知识，还应包括一定的人文、地理、环境、环保、财经、消费等方面的基础知识。只有具备一定的科学文化基础知识，才能够适应现代化生活，并为承担一定的社会角色，实现其角色期望而奠定必要的知识基础。

二是生活知识与技能。因为我们每个人都要生活，都要承担相应的生活的角色，具备人际交往、礼仪往来、厨艺、健康卫生、夫妻生活、孩子教养、性、安全、规则(法律、法规、公民守则等)等方面的知识技能。我们不难发现，在现实中有许多人因为缺乏必要的生活方面的知识技能，而直接造成现实生活角色方面的适应问题，并因此产生一定的适应障碍，极少数人甚至因此产生严重的焦虑、抑郁等心理问题。

三是专业知识与技能。这主要是保证我们承担职业角色所必须具备的知识技能。只有当我们通过必要的学习，拥有了各种与履行其职业角色相关的知识技能，才能为成功扮演好各种职业角色以积累必要的知识基础。

(四) 相应的角色能力

通过学习而获得相应的角色知识技能，并不等于能够保证有效履行其角色责任，只有通过相应的实践将知识技能转化为一种实际的能力，才能保证其有效地履行角色责任，实现其角色期望。如果我们只有知识与技能，而缺乏相应的能力，那么，我们就难以成功履责尽职，实现其角色期望。因此，一定的角色能力是完成其角色任务的关键所在。我们要想卓有成效地履行相应的角色责任，保证实现角色期望，需要通过积极有效的实践培养如下方面的能力：

一是认知能力。认知能力是人承担任何一种角色都必须具备的基本能力，包括观察力、记忆力、想象力、思维力等。这些能力状况直接影响到我们对于角色的认知理解、判断与评价等基本问题。如果我们不具备这些认知能力，我们就无法了解自己所要承担的角色及其主要责任及行为模式，也无法获取为履行角色所需要的知识与技能，同时也无法帮助我们在履行角色过程中，所遇到的各种问题的分析与解决。因此，我们要想扮演好自己的角色、实现角色的期望，就应该加强自己认知能力的培养。

二是生活能力。生活是我们每个人所要经历的社会实践活动，学会生活是我们每个人义不容辞的责任与义务。我们要想承担生活的角色责任，就应该具备相应的各种生活的能力。这些能力包括人际交往的能力、各种社会活动的能力、维护个人及家庭成员身体健康和生命安全的能力、具体操持家庭各种事物和处理家庭各种问题的能力，处理家庭成员内部矛盾的能力等。只有我们具备了这些方面的生活能力，我们才能勇挑生活的重担，成功履行好生活所赋予我们的责任与义务。这些方面的能力，只有在相应的生活的能动实践中才能得到培养，因此，我们应该以主人翁的姿态，积极投身于各种生活的实践，不断培养与提高生活的能力，从而使我们能够更好地为生活履职尽责。

三是职业能力。职业能力应该是除日常生活能力以外的一种重要的社会实践能力。这种能力是以一定的专业知识为基础，并通过一定的专业实习与训练而培养与发展起来的一种能力。这种能力是我们成功履行职业角色的基本保障。没有这种能力或其能力不足，将直接妨碍我们所扮演的职业角色。不同的职业有不同的能力要求，因此，需要我们根据自己所从事的职业把握相应的能力及其要求，并通过各种严格的训练，努力锻炼自己的职业能力。同时我们也应该看到，不同的职业也有相同的能力要求，如前面提到的认知能力、交往能力、合作能力等，无论从事何种职业，这些能力的不足或缺乏都会影响其相应职业角色的扮演。另外我们还要明白，由于现代职业会随着时代的飞跃发展出现新旧更替的情况，如传统的落后产能会被淘汰或要升级换代，且一些新的业态不断产生，随之而来的职业的不确定性与变化性就不可避免，因此，个体要面对这些职业挑战，通过不断的学习与努力，培养新的职业能力，如职业选择和从事职业的能力，以便能够顺利完成职业角色的转换。在职业的选择中，应该尽可能从个人的能力基础、气质特点、个人偏好做出相应的选择，尽可能地做到扬长避短，这样才有利于我们更顺利地实现新旧职业角色的转换，成功履行新的职业角色。

四是角色适应能力。角色适应能力是指调整自己的角色行为，使之与角色期望逐渐吻合的能力。一般我们在刚承担某种角色时可能会不适应，当然，社会的飞速发展与变化经常会对我们所担负的角色提出新的要求，如果我们不能够顺应这些要求，也会产生不适应反应。另外，在实际生活中我们每个人可能会在某一时间段同时扮演多种角色，这也需要我们根据当前活动的需要，及时转换调整其角色，以增强角色适应能力。因此，角色适应能力是我们有效履行角色，实现角色期望的一种重要能力。这种适应能力是对我们综合素质的检验。它需要我们在思想观念方面与时俱进，不断加强学习、勤于实践，才能保证我们不断适应有关角色变化的要求，成功履行好角色，从而实现角色的期望。

五是角色调控能力。我们履行角色的过程往往是一个连续性与持续性的过程，需要保持定力、具有耐性、善始善终、善作善成。同时，在这一过程中经常可能面临一些风险与挑战，也随时会遇到这样与那样的困难，甚至产生一定的角色内部冲突和各种角色之间的冲突，直接影响到我们的角色适应和角色的有效扮演，这就需要我们具备一定的角色调控能力。角色的调控包括角色的自我调节和自我控制。前者使角色处在一种平衡之中，后者使角色处在一种合适的范围中。在实际生活中，由于我们所担任的角色有来自外在的他人的角色期望，也有来自相应的自我角色的期望，而这两种期望往往并不是完全一致的，此时便会产生由角色内的不平衡而导致的冲突。当我们在行为上感到无所适从的同时，也会伴随着紧张、不安甚至矛盾的情绪发生。在此种情况下需要我们进行必要的自我调节，尽快能使自己的角色期望，与外在的社会及他人的角色期望保持一致，或通过一定调和与折中的方式使其趋于平衡。同时，我们在扮演角色的过程中，也难免会因为各种原因，容易产生一些厌烦、厌倦甚至懈怠的情况；特别是在遇到来自内外的各种阻力或障碍的情况下，我们往往难以坚持如初。这就需要我们具有一定的角色自控力，而角色的控制力来自对所承担角色的责任心、自信心和相应的处理问题的能力。

六是角色情感能力。角色情感能力主要是角色情感的表现能力，它是推动人展现角色行为、实现角色期望的重要保证。角色情感主要反映在对于所扮演的角色所持有的积极情怀，这种情怀突出表现在对于角色的热爱、移情和共情等具体方面。因为我们只有对自己所扮演的角色持热爱之情，我们才能以更为积极自觉的态度去扮演其角色，并通过不断的努力扮演好相应的角色。任何一种角色都体现出一定的与他人的关系与联系，角色既反映了角色者的自我期望，也反映了与之相关的他人的期望，因此出现两者不一致甚至对立的冲突的可能，为了尽可能避免或减少这种不一致或冲突，需要角色承担者具有一定的移情能力。所谓移情，主要是指设身处地理解他人感受的一种能力，即通过换位思考，站在对方的角度去感受一些情感与情绪，如承担父母角色者往往会站在自己的角度对孩子提出要求，而不能从孩子的实际出发站在孩子的角度去感受要求是否合理。另外我们也不难发现，领导与下属之间由于角色的不对称，再加上彼此都不具备相应的移情能力，结果导致角色间冲突的现象时有发生。与此同时，为了实现各自的角色期望，还需要有一定的共情能力。罗杰斯认为，共情是理解另一个人在这个世界上的经历，就好像你是那个人一般。但同时，你也时刻记得，你和他还是不同的；你只是理解那个人，而不是成为他。共情还意味着让你所共情的人知道你理解了他。通俗来讲，所谓共情，也就是我们常讲的感同身受，或称一种情感的共鸣。只有形成了一定的情感共鸣，才具有了形成角色期望的一致性情感基础，只有有了这种基础，才能避免角色扮演中产生的一些冲突，而有助于实现角色期望。

二、角色期望实现的客观条件

人的角色既是在特定社会历史条件下产生与形成的，同时又是在相应的社会文化环境中得以体现的。因此人能否在社会生活中成功扮演好自己的角色，实现角色的期望，除了自身主观方面的素质等因素外，外部的社会环境条件也是一个不可或缺的因素。影响人角色期望实现的外部环境因素林林总总，突出需要解决如下方面的问题：

首先，应该注重角色素养的培养与训练。人要成功扮演好自己人生的各种角色，需要具备各种角色素养，如果缺乏相应的角色素养是无法扮演好相应的角色而实现其角色期望的。人的角色是后天环境作用与影响的结果，人的角色素养也并不是先天就形成的，而是后天人受一定环境的影响或专门培训的结果。在过往时代，许多生活中的角色素养往往只是在相应的环境中通过他人的口传身授逐步形成，这种方式也许在过去可行，但随着社会的发展，其局限性显而易见，因为以往的口传身授，更多地表现在父辈对子辈或师傅对徒弟方面，而现代社会的飞跃发展，仅靠父辈或师傅的传授远远是不够的。现代文化反哺现象表明，父辈或师傅经验有局限性，他们还必须反过来接受年轻人的文化"反哺"，才能进一步适应新的生活。有的甚至只是通过耳濡目染的方式获得一些碎片化的角色经验，这样更无法适应现代社会对相关角色的要求。如父母角色、夫妻角色等重要的人生角色，几乎没有任何的专门培养与训练，其结果是许多父母或夫妻因其角色扮演缺乏相应的知识及技能储备，而无法完全适应其角色的要求，导致其在扮演角色中的"阙如"和矛盾冲突等现象的发生。通过组织各种形式的角色培养与训练，帮助角色扮演者树立正确的角色意识，明确自己的角色责任，掌握履行角色过程中的各种知识技能，初步形成解决与处理角色扮演中所遇到的问题的能力，显得尤为必要。

其次，为每个社会成员履行角色，提供更为宽松而充满人性化的政策与制度保障。我们应该承认，随着社会经济的发展和进步，各种涉及国计民生的政策与法规也在不断完善，人们今天比以往任何时候都表现出对自主、自由的生活的渴望。同时我们也不得不承认，人们今天在履行其角色的过程中，会遇到各种因为政策或制度等方面的瓶颈问题。由于教育、就业、分配、住房、养老等方面的各种政策短板，不同程度地影响社会成员履行其角色。如尽管按照有关规定，到一定法律年龄允许结婚，但限于经济条件，许多人无法在学生期间就结婚，由于教育的年限长，直接造成许多接受更多教育的人延迟进入社会。有的年轻人由于推迟进入社会，加上低工资、高消费的社会状况，而短期无法具备结婚生子的条件，有的就干脆不结婚，有的勉强结婚也不要孩子而过丁克生活，因为他们或因工资微薄，无法负担将来日益高涨的抚养与教育费用，或因工作负担重，没有精力去抚养与教育孩子。一些人因就业困难或失业，难以寻找到适合自己特点的工作，有的因收入受限或分配不合理，直接影响到员工的工作积极性。教育发展的不均衡，导致劳动者在其职业素养和收入方面的差距；各种用人及管理制度方面的问题，使部分人难以发挥其应有的职业专长等；由于社会发展水平的制约，使一部分人难以更好地履行其角色责任。所有这些都需要进一步发展社会经济和进一步完善其相应的政策才能得以解决。

再次，应该营造角色形成与扮演的良好环境氛围。包括社区在内的各级组织和相关的团体部门，是人们工作和生活的重要场所，也是人们形成与发挥其角色的主要阵地。因此，通过相关的组织与部门努力营造角色形成及有效扮演的良好环境氛围就显得尤为必要，如通过各种文明公约，利用报纸、广播、电视及现代多媒体等工具，开辟专门的关于父母、夫妻、教师、领导干部等重要社会角色的知识讲座，通过必要舆论宣传，唤醒人们的角色意识与角色责任，传播角色知识；通过充分发挥如"模范丈夫""模范妻子""模范教师""生产标兵"等各种角色榜样的积极作用，大力宣传与表彰各种角色榜样。通过积极的舆论引导，使人们对榜样产生一定的角色认同，以有效促进人们形成积极健康的角色行为，帮助人们解决在履行角色中遇到的问题，有效化解履行角色中产生的各种矛盾与冲突，使人们在相应的工作与生活环境中成功扮演好各自的角色，以实现其角色的期望。

总之，如果在家庭中，我们的父母、子女、夫妻等能够扮演好各自的角色，在学校中，每位教师和每位学生都能够扮演好各自的角色，在单位，我们每位领导、员工都能扮演好各自的工作角色，在整个社会中，每个人都能够扮演好公民的角色，所有人都能实现其角色期望，那么我们的家庭、学校、工作单位以及整个社会都将处于一种和谐有序的良好状态，每个人便可以过上安宁有序的幸福生活。

下　篇

第六章 刺激寻求期望分析

在某种意义上，人类是最不安分的生灵，永远不会满足现有的知识水平。人类比任何其他动物都充满好奇心，始终在寻找和探求中，总是在寻求各种刺激，在刺激中获得某些生理和心理的满足。同时，人类也在刺激中形成了探索、创造和发现……在现实中，有的人在寻求刺激的期望中成长起来，而有的人因寻求刺激期望的满足走向歧途。刺激究竟能够给人们带来什么，人们为什么充满对各种刺激寻求的期望，我们怎样去寻求正当刺激期望的满足，等等？这是我们接下来要探讨的问题。

第一节 刺激寻求期望概述

一、什么是刺激

刺激作为一种科学概念，源自生物学。生物学中的刺激，主要是指作用于并引起活体系统中的细胞、组织、器官以及整体机体生物性反应的动因，其中的神经和肌肉细胞及其组织，对刺激的敏感性及反应程度较为明显。这两种生物组织与机体的心理与行为的联系密切。因此，刺激所导致的不只是有机体纯粹生物性意义上的反应，同时也导致心理乃至行为的反应。

刺激也是心理学中使用较多的概念，行为论者所使用的刺激概念基本上是承袭生理学的；文化-社会学派则将刺激分为客体的刺激和作为手段的刺激，以区别外在的刺激和内在的动机。由于笔者所涉及的是人对刺激期望的问题，探讨的是更为普遍意义上的刺激。因此，我们所要说明的寻求刺激期望中的刺激，是泛指作用于有机体感觉器官，并引起机体生理与心理及行为反应的各种内外条件和事物。

刺激与反应是密切关联的。刺激是反应之源，反应应该是由刺激引起。离开了刺激其反应也就无从发生，而刺激如果没有引起反应，也就失去其作为刺激而存在的意义。刺激与反应在一定条件下是可以相互转化的，如在所形成的刺激-反应的连锁中，就是一种刺激与反应的不断相互转化。同时刺激与反应主要是以机体的感官组织为其联系的纽带，因此，机体的感官组织是形成刺激与反应的必要物质基础。离开了机体的感官组织，也就失去了刺激反应赖以存在的基础。感官组织的机能特性，在很大程度上影响刺激与反应的状态。同时，适宜的刺激可以增强相应的感官组织的机能，如一般较弱的刺激持续的作用能提高人的感受性，而高强度的持续刺激会削弱人的感官机能，如生活在持续的噪音条件下，人的听觉机能就会受损，其听觉的感受性将明显下降，同时还有可能对其他感官机能造成不良影响。人处在不适的刺激条件下，还会出现各种"不应期"反应，如强光巨响等突然刺激，人们会因此在一定时间内出现"目呆耳聋"。人们长期生活在单一的刺激中，也会出现抑制性的不应反应。人们常说的所谓麻木，其实是长期不良刺激带来的一种适应反应。如果面对一些令人厌恶而又无法摆脱的刺激，人如果不产生"不应"的麻木反应，就会使人的生理或心理受到损伤。因此，人面对一些不良刺激，尽管其某些相应的机能有所降低，但对其他身心组织及其机能可能起到了应有的保护作用。

二、什么是刺激寻求

刺激寻求是人们对于生存与发展所需的各种内外刺激的一种追求。这种追求一般是建立在人一定需要基础之上的，人自觉不自觉地通过各种感官获得的刺激，因此，刺激寻求也叫感觉寻求。朱克曼指出："感觉寻求是一种描述寻求新奇、多样、复杂、强烈感觉和体验的倾向以及为了这些体验而愿意冒险的特质。"①对人构成影响的刺激是复杂多样的，人的刺激寻求也反映在多个不同的层面上：

(一)物化刺激寻求和社会刺激寻求

这是按照刺激的内容所作出的一种划分。物化刺激寻求主要是对电、声、光、气、冷、热、酸、甜、食物等物理或化学性质的刺激寻求，由此更多地作用于人的身体，而主要引起人的生理反应及变化；社会刺激寻求是指看报、读书、听音乐、聊天、运动、旅游、参观、探险、发明、创造等充满社会属性的刺激寻求，主要作用于人的心理，从而引起人心理及行为的反应与变化。

(二)积极刺激寻求和消极刺激寻求

这是按刺激所反映的功能效应而作出的划分。积极刺激寻求是指对人的生理与心理机能的活动，起到加强作用并产生相应的正效应的刺激寻求，如正常情况下的读书学习，就是一种对人的心理与行为产生增强作用的积极刺激寻求；消极刺激寻求是指对人的生理与心理机能，具有抑制或损伤作用的刺激反应，如吸毒就是对人的生理与心理的机能均造成损失作用的消极刺激寻求。

---

① 转引自[美]Herbert L. Petri, John M. Govern：《动机心理学》，郭本禹等译，陕西师范大学出版社 2005 年版，第 194 页。

（三）内刺激寻求与外刺激寻求

这是按照刺激来源所作的划分。内刺激寻求一般是指直接对产生于机体内部组织的刺激的反应，如饥饿、由身体组织病变引起的疼痛等，主要帮助人适应内部环境；外刺激寻求一般是对外部因素作用于身体组织的刺激的反应，如对声、光、电等外部物理刺激和运动、参观、旅游等社会刺激等的寻求反应，主要促使人形成对于外部环境的适应。威斯康星大学的哈洛（Harlow，H. F.）对灵长类动物进行了广泛研究认为，外部刺激是激发行为的一个重要因素，同时也认为人类的大部分行为是由体内的不平衡机制引起的。例如，即使不饿也不渴，人类也会学习；人类还会做一些没有功利的事情，如一般性下棋或打桥牌。这些行为通常仅仅是由它们引起的感觉刺激激发的。① 外部刺激寻求又可根据其感官的不同分为：

1. 视觉刺激寻求

它是对直接作用于人的视感受器的寻求反应。视觉是人体最重要的一种感觉器官，因为人们87%的外部信息是通过视觉而获得的，并且75%~90%的人体活动是由视觉引起②，在人类的感觉系统中视觉显然占主导地位。如果人类用视觉接受一个信息，而另一个信息是通过另一感觉器官接受的，又如果这两个信息彼此矛盾，人们所反应的一定是视觉信息。③ 因此，视觉刺激对于人来说是非常重要的一种刺激。同时，人们要想从外界获取大量有用的信息，就应该保护好自己的视觉器官——眼睛，特别需要注意用眼卫生，防止过度用眼所造成的视觉疲劳和对眼睛的伤害。

2. 听觉刺激寻求

它是对听觉刺激的寻求反应。听觉的适宜刺激是在20~20000赫兹之间的声波。声压达到125~130分贝，就会使耳产生痛感，如果长时间处在这种状态下，将使听力机制受到损伤。而年轻人喜欢的摇摆舞乐队发出的声音就在这个范围内。因此，那些倾向于经常接触高强度音响的人，容易导致听力的损伤。对于更多的人来讲，他们更期望聆听清风细雨声，欣赏到优美动听的歌曲，充满亲昵的呢喃细语，而不是超强度的摇滚乐。

3. 嗅觉刺激寻求

它是对各种嗅觉刺激的寻求反应。引起嗅觉的刺激包括各种扩散到空气中的汽

---

① ［美］Herbert L. Petri，［美］John M. Govern：《动机心理学》，郭本禹等译，陕西师范大学出版社2005年版，第186页。

② 杨公侠：《视觉与视觉环境》，同济大学出版社1985年版，第2页。

③ ［美］托马斯·L. 贝纳特：《感觉世界——感觉和知觉导论》，旦明译，科学出版社1985年版，第12页。

化物质，而接受嗅觉的感受器是鼻腔内的一些线形体。嗅觉具有很强的适应性，其绝对阈限会随着时间持续作用的久短而有很大变化，同时嗅觉反应有较大的个体差异。嗅觉是保证人获取外界适宜物质气息，而避免有害物质气息对人体产生伤害的重要保护器官，如果人的嗅觉一旦出现异常，就无法及时阻止外来有害物质气味对人体所造成的伤害。

4. 味觉刺激寻求

它是对引起味觉反应刺激的寻求反应。味觉的感受器主要是集中在舌尖、舌面和舌侧面的味蕾神经细胞。人们期望品尝美味可口的佳肴就是通过一定的味觉刺激而获得味觉刺激。当然，从健康的角度讲，清淡的食谱应该更合适。

5. 触觉刺激寻求

它是对各种引起触觉反应刺激的寻求反应。引起触觉的刺激强度，因身体的各部位的敏感度有很大的差异，其中舌尖、口、唇等部位要较肩、背、臀、腿部为敏感。人类的触觉也存在明显的性别差异，诸如前额、鼻子、面颊、口唇、肩部、胸部、手指等女性较男性更为敏感。触觉不仅能够保证人体的肌肤避免受到外界过强刺激的伤害，同时也是人们进行感情交流的一种重要形式，如握手、拥抱等具有表达一定情感沟通的作用，另外它还具有把握物体软硬质性的作用。

人类在长期的进化发展中，形成了对特定刺激的反应偏好。一般来讲，人们更偏好于对协调的圆形状的刺激形成反应，而并不喜欢锋芒毕露的刺激；人们更偏好于对较复杂的刺激形成反应，而往往对单调的刺激视而不见；人们对具有一定新异的刺激更是情有独钟，而对熟悉的刺激经常是熟视无睹；人们喜欢那些处在不断变化中的刺激，而在一些静止的刺激面前很容易出现感觉疲劳。同时不同的人对于刺激更加突显其个人特性。

因此，有时我们可以通过对人在刺激上的不同偏好的侧面，在一定程度上窥见人的品质及爱好。根据朱克曼的观点，高感觉寻求者更有可能视爱情为儿戏，并且不能承担义务，对性的态度更宽容，因而，高感觉寻求者更有可能离婚。① 同时，具有高感觉寻求的人喜欢一些具有高、中危险的运动，一些风险性较高的职业，如警察、消防员等更能吸引高感觉寻求者。高感觉寻求者在社会交互作用中更可能出于支配地位，感情更外露。有关感觉寻求与药物使用的研究表明，高感觉寻求不仅与青春期前及青春期的喝酒、药物使用有关，而且与非法药物使用及多种药物使用也有关。朱克曼认为，高感觉寻求者最初是因为新奇与好奇心而尝试非法药物，但

---

① 转引自［美］Herbert L. Petri，［美］John M. Govern：《动机心理学》，郭本禹等译，陕西师范大学出版社 2005 年版，第 195 页。

一旦具有耐受性，感觉寻求就不再重要。①

多诺伊(Donohew. L. et al.，2000)对2949名九年级学生研究发现，冒险性行为也与高感觉寻求紧密相关，性活跃的十几岁青少年容易作出冲动决定。② 对于部分高感觉寻求者来讲，他们的神经兴奋水平可能是很低的，同时他们的敏感性也不那么明显，因此，他们只有通过寻求外在的一些具有风险性的强刺激，才能够形成应有的兴奋性和对刺激反应的敏感度。低感觉寻求者不喜欢这些体验，他们认为这些体验是危险的，对这些体验的预期会引起更多的不快。如果非要参加这种活动，他们会有焦虑反应。尽管能预期他们的焦虑，但低感觉寻求者通常不是焦虑或神经过敏的人，他们只是比较谨慎和保守，偏爱可预测的安全世界。③

三、刺激寻求的意义

人们之所以表现出对各种刺激的寻求，这是因为一定的刺激对于有机体来讲是必不可少的。对于人类及其个体来讲，刺激的意义同时反映在生物学、心理学以及社会学诸方面。

(一)生物学意义

通过对自然死亡的人的尸体解剖，研究者发现当一个人具有更多的技术和能力时，他的大脑确实变得更复杂也更重。对盲人脑解剖发现，大脑皮层的视觉部分没有明显的发展，沟回较少，皮层较薄。④ 这些研究表明，适宜而丰富的刺激对于有机体的生理机能的发育具有重要的生物学意义。

因此，我们可以说，适宜的刺激是生命产生、维持、发育、成长的最基本的条件。因而通过必要的方式，维护好相应的刺激的生理组织，尽可能避免因各种原因而对其造成的伤害，就显得尤为必要。同时，我们应该明白，人的许多生理健康问题，是由这些生理组织遭受到不应有的刺激所造成的，因而减少直至避免一些不良的刺激对我们的生理组织的伤害，是我们维护好身体健康的必然要求。

---

① 转引自[美]Herbert L. Petri，[美]John M. Govern：《动机心理学》，郭本禹等译，陕西师范大学出版社2005年版，第196页。

② [美]Herbert L. Petri，[美]John M. Govern：《动机心理学》，郭本禹等译，陕西师范大学出版社2005年版，第197页。

③ [美]Herbert L. Petri，[美]John M. Govern：《动机心理学》，郭本禹等译，陕西师范大学出版社2005年版，第196页。

④ [美]Roger R. Hock：《改变心理学的40项研究》，白学军等译，中国轻工业出版社2004年版，第21~22页。

(二)心理学意义

有关感觉剥夺的实验表明，感觉刺激所具有的重要心理学意义。刺激既是有机体的心理活动之源，也是其心理发展变化之源，还是其心理成熟之源。因此，一定适宜的刺激是人的心理的重要营养元素。对人和动物的研究一致表明，刺激在正常的发展中是必要的，刺激的缺少会导致动机缺失行为，如嗜睡、冷漠、退缩等。①

水中浸泡等其他感觉剥夺的实验表明，剥夺不仅对人的正常智力造成不良影响，且使人产生幻觉、焦虑等反应。② 被剥夺感觉的被试体验到厌烦、不安和兴奋，并产生终止实验的愿望，被试还表现出思维受损、视知觉失调等变化。

巴顿和加德纳研究表明，早期的剥夺经验对人格结构和智力发展都产生了后继影响。而且，他们还发现，尽管在后来产生了追赶的现象，但若将他们送回到原来的不良环境中，发育迟缓症状还会出现(Gardner. L. I)。③ 布鲁纳(Bruner. J)认为成人的感觉剥夺效应会破坏评价过程，而评价过程又会反过来引起能力的下降和对事件知觉的歪曲。④

关于感觉限制的研究表明，适当的刺激是正常发展的必要条件。大部分个体厌恶感觉剥夺条件。当适当的刺激水平被剥夺时，他们会设法将其提高。由此说明，人们需要保持一定水平的刺激。⑤

同样，有机体为了促进心理的发展和维护心理上的平衡，也需要与之相关的各种刺激。赫布认为，情绪失调有时是不协调的感觉输入(刺激)引起的。⑥ 有关各种感觉控制与剥夺以及社会剥夺的实验研究较为一致地表明：有机体如果失去必要刺激或刺激的明显缺乏，不仅会不同程度地构成其感官机能的损伤，对其复杂的认知机能也将造成不利影响；不仅会造成情感情绪等方面的问题，也将严重影响其社会性的发展。

---

① ［美］Herbert L. Petri，［美］John M. Govern：《动机心理学》，郭本禹等译，陕西师范大学出版社 2005 年版，第 192 页。

② ［美］托马斯 L. 贝纳特：《感觉世界》，旦明译，科学出版社 1985 年版，第 252～254 页。

③ ［美］Herbert L. Petri，［美］John M. Govern：《动机心理学》，郭本禹等译，陕西师范大学出版社 2005 年版，第 191 页。

④ ［美］Herbert L. Petri，［美］John M. Govern：《动机心理学》，郭本禹等译，陕西师范大学出版社 2005 年版，第 193 页。

⑤ ［美］Herbert L. Petri，［美］John M. Govern：《动机心理学》，郭本禹等译，陕西师范大学出版社 2005 年版，第 188 页。

⑥ ［美］Herbert L. Petri，［美］John M. Govern：《动机心理学》，郭本禹等译，陕西师范大学出版社 2005 年版，第 190 页。

(三)社会学意义

巴顿和加德纳(Patton. R. G., Gardner. L. I)等研究表明，适当的家庭条件的缺乏会导致剥夺性发育迟缓。剥夺性发育迟缓儿童的骨骼、成长等生理成熟远远赶不上同龄人的正常水平，并且他们的成长也受阻，身高有时只是同龄人的20%到65%。尽管他们饮食恰当，但却看起来营养不良。同时还发现，这些儿童嗜睡、冷漠且孤僻，他们面带愁容，很少发笑，并且通常不愿与其他人交往。①

当然，并不是任何刺激寻求都对人产生积极的意义。生活实践及科学研究同时表明，有些刺激寻求不仅对人无益，且十分有害。常见的对人有害的刺激寻求有吸烟、酗酒、吸毒、赌博等。这些刺激寻求都可以在一定程度上满足人的生理或心理的某些需要，给人在一定时间与程度上缓解紧张与压力起到暂时性的作用，但从根本上来讲，寻求上述刺激的满足，无论是对人的生理还是心理都是极其有害的，且对社会及相关的人有时也会造成不良影响。这就要求，一方面需要社会有关组织加强管理，另一方面也需要每个人有良好的安全保护意识，在现实中自觉提防这些东西的侵袭，采取一些必要的措施有效防范与远离这些刺激。

四、刺激寻求期望及其主要内容

所谓刺激寻求的期望，是指人们对于生存乃至发展所赖以的各种事物或人的一种反应欲求，也就是说刺激寻求的期望是人们为了维护其生理和心理的正常平衡状态，更好地生存与发展而表现出对各种体内外刺激的一种需求反应。现实中常见的刺激寻求的期望主要有：

(一)生理刺激寻求的期望

它主要是维持生命与种族繁衍刺激寻求的期望。为了维持正常的生命和保持机体的生理平衡，有机体期望获得新鲜的水果、蔬菜、奶酪、肉、鱼类、粮食类食品，以满足机体所需的蛋白质、维生素、碳水化合物等营养物质。任何一种营养物质的缺乏，都可能导致有机体生理素质的下降，因此有机体对维持生命及生存的食品等刺激表现出明显的期望。一旦饿了、渴了，就需要补充给养，如果不能够及时获得给养刺激，将出现昏厥、晕倒等各种不良反应，进一步发展下去甚至有可能危及生命。营养不良所带来的后果不仅仅是身体素质与机能方面的下降问题，也会使人的智力等心理机能产生障碍。如缺维生素 B_1 能引起人情绪低落、忧伤健忘、注意力不集中等。如果生理刺激寻求的期望受阻或落空，会造成人强烈的不满及愤怒

---

① ［美］Herbert L. Petri，［美］John M. Govern：《动机心理学》，郭本禹等译，陕西师范大学出版社2005年版，第191页。

的反应，并极有可能产生过激的行为，给社会与他人造成危害。在正常的社会条件下，人们仍然表现出对日常所必需的饮水、食品安全刺激寻求的明显期望。

为了维持生命与生存，有机体需要通过必要的运动刺激，从而使生命的物质保持正常的新陈代谢，精力更加充沛与旺盛。运动对于生命的价值如同睡眠对于生命那样重要。如同休息睡眠一样，适宜的运动也能够恢复生理能量的平衡，增强体质，减少疾病。多数现代人懂得生命在于运动，知道体育锻炼的重要性；同时也有不少人能够根据自己的情况，坚持日常的锻炼。从维护生命健康的角度来看，真正对健康起作用的运动刺激，应该是持续性且具有一定强度的，因此需要我们从年少时就一直坚持从事健康的运动。

性也是现实中有机体寻求的一种极为普遍的生理刺激。进入青春期的个体，由于性生理的成熟，产生了性生理与心理方面的需要，因此，他们在不同的时期采取了不同寻求性刺激的方式以满足自己性需求。刚进入青春期的少男少女，伴随着第二性征的出现，开始表现出对性的好奇，并容易产生相应的冲动，寻求一定的性的满足。他们开始向外寻求性刺激的对象，并逐步形成对异性的好感，有的因此而建立与异性之间的友好关系，有的可能受外在某些因素的影响，出现早恋，极少数甚至与异性之间有了过于亲密的接触。由于其性心理以及人格上的未成熟，使处在这个时期的青少年，在寻求性刺激中出现的问题往往多于积极的感受。进入成年初期后，形成了以正常恋爱方式的性刺激的追求。在此阶段，也有不少人遇到性刺激对象的选择和失恋等实际问题而产生恋爱中的心理问题；当通过正式的婚姻虽然形成了相对固定的性关系后，但夫妻双方对性生活的协调性有了一定的要求，也就是彼此之间所要寻求的性刺激应该是协调而和谐的，夫妻性生活的不协调已成为今天夫妻离异的重要原因之一，也是导致部分人婚外恋的原因之一。

(二) 心理-社会性刺激寻求的期望

人的认知、情感及社会性的发展不能缺少相应的各种刺激的作用，离开了一定的刺激，人的心理不可能得到成长与发展。

1. 言语刺激寻求的期望

人是复杂的社会动物，要实现人从自然人到社会人的复杂转变，言语发挥着重要的作用。无论是生活中的与人交流，还是从事复杂的学习和抽象的思维活动，都必须以一定的言语为工具，如果不具备一定的言语能力，人几乎无法成为真正意义上的社会人。因此，对言语刺激的寻求，应该是每位正常人最基本的期望。在这种期望的作用下，促使每个个体开展积极的言语学习活动，并通过各种实际的言语训练，发展其言语应用的能力，且通过言语的应用，与他人之间建立广泛的联系，逐步实现个体社会化。阅读是一种具有多重意义的言语刺激寻求，通过阅读不仅能促使人言语能力的发展，同时也能促进其智慧的生成，是人们有效吸取精神食粮的必要形式与重要途径。

2. 对感知、记忆、思维与想象等认知能力发展的各种刺激寻求期望

人通过对各种刺激的广泛接触，采取同化和顺应等机制形成了对于现实世界的各种认知图式，逐步发展了自己的各种认知能力。因此，与人的认知相联系的刺激的缺乏与不足，人就难以建立对现实世界的认知图式，也就无法形成对于现实世界的认知能力。这样将直接影响人的智力的发育与发展，严重的甚至有可能造成明显的智力障碍。有鉴于此，人们有着对感知、记忆、思维与想象等认知能力发展的各种刺激寻求期望。

3. 对构成社会性成长与发展的各种刺激寻求期望

人们有学习、工作、娱乐、交往等社会性刺激的期望等。与人的社会性相联系的刺激的缺乏，将严重影响到人正常的社会机能的发展，并有可能直接导致缺乏应有的社会适应性，甚至产生各种社会功能的障碍。因此，人要想培养与形成对于现实世界的各种认知能力，建立并保持与他人的积极的情感关系，获得更好的适应社会生活的各种技能，就需要寻求各种与之相联系的心理刺激，并在各种相应刺激的作用与影响下，促进其认知和情绪情感以及社会性等方面的成长与发展。

人对形成于心理成长与社会性发展的各种刺激期望是通过一定的活动来实现的，活动是促成刺激作用于人的心理，并使其能力形成与发展的根本途径与必要形式。离开了人的各种必要的活动，也就失去了人对各种刺激形成反映的有效途径与机会；而当人失去了对各种刺激的反映途径及机会，其相应的心理机能也就难以形成与发展。因此，要想使人们所期望的各种刺激，起到更好地促进人的心理成长与发展作用，就应该切实开展人们喜闻乐见各种游戏、学习、交流等活动。通过各种活动的开展，使人广泛地接触各种刺激，并通过人在活动中的积极努力，形成对各种刺激的正确反映，逐步积累丰富的经验，这样相应的心理能力也就得到应有的发展。

4. 适宜生活环境刺激寻求的期望

人总是生活在一定的环境中，因此，对所生活的环境刺激人们也自然有其相应的期望。人对环境刺激的期望主要包括所生存的自然物理环境刺激的期望和社会人文环境刺激的期望。

在自然物理环境刺激的期望方面，人们主要表现为对生活的位置空间、气候等环境刺激的期望。从空间位置来看，师生期望在宽敞明亮、通风条件良好的教室上课，工人期望在敞亮无污染的车间里上班，城市居民期望住上较为宽敞的房屋。人们期望购物、上班、上学，求医等出行方面的场所便捷而适宜，同时他们还期望自己所生活的整个环境清洁卫生、布局合理、绿树成荫，空气新鲜等，而不希望生活在一种交通不畅、人口稠密拥挤、住居狭窄、布局不合理、出行不便、噪音嘈杂的脏乱差的环境中。人们期望自己所居住的地方，气候宜人，而不希望生活在过于干

燥或温度过高，酷热难熬或温度过低而严寒难挡的气候条件下。如果人所期望的自然物理环境刺激得不到起码的满足，也会影响人正常的生活、学习、工作，同时也有可能使人的身心健康受到不良影响。

根据人们对自然物理环境刺激期望的要求，需要人们在对居民住所、学习与工作场所乃至整个城乡规划与设计方面，从整体上考虑环境布置问题。特别是要注重良好的视觉环境的营造，使人们在家庭中、教室里、工作间、出行处，能够不费力气而清楚地看到其所需要获得的各种信息，或者可以使其不必通过意识的作用，强行将注意力集中到人们要看到的地方。与此同时，还应尽可能降低或消除人们生活中的各种噪声，使人们生活的住所及周围环境既悦目又悦耳。

在社会人文环境刺激的期望方面，人们期望所生活的社会环境安定、秩序井然；期望家庭安定，邻里和睦，人与人之间关系和谐，无欺无诈，相安无事；期望社区文化、娱乐生活丰富；期望人与人之间相互尊重、相互关心、相互帮助，而不希望见到家庭动荡、邻里失和、人与人之间关系紧张、彼此心存芥蒂，甚至拨弄是非、尔虞我诈，更不希望见到地痞流氓横行乡里、为非作歹，闹得鸡犬不宁。总之，人们期望其所耳闻、目睹、触及的各种刺激是和顺、有序、愉悦和健康的。如果达不到这样的社会人文环境刺激的期望，人们就难以在相应的环境中安其居，乐其业，过上幸福安宁的生活。如果人们长期活在一种糟糕的社会人文环境中，有可能会造成身心的严重伤害。随着社会的开放和经济条件的改善，一些人不再固守旧土，而是到人文与生态环境优美宜人宜居的城市落户。

根据人们对社会人文环境刺激的期望，需要地方组织与政府部门加强地方良好的物质文明与精神文明的建设，加强对居民的文明素质的教育，加强对社会治安的整治与管理，同时通过组织和开展各种内容丰富、形式多样的有益的社会活动，使人们真正能够沐浴在良好的社会文化环境中，安居乐业，更好地享受现代物质文化生活。

5. 满足好奇及探求刺激寻求的期望

刺激不仅能够满足人的感官欲，且能促发人的探究与创造欲。伯利恩（Berlyne，D. E）进行了有关激发我们注意周围环境之条件的重要研究。他认为探究活动有改变刺激区的功能。在他看来，探究行为主要是改变刺激输入，而不是引起身体组织的变化。他还认为，探究行为既是机体状态的函数，也是诸外部刺激的函数。[1] 伯利恩提出，像新奇或不确定性这些因素之所以具有动机特性，是因为它们提高了有机体的唤醒水平。他认为，我们都想维持最佳的唤醒水平，如果刺激水平太低，个体就想提高唤醒水平；而如果唤醒水平太高，个体就会降低它。如果新奇

---

[1] ［美］Herbert L. Petri，［美］John M. Govern：《动机心理学》，郭本禹等译，陕西师范大学出版社 2005 年版，第 186 页。

或令人吃惊的刺激，发生引起细小的变化，那么它就会将行为引向它自身，因为唤醒水平的细小变化是快乐的。

因此，刺激寻求激发了人的创造，使一个又一个的新兴产业应运而生，一个又一个新兴市场崭露头角。万事皆有头。人对自己、社会及自然有着强烈的好奇心及探求的欲望，人们通过对自己身材所形成的刺激期望，不断需要新颖的服装款式和各种化妆打扮等方面的刺激；人们对语言方面的刺激期望，形成丰富的联想和大胆的想象以及创造性思维，不断改良社会，兴利除弊，促进社会的革新与变化。马克思由于接触到资本主义社会中存在的大量的商品刺激，引发对商品经济的进一步思考，从而创立了他的商品经济价值规律的学说。人们因为各种自然的刺激而形成了许多科学的发现，如维格勒因受一幅世界地图的刺激而引起的直觉思维，形成了"大陆漂移假说"；牛顿因受到落地苹果的刺激，从而激发其通过研究发现了"万有引力定律"；瓦特因受开水将壶盖顶开的刺激，从而使他受其启示而发明了蒸汽机。正是由于他们受到多种自然的、社会的事件的刺激，才激发出他们的好奇心和探求、创造的冲动，从而发现与创作出更多有价值的作品和理论。如果没有这些刺激的作用，科学家很难发现与提出有价值的理论与学说，发明家很难形成各种有意义的发明与创造，文学艺术家难以形成各种创作的冲动而创作出各种艺术佳作。因此，我们可以说科学家的刺激寻求的期望引起其对真理的沉思与追问，发明家的刺激寻求的期望触发其发明创造的心智，文学艺术家的刺激寻求的期望激起其创作的灵感与冲动。

6. 审美刺激寻求的期望

爱美之心人皆有之，因此对于审美刺激寻求是人类所表现的一种基本期望。人们在审美刺激寻求方面可能因时代、文化及个体之间的差异而各不相同，但其审美刺激的基本内容和主要形式往往异中显同。从内容方面看，审美刺激主要包括自然、社会、艺术、科学等，且每一方面的内容也是异彩纷呈，风情万种。从自然审美刺激来讲，因春夏秋冬四季不同，自然万物变化各异；春有花、夏有蝉，秋有月、冬有雪，皆可为审美刺激；且地分东南西北，山川异域，物华天宝、气象万千，其景不同，所有这些刺激都能促发人的审美感受与联想。在社会及艺术审美刺激方面，各种人文景观、千年遗存与之相联系的各种赏心悦目的书、画、建筑、雕塑等，还有优美悦耳的音乐等都会给人带来一定的审美享受。

面对同一审美刺激不同的人可以实现不同的审美期望，普通人更多的是寻求一种形式美的期望，如对于有形之物，只图悦目而已，对于无形之音，仅止于动听而已。当然，也有许多人并不满足于悦目动听的感官欲，而是透过其形式，通过沉浸思考，领略其意境和意蕴美。那些艺术家，则更深入一步，他们在感受其美的同时，形成丰富的审美意象，激发出一定创作灵感，而创作出各种名篇佳作。文学艺术家由于各种具体刺激的影响，从而创作出大量的绘画、诗歌、戏剧、小说等作品。如面对各种盛开的鲜花，更多的是成为许多人"养眼"与"悦目"的刺激，而对于诗人，各种鲜花都可以成为其创作的题材。

无论是寻求怎样的审美刺激期望，都会起到一定的愉悦身心的作用。那些仅停留于感官满足者，所获得的只是一种快感。快感只是一种生理性的满足，且会如同走马观花，不会留存多久。只有突破其感官欲的审美刺激寻求的满足，才能够形成真正意义上的美感体验。这种体验是深入其心的，是一种情感体验，因而真正能够起到陶冶情操的作用。我们看到，今天许多人经常到一些风景秀美之地游览观光，但收效甚少，只是饱了一下眼福，而没有真正领略到其风景中所具有的意蕴，没有入心，因此就无法形成真正的美感体验。

总之，人们在现实中所形成的刺激寻求期望是多方面的，也是复杂多样的。有些刺激寻求的期望，在生理方面主要满足人的生理欲，而在心理方面主要满足人的感官欲；有些刺激的期望，还可以激发人的探究心和创造欲。普通人对刺激的期望，更多地停留在生理欲和感官欲的满足上，而科学家、思想家以及艺术家则在此形成了超越，他们在刺激寻求的期望中，被激发出科学的创造和绽放出新思想的火花以及艺术创作的灵感与冲动。

五、为什么人具有刺激寻求的期望

有的学者认为，人们之所以表现出对各种刺激寻求的期望，是因为基于这些刺激能够帮人消解烦闷。罗素认为："烦闷是一种希望发生点儿事的固执愿望，这种事不一定非得是好事，只要是能让烦闷的人知道这天和那天不同的事就行。"按照罗素的理解，烦闷的本质"一是现实环境与让人想入非非的愉快环境之间存在反差，它的另一本质是人的机能没有被完全占用"[1]。的确，现实中的某些人因为"闲得无聊"而想入非非，或"精力过剩"，就会去寻求刺激，甚至不管其刺激的利弊如何，如较为典型的违规飙车就是一例。

在罗素看来，"烦闷的对立面不是愉快，而是兴奋"。他认为"人类从心底里渴望兴奋"。罗素认为"随着社会地位的提升，我们寻找兴奋的心情也越来越迫切。有能力的人总是从一个地方换到另一个地方，走到哪儿，乐到哪儿，不停地跳舞、喝酒，总是出于某种原因想在新的地方尽兴"。但正如罗素指出"为了逃脱已有的烦闷，他们反而会陷入另一种更可怕的烦闷中"。这种情况在现实中的确并不鲜见。同时罗素也认为"充满太多兴奋的生活是使人精疲力竭的生活，需要不断地借助很强的刺激来让自己兴奋，这会让人觉得这种兴奋是快乐不可或缺的部分"[2]。尽管"一定量的兴奋是有益的，"而"太多的兴奋不仅有害健康，还会让人对各种快

---

① ［英］伯特兰·罗素：《幸福之路》，刘勃译，华夏出版社 2016 年版，第 47~48 页。
② ［英］伯特兰·罗素：《幸福之路》，刘勃译，华夏出版社 2016 年版，第 51 页。

乐滋味不敏感"。他认为"从本质上讲，兴奋就是毒品，会越来越上瘾，兴奋时身体是在被动地反映，与人的本能反应决然相反"。①

另一种观点认为，人类之所以表现出刺激寻求的期望，是因为一定的刺激寻求给人带来快乐，或者认为是因为人为了得到快乐而去寻求各种刺激的。毕比-森特（Beebe-Center, J. G.）强调，感觉是否快乐取决于感觉器官对刺激的反应方式。有的反应方式（他称之为欢乐压力）产生快乐情感；而有的反应方式（他称之为沉闷压力）引起不快乐情感。因此，毕比-森特认为，快乐与不快乐的情感是感觉系统不同的活动方式引起的。② 现代享乐主义理论家 P. T. 扬（Young, P. T）认为，在快乐刺激与不快乐刺激之间存在一个连续体，由这种连续体表示的情感过程有三种属性：信号、强度和持续时间。③ 有些享乐过程持续的时间与感觉刺激的持续时间相等，而有些可能会超过刺激的时间。④ 扬认为，有机体的神经系统就是以积极情感最大化，消极情感最小化的方式建构的。并且，有机体能学会引起积极情感变化的行为，并远离引起消极情感变化的行为。⑤ 新事物出现时，动机会发生变化，这是因为有机体已经形成了在两种不同享乐价值的物质中作出选择的期望。这种期望来自先前对物质进行尝试的享乐反馈。这就是说，有机体已经尝试了两种选择物质，并依据它们的享乐价值形成对其中一种的偏好。在引进新物质的第一次试验中，已经形成的期望受到影响，有机体的动机也会相地的发生变化。因此，目标物的改变会引起期望的变化，期望的变化又会改变有机体的操作。⑥

的确，寻求快乐或得到快乐是人寻求刺激期望的一种较为常见的动因，而且我们在现实中也能经常体会到，许多刺激能够给我们带来快乐。如当下在网上风靡全球的抖音，便是普通人寻求快乐刺激的一种重要形式，人们不仅通过自导自演抖音而获得快乐，同时也通过大量地浏览他人的抖音获得快乐。快乐只是人们寻求刺激期望的一个原因，但却不是主要的甚至是唯一的动因，因为有些刺激并不一定会使人感受到快乐，但人们同样寻求对这些刺激的期望，如在正常条件下的水、食物、

---

① ［英］伯特兰·罗素：《幸福之路》，刘勃译，华夏出版社 2016 年版，第 51 页。

② ［美］Herbert L. Petri，［美］John M. Govern：《动机心理学》，郭本禹等译，陕西师范大学出版社 2005 年版，第 182~183 页。

③ ［美］Herbert L. Petri，［美］John M. Govern：《动机心理学》，郭本禹等译，陕西师范大学出版社 2005 年版，第 182~183 页。

④ ［美］Herbert L. Petri，［美］John M. Govern：《动机心理学》，郭本禹等译，陕西师范大学出版社 2005 年版，第 182~183 页。

⑤ ［美］Herbert L. Petri，［美］John M. Govern：《动机心理学》，郭本禹等译，陕西师范大学出版社 2005 年版，第 182~183 页。

⑥ ［美］Herbert L. Petri，［美］John M. Govern：《动机心理学》，郭本禹等译，陕西师范大学出版社 2005 年版，第 184 页。

一定的气候等刺激，人们一般情况下对于这些刺激是不会感受到快乐的，但人们却仍然对这些刺激充满期待；某些学生从来没有感受到学习刺激给他带来的快乐，但他却一直没有轻易放弃对学习相关的刺激的期望；许多人可能并没有感受到工作的快乐，有的甚至为工作及其相关刺激而感到痛苦，但他们中的许多人并没有轻易放弃对与工作有关刺激的期望；有些刺激不但使人难以享受到快乐，甚至会给人带来一定的痛苦，但人们也会对其充满期望，如对于一个身体有病的人来讲，许多药物不但不会给他带来快乐，且会直接造成其生理上的严重不适，引起心理上的痛苦，但即便如此，他仍然对此刺激有所期待，除非他再也不想使身体得到康复。又如，化疗这种刺激不仅对人体的部分生理组织及机能造成危害，同时也会给人造成巨大的痛苦，但为了生命得以更好地延续，人们也会忍受身心的剧痛而形成对此的期望。因此，仅从快乐的角度去解释人对刺激的期望远远是不够的。

从根本上讲，人寻求刺激期望的最基本的动因，主要还是因为人为了更好地满足生理与心理以及社会性方面的多种需要。有机体为了维持生命和维护生理上的平衡，需要与之相关的各种刺激。如果没有水、食品等刺激的作用，有机体既不可能维持正常的生命，也不可能维护其生理上的平衡。正是因为有机体为了对维持生命和维护生理平衡的各种刺激的需要，才形成人对各种与生命有关的生理刺激寻找的期望；正是由于有各种心理及社会性需要，才形成了有机体对于各种社会心理刺激寻求的期望。

第二节 刺激寻求期望中的异化问题

弗洛姆认为异化是一种体验方式，在这种体验中，个人感到自己是陌生人。或者说，个人在这种体验中变得使自己疏远起来，感觉不到自己是他个人世界的中心。[1] "异化的事实就是人没有把自己看作是自己力量及其丰富性的积极承担者，而是觉得自己变成了依赖自身以外力量的无能之'物'，他把自己的生活意义投射到这个'物'之上。"[2] 所谓刺激寻求期望中的异化问题，主要是由于各种因素所造成的期望者，在寻求刺激满足中的一些非正常的，而对己对人对社会更多的会产生不良甚至有害影响的现象。人们在现实生活中寻求刺激期望满足过程中出现的异化现象，概括来讲有如下三个方面：

---

① [美]埃利希·弗洛姆：《健全的社会》，欧阳谦译，中国文联出版社 1988 年版，第 121 页。

② [美]埃利希·弗洛姆：《健全的社会》，欧阳谦译，中国文联出版社 1988 年版，第 120 页。

一、刺激寻求相对不足

对于物质生活条件不断得到改善的现代人来讲，虽然不会因物质的匮乏而出现有关生理刺激不能满足的问题，但在今天一部分年轻的乃至中年女性中，他们为了保持身段的苗条，往往通过减少正常的饮食，因此而出现营养不良现象；因为工作压力或工作时间的延长以及其他各种因素所造成现代人睡眠不足，运动缺乏等现象也较为普遍地存在；由于彼此的工作或日常事务的繁忙或其他因素，而使人们日常必要的交流越来越少，如父母因忙于工作或家务与孩子的交流越来越少，并且有相当多的父母因出外做工，而让孩子留守家里，而导致孩子出现相对社会剥夺现象，所有这些给人的生理与心理以及社会适应等造成不同程度的伤害。一些退休老人缺少必要的与外在的沟通，自我封闭导致社会正常功能的严重受损等，均反映出刺激寻求的相对不足方面的问题。同时，我们也不难看到，由于现代人过于追求物质的享受，而对于必要而正当的精神追求相对匮乏，进而出现各种道德、伦理、审美等方面的问题，在一定意义上讲也是一种刺激寻求相对不足的异化现象。还有部分年轻人将许多时间用于网络游戏、网络小说、网络视频等虚拟世界的浏览中，且他们中的一部分人，将此作为逃避现实生活的一种方式，他们中有的人几乎与现实实际的生活完全脱节，而一旦不得不面对现实生活，他们对现实的一切都显得陌生，而无所适从。

二、刺激寻求相对过剩

与刺激寻求相对不足相反的是，随着现代社会的物质与文化生活相对富足，在部分人中出现了一些明显的刺激寻求相对过剩现象，其中较有代表性的有营养过剩、信息超载、酗酒等表现。由于营养过剩，使许多人过于肥胖现象表现较为突出，因此为其健康问题埋下隐患；由于网络技术的普及与应用，使许多人为大量的信息所累而难承受其重，尤其是一些自控能力缺乏的人，被无休止的网络游戏所纠缠而不能自拔，其结果不但影响了现实生活中的学习与生活，且直接造成对于视力及身体机能的损伤。另外，目前在社会中许多人寻求酒刺激，有些人却经常过量饮酒，直至酗酒成性，不仅损害了个人身心健康，且因此酿成许多社会悲剧；还有的人盲目而大量地食用各种所谓的保健品和高糖、高碳酸饮料等，所有这些刺激寻求相对过剩现象，与刺激寻求相对不足现象一样，对人的生理或心理乃至他人或社会都会带来不利影响。

三、刺激寻求越位

这是与刺激寻求不足或过剩有本质区别的一种刺激寻求期望异化现象，后二者只是因为量的因素而构成的异化，而刺激寻求越位则是一种质的异化现象。这种异化现象主要是指对个体、他人以及社会都构成明显危害的刺激寻求期望，如今天在社会中出现的吸毒、吸烟等物质滥用与依赖、非正常的性刺激、赌博、盗窃、非法聚敛钱财等现象，均可视为一些较为典型的刺激寻求越位的异化现象。因为这些刺激寻求期望，虽然可能使望者在一定时间或范围内，得到某些生理的或心理的满足，但这些刺激寻求终究将会给自己、给他人乃至社会造成巨大的危害。又如公权力刺激寻求越位。公权力本身应该是为社会公众行责服务的，而不是用来牟取私利或出于达到别的目的。可是有那么一些掌握公权力的人却乱用手中的权力，搞权力出租，搞钱、权、色交易等，这些都属于典型的公权力刺激寻求越位。另外，一部分人因偶像崇拜，而模仿其所音、所型、所行，逐步失去自己原有的东西，也属于刺激寻求越位。

由此表明，上述的刺激寻求不足、过剩及越位均属于其异化现象，理当引起人们的注意，其相关人员应引以为戒。

第三节　适宜刺激寻求期望的满足

一、适宜刺激寻求期望的主要指标

适宜刺激寻求期望主要是指满足人之所必需，同时对个体及他人不构成消极影响的期望。适宜刺激寻求期望总体上应该同时满足如下要求：

(一) 良性的刺激

良性的刺激是指所寻求满足的刺激对期望者本人的生存与发展具有积极的意义，同时对他人与社会也没有构成这样与那样的不良影响。如果所寻求的刺激对个人生理或心理或社会发展均为有益，同时对他人与社会也没有构成不良影响，都是良性的刺激。如正常条件下的读书看报、交友、运动、旅游、艺术欣赏等，这些项目对人的身心均是具有积极意义的良性的刺激。

(二) 强度适中的刺激

人们对于刺激期望满足，无论是生物的还是心理的，抑或是社会的都有一个度的问题。如一切生命都处于一定温度阈才能生存，否则就会受到抑制甚至走向死亡。只有适度的刺激，才是对人的生存与发展有益的，才是人所应该正常寻求的。如果刺激的程度不高，难以满足人生理上或心理上或社会上的需求，将使人感到欠缺而产生不满足感与焦虑等反应；如果刺激的程度超过人生理或心理等方面的承受力与吸收力，不仅会造成资源上的不必要的浪费，同时对个体生理及心理也会构成一定程度的危害。如运动是人们增强体质所寻求的一种刺激，运动适度对于改善人的身体机能状态有积极的作用，但如果运动量过低，不足以到达增强人体质的目的，而运动过量，超出个体承受力，不仅不能够到达增强个体体质的作用，反而有可能造成对身体的伤害。因此，我们应该寻求对身心均有益的适中的刺激。

(三) 多样性的刺激

人本身是一个具有多样性的生物体，不仅在生理上有多种刺激需求，在心理及社会上也有多方面的刺激需求。在生理上，人需要食物、水分、运动等刺激，在心理及社会上人需要与人交流、参加各种社会活动等刺激。因此，过于单一的刺激不但不能够完全满足人的需求，且有可能对人的身心造成不利的影响。就拿饮食刺激来讲，应该力求多样均衡，才有益于身体健康，如果品种单一，势必会造成营养不良。因此，只有具有丰富而多样的刺激，才能更好地满足人各种生理与心理方面的需求，并对人的身心状态的改善产生积极的作用。

(四) 变化性的刺激

人们的刺激寻求存在一定程度上受人先前经验的影响，这就意味着人可能以一种固定的"老框框"看待外来刺激，只愿看那些能加强固有成见的东西——而对不与此协调的东西置之不顾。[1] 但人又是最具有活性及好奇性的动物，因此，人们从来就没有停顿过对各种新异刺激的追求。那些陈旧而僵滞的刺激，往往又是不可能引起他们兴趣的。因而，只有处在一定变化状态和充满新奇的刺激，才能不断更好地满足人的生理或心理的诉求。

(五) 适合于个体自身的刺激

在刺激的强度、数量及内容等方面存在明显的年龄、性别、文化及个体之间的差异性。一般来讲，年轻人比老年人更有可能要去寻求强度大、内容多、新颖度高的刺激，因此，他们更容易去冒险与探求；老年人由于生理等机能的下降，往往难以承受强度大、内容多而新颖度高的刺激。同时，即使年龄及文化相仿的个体，由于个体性格的差异，也往往会寻求完全不同的刺激。一般来讲，性格外向的人更多地寻求具有多样性的外部刺激，而性格内敛的人往往寻求一些相对较为平稳而强度适宜的刺激。因此，适合张三的刺激不一定完全适合于李四，适合于李四的刺激，不一定适合于王五。正如常言"打锣吹号，各有所好"所讲，正当的刺激应是适合于个体自身的刺激，而不适合个体自身的刺激，对个体不仅是无益的，且有可能是有害的。

---

[1]　[美]卡洛琳·M. 布鲁墨：《视觉原理》，张功铃译，北京大学出版社 1987 年版，第 43 页。

二、实现适宜刺激寻求期望的条件

并不是任何刺激寻求对于人类都是有益的，而只有那些适宜的刺激寻求，才对个体生命的维持与成长起到积极的作用。对于每个生命体来讲，要想维护自己的生存和发展状态，所需要的是适宜的刺激寻求，所要避免的是有害的刺激寻求。而要想如此，应该把握如下要求：

(一)需要正确的刺激寻求意识

每个人必须明确意识到，浩如烟海的刺激信息中并不是所有都是我们需要的，许多刺激并没有多大的积极作用，有些刺激甚至会影响与妨碍我们正常的发展。要想避免有害刺激对我们产生的不利影响，我们需要保持一定清晰的头脑，具有善于辨别与区分各种刺激利弊的认知能力，在不断寻求对于我们具有积极意义刺激的同时，更需要自觉规避各种有害刺激对我们有可能造成不良影响。

(二)能够甄别有关刺激的利弊并同时学会做出明智的选择

随着互联网技术的广泛普及，面对几何级数增长的大数据时代的信息，人们今天并不缺刺激。在开放多元的当今世界，面对每天出现的海量信息刺激，我们不能没有选择地全都接收，因为这样既不可能，也没有必要。因此，我们需要的是学会选择，应该学会根据实际生活的需要和我们的个性需求，做出对各种刺激的选择，而不能盲目或不加任何选择地寻求刺激；否则，面对无计其数、浩如烟海的刺激信息，我们将不堪重负，身心俱疲。这样不仅会耗费我们大量的精力，同时也会被某些刺激吸引而不能自拔。我们看到今天一些学生因沉迷于网络游戏，荒废学业；一些成人沉溺于网络，而不管家事，不务正业，最后弄得妻离子散。在刺激如此泛滥的当今时代，要想不为毫无价值的刺激信息所累，要想尽可能避免一些不良刺激对我们的影响，我们每个人应该有效选择与利用各种刺激信息，以更好地为我们的生活服务。在刺激信息的选择方面既要符合自己的个性化要求，同时也应该注重选择的多样性。除了选择一些对我们平时学习、工作等实际生活有用的东西外，应该适当选择一些国内外的时政要闻，重大人文、科技等方面的信息，因为面对复杂多变的世界，我们不能做一个什么都不知道的局外人。世界的一切变化，都与我们每个人息息相关。同时还可以选择一些娱乐、益智与陶冶情操等方面的刺激，而所有这些内容的选择，应该以不超过我们的信息负载能力，和确保维持正常的生活为基本原则。

(三)增强抵制不良刺激的自觉性

面对如今信息的狂轰滥炸，我们不仅要有鉴别良莠和正确选择的能力，同时也应该有很好的自律和控制力，来抗拒外在各种不良刺激的诱惑。的确现实中有许多刺激，尽管它对我们成长与发展没有多少益处，且还有可能给我们在精力或身心健康方面造成不良影响，但它们中的某些刺激，对于我们却充满诱惑力。如果我们缺乏必要的抵抗诱惑的能力，就会影响到正常的学习、工作和生活，甚至有可能因五彩斑斓的刺激而迷失自我，给成长与发展造成灾难性的影响。

为了提防有害刺激对我们所造成的不良影响，最主要的是做到不介入。如果一旦介入，由于刺激所带来的短期正效应的正强化作用，促使人一次又一次地接受刺激，而形成习惯化反应后，再摆脱会受到由此产生的负强化作用的影响而更加难以自拔，正如一些吸毒者成瘾后戒毒而产生戒断反应后出现复吸一般。这是因为定时诱发性行为一旦产生，就比初步形成时更难改变①，干一件事情的经验越多，行为改变的难度就越大。在开始行为时，行为一般由目标指引，但随着经验的增加，行为对刺激的反应变得越来越自动化，也更加有力。② 人们对熟悉刺激的反应同样是自动化的，如吸毒成瘾的人，自我管理行为变得越来越刻板，就像机器人一样。③对于已经形成对不良刺激习惯化反应，如吸毒、赌博成瘾等，而要想从中摆脱，则需要当事人具有强烈改变动机和坚强的意志做支撑，同时还需配合一定的专业人员，通过借助于如系统脱敏和厌恶疗法等专门的行为技术加以消除。

（四）加强情绪的自我管控

为了避免受到不良刺激的影响，我们还应加强对自我情绪的有效管控，因为极端的情绪压力不仅会扰乱知觉，同时也会扭曲理智的判断④，从而导致我们无法有效地分辨刺激之良莠，更无法在纷繁复杂的刺激面前做出理智的选择，而容易受情绪诱导，误入不良刺激之中。只有加强自我情绪的有效管控，才能避免因情绪的不良影响，给我们判断与选择等方面所造成的失误，从而远离不良刺激。

除此之外，社会有关组织部门应加强对于人们刺激寻求的正确引导，同时注意对各种不良刺激环境的治理与管控，并为人们适宜的刺激寻求期望的追求与满足，营造必要的环境氛围等外部条件。这也是人们实现适应刺激寻求期望的不可或缺的一些条件。

---

①　［英］M. 艾森克：《心理学——一条整合的途径》，阎巩固译，华东师范大学出版社2000 年版，第 40 页。

②　［英］M. 艾森克：《心理学——一条整合的途径》，阎巩固译，华东师范大学出版社2000 年版，第 41 页。

③　［英］M. 艾森克：《心理学——一条整合的途径》，阎巩固译，华东师范大学出版社2000 年版，第 41 页。

④　［英］R. L. 格列高里：《视觉心理学》，彭聃龄等译，北京师范大学出版社 1986 年版，第 209 页。

综上所述，人类对于刺激的欲求有其自身的特性。首先应该肯定刺激对于人类有机体来讲是必需的。如果没有刺激，生命体无法诞生；如果没有刺激，已形成的生命体也无法成长；如果没有刺激，不仅人类的各种生理机能将会萎缩，其心理机能也无法成长起来。因此，人类要想孕育与繁衍出生命，使生命得以维系与成长，就必须有各种适宜的刺激为条件。其次，人类不仅需要刺激，且需要丰富的刺激。如果刺激过于的贫乏或单一，将不足以使个体生理机能更强健，也不足以使个体心理机能更发达。尤其对于成长中的年轻人来讲，如果长期生活在贫乏而单一的刺激条件下，将会严重抑制其健康的发育及成长；对于处在生命旺盛期的成年人来讲，他们更需要丰富的刺激充斥于自己的人生，如果得不到丰富的刺激，他们就会过早地走向衰老；对于年事已高的长者来讲，要想使自己容颜不老，壮心不减，恐怕也需要一定丰富的刺激。当然，我们所需要的是有利于我们生存、发展和维护其身心健康与平衡的适宜刺激。

同时我们应该看到，对于处在高度开放性的大数据信息时代，由于刺激的过剩所造成的"视觉疲劳"和"听觉疲劳"甚至视觉损伤和听觉损伤的现象实在并不少见，且因在纷繁复杂的刺激面前缺乏正确的判断力和选择性而迷失自我的也大有人在。令人眼花缭乱的刺激使现代人变得越来越浮躁，甚至焦躁不安，使越来越多的现代人，远离原本应有的祥和与宁静的生活，并酿成诸多的家庭与社会问题。因此，面对如此繁多、如潮水般喧嚣涌现的刺激信息，人们是否需要冷静地思考一下，怎样使躁动的心灵回归一定的宁静？

第七章　安全期望分析

常言道，"平安是福"。的确，对于一个普通的人来讲，一生最大的心愿莫过于自己平安、家人平安、亲朋好友平安。其实，我们每个人都期望生活在一个安全的世界里，甚至为那些所有的认识和不认识的善良的人们祈求安全。那么，什么是安全的期望？人们有哪些安全的期望？为什么有这些安全的期望？当安全的期望没有实现时，给人带来的影响将会有哪些？我们怎样实现安全的期望？这是本章要探讨的话题。

第一节　安全期望概述

一、什么是安全

在古代汉语中，没有"安全"一词，但"安"字却在许多场合下表达着现代汉语中"安全"的意义，例如，"是故君子安而不忘危，存而不忘亡，治而不忘乱，是以身安而国家可保也"（《易·系辞下》）。这里的"安"所表示的就是"安全"的概念。《现代汉语词典》对"安"字的第四种释义是："平安；安全（跟'危'相对）"，对"安全"的解释是："没有危险；不受威胁；不出事故。"

安全通常是指人或事物的一种存在形式或状态，而这种形式或状态又是与正常、平稳、秩序等联系在一起的。如果人或事物处在正常、平稳、秩序的形式或状态下，我们一般可以说此时的人或事物是安全的，否则就是不安全的。因此，一般普通人对安全的理解就是不出意外，一切正常。在现实生活中与安全十分密切的是"平安"一词，在许多情况下这两个词几乎是通用的，安全即平安，平安即安全。但如果认真分辨，至少在使用对象与范围方面还是有些区别的，安全所指的对象既可是指人也可以指事物，还可以指人或事物的活动，如生命安全、材料安全、生产安全等，而平安则更多的是指人及人的生活存在状态，尽管两者的意思十分相近，但"安全"一词比"平安"一词的使用对象及范围要更为普遍与广泛。由于我们在此所要探讨的内容主要是与人及其活动有关的问题，因此，我们是可以作为同一语加以认识的。

没有危险是安全的一种主要属性。作为一种客观的安全状态，没有危险指安全主体既没有受到外在的威胁，也没有受到内在的侵害，而作为一种主观的安全状态，指安全主体既没有感受到外来的威胁，也没有感受到来自内在的侵害。从比较完整的意义上讲，安全对于有关主体来讲，应该既是一种客观上的状态，也是指一种主观上的反映。

安全作为与人的存在相联系的一种形式或状态，既包括生理的和心理的，同时也包括活动的甚至社会的等多方面，并且安全既是指人存在的一种客观状态，也相应反映了人的一种主观意识。如果说安全是一种"免于危险"或"没有危险"的状态，那既包括客观事实上的"没有危险"的安全状况，同时也应包括人主观意识上的一种"没有危险"的安全反映，也就是说安全既指客观事实上的"没有危险"，也是指人主观上觉察到的"没有危险"。当然后者是对前者的一种主观上的观照与反映，而前者则是不以后者的主观意愿为转移的客观存在，二者虽然不是一回事，但既有联系又有区别。作为客观存在的安全，只是为人的生存提供了一种必要的客观上的保证，使人的生命及财产免于事实上的危险。作为一种主观化的意识而存在的安全状态，则会构成对人的生命形态及精神状况的明显影响，因而人的主观方面所表现的安全意识状态，对人所形成的影响会更大。如果人主观意识上感到有一种"安全的威胁"，即令是所面临的处境客观上是安全的，他也会因此而感到担心、紧张、害怕等，并会因此影响到他现实的学习、工作以及生活等方面的质量。因此，对于安全的主体人来讲，安全的价值及意义不仅是指单纯意义上的客观的安全状态，同时也包括具有重要作用的主观安全意识状态。

"安全不仅满足机体的物理空间的需要，而且减少心理上的恐惧感。"①我们每个人只有在安全的状态下，才能更好地生存与发展。如果没有安全做保障，我们的生命就会随时受到安全的威胁，而如果生命都没有安全保障的情况下，其他如学习、工作、生活等一切就无从谈起。如果人们所处的社会出现动荡与混乱而不具安全性，就无法保证全社会成员有正常安宁的生活，同时还会使每个社会成员，蒙受不安全带来的各种身体及精神上的伤害，并且无法保证正常的社会政治经济秩序。历史上每一次发生的战乱，都致使无数的老百姓流离失所，无家可归，使大量无辜的人们，死于战乱，造成对人类生命安全的巨大威胁。历史已经证明并将继续证明，安全无论是过去、现在还是将来，无论是对个体的生存与发展，还是对社会的稳定与进步都是必不可少的。

但是，由于各种天灾人祸，人类往往会面临着各种这样与那样的安全的威胁。这些威胁有来自无法完全抗拒的自然灾害，有的来自非法社会组织的蓄意破坏，有的甚至来自正式的社会组织，还有不时发生在我们身边的各种来自他人的有意或无

---

① 沙莲香：《社会心理学》，中国人民大学出版社 1987 年版，第 220 页。

意的伤害等。一些唯利是图的人，无视国法纲纪，制造一些伪劣产品，直接侵害了人们的身心安全；一些人为了暴收渔利，贩卖毒品使许多无辜的人受害；有的人违章驾车，使一些无辜的人惨遭伤害。

二、什么是安全的期望

所谓安全的期望，是有机体所形成对于维持生存与维护生命，以实现生理与心理等方面安全需要的一种期盼，是人们对安全需要的一种反映。在现实生活中，人们存在多种安全的需要，因此形成了相应的多种安全的期望。人们因有维护生命安全的需要而形成了对生理安全的期望；因有成长安全的需要而形成与成长安全需要相联系的期望；因有工作安全的需要而形成的对工作安全的期望；因有对人际交往安全的需要而产生的对人际交往安全的期望等。总之，人们多种安全期望均产生于各种不同的安全的需要。

安全需要只是人们安全期望产生的内部条件与基础，而安全期望的形成及表现的程度，同时还要受到来自内外多方面因素的影响。

人们对安全的认知、情绪体验以及本身的生理状况等内部因素，都会影响到人的安全期望。安全的期望是受人们对安全的认知判断影响的。在一般情况下，如果人缺乏明确的安全意识，就难以形成明确而积极的安全期望；安全的期望受人们安全经历及体验的影响，在没有受到过任何安全威胁的人那里，是较难形成对安全的强烈期望的；只有历经各种危险或受到过安全威胁的人，才有可能形成更为强烈的安全的期望；那些身体素质差、抵抗力低的人，可能比那些身体健壮的人表现出更为强烈的安全期望反应；那些生理需要都难以满足的人，更多的只是寻求生理需要的满足，甚至因为了这种满足而铤而走险，其安全的期望值往往是很低的。

同时，人们安全期望是对现实安全状况的一种主观反映，其安全期望满足度＝实际安全感受度/人们安全期望值。如果人们实际安全感受度，高于或接近人们的安全期望值，那么人们的安全期望满足度也就较高。如果人们实际安全感受度，离人们的期望值相距甚远，那么人们安全期望的满足度也就愈低。

人们所处的社会地位、生存环境以及经济条件等外部因素，也影响到人安全的期望。一般来讲，那些社会地位高的人要比普通人，承受更多的由于地位所带来的安全风险，因此，地位高的人可能比地位普通的人持有更高的安全期望；生存在环境较恶劣中的人，尽管他们会表现出强烈的安全的需要，但可能因种种条件的限制，而对其安全的期望值往往也不是很高；经济条件差的人首先考虑的是最基本的填饱肚子的问题，因此，他们安全的期望值也较低，除非他们的生命受到严重威胁。一般来讲，那些有安全保障的人，才会表现出更多的安全期望，而对于那些缺乏安全保障的人来讲，由于在他们看来，自己的安全保障不可靠，因此其安全期望也就显得无足轻重了。另外，处在危险中的人，会表现出对生命安全的强烈期望；

处在动荡不安的社会环境中的人，会对社会安全充满更多的期望。

三、人为什么有安全的期望

首先是因为人有安全的需要。一方面人的基本生存需要安全，人的基本生活也需要安全，同样人的成长与发展也离不开安全。如果没有一定的安全做保障，人就难以生存，也无法正常生活，更不可能得以正常成长与发展；另一方面，人在现实生活中由于随时会遇到各种危险因素，而经常面临安全的威胁，基于这样的状况，不得不使人因非常在意自己的安全问题而表现出较为明显的安全期望。

其次，"人在生物学意义上是（未完成）的同时又是（未确定）的生物"①。由于人的未确定性决定了人对安全的期望。对于人来讲，只有过去的事和未来的死亡是可以确定的，但死亡至于何时发生，却具有不确定性，并且死亡会随时危及人仅有一次的宝贵生命，人会因此产生对于死亡的恐惧，而表现出对于生命安全的期望。同时，由于死亡之前的未来之一切都是无法确定的，且许多事件是人无法回避的。正是因为人的未确定性和未完成的特性以及人生命的脆弱性，才促使人类为了自己的存在，而表现出强烈的安全的期望。他们不仅需要有住所的安全、食物的安全，以维持自己生命的存在，同时也需要人际安全、心理安全以维护精神的安宁，且他们不仅对今天的这些心存安全期望，同时也对明天及未来的这些充满安全期望。

具体而言，由于人"生下来就是所有动物中最无能的，他比任何动物都需要更长时间的庇护"②。其身体的弱小不足以抵制来自外在各种威胁，其弱小而脆弱的生命随时会因受到有害细菌、病毒以及有害的化学物质的伤害。外在的地震、水灾等物理性的灾害，也会随时有可能对人的生命以重创。同时，各种人为的因素如战争、凶杀等暴力恐怖事件，也给人的生命构成重大威胁。另外，在其成长的不同阶段，都有可能遇到各种危及其安全的危险因子，如早期同养护人的分离所带来的危险，自己在活动中意外的伤害，还有同龄人的漠视与欺凌以及成人的惩罚等，成人后疾病、失业等，所有这些因素，构成对人生命及生存安全的不同程度的威胁，使人对这些事件产生一定的恐惧。恐惧促成并增强了人对自己的安全意识，使人产生对维护生命及生存安全的期望。

更为重要的是因为人有一种觉察和预防各种危及生命及生存安全的意识存在。人类在同各种自然的、社会的危险因子进行长期的抗争中，形成了各种抵御灾难的经验，使人类形成了这样的信念：各种危及生命安全的事件一般是可以预防或能够避免的。因此，人们在现实中才表现出对安全的期望。如果人类没有在积累抵御各

---

① 欧阳光伟：《现代哲学人类学》，辽宁人民出版社 1987 年版，第 123 页。

② ［美］埃利希·弗洛姆：《健全的社会》，欧阳谦译，中国文联出版公司 1988 年版，第 22 页。

种危险的成功经验基础上所形成的认知信念，人们面对各种危险只能是无能为力，极其无助，而在这种情形下，人们是无法形成安全的期望的。因此，所谓对安全的期望，隐含着一种有可能有能力避免危险的信念存在。一个患有早期癌症的病人，面对癌细胞对自己生命的威胁，可能仍然表现出对生命安全的期望，这是由于他相信现代医学对早期癌症的治疗是有成效的。如果是一位无药可治的晚期癌症患者，则他对生命的安全是不抱多少期望的，因为他明白，现有的医学治疗手段无法拯救他的生命。由此，我们可以认为，人之所以表现出对安全的期望，首先是因为人意识到各种危险因素的存在，同时也在一定程度上相信，这些危险因素有的是可以防御的，有的是可以战胜的，有的是可以避免的，因此，人们才心生安全的期望。如果面对根本就不能够避免或无法战胜的危险，人更多的是形成一种极其无助的绝望反应，而不可能产生对安全的期望。

第二节　主要安全期望分析

在现实生活中人们具有多种安全的需要，因此，所表现出的安全期望也是多方面的。对于每一个体来讲，最基本的安全期望集中体现在生理、心理、财物以及信息等内容方面。

一、生理安全的期望

生理安全期望主要是指人对于维护生命及身体健康方面安全的期望。狄尔泰作为生命哲学的鼻祖，视生命为理解存在的根基，一切未来和希望都只有在生命中得到回应。对他来说，生命就是存在，生命就是未来、历史和希望，生命包含着一切存在的终点和意义。[①] 因此，在所有的安全中，生命的安全是最基本的也是最重要的。如果人生命安全都得不到保障，就根本谈不上其他的安全。与人的生命安全密切相关的是住所、食品、药品、医疗、交通、环境等物质方面的安全。从维护生命安全所反映的形式看，生理安全就是一种物质安全，因为生理安全的维护是靠安全的物质做保障的。人要维持生命并维护生命安全，以实现其生理安全的期望，最基本的是有安全的食物等做保障。因此，人类总是必须以高度专门化的方式，与生存的物质世界相互作用。我们必须知道哪些东西能吃，哪些东西有毒，哪些物种可以捕食，哪些物种将会猎杀我们。实际上，过去十几年的科学著作确实表明，人类普遍地表现出拥有一种非常复杂的"常识生物学"（Folk Biology）知识。[②] 人类已经进

---

① 薛晓阳：《希望德育论》，人民教育出版社 2003 年版，第 31 页。
② ［美］D. M. 巴斯：《进化心理学》，熊哲宏等译，华东师范大学出版社 2007 年版，第 84 页。

化了自然毒素的机制。比如，我们觉得有的东西特别难闻，而且味道也很苦，其实这不是偶然的事情。呕吐和反胃是一种保护性反应，它们被设计来防止我们摄入有害的食物。①

尽管人类在长期的进化过程中，形成了普遍的常识生物学及其核心信念的认知适应器，使人在一定程度上能够识别出有害的物质，有可能对人生命及健康问题所造成的危害，因此，应该说在人类长期的进化过程中，足以形成了实现与满足人们维护生命及身体健康的基本的适应机制，使人们在现实中能够对尚未发生的危险形成有效的预测，从而更好地预防与规避一些危险的发生；在遇到危险的时候能够采取积极的应对策略，而有效地化险为夷；在意外危险降临之时，能够采取积极的应激反应，使危险对人安全的影响降低到最低程度。随着科学技术的进步，现如今可以通过一定的科学手段，帮助人们去识别危害生命安全的东西。可是为什么在面对各种危及生命与健康安全的时候，却经常出现各种惨不忍睹的悲剧？更值得人们思考的是，一方面，我们形成了对生命及健康价值的尊重，期望自己的生命及健康安全有所保障；另一方面，一些人却又因各种不良的生活方式形成饮鸩止渴，直接危及自己的健康直至生命安全。

人们对影响生命及身体安全食品及药品等形成重要期望的同时，还对赖以生存的自然物理环境安全寄予重要期望。由于受经济利益的驱动，一些地方进行各种开采与开发活动，造成对生态环境前所未有的破坏，气候变暖、空气中的雾霾等生态问题突出，直接造成了对人们生命安全的威胁。面对破坏的生态环境，人们表现出明显的忧虑，进而反映出强烈的对恢复生态、维护为生存所必需的安全环境的期望。另外，人们还对直接影响其生命及身体安全的住所、交通出行、生活的环境等形成了相应的期望。人们期望自己所居住的房屋不仅是宽敞明亮的，而且应该是坚固安全的，所使用的建筑材料是环保的；人们不仅期望自己出行的交通是便捷的，更期望是安全无忧的；人们不仅期望自己所生活的环境是安定有序的，同时期望自己生活的环境是无污染而充满生机的。

事关我们每个人生理安全的问题，单靠个人的力量是无法解决的，而需要包括国际组织在内的各国政府组织层面通过严格的立法加以解决，如涉及粮食及其他食品和药品等的生产、流通等环节的安全问题，需要政府及其组织的高度重视，并加强对其生产、经营销售等的必要监督与管理。作为直接生产与销售的主体部门，应该高度履行和承担生产销售等安全责任，确保为社会提供的消费产品安全无虞。当然，每个社会成员应该积极参与其社会的安全隐患的治理中，尤其是食品的经销商，应该加强自律，切莫为了一己私利，干出害人最后也害己的事情。每个社会成

---

① ［美］D. M. 巴斯：《进化心理学》，熊哲宏等译，华东师范大学出版社 2007 年版，第 87～88 页。

员应自觉为维护社会安全和消除各种安全隐患作出自己的贡献。只有全社会形成合力，才能为我们每个人的生理安全创造应有的环境条件。

二、心理安全的期望

"生命的期望是将生命与精神结合。"①如果说生理安全是主体一种较为明确的可以觉察的客观状态，那么心理安全则是一种内隐的且无法直接觉察的主观精神状态。我们很难给心理安全作一个十分准确的定义，但心理安全这种现象是存在的。通常人们将心理安全，理解为主体所反映的一种安全感。其实，心理安全虽然与安全感有一定联系，但二者并不是一回事。安全感只是心理安全的一种表现形式，是安全心理的一种反应，而心理安全所指的内容应该是多方面的。它可以是人对现实生活的各种安全事件的一种主观反映，如身处在安全的居所，人对此感到一种安稳可靠的心理反应，这是因为安全的居住环境所形成的一种安全心理。在现实中往往存在人的安全心理，并不一定由安全的事件引起，而是由人们对相关事件的认知评价所引起。这样就出现了对同样一个现实情境，有的人可能感到非常安全，有人却有可能感到异常危险等。因此，人们安全心理不只是由一种安全有关的事件所引起，更主要的是与人对该事件的安全可靠性的认知判断有直接的联系。作为一种安全心理通常有一些基本表现形式，即人们不存在什么危险性的担忧，也不觉得有怎样的威胁存在，整个心理状态是轻松而自由的，因此不存在什么害怕、紧张与焦虑，更没有形成什么逃避或抵抗之类的防御反应。在心理安全的状况下，人表现出安宁、淡定、平和、轻松等状态。

心理安全非常重要。从个体成长来讲，从幼年至成人的过程中，都表现出明显甚至强烈的心理安全的需要。幼儿通过最早的依恋获得心理安全，在母亲或养护人的呵护下，建立起最初的"心理安全基地"后，逐步形成对未知而陌生世界的探索。在这个过程中不仅使其认知世界的能力得到很快的发展，同时也建立了自我与现实中的各种正常关系，逐步形成了后来的自我同一性和正常的人格。在这一时期，如果母亲或养护人不能够建立与孩子的亲密的联系，不能够使孩子形成一种正常的依恋关系，或者母亲及其养护人对孩子采取无视、疏远、冷漠甚至采取打骂等恐吓的手段，孩子就失去了心理安全，就会对周围的世界感到害怕与恐惧。这样他就不敢去探索新的东西，甚至面对新的事物产生恐怖、焦虑等，从此就有可能变得胆小怕事，而过早地形成一种不当的心理防御机制。这种防御机制一旦形成，孩子出于对自己的保护，就不敢以积极的方式面对现实世界，甚至可能会随时逃避现实，走向自我封闭。逃避现实、自我封闭或过于依赖，都是心理安全缺乏的一种行为表现；惧怕、担忧、焦虑等则是心理安全缺乏者的一种情绪反应。

---

① 薛晓阳：《希望德育论》，人民教育出版社 2003 年版，第 30 页。

正如莱恩所认为的，存在性不安从幼儿期就开始形成，它使个体无法跟正常人一样发展出正常的自我意识；无法正视自己与他人的现实性、生动性、意志自由和身份，无法正视生与死，与他人保持正常的联系与独立，从而获得基本的存在性安全感。相反，个体感到正常世界的生活威胁着他的生存，使他面临被吞没、被暴露、被僵化的危险。他无法与他人共有一个经验世界，只好规避到自身之内，但这并不能否定现实世界的存在，外部世界对他的影响并不会消失或减小，反而更加被扭曲和放大，使他更深地局限在自身狭隘的经验世界之中。① Repetti（2002）等认为，"危险家庭"，也就是充满冲突、虐待、缺少温情和关怀的家庭中成长的后代，其应激的调节系统会存在缺陷。由于不得不对付慢性应激性家庭环境，这种家庭的儿童发展为面对应激源时的高交感系统反应性和过分的皮质醇反应。由于这些应激系统及其功能的失调，在许多疾病的发生中具有重要作用，因此，早期的应激性事件导致后期的损伤并不令人惊奇。现在已有大量的证据证明了这一点。② 由此看来，孩子如果从小生活在不利的家庭中，由此缺乏应有的心理安全，为他们以后的发展埋下隐患，将严重影响到他们进入学校后正常发展，同时，这种不良影响还有可能妨碍孩子成人以后的正常生活，甚至有可能对孩子的一生都产生不良影响。

从其人的成长的历程来看，学龄期应该是人的成长的一个重要时期，因此，学校在人的发展中的地位也是十分重要的。学校如果能够为学生的成长提供良好的心理安全，则在一定程度上可以弥补人在家庭中所留下的心理安全方面的缺失。令人遗憾的是，我们今天的一些学校不但没有承担好这种弥补的角色，反而给学生有意或无意制造出一些新的心理安全问题。

学校对学生心理安全的威胁可能来自多方面，其主要是来自教师对学生的一些失当的做法，如对学生的行为上漠视或言语上的恐吓以及各种处罚直至变相的体罚等。一个学生这样记录语文老师在开学时的自我介绍："我的耳朵很灵，眼睛特别尖，你们的一举一动，说过的每句话，我都知道得非常清楚，所以你们最好老实点，别想要花样!"还说"我教了这么多年书，你们的心理我早就摸透了，甭给我玩什么猫腻，我治人的方法有的是，一招比一招损，有不怕死的就试试"③。对于心智不够成熟的少年学生来讲，听了这位老师的自我介绍，不免感到紧张不安，特别是那些胆小的学生，恐怕从此对该老师心存恐惧。

学校对学生心理安全的威胁还可能来自师生间、学生间失调的人际关系。这种

---

① 转引自卢大振、华蕾蕾：《世界心理学名著导读手册》，中国城市出版社 2002 年版，第227 页。

② ［美］Shelley E. Taylor：《健康心理学》，朱熊兆、姚树桥等译，人民卫生出版社 2006 年版，第 185 页。

③ 杨东平：《教育：我们有话要说》，中国社会科学出版社 1999 年版，第 25 页。

关系使彼此缺乏信任和缺乏支持，情感疏远，造成部分学生之间的敌意，甚至遭到来自同伴的欺凌，所有这些将直接造成身处这种不良关系中的学生缺乏应有的心理安全。

进入社会后，在职业生涯中，人们也有一定的心理安全的需要，期望自己所工作的内容与任务是自己能够胜任的，同时同事之间的关系是融洽的，彼此相互信赖，与上司的关系是正常的，彼此之间是相互信任的。引起成人职业心理安全的因素是多方面的，集中反映在如下几个方面：本身职业充满风险性或较强的挑战性。一些具有高风险性的职业，如警察、飞行员、宇航员、职业军人、煤炭工等职业，由于在生命安危方面存在较大的风险性，因此也容易引起从业人员的一些明显的担忧与紧张等心理安全问题。还有虽然风险性不是很大，但具有变化性和特定性的职业，如教师、医生等，对人的素质的要求则很高，从事这些职业的人，可能经常遇到一些工作方面的挑战，表现出较大的心理压力而导致心理安全问题。

今天，职业竞争而无形之中增添了从业人员的心理负担，他们为了不至于竞争中的落败，而经常处在一种应激之中。职业中过于严苛的制度与管理都会给从业人员造成不同程度的焦虑与恐慌等心理安全问题。现代化的流行线往往容易造成流水线作业的工人过于的紧张。还有由于人际关系不良造成彼此之间缺乏相互信任，相互猜疑或鄙视，甚至相互打压等心理安全问题。

不管是儿童还是成人，要想真正实现心理安全的期望，需要处理好如下几个方面的基本关系。

一是自由与限制。自由是表示人类存在的一个特征，人需要各种程度的自由，以便按照自己的愿望和计划生活。[①] 传统人文研究却看不到这一事实，错误地将自由看成人在不受任何控制时而可以为所欲为的状态，是人的内在自由意志的表现。人的绝对自由是不存在的。人的行为都要相倚于一定的环境刺激与强化作用，都处于一定的客观相倚关系中。通常所说的自由不过是摆脱了有害的事物或不利的控制，而并非摆脱一切控制。因此，问题的关键在于人类应该如何避免和改变环境中那些对自己不利的控制因素，促进并完善那些有益的控制。[②] 人们虽然不可能在现实中获得绝对的自由，但对于每个人来讲，都期望需要有一定程度与范围的自由度，这种自由度主要表现在对空间与时间的要求上。社会学研究表明，生活环境与个人或种族的空间要求不能相符时，就会出现敌对与争斗。[③] 不同的文化有不同标准的个

---

① ［美］乔兰德：《健全的人格》，许金声等译，北京大学出版社1989年版，第82页。

② ［美］伯尔霍斯·弗雷德里克·斯金纳：《超越自由与尊严》，转引自卢大振、华蕾蕾：《世界心理学名著导读手册》，中国城市出版社2002年版，第302页。

③ ［美］卡洛琳·M.布鲁墨：《视觉原理》，张功钤译，北京大学出版社1987年版，第64页。

人空间，若破坏了使大家感到舒服的个人空间，就会引起挫折、敌意和争执。

这就表明，包括人在内的有机体需要有一定的自由活动的空间和时间。当这种空间和时间受到干预和限制的时候，人们就感到一种明显的不适，甚至感到一种严重的不安。这种反应在婴幼儿时期就有了。当刚刚学会走路和能够自己玩耍的幼儿被成人限制他的某种活动时，会感到非常反感与烦躁，并采取大声哭叫和奋力挣脱等的反应。他们的这种意识会在成长中逐步保留，并以不同的形式表现出来。对于一般成人来讲，都有这样自由度的需要。在与陌生人交往中，人们总期望对方与自己保持一段空间距离，尤其是与陌生的异性交往时，人们这种反应显得尤为明显。当他或她发现对方已经进入自己的"自由空间"时，他或她就感到有一种不安全感。在这种情况下，他或她就下意识地要挪动自己的位置，将与对方的空间距离拉到他或她认为安全的尺度。当然，对于熟悉的人，可能这种保留个人自由独立空间的距离要比陌生人要小一些，且在这方面的自我防范意识也就弱一些。正是如此，人们往往在熟悉人面前安全意识最低，因此往往容易在熟悉人面前上当受骗或受到意外的伤害。一些企图加害于他人的人，也往往千方百计地利用被害身边的人伤害对方。

二是独立与依附。我们永远都摆脱不了两种相互冲突的状态：一种是脱离子宫，离开生存的动物状态而走向人的生存状态，离开束缚而走向自由；另一种是回到子宫，回到自然，回到确定性和可靠性。[①] 这就表明人具有独立与依附两面特性。由于人从母体出来以后，总是以独立的个体而存在，人在幼儿时期开始就表现出较为明显的独立要求。人们往往会挣脱成人的限制开展一些独立的探索活动，并由此成长起来。同时由于对现实世界各种事物感到陌生，人们的安全受到威胁。为了减少直至消除安全威胁所带来的恐惧，人们又得依靠成人的帮助，也因此逐步形成了依附于人的经验，其依附性不断滋长。而在对他人的依附过程中，又逐步发现因为依附而造成的对个人的一些限制，特别是有些限制已经使他动弹不得而严重威胁到个人的独立性时，人们会因此感到焦躁不安，同样感到缺乏安全，于是便又有了逃离依附的想法。正如弗洛姆所言："人与存在的矛盾是：他既要寻求与他人的接近，又要寻求独立；既要寻求与他人结为一体，同时又要设法维护他的唯一性和特殊性。"[②]因此，要想实现心理安全的期望，人必须处理好独立与依附的关系。从人的成长与发展来看，应该逐步减少其依附而不断增强其独立性。而要想如此，父母应该根据孩子的发展状况，逐步放开对孩子的保护与包办，培养其独立性，使孩

[①]　［美］埃利希·弗洛姆：《健全的社会》，欧阳谦译，中国文联出版公司1988年版，第25页。

[②]　［美］埃利希·弗洛姆：《为自己的人》，孙依依译，生活·读书·新知三联书店1988年版，第103页。

子逐步摆脱对成人的依赖，学会独立生活。如果父母或成人不能够做到这样，那么孩子就容易形成对他人过于的依赖，而无法形成其独立性。这样当孩子遇到问题需要独立面对与解决时，他们便缺乏信心与勇气，甚至产生明显的焦虑与恐惧等心理安全问题，并因此而有可能导致适应性障碍。

三是稳定与变化。多数人期望生活在一个有秩序、稳定的环境中，期望社会的稳定、家庭的稳定、工作的稳定、婚姻的稳定……而且，很多人在经常维护这种稳定。然而，人们所生活居住的地球并不安稳，人们不仅要承受因为地震、海啸、飓风等自然灾害所造成的动荡，而且还要忍受战争、恐怖、凶杀等社会性的创伤，人们不仅随时面临因为竞争所带来的失业的风险，同时，也要承受为了谋生而不得不远离故乡，到异地工作的压力。

变是绝对的，不变是相对的。因此人们必然要处在一种变化的现实中，社会只有通过一定的变化才能发展进步，才能不断地推陈出新、兴利除弊，人们才能够充分享受社会进步与发展所带来的物质文明和精神文明的新成果。同时，那些有作为的人也有了谋求自我发展的机遇。从另一个方面来讲，社会的变故，尤其是一些重大的突发性的变革，会给人们带来很大的不确定性。面对这些不确定性，人们轻则感到不适，重则感到无比的焦虑。人如果长期处在这种焦虑与不安中，同时又缺乏良好的自我调节机制，就容易产生各种身心疾病。从维护人的身心健康来讲，社会的确需要在有序中变化；否则，每个社会成员必须具备良好的适应变革的素质和自我调适能力，因为对于每个个体尤其是普通的社会成员来讲，你是无法左右各种社会变革的，因此，只能是通过发挥自我调节机制的作用，来适应社会的各种变化。

三、财物安全的期望

随着社会经济的进步与发展，人们的物质文化生活水平不断地提高，物质富裕的程度有所增强，在保障当前的物质生活水平的情况下，而有所结余，也就产生了财物的积累。当一部分人积攒了一定的财富后，一些不法分子就盯上了，一些正规的主流媒体中不时地披露一些人由于各种原因，其财物被一些不法分子采用非法的手段掠走而蒙受损失。在此情况下，人们对自己财物安全感到担忧，尤其是当人们知晓在社会生活中出现的各种财产诈骗案件，更加促使那些拥有一定财富的人表现出较为明显的财物安全的期望。人们希望自己辛辛苦苦积攒下来的财物能够安安全全，而不被他人非法掠走。

财物安全是一种重要的具有基础意义的安全，因为人是需要靠一定的财物来维持与支撑现实生活的。正如人们常说，尽管钱不是万能的，但是没有钱则是万万不能的。的确，对于寻常百姓来讲，他们的日食起居、生老病死，生活中的点点滴滴，无不需要靠辛苦积累的一些钱财来打点。没有了钱财，生活就寸步难行，因此他们都倍加珍惜来之不易的财物，也十分注重自己的财物安全问题。一旦财物遭受损失，不仅会直接影响其日常的正常生活，且会使他们精神上也受到打击。然而，让任何一个正直的人难以容忍的是，今天社会中一些丧尽天良的不法分子，通过各种非法手段，牟取他人财物，严重侵犯与伤害他人利益。面对这样的情形，提示我们每个人应该有财物安全的意识，时常保持一定的警惕性，采用有效方式妥善保管自己的财物。不盲目轻信他人关于投资理财等财物方面的各种鼓动与宣传，随时提防与误入所谓理财"陷阱"，尤其要提防所谓的"熟人""朋友"甚至网友的忽悠。在这些人面前，人们的防御机制多有欠缺，因此几乎大部分骗术是因为这样的人施展成功的，所以有人提出防火防盗防熟人是有一定道理的。另外，平时也不要贪小便宜，因为许多大的上当受骗始于占小便宜，许多骗子往往将投掷诱饵、施以小惠作为一种行骗的伎俩。当然，更需要通过政府组织加强社会的综合治理，从根本上铲除侵害他人财产利益的各种社会毒瘤。

四、信息安全的期望

随着计算机与网络技术的推广与普及，人类进入高度信息化的大数据时代，由此给人们生活的各个方面都带来了以往任何时候都无法比拟的快捷与方便。人们之间的各种交易都可通过电子支付的方式进行，仅凭一部智能手机就可以出游天下；足不出户，就可以买到自己心仪的商品；通过视频，与亲朋好友隔空交流等。人们在充分享受现代高科技带来的好处的同时，也承担了不该或不应承担的信息安全的风险。在当今社会中每每出现的各种网络电信等诈骗，就是一些不法分子，通过盗用或窃取当事人的有关网络信息得逞的。随着网络与信息技术的越来越广泛得推广与使用，由此带来的网络风险也日渐凸显，人们所反映的信息安全的期望也就越来越强烈。而要想实现信息安全的期望，首先需要我们每个人形成一种信息安全的保护意识，加强自己有关基本信息的保护，不要随意向他人，哪怕是熟人透露自己有切身利害关系的信息，特别是上网时，不要轻易点击各种链接，尤其是那些涉嫌经济财物的内容，切莫随便打开。同时，尽可能避免将存有大额现金的银行卡捆绑在手机上，以避免因各种原因引发的大额现金的被盗被骗。只有筑好个人防盗防骗的防火墙，不给犯罪分子留下任何可乘之机，才能维护好个人信息及财产的安全。当然，有关管理部门，应该加强对网络安全的实时监督与管理，为人们上网提供一个干净安全的网络平台。

上述生理、心理、财产、信息四大安全期望，集中反映了人们较为普遍与基本的安全需要。这四个方面应该是相互关联的。人的生理安全事关心理、财产及信息。因为人的生理需要的满足，需要一定的物质与信息的支持，同时也需要一定的心理基础，而生理、财物与信息安全期望的实现与否都要影响到人的心理。只有当人的生理、财物及信息的期望都得以实现，人的心理安全期望才有了依归。只有财物及信息安全期望得以实现，人的生理与心理期望的实现才有了基本的保障。因此，只有当人们同时实现了这四大基础性的安全期望，才真正从比较完整的意义上实现了安全的期望。其中任何一个方面安全期望的受阻，都有可能造成对其他安全期望的不利影响，同时有可能伤及人的身心。

当人的安全的期望没有实现时，对人的影响一般主要表现在情绪、认知及行为诸方面。在情绪方面，担心、恐惧、害怕、焦虑、紧张和极度不安等，往往是安全期望受挫所表现的适应性情绪。每个人都曾面临过某种危急情境，因而也必然有过焦虑和害怕的体验。

人的安全期望没有实现在行为方面则会表现出不知所措、寝食难安、畏首畏尾、谨小慎微等系列消极被动的反应。对于那些心智发育不成熟，或本身就显得胆小怕事，性格脆弱的个体而言，其安全的期望屡屡不能实现，其不良影响恐怕是灾难性的。

第三节 实现安全期望的条件

人安全期望的实现有赖于内外因素的共同作用，其中自身因素起着更为关键的作用。影响安全期望的内外因素主要反映在如下几个方面：

一、实现安全期望的内部条件

(一)个人的安全意识

生活在一个复杂多变的世界里，每个人都有可能受到来自外在的侵扰和安全的威胁，因此，人要想实现安全的期望，自身应该具有一种安全的意识。首先，在出行、工作、娱乐等场所，都应该随时对有可能出现的各种危险形成一定的安全预期；其次，应该在现实生活中形成一定的注意与警觉反应，尤其是当你来到一种不熟悉的陌生环境或较为复杂的难以完全把握的环境，或与某些人最初打交道的时候，都应该对其形成一定的注意与必要的警觉反应。

(二)个人安全的知识

我们生活在一个充满变数和不确定性的世界，要想安全地生存，不能缺少相应的各种安全知识。不管是在日常的生活起居方面，还是在工作的环境场所，抑或是出行的旅途中，都需要我们知道一旦置身其中，有哪些安全的知识是必须掌握的。我们只有懂得了生活中各种安全知识，才能做到有备无患，避免一些危害我们安全的事物发生。如果对于我们生活的周遭一切茫然无知，那么，我们就有可能随时面临各种安全的威胁。

(三) 维护安全的能力

维护安全的能力主要表现在安全防范与安全处置方面。我们要善于在尚未亲历某种活动之前，就形成对有关安全问题的预期，并事先做好一些防范措施，一旦置身于某种活动之中，就应该及时采取有效的措施去规避一些风险。当危险一经出现，先要设法维护好自己的生命安全，在从容镇定的基础上，采取果敢机智的应对防御反应，设法化险为夷。人在防范外来安全威胁的同时，还应防止因自身原因而造成的安全问题，如在与人打交道中，行事应该注重礼仪，讲究道德，不要出言伤人，以防遭来横祸，特别是在遭到对方的一些非礼仪的恶语时，更应该保持一定的自我克制的态度，避免得理不饶人的行事与做派，以避免矛盾激化有可能造成的相互更大的伤害。现实中的许多危及人的安全甚至生命的问题，往往表现在人与人之间的矛盾冲突方面，因此，在与一般人打交道的过程中，如果与同事或同学发生分歧时，或与亲朋好友发生矛盾时，或夫妻或父子之间有了隔膜时，应该学会忍一忍，让一让，退一步海阔天空。当对方冷静下来后再与之进行心平气和的沟通，相互谅解。这样就可以避免一些不应有的安全问题发生。

二、实现安全期望的外部条件

(一) 社会稳定

社会中的普通儿童以及成年人一般更喜欢一个安全、可以预料、有组织、有秩序、有法律的世界。[①] 社会的稳定，是确保我们安全期望实现的基石。社会稳定首先就是国家的安全稳定，因为我们每个人都生活在一定的国度，因此，只有有了国家的安全稳定，才能够有我们每一个人的安全稳定；只有当国家安全无虞，我们每个人的安全期望的实现才有根本的保障。如果国家处在动荡之中，作为生活于其中的子民是无法过上安全稳定的生活的。因此，我们每个人都要做维护国家安全的促进者和捍卫者，都应该同一切破坏国家安全的行为做坚决的斗争。只有当国家安全时，国家才能采取一定律法维护和保护每位公民的各种安全。

其次，社会的稳定当然需要一定的物质经济发展做保证。没有良好的物质经济基础，就难以确保人们的物质生活的稳定，也就无法实现人们生命安全的期望。从根本上讲社会稳定，需要社会的物质与精神文明的高度发展与进步。只有当社会的物质与精神文明得到高度发展与进步，才能为社会的稳定奠定必要的基础。只有社会具备了丰富的物质基础，能够保证人们在衣、食、住、行等物质方面的需要，从而避免因物质的匮乏，有可能给社会造成不稳定的现象发生；只有社会的精神文明

---

① ［美］马斯洛：《动机与人格》，许金声等译，华夏出版社 1987 年版，第 47 页。

得到高度发展，才能保证人们的精神生活更充实，从而避免因精神生活的匮乏给社会带来的不稳定。

再次，社会稳定还需要一整套完备的法制及其治理体系。只有通过比较完备的法制及其治理体系，每个人的安全才有制度保障，才能保证人们在社会生活中有章可循，有法可依。当然，在有法可依的同时，还应严格执法，对一些违法乱纪的行为予以制裁。这样才可以避免因纲常不备所带来的社会的动荡不安现象的发生，才能维护好社会安定，从而使人过上自己所期望的稳定有序的生活。尤其是社会处在变革的时期，国家出台的任何一项举措，都要依法维护与保障公民的安全利益，使人们在职业、信息、财产等方面的安全有所保障。另外，还需要建立健全社会公平及其保障公平的机制。在现实生活中我们不难发现，许多引起社会不稳定的因素往往是不公平而引发的心理不平衡所导致的。因此，要想实现社会的稳定，就应该不断完善社会公平的机制，逐步提高社会的公平水平。与此同时，应该深入开展精神文明的建设，加强对公民良好素质的培养。社会的稳定主要是靠人来实现，而公民良好的素质是实现社会稳定的基本条件。只有每个公民形成了良好的思想道德及心理素质，才能更好地促成整个社会的和谐与稳定，从而避免因公民素质低下所造成的各种影响社会稳定问题的发生，也才能够为我们安全期望的实现创造稳定的社会条件。

(二)家庭和睦

家庭是我们每个人最重要的安全基地。只有保持家庭的和睦，我们才有归属感与温暖，以及踏实的安全感。家庭对于每个人的一生不管哪一个发展阶段来讲都是十分重要的，因此，人不管是在什么时候在什么条件下都期望家庭和睦，这样我们每个人的安全期望的实现才有重要的支撑。要想实现家庭稳定和睦，一是需要家庭有稳定的经济来源。因为凡是组成家庭，都需要有一定的家庭经济做支撑。如果没有这种经济做支撑，家庭中成员的吃、穿、住等基本物质就缺乏保障。当这些基本需要没有了着落，家庭的稳定就受到严重威胁，我们安全期望的实现就缺乏重要的家庭保障。二是良好的家庭关系，包括夫妻关系、亲子关系、婆媳关系等家庭关系的正常维系，是保证我们安全期望实现的必要家庭条件。如果这些关系不和谐，紧张、对立，甚至冲突，那么家庭成员的安全期望就会受到威胁，并会导致其成员因难以忍受而出现分崩离析的状况。因此，家庭成员之间只有和睦相处、相互包容、相互支持，才能使家庭成员有良好的归属感与安全感，从而为家庭成员实现安全的期望提供有力的支持。

(三)工作有靠

工作是我们实现安全期望的重要保障。因为我们要生活，就得有维持生活的基本物质来源，而工作则是满足这种来源的主要渠道。同时我们还有承担养家糊口的责任，也需要一定的经济来源，也还是需要我们有一份能够养家的工作。没有工作或一旦失去工作，所有的这些就无从谈起。人们一般愿意找到有保障的可以终身任职的工作，渴望有一个银行户头和各种类型的保险。① 而在现代急剧变革的社会里，受新的技术革命的冲击，许多传统的行业正在发生前所未有的具有颠覆性的改变，旧有的许多行业要么趋于淘汰，要么不断更新，代之而起的是新行业和新业态的大量涌现，且各种行业之间以及行业内部之间充满着剧烈的竞争。因此很难满足现代人稳定工作的期望，也就是说现代社会似乎无法保证我们每个人工作的稳定性，一个人很难安稳地在一个职业岗位上一劳永逸地工作一辈子。对于每一个个体来讲，要想实现自己工作稳定的期望，关键是要通过不断的学习与努力，加强自己个人职业素质的提高。一个人只有具备了相应的职业技能、专业能力、职业道德等各种职业素质，增强其对变化工作的适应性，才能够取得更好的工作业绩，从而确保自己工作的稳定性。除此之外，还需要政府组织通过严格的立法，尽可能地确保稳就业，保民生。

一些经常跳槽或调换工作的人，并不是不期望自己的工作稳定，也不是缺乏胜任当前工作的职业素质，当然也不一定是嫌待遇差，而是缺乏与工作组织的良好归属关系。出现这种现象的原因往往是多方面的，它既可能是由于个体和单位中的人际关系，尤其是与领导的关系难以处理，或觉得自己的才能不能够得到充分的展现，或者觉得自己受到不公正的对待等。由于这些原因，个体对所属组织缺乏应有的归属感，因此就可能出现变更自己工作单位的情况。

从根本上来讲，需要社会的经济的发展，整个社会经济的发展是实现人们工作稳定的大前提。只有整个社会经济发展了，才能从根本上保证为更多的人提供更多就业机会并更好地保证工作的稳定性。只有整个社会的经济处在一种良性发展中，才可以避免因经济的不景气带来的单位倒闭或职业裁员而造成失业等工作不稳定现象的发生。

的确，人们固然需要安全，但身处安全中的人，应该居安思危，而不是满足于已经得到的安全；否则，我们将随时面临新的安全危险。因此，人们安全的期望应该永远在路上。况且安全只是人的一种基本需要，人还有更进一步的高层次的需要，而高层次的需要的实现既需要一定的安全做保障，也需要以一定的冒险与挑战为条件。没有这种条件，我们每个人不可能成长壮大，由我们每个人组成的社会也不可能发展进步。因此，只要人的生命安全有所保障情况下，人承担一定的安全风险也许是必要而有益的。生于忧患死于安乐。如果我们处在一种完全的安全保障之中，这既不可能，也不必要，因为我们每个人要成长发展，需要经受一定安全风险

① ［美］马斯洛：《动机与人格》，许金声等译，华夏出版社 1987 年版，第 47 页。

的考验，社会的文明与进步就是在各种威胁与挑战中得以前行的，而要想实现社会的文明与进步，需要每个人的共同努力，只有我们每个人能够不惧风雨，不畏各种风险挑战，我们才能创造一个不仅安全而且更加美好的社会。

第八章　归属期望分析

人是一种群居动物，无论处在生命的哪一个阶段，都得归属于一定的群体都具有归属的期望，否则几乎寸步难行。人有哪些归属的期望，为什么要有这些归属的期望，如何实现这些归属的期望？这是接下来我们要探讨的话题。

第一节　归属期望概述

一、什么是归属

所谓归属的基本意思是归附，从属。其有确定所有权或划定从属关系的意思，如岛屿的归属问题早已解决。根据有关解释，归属通常所反映的是一种人或事物之间的关系，正所谓"物有所属，人有所归"。人的归属是指作为归属的主体的人对所属关系的一种认同与归依，而所属的关系通常也指个体所处的群体。群体应该是人存在的一种必要而基本的形式。在一般情况下，归属者通常是所属群体中的一个相对独立的分子，所确立的是归属者在所属群体的身份或位置。归属所反映的群体中，个体成员之间更多的是一种平等关系，在有些群体中虽然存在一定的垂直性的关系，但也只是职能上的分工的不同、所履行的责任不同而已。从其本质上来讲，人们所形成的归属的需要只是一种群集的需要，而不是对极少人权力屈从的需要，即使有这种情况存在，那也更多的是情非所愿。

有许多归属所反映的是一种客观事实上的关系。这种关系是不以归属者的意愿为转移的，如一个人的种族、出生地、出生家庭、性别等所属关系一般是无法改变的。当然，有些归属对于归属者来讲是可以选择的，如学校、工作单位等所有这些归属关系，归属者是可以选择的。不管怎样，作为个体的人，要生存与发展都必须有所归属。人只能是群居的社会性动物，从生命诞生那一刻起，人就注定要有所归属了。

归属与归顺虽然反映的都是一种相互的关系，但却有本质的不同。归属通常是隶属于一种群体的方式，在归属中所反映的是部分与整体或个别与多数的关系，是一种归属者对所属群体的依靠或依托关系，这里不存在着归属者服从或听命于那个权威的意思。如果说有所服从，那也只是对所属群体规范的服从。而归顺则反映的是归顺者与某个或某些权威的关系，是典型的奴才与主子的关系，归顺者只是服膺于权威，所反映的是一种完全不平等的依附关系。

归属也不是一种完全的依赖。依赖是指依靠某种人或事物而不能自立或自给。依赖不仅会使人丧失独立生活的能力和精神，还会使人缺乏生活的责任感，造成人格上的缺陷，只想过不劳而获的生活，贪图享受，而不能适应社会。但归属中的个体，总是保持一种相对的独立性，同时也肩负着在群体中一定的责任与义务，因为这样他既可以得到群体的接受与支持，同时也可以实现其对所属群体的归属需要。当然，一定的依赖也会成为部分人形成一定归属的心理基础。今天的部分年轻人，在家依赖父母，出门依赖朋友，在单位依赖领导，而很少表现出自己的独立性，也缺乏相应的社会责任。这些都不是其归属者所具有的属性，而是人的一种不良性格特征的表现。

二、什么是归属期望

所谓归属期望是人们对于归属需要的一种反映。我们每个人都期望有一个属于自己的温馨的家，期望有一个能使自己成才与成就一番事业的正式组织，期望有一个能够相互支撑与帮扶的或情趣相投的"小团伙"，所有这些都是一种基于归属的需要基础上的表现。

所谓归属的需要，是人们对其所属关系的一种需求反映。人随着生命的诞生就有了归属的需要。因为作为社会性动物的人，幼小生命的维持与成长，离不开他人的呵护，而只有在一定的隶属关系中，他才得到维持生命所必需的物质营养。如果他离开了所属的关系，恐怕根本就难以成活下去；如果缺乏正常的所属关系，他也难以健康地成长，哪怕已经走向独立的成人，如果缺乏一定的所属关系，他同样会寸步难行。总之，一个人是不可能离群索居的，他的生存也好，发展也罢，是不能完全离开一定的所属关系的。因此，归属的需要如同安全等需要一样是不可或缺的。

人本主义心理学家马斯洛将归属与爱的需要归结为同一个层次，将此看成"渴望同人们有一种充满深情的关系，渴望在他的团体和家庭中有一个位置，他将为达到这个目标而做出努力。他将希望获得一个位置，胜过希望获得世界上的任何其他东西，他甚至可以忘掉，当他感到饥饿的时候，他把爱看得不现实，不必需和不重要了。此时他强烈地感到孤独、感到遭到抛弃、遭到拒绝、举目无亲、浪迹人间的痛苦"①。

马斯洛指出，工业化社会引起的频繁迁徙、漫无目标、流动性过大给儿童身心

---

① ［美］马斯洛：《动机与人格》，许金声等译，华夏出版社1987年版，第49~50页。

带来的严重损害。儿童们变得没有根基或蔑视自己的根基，蔑视自己的出生，自己所在的团体；他们被迫同自己的亲朋好友分离、同父母姐弟分离，体会到一名作过客，一名新来乍到者，而不是做一名本地人的滋味。我们低估了邻里、乡土、族系、同类、同阶层、同伙、熟人同事等种种关系所具有的深刻意义。① 不仅如此，工业化社会同时也造成成人及其社会关系等诸多的变化。马斯洛认为，我相信我们社会的流动性，传统的团体的瓦解，家庭的分崩离析、代沟，持续不断的都市化以及消失的乡村式的亲密……加剧了人们对接触、亲密、归属的无法满足的渴望以及对战胜目前广为蔓延的异化感、孤独感、疏离感的需要。② 因此，处在社会变迁流动中的人们，比以往任何时候都感到漂泊无依，而对归属充满渴望。

三、人为什么有归属期望

人们之所以表现出不同的归属的期望，是因为人们有多种归属的需要，而这种归属的需要的实现，又能够帮助人获得与满足多种其他的需要。人们归属的期望既是对归属需要的一种反映，同时又是推动人实现归属及其相关需要的一种重要心理力量。归属的期望所形成的效应是多方面的，既包括生物学的，也包括心理学的，同时还包括社会学的。

在饮食温饱解决以后，人类最难以忍受的大概就是孤独了。达尔文认为"独自一人的禁闭是可以施加于一个人的最为严厉的惩罚的一种"③。他指出："谁都会承认人是一个社会性的生物。不说别的，单说他不喜欢过孤独的生活，而喜欢生活在比他自己的家庭更大的群体之中，就使我们看到了这点。"④

巴·埃尔德里奇（Seba Eldring）的生物学提出的共存原理，意指这样的事实，当生命与它所必需的环境分离时，它便无法生存。⑤ 从生物学意义来看，人的自然生物属性决定了人必须有所归属。人类是以群体的形式进化而来的，为了生存与繁衍，我们必须依赖于他人的帮助。所以，自然选择肯定已经在人类身上塑造了相应的机制，激发我们去寻找同伴，形成社会联盟，或者讨好群体中的其他成员。

如果一个人不能被他人（至少几个）所接纳，那么他就得不到群体的保护，也难以得到同类的帮助。因为"人不可能自然而然地生活在自然界，他是'易受损害的，易遭危险的'生物"⑥。

① ［美］马斯洛：《动机与人格》，许金声等译，华夏出版社1987年版，第49~50页。
② ［美］马斯洛：《动机与人格》，许金声等译，华夏出版社1987年版，第49~50页。
③ ［英］达尔文：《人类的由来》，潘光旦、胡寿文译，商务印书馆1983年版，第163页。
④ ［英］达尔文：《人类的由来》，潘光旦、胡寿文译，商务印书馆1983年版，第163页。
⑤ ［美］哈里·斯塔克·沙利文：《精神病学的人际理论》，韦子木等译，浙江教育出版社1999年版，第33页。
⑥ 欧阳光伟：《现代哲学人类学》，辽宁人民出版社1987年版，第124页。

因此，归属具有巨大的生存与发展的价值。作为独立个体的人要想能够生存下来，必须要依附一定的群体。婴儿在刚出生时是一个不能自立的有机体。新生儿一无所知，如果没有别人的帮助，连几个小时也活不成。从进化论来看，达尔文研究发现，除了自然选择外，还有群体选择。人是群体的动物，从其一开始就是以群体的方式存在并发展进化的。"要是原始人类没有和同类合作的基本欲望，人类这一物种是绝无可能生存下来的，要是我们以狩猎为生的祖先真有'原罪'，真是些野蛮、嗜血的暴徒，那么人类不可能成功地生存下来，早就结束其历史了。"①

人只有在相应的群体中，才能够避免其他族群的伤害，才能感到生命的安全，才能获得源源不断地维持生命的食物。如果一个人离开了所属的群体，不仅无法获得维持生命的各种食物，同时，其羸弱的身体随时会受到其他族类的伤害。正因如此，人们才表现出一定的归属的期望。

从心理学意义来看，人的认知、情感、意志机能的产生与形成，需要在特定的关系中，接受特定的人的影响作用才能办到。从认知来讲，包括感知、记忆、思维与想象等认知机能，需要通过专门的组织群体的培养与训练才能发展起来；情感的形成与发展，更需要通过与他人的互动才逐步形成与发展起来，尤其是人的高级的社会情感，如道德感、理智感等的形成，更不能缺少一定群体中与他人的积极交流与互动；人的意志同样需要在一定的群体当中得以磨砺与体现。

简而言之，人对所属的群体及其归属是人的心理机能与个性发展的必要条件。

正如弗洛姆所认为，为了成为一个健全的人，人必须与他人发生关系。这种与人保持一致的需求，是人最强烈的欲望，这种欲望甚至比性欲及人生存欲望更强烈。

人们所表现的归属的需要及其期望，在一定程度上也是为了避免不安和恐惧的需要。正如弗洛伊德所言："人伴随分娩所产生的基本焦虑，只有依靠他人才能得到缓解，在他人的轻轻拍打、安抚下，他得到了拯救。"②施克特（S. Schachter）根据所进行的"合群的根源"的一系列实验，提出有关"不安—亲和"的假说认为，人们越是不安，越有亲和欲求。施克特认为，之所以处在不安和恐惧状态表现亲和欲求，是出于对自己的一种评价来考虑的，当一个人处于不安和恐惧状态时，为了能够有对自己的比较适当的评价，才期望和自己的意见、能力等相当的人在一起。③费斯汀格的社会比较理论认为，亲和行为可成为消除不协调的一种有效工具，因为进入群体，与人一起交流互动，可以消除不协调的认知因素，从而使焦虑大大减轻。心理学家沙赫特的实验证明了这一点，他将女大学生被试分成两组，高焦虑组

---

① ［英］德斯蒙德·莫里斯：《人类动物园》，刘文荣译，文汇出版社 2002 年版，第 14 页。
② 张玲等：《心理健康研究与指导》，教育科学出版社 2001 年版，第 270 页。
③ 转引自沙莲香：《社会心理学》，中国人民大学出版社 1987 年版，第 228~229 页。

被告知将接受比较厉害的电击，尽管不会造成永久性伤害；低焦虑组被告知将接受很轻的电击，只会产生发痒或稍震颤的不舒服感。在随后的自由休息等待的十分钟里，高焦虑组有 62.5% 的被试选择和他人一起等待，而低焦虑组只有 33.5% 的被试选择与他人待在一起。由此表明，人归属的需要具有消除人的不安与恐惧，缓解一定的焦虑，确保人内在的统一性等心理学意义。

以上表明，正是因为人们所依附的一定群体，表现出重要的生物学、心理学及社会学方面的意义及作用，才促使人们表现出较为明显的归属的期望，也正是人们的归属期望，推动人们心理及社会性的发展。

第二节　归属期望内容

人们归属的期望反映在现实生活的许多方面，从人存在与发展的环境状况来看，集中体现在国家、家庭、正式群体和非正式群体等方面。这些不同归属的期望，反映了人们不同的归属需求，对人所构成的影响也有所不同。

一、国家归属期望

所谓国家归属的期望就是每一个公民对自己的国家所表现的一种依靠与依托的情感需求。期望包括自己的生命在内的所有的一切能够受到国家的保护，在国家温暖的怀抱里成长与进步，过上有尊严的幸福生活。在国家消亡之前，每个人都隶属于一定的国家。国家归属的期望，是每个人共同的必不可少的归属期望。国家归属的期望，应该首先反映在一个人对于生于斯，长于斯的祖国归属的期望方面。无论一个人身处何方，都会表现出对自己祖国的强烈的归属的期望，因为有了祖国做靠山与依托，就如同我们每个人有了温暖的家一样，无论走向何方，从此将不再感到孤苦无依。要想实现民众对国家归属的期望，很重要的是需要负责国家的政府发挥应有的组织功能作用。罗素认为："政府的主要目的应该有三个：安全、公平和保护。这些都是对人类幸福至关重要的东西，它们也是唯有政府才能带来的东西。"[①]因此，政府应该肩负起国家建设与发展的重要责任，促进国家的繁荣与富强，承担起安邦富民的历史使命，为全体人民谋福祉，确保人民安居乐业；应该具有清正廉明、风清气正的政治生态，确保每个公民享有必要的民主与自由；应该有完善的国家及社会治理体系，确保每个公民享有应有的安全、平等、公平的权利；应该健全各种福利保障制度，使每个公民享有必要的福利待遇。只有当政府能够肩负起自己各方面的责任，人民才能生有业、病有医、少有学、老有依，全体人民才会真正拥

---

① ［英］伯特兰·罗素：《权力与个人》，肖巍译，中国社会科学出版社 1990 年版，第 74 页。

护政府，维护国家的最高权力，这样才会真正保证全体人民能够实现其国家归属的期望。

同时，要想实现国家归属的期望，我们每个人首先应该对自己的国家及同胞形成高度的认同感，增强国家意识与爱国情感。应该为维护好自己的国家，建设好自己的国家作出各自的贡献，使自己的国家更加强大起来。只有自己的国家强大了，我们才不会受外人的欺凌和宰割。与此同时，还应该为国家的统一、民族的团结作出自己应有的贡献。只有我们为自己的国家作出了应有的贡献，我们才是用自己的行动实行对国家归属的期望。只有国家实行了完全的独立与统一，我们才能更好地融入祖国这个大家庭，真正实行我们每一个人国家归属的期望。

二、家庭归属期望

家庭是人类生活的普遍特征之一。人们常把家庭称为社会的细胞。家庭是构成社会的基本单位，是由夫妻关系和子女关系结成的最小的社会生产和生活的共同体，在人的现实生活中发挥其他任何群体无法替代的作用。

正是因为家庭对每个人所具有的无法取代的地位与特殊意义，从而形成了人对家庭强烈的归属期望。家庭归属的期望主要是指每个人对所属家庭归属及依附的一种期望。这种期望主要表现在对家及其成员所具有的温暖、关爱、支持、保护等的一种积极反应方面，所形成的是成员对家庭的一种强烈的依恋。具体表现为家庭成员当要离开家时，依依不舍，而离开家后念念不忘，回到家里深感温暖，吃上家里的饭菜而感觉香甜可口，睡在家里异常踏实等，有一种在家的感觉真好的甜美、祥和的体验，由此感到家所带来的人生最大的满足。

人们之所以形成家庭归属的期望，是由家庭所具有的特殊功能及在人的成长与发展中的地位所决定的。一个正常的家庭所具备生物的功能，应满足生命个体各种生物性需要；家庭所具有的经济的功能在一定程度上保证了家庭成员生存的各种物质需要；家庭所具有的教育功能满足了人的社会成长的需要；家庭所具有的心理功能满足了家庭成员认知、情感等健全心理的需要；家庭所具有的保护功能，满足了家庭成员安全利益的需要。正是因为家庭所具有的多方面的功能作用，才使人们形成了对家庭的浓浓依恋，从而表现出强烈的家庭归属的期望。同时家庭在人的成长与发展中具有其他因素无法完全取代的独特地位，也促使人形成对家庭归属的强烈期望。人从生命诞生之日起，就与家庭结下了不解之缘，在家庭的摇篮中牙牙学语、学会走路、学会穿衣……在家庭的扶持之下，上幼儿园，读完小学、中学，度过美好的少年时代；在家庭的呵护下成长起来，独立成人后又组建新的家庭，在新的家庭中享受幸福的夫妻生活，承担着做父母的职责，在家庭的支持下，取得事业的成就；老来之时，在家庭中享受天人之乐，在家人的陪护下，走完整个人生。家庭与我们每个人的生命联系在一起，与我们终生相伴。生活在正常家庭中的人们，可能不觉得家庭对于自己的价值，而失去家庭的人，才能真正感受到家庭的弥足珍贵，才更加形成对家庭归属的期望。

家庭要想满足其成员归属的需要，实现其归属的期望，需要解决与处理如下问题：

一是家庭关系。家庭关系主要指家庭成员之间的交往与互动关系，从形式看具体有夫妻关系、父母与子女关系等以及彼此之间所形成的交流与互动。家庭成员关系表现为客观存在的事实上的亲属关系和平时培养与建立的情感关系。从单纯的亲属关系来讲，具有直接血缘关系的比没有血缘关系（重组）的家庭成员，可能会表现出更强的家庭归属的期望，而非血缘关系成员家庭归属的期望的程度，直接取决于家庭成员间的情感关系。如果成员间在共同的家庭生活中培养并形成了积极的情感关系，那么，其成员之间尽管不具有直接的血缘关系，也会表现出强烈的家庭归属的期望。因此，积极的具有建设性的情感关系，是确保家庭归属期望实现的基本条件。当然，具有血缘亲属关系更容易形成积极的情感关系，其成员家庭归属的期望也就显得更为强烈。人性的特征之一就是人只有和他的同胞休戚相关、团结一致，才能求得满足与幸福。① 我们不难发现，在一些重组的家庭，其成员的家庭观念要显得淡漠一些，因此其家庭归属的期望也就显得明显缺乏。

二是家庭沟通。家庭成员之间的平等有效沟通，可以达成彼此之间的相互了解与理解，从而有助于家庭关系的改善，有利于形成家庭成员间的融洽关系，这无疑会增强家庭成员的归属期望，因为这样的家庭氛围会使人感到亲切与温暖，这样的家庭当然对其成员具有亲和力和吸引力。我们不难发现，有些家庭夫妻、父子、母女之间由于缺乏有效的平等地位的沟通，经常出现各种家庭纷争，身处这样的家庭，即使是具有血缘性的亲属关系，久而久之其家庭成员归属的期望也会越来越淡漠。因此，其家庭成员之间正常的平等地位的沟通，对于改善家庭关系，增强其家庭成员归属的需要，从而实现其归属期望具有十分重要的意义。

三是家庭功能。Epstein 等人提出的 McMaster 家庭功能模式理论认为，家庭的基本功能是为家庭成员生理、心理、社会性等方面的健康发展提供一定的环境条件。因此，如果家庭能够为个体的生理、心理、社会性等方面的健康发展提供必要的支持条件，能够较好地满足其在生理、心理、社会性方面的需要，就能更好地促进其家庭成员实现其家庭归属的期望。如果家庭不能够为个体身心及社会性发展提供有力的物质保障及精神方面的支撑，那么家庭成员对家庭所表现的依附性就会大大削弱，其家庭归属的需要也不那么强烈，其归属的期望也就表现淡漠。大部分实证研究也得到了与此一致的结论：家庭功能和青少年的问题行为存在负相关关系。

---

① ［美］埃利希·弗洛姆：《为自己的人》，孙依依译，生活·读书·新知三联书店 1988 年版，第 34 页。

有关临床研究证明，在亲密度和适应性方面表现极端的家庭，尤其是亲密度极度匮乏、家庭角色混乱、无稳定规则的家庭，特别容易出现家庭成员离家出走或患心身疾病、子女行为不轨等适应不良现象。①

Skinner 等人提出的家庭过程模式理论认为，家庭的首要目标是完成各种日常任务，包括完成危机任务。在完成任务的过程中，家庭及其成员得到成长，并使家庭成员之间的亲密度得到增进，维持家庭的整体性，发挥好家庭作为社会单位的各项功能。该理论提出了评价家庭功能的 7 个维度：任务完成、角色作用、沟通、情感表达、卷入、控制和价值观。任务完成是核心维度，任务完成的过程包括：确定问题、思考各种解决问题的办法、选择合适的解决方法并实施、评估解决的效果。由此表明，家庭如果能够完成各种日常任务，尤其是能否完成危机任务，将直接影响到家庭成员归属的期望。如果一个家庭不能够有效解决日常各种任务，尤其是不能够解决与处理好所遇到的危机问题，就难以形成其成员应有的归属的期望。因为家庭成员之所以表现出一定的家庭归属期望，是因为他深信家庭能够帮助他有效解决好生活中所面临的各种问题，至少应是自己克服来自生活方面的各种障碍的重要支持力量。当他经济受困，家庭能够帮助其纾困；当他在人生中失意时，他能够从家里得到慰藉与安抚，获得必要的家庭心理支持。这样他才会感到家庭的重要，才有可能表现出较强的家庭归属的期望。

三、正式群体归属期望

群体与个体相对，是个体的共同体。不同个体按某种特征结合在一起，进行共同活动、相互交往，就形成了群体。个体往往通过群体活动达到参加社会生活并成为社会成员的目的，且在群体中获得安全感、责任感、亲情、友情、关心和支持。群体有各种分类，心理学家梅约（E. Mayo，1931）在霍桑实验中，根据群体内各成员相互作用的目的和性质，把群体分为正式群体和非正式群体。

正式群体指有一定的规章制度，有既定的目标，有固定的编制和群体规范，成员占据特定的地位并扮演一定的角色的群体。如学校、企业、事业单位等隶属于正式群体。人们的学习、工作等人生重要活动大多是在一定的正式群体当中进行的。如果离开了一定的正式群体，不仅会使人失去学习与工作的场所，同时也会导致人的生活的飘荡不定，无所依归。在某种意义上讲，人只有在正式群体中，才能不断成长壮大自己，进而不断完善自己。正式群体不仅能够帮助人解决基本的生存问题，同时也能够成就人对于事业的追求，还可通过一定的制度去约束人，帮助人克

---

① Cumsiell P E, Epstein N B. Family cohesion, family adaptability, social support, and adolescent depressive symptoms in outpatient clinic families. *Journal of Family Psychology*, 1994(8), pp. 202-214.

服或消除懒散、堕落等不良习性，促进人奋发有为，不断进取。因此，对于绝大多数人来讲，都表现出较为强烈的正式群体归属的期望。

所谓正式群体归属期望是指人们对所属的正式群体组织所形成的一种归属的期盼，即每个人都希望自己隶属一定的正式群体，因为通过一定的正式群体，人能够满足最基本的学习、工作等生活的需要，同时能够满足人在学业、事业等方面成就的需要，并因此获得相应的社会地位与身份，且还能通过正式群体获得养家糊口的主要经济来源。无论何人，都要接受正规的系统教育，必须到学校及其班级这一正式的群体形式中去；而要获得一个为社会公认的身份，就必须到一个正式的单位里去谋职，尽管现代社会有许多自由职业者，但这并不意味着这些人完全与正式群体脱钩，而毫无正式群体归属的期望。而恰恰是这些自由职业者，往往也会表现出较为强烈的正式群体归属的期望，就是完全意义上的无业游民，也不一定就完全丧失其正式群体归属的期望。

人们所表现的正式群体归属的期望，不仅有助于促进与满足每个个体对正式群体的归属需要，增强其个体对群体的归属感、责任感等，同时也有助于更好地形成所属正式群体的凝聚力和团结向上的群体风气。

一个人也许一生要隶属于多个正式群体。概括而言，一个就是与成长相伴随的学校正式群体，而另一个就是与工作相伴随的正式职业群体。因此人们就形成了对这两种正式群体归属的期望。

学校是培养人的摇篮，随着教育的普及，几乎每个人都需要接受正规的学校教育。因此，我们每个人都会表现出对学校这种正式群体的应有的归属期望。随着教育的发展，我们许多人不仅要进入小学、中学以完成其义务教育，同时还需要接受大学教育，因此，学校是我们每个人进入社会的第一步。在学校每个人将系统地接受文化科学知识的教育，同时需要在德、智、体、美、劳等方面得到全面的发展。学生对于学校的归属需要，不仅影响到学业的进步，同时也影响到人格的形成与发展。如果一个学生对自己所在的学校缺乏应有的归属需要，那么他就难以在学校专心于自己的学业，也难以在学校培养自己的学习兴趣，发展自己的爱好，当然也就无法实现全面的发展。学校要想实现学生归属的期望，就应该在搞好各种硬件建设的同时，精心打造一种有利于每个学生健康成长，全面发展具有一定特色的校园文化，特别是应该注意加强良好的校风、教风、学风、班风等的建设，形成团结活泼、充满生机、尊师重教、尊重差异、互帮互学、健康向上的环境氛围，同时使每个学生有视校如家的温暖感觉。

当我们走出学校后，就要进入正式的职业群体。正式职业群体是我们将近大半辈子要栖身的群体，是我们职业生涯的重要场所，也是我们安身立命、谋求个人发展的主阵地。因此，对于这样的群体形式，我们每个人都充满较高的期许，期望自己能够在所属的群体之中获得良好的归属。研究表明，高期望的职业群体应该具备如下特征：没有谁让员工感到非常畏惧，包括管理层在内；公平竞争的环境，每个人都有同等机会获得成功；晋升和津贴与所付出的努力有关；员工与管理者受到同等的尊重；员工与管理人员的沟通是开放的、双向的；制定组织目标时把员工也包括在内；让员工找到问题解决的办法。通过正式职业群体，至少可以使个体相对有一种职业的安定与安全。求安求稳往往是大多数普通人所具有的共性。虽然今天的市场经济充满竞争与风险，职场也随时充满各种变数，但即使因为各种原因一次又一次失去了某些职业，而人们在接下来进一步的谋职中，还是愿意挑选相对较为稳定的工作，哪怕收入适当少些，也能够接受这样的工作。

影响人们对正式群体归属期望可能有多种因素，其中的主要因素有：

其一，群体本身的影响力。群体的影响力是指个体所归属的群体在其他同类群体中所处的位置与身份。一般来讲某一群体在其同类中的地位高，其影响力自然也就大，而若所处的地位低，其影响力相对也就差一些。一般影响力较大的群体，具有为群体内部成员所一致认可的群体目标，对成员具有亲和力，能够较好满足群体成员的个人利益，个体成员能够在其群体中获得更多的收益。

其二，群体对于个体的吸引力。一般来讲，其群体对个体的吸引力越大，那么就越容易增强其成员对所属群体归属的期望；相反，如果群体对于个体的吸引力一般甚至很差，就会大大削弱其成员对所属群体归属的期望。一个群体对于个体是否具有吸引力，主要取决于这个群体是否能够满足其成员的物质、精神和个人发展的需要。如果其群体比其他群体都能满足其个体的物质、精神及个人发展的需要，那么该群体就对个体具有一定的吸引力，因此，也就有助于个体形成对该群体的归属期望。

其三，个体对群体的依赖度。一般来讲，个体对群体的依赖度越强，其对该群体所表现的归属期望就越强，而个体对成员的依赖度越低，其对该群体的归属期望就愈弱。一般人们对于直接关乎个人生活及个人发展前途的群体倍加珍惜，而表现出较为强烈的归属期望，哪怕在其群体中遇到各种困难与问题，甚至压力山大，人们也不会轻易离去，除非能够找到更具有诱惑力的其他同类群体。

其四，群体内部成员之间的关系。在其他条件相同的情况下，人们更愿意待在群体成员之间相互尊重、关系融洽的群体中，也就是对这样的群体表现出较为强烈的归属期望。人们一般不愿意待在人际关系复杂、群体成员之间心存芥蒂、人际关系不和谐的群体中。这样的群体往往会致使其成员群体归属意识淡漠，并不时会有出走之心。调查发现，在所有的调离或辞职者中，主要原因是在人际关系方面不适应。因为在这种关系中，个体不但难以满足基本尊重的需要，且容易因为与人关系的紧张而导致个体情绪郁闷，更难以施展与发挥正常的职业才能，特别是当个体缺乏处理这种复杂关系的技巧时，不得不一走了之。由此表明，要想实现个体归属的期望，所属群体的人际关系应该是协调和顺的，人与人之间应该相互尊重，和睦共处，尤其是所属群体中的领头人物，更应该与下属保持一种良好的关系，作风民主，平等对待每一个群体成员，充分尊重与发挥每一个成员的才能，并注意营造一种良好的群体氛围，使群体每个成员能够心情舒畅地施展自己的才能，并由此有更多的获得感。这样才能不断增强个人对其群体归属的期望。

上述分析表明，个体要想实现正式群体归属的期望，前提是选择一个能够同时满足个人物质、精神、发展等需要的群体。今天人们在职业群体的选择方面比以往任何时候都要有优势。在计划体制下，人们的工作是分配制，没有多少选择的余地。当然，如果在一个单位干不下去，还是可以调换到另一个单位，但这种改变方式往往受制于各种因素，成行也不那么容易。与其以后经常跳槽，不如最初认真选择，根据自己的专业特长、职业兴趣爱好，选择一个适合于自己的同时又具有良好社会声誉和一定发展前景的职业群体。当然，如果你过于需要解决自己的待遇，就应该有承担较大工作压力的风险，但至少这个职业应该是能够胜任的。从个人身心健康立场出发，最好是选择那些能够发挥自己专长、压力一般、收入尚可的职业群体。只有当你选对了这样的群体，才有可能一旦投身于群体后，形成对该群体良好的认同感，进而满足其职业群体归属的需要。

同时，当你选择了你所心仪的职业群体后，就应该将自己完全置身于该群体中，以主人公的姿态参与群体的活动与建设，应该维护好群体的名声与地位，而不能做一些损害其群体利益的事。对于群体在发展中的不足，一方面应该有一定的包容之心，另一方面应该通过合理的建议和直接的行为努力，促进群体工作质量的提高，为群体作出自己应有的贡献。这样才有可能形成群体对你价值的肯定与尊重，以赢得群体其他成员的认可与接纳，从而赋予你更多的荣誉与报酬，你才可能在群体中有更多的获得感，这样你才能安心于自己所选择的群体，并不断实现其对正式群体的归属的期望。当然，群体要想实现其群体成员的归属期望，一方面应该加强群体自身硬实力的建设，着力打造具有一定影响力的群体组织，使群体在同类群体中享有广泛的影响力，这样才能真正吸引大家。另一方面应该注重群体人际关系的建设，打造好软实力，形成群体成员之间相互尊重与信任、相互支持与帮助、团结向上的氛围，从而使每个群体成员安心于自己的工作，充分发挥自己的才能，在工作中能够获得比其他同类群体更可观的劳动报酬。

四、非正式群体归属期望

人们谋生的正式群体，无论多好都无法满足人所有方面的需要，总会给人留下这样或那样的缺憾。尤其是人们在精神及独特爱好方面的需要，是难以在正式群体中得到完全满足的。在这种情况下，人们会通过寻找一种有别于正式群体的非正式群体，来弥补正式职业群体无法满足的需要。非正式群体指以个人兴趣爱好等为基础自发形成，无固定的人员结构，没有外在赋予的角色及地位的群体形式。非正式群体有许多不同的类型，但不管何种类型，一定有这样或那样的共同或类似的特性，才促成该群体的形成。其共同点从其成员的归属性讲有：

一是兴趣爱好型。这是因兴趣爱好而形成的一种群体形式。如现在比较热门的驴友群体就是一种较为典型的非正式群体，其群体成员只是因为喜欢郊游或户外探险等集结在一起，类似的还有歌舞群体、书法群体、足球群体等。这些群体通常以一种协会的形式命名，如登山协会、书法协会、足球协会等。这些非正式群体更多的只是满足其成员的个人兴趣与爱好。这类群体的加入或退出都悉听个人尊便，显得相对自由，其开展的活动也较灵活多样。

二是朋友型。这种类型的非正式群体或是因为同学时期结下的友谊，或是从小一起的玩伴，或是志同道合的结义兄弟，或是具有相同的特殊经历与命运而走在一起，或具有相同的家庭经济政治背景而聚集而成等。当然，随着网络的普及及其特殊的传播形式，人们又通过网络渠道形成网友这种新的朋友形式。相对于较为单一的兴趣爱好型的群体，朋友型的群体要复杂得多。因为"朋友"演绎至今已是一个十分泛化的概念。一般来讲基于一定的友谊情感与精神默契所形成的朋友群体，对群体成员的影响久远力远远要大于那些因为物质功利性所形成的朋友群体，前者可以历久弥新，使个体从中不断体验到更多的精神快乐，后者则会随着利尽财去而分崩离析，如鸟兽散。

三是功利型。尽管别的群体类型也可能存在一定的功利性，但并非完全出于功利的考虑而形成。而功利性的非正式群体则以纯粹的功利为目的而形成的一种群体形式，如团购群体、合作经商群体等。这样的群体主要通过一定的契约来维持，通常是以彼此的利益作为维持时间长短的主要条件，因此，这种群体往往因利而聚，利尽而散。当然不排除有个别少数功利性群体因在其合作中结下的兄弟情义而转变成为朋友型群体。

四是志同道合型。这是一种基于共同的理想与价值追求而走在一起的群体形式。这种群体一般可以满足其成员一些具有社会与理想价值方面的共同愿望，还可满足其成员一定的政治或道义方面的需要。这样的群体也有可能最终转化为一种有纲领、有严格组织形式的正式群体，也有可能因为其成员在一些重大而根本问题上逐步产生分歧而最终分道扬镳。

不管是哪种类型的非正式群体，对其个体而言都有一定的意义。如兴趣型非正式群体可以培养与满足个体某些兴趣与爱好，而这些兴趣与爱好本身就有一种愉悦身心的重要作用。因此，通过加盟这种兴趣型非正式群体的，在满足我们个人情趣爱好的同时，也有益于我们的身心。又如朋友型的非正式群体，不但可以满足我们友爱的需要，同时也促进我们的成长与发展。因为我们许多人生经验，是在与朋友等的交流互动中获得的。

正是由于非正式群体具有正式群体不可替代的功能意义，人们也对一定的非正式群体寄予相应的归属期望。他们期望通过自己所选择的非正式群体，使自己的个人兴趣与爱好得以进一步地培养与提高，自己在这种群体中能够增强更多的社会生活经验，获得友谊，愉悦身心，不断充实与丰富个人生活。

由于非正式群体是一种自发性群体组织，其成员都是基于个人意愿或加盟或退出，表现出较强的个人自主选择性，且可供个体选择的类似非正式群体较多，个人选择的余地较大，可随时离开某一非正式群体而重新加入与之类似的其他非正式群体。因此，要想使个体形成较为稳定的非正式群体归属的期望并非易事，而要想真正形成较为稳定的非正式群体归属期望，必须符合以下基本要求：

其一，群体与个体的偏好具有一致性。常言道，情投意合，志同道合，表明只有在情趣、志向、爱好等方面相投的人才会走到一起。一般来讲，非正式群体与个体的偏好越具有一致性，那么其群体对个体就越具有吸引力，个体对所属的非正式群体也就愈加会表现出归属的期望。相反，当个体发现其群体与自己的个人偏好不一致或存在一些较为明显的差异时，那么其群体对于个体的吸引力就会大打折扣。在此种情形下，个体对于该非正式群体的归属期望就显得无足轻重，且会因此离开其该群体，并重新寻求那些与自己的个人偏好一致的群体。如当一个爱好油画的人报名加盟一个绘画群体后，发现该绘画群体的大多数成员钟情于国画，他就会发现自己的偏好与群体不一致，也就无法形成对该群体归属的期望，并会因此而离开该群体，而重新寻求一个专攻油画的绘画群体。现实中也不难发现，某些人因最初的情趣或志趣一致走到了一起，后来因彼此情趣或志趣的改变而各奔东西。由此可见，群体成员间偏好的一致性是形成个体成员对非正式群体归属期望的重要基础。

其二，群体成员之间交往互动的频率。朋友靠往来。一般来讲，一个群体对于个体是否有吸引力，从而使个体对群体产生归属的期望，在一定程度上取决于群体成员之间交往互动的频率。如果成员之间交往互动过少，那么，其个体成员对于群体的依赖性就会趋于减少，时间一长，其个体成员就会与该群体渐行渐远，直至最后不再与群体其他成员有往来。那么，其成员对该群体的归属期望也就荡然无存。如果群体成员间时不时地经常展开一些往来互动，那么就会增进其成员之间的情感联系，其个体就会对该群体形成一定的归属的期望。因此，群体成员之间的交往互动频率是影响其群体成员关系，形成群体归属期望的一个必要条件。

其三，个体对群体的满意度。一般来讲，非正式群体应该真正起到正式群体无法替代的功能意义，能够很好地弥补并满足个体在正式群体中无法满足的各种需要，那么这样的非正式群体对个体成员才具有吸引力，其个体才会表现出对这样的非正式群体的良好认同和相应的归属的期望。如果个体所属的非正式群体不能够做到这样，那么这样的群体就难以使个体成员获得相应的满意度。在这种情况下，个体不仅难以形成对该非正式群体的归属期望，且容易导致其个体成员产生退群的反应，并重新寻求那些能够令他获得心理满意的新的非正式群体，并表现出对该群体一定的归属的期望。

其四，群体成员之间的距离。在现实中我们不难发现，平时作为闺蜜的朋友，最后却渐行渐远，彼此之间越来越生疏，其原因可能很多，但其中恐怕与平时彼此之间所保持的距离太近有关。因为平时关系好，无话不谈，所以无形之中就进入对方的个人私密空间，这无疑会造成因为太熟悉所带来的不安。因此，具有吸引力的关系，并不是没有距离的关系，适度的距离有助于增强彼此之间的神秘感，从而增强彼此的好感。

第三节　实现归属期望的条件

个体归属期望的实现，是个体与其所属群体相互作用的结果。一方面，它取决于个体对群体的认同感。个体对群体的认同感，直接影响其个体对群体的选择及其归属的需要。在选择群体时，如果个体对其群体认同感低，那么他就不会选择该群体作为自己所归属的群体。由于现代社会流动的通透性高，万一他不慎误入某个群体后，发现其群体不是他所需要的群体，那么，他就有可能随时离开其群体，而重新选择他所认同的新的群体。他便会努力争取加入另一个地位较高的群体，从而获得更满意的社会认同。今天社会中出现的各种跳槽或调动单位等，就能说明这种情况。因此，个体对群体的认同感，是直接影响其归属期望的重要机制。

另一方面，它取决于群体的地位。群体的地位直接反映了群体的实力和影响力，也直接影响到个体对群体的认同感与吸引力。一般来讲，在正式群体里地位高的较地位低的影响力自然要大，因此，地位高的群体更容易赢得个体的吸引力和高度认同感。这样一来，在社会流动中，人们自然会从地位低的群体流向地位高的群体。当然，地位高的群体也不是随便就可以加盟的，它会采取一定的方式限制个体进入的数量，避免人满为患给自己所造成的危害。通常的手段就是竞争，通过优胜劣汰的方式引入一些出类拔萃的人到群体中。因此，要想跻身于影响力大的地位高的群体，并以此实现其归属的期望，个体必须有真材实料才能成行。如前所述，人们实现归属期望需要满足如下基本的条件：

一、群体能满足个体的一定需要

不管是在哪种群体中，个体都有自己的需要，其中包括有安全、成长、发展、尊重等涵盖物质与精神的需要。只有当个体能够在所属群体中满足了这些物质或精神之类需要的情况下，个体才有可能对所属群体表现出一定归属期望。如果群体不能够满足个体相关需要，那么其群体对个体就不具有吸引力，个体也就不会对其群体表现出明显的归属期望。因此，要想个体实现对所属群体的期望，其群体应该尽可能创造各种为满足个体需要的条件。

二、个体能为群体作出应有的贡献

个体要想为群体真正接受，从而实现其群体归属的期望，就应该自觉肩负其群体所赋予自己的责任，同时有效履行群体的义务，为群体作出积极的贡献。这样才能赢得群体对自己的信任与尊重，从而使群体能够很好地接受自己。这样才能保证自己在群体中找到自己的位置，从而实现自己在群体中归属的期望。如果个体不能够很好地承担和出色完成群体所赋予自己的责任与义务，不能够为群体作出积极的贡献，那么，个体就难以为群体所真正接受，也无法得到群体成员的应有尊重。在这种情形下是难以在群体中立足的，更别谈在其群体中实现个人归属期望了。

三、群体内成员关系融洽

群体内成员之间的关系状况直接影响其个体归属的需要。如果群体中成员之间心存芥蒂、钩心斗角、相互排斥、纷争不断，那么这样的群体不仅会造成巨大的内耗，且使其个体缺乏必要的安全感，还会不时地增添成员各种由于人际关系紧张所带来的心理负担与压力，这样个体很难安于其中，也根本就无法保证其实现归属的需要。只有群体成员间形成相互理解、相互支持、相互接纳、相互尊重、平等相处的融洽关系，才能较好地满足个体归属的需要，个体在群体中才能表现出安全、轻松、愉快，这样才能使个体成员很好地融入群体中，以实现其归属期望。这就需要每个群体成员平时多加强积极的平等沟通，多传递正能量的信息，摒弃一些有损团结的各种做派，学会彼此之间的相互理解与包容，相互尊重与接纳，营造一种健康向上的群体氛围，使每个人毫无心理负担，轻松愉快地生活在群体中。

四、个体在群体内享有一定的自由度

一般来讲，个体无论是在家庭中，还是在其他群体中，都渴望有一定的自由，而不愿意有过多的外在的限制与干预。如果发现自己受到不必要的限制与干预的情况，个体轻则感到忐忑不安，重则显得焦躁难忍，而且有急于逃离的冲动。因此，所属群体要想使成员能够安于其群体，而表现出应有的群体归属需要，其群体应该尽可能使个体保持一定的自由度，只要其不违背群体与他人乃至社会的正常工作和生活秩序，就应该给他充分的个人活动空间与自由，而消除一些没有实际价值的制度藩篱或繁文缛节，使个体在群体中充分享有自由所带来的快乐，进而心甘情愿归附于群体，从而实现其归属的期望。

五、个体能做到一定的自我调适

对于每个人来讲，无论是在家庭中，还是在其他群体里，都不可能使自己感到十全十美，一切和顺，难免有些磕磕碰碰。生活中的矛盾是无法完全避免的，如果对自己生活与工作的环境条件过于理性化，总要求全责备，甚至为一些琐事而斤斤计较，患得患失，这样不仅影响自己的心情，同时也不利于和周围人处理好关系。因此，每个人要想在所属的群体中立住脚跟，就应该对自我有所调适。一个人为人处世应该有适当高一点的站位，凡事应该从大局出发，从整体利益考虑问题，做到"风物长宜放眼量"，不为琐事添烦恼。这样才能使自己在其群体中心情舒畅，安于己任，把自己该做的事做好，在其群体中实现自己个人价值。同时，应该学会对自己所属的群体常怀包容与感恩之心。我们应该学会包容和感恩于我们的家庭，虽然没有给我们带来大富大贵，但家给我们生命与温暖；我们要学会包容和感恩于我们所属的职业正式群体，虽然没有给我们令人亮眼的荣耀与报酬，但却给了我们能够养家糊口的薪水；我们应该包容和感恩于我们身边的同事与朋友，是他们使我们懂得了做人的责任与情义。当然，我们更应该包容与感恩我们尚在发展中的祖国，是伟大的祖国给了我们每个人幸福而安宁的生活。当我们学会了包容与感恩，那么，我们更能感到的是祖国、家、单位、朋友的难舍离，我们不再感到人生的漂浮不定，孤苦无依，因为我们走到哪里都能找到稳稳的归属，我们归属的期望也会随着绵长的岁月而不断增长。

人们既有归属的需要，又有独处的心理诉求。独处并不等同于孤独，置于众人之中也并不意味着不孤独。只要内心丰富，无论是置于众人之中，还是独处一隅，都可以使生命灿烂而充满活力。归属自然有归属的好处，独处也有独处的美妙。对于有些人而言，独处的美妙可能更胜一筹。其实，对于我们每个人而言，学会独处，也是非常有益的。它可以使我们离开生活的各种喧嚣，心无旁骛，修身养性，使灵魂脱尽铅华，消除尘苛，变得高洁而优雅。因此，我们应该跟着心灵走，当心灵需要我们跻身于众，我们就寻求社会的回归；当心灵呼唤我们独处，我们不妨寻一个僻静之所，修身养性。真可谓"众人嚣嚣，我独默默，中心融融，自有真乐"①

总之，不管是否跻身于何种群体，我们都不应失去自我，应该学会与自己交朋友，学会与自己相处。因为一个人自从母体中分离出来后，最终得靠自己去支撑，去走完生命的历程。在你有生之年，做好你自己，成为你自己，走好自己的人生路，这才是最为重要的。

---

① 王阳明：《传习录》，北京联合出版公司 2014 年版，第 106 页。

第九章　爱的期望分析

爱是人类最美好的语言，是构成人类生命的永恒主题，是人的生命之所系、活力之所在。人们追求有爱的生活，并为实现爱的期望不惜牺牲所有。有的人期望得到他人的爱，却失去了自爱；有的人期望爱他人，却为他人所远离；有的人在追求爱中得到幸福，有的人因追求爱而酿成悲剧；有的人因爱生爱，有的人因爱生恨。那么，究竟什么是爱，什么是爱的期望，人们为什么有爱的期望，怎样实现爱的期望，收获爱的硕果？这将是本章的主要话题。

第一节　爱的期望概述

一、什么是爱

爱的基本字义是指对人或事有深挚的感情。由这个简单的解释，我们至少明白，爱是一种感情，爱的对象是人或事，而爱的主体自然是人。在《说文解字》中繁体的"爱"是由"爪""秃宝盖""心""友"四部分组成。要想明白"爱"的本意就要从"友"说起。通常说的"朋友"中的"朋"和"友"是两个意思："朋"是在一起的人，而"友"是志同道合的人，合起来就是志同道合地在一起的人，这就是朋友了。"爱"的上面还有"爪"和"秃宝盖"及"心"三个部分，合起来的意思就是抓住心。抓住谁的心？就是"友"之心。因此，整个"爱"的意思就：抓住志同道合之人的心。而英文中的爱由四个字母 LOVE 组成，每个字母表示一种意思，其中的 L′代表 Listen(倾听)，爱就是要无条件无偏见地倾听对方的需求，并给予其最大的协助；O′代表 Only(唯一)爱就是百分百的纯正，对唯一的你所做出唯一的承诺；V′代表 Valued(尊重)，爱就是展现你的尊重，表达体贴，真诚的鼓励，悦耳的赞美，尊重他或她的选择；E′代表 Excuse(宽恕)，爱就是仁慈地对待，宽恕对方的缺点与错误，维持优点与长处，并帮助他(她)改正错误。对爱的解释，反映出"爱"所具有的丰富文化内涵。

关于什么是爱，一些思想家与学者也有各自的理解。斯宾诺莎认为："爱无非只是去享受事物，并与它结合。"①他又进一步解释道："爱是一种与我们的理智判断为善的和崇高的对象的结合。通过这种结合，爱者和被爱者合而为一，构成一个整体。"②从斯宾诺莎关于爱的这些解释中，我们不难看到，爱是与理智、善和崇高这些对象密切关联的，是这些相关对象的密不可分的结合。

弗洛姆认为，爱是一种人的精神需要。他指出："实现精神健全依赖于一种迫切的需要，即同他人结合起来的需要。在所有的现象背后，这种需要促成了所有的亲密关系和情感，这些在广泛的意义上可以称之为爱。"③

心理学家依扎德认为爱是人类的基础，包括强烈的、以真挚的情感为基础的社会依恋，充满兴趣和快乐，同时"在情绪所有的音阶中都能找到爱的身影"。他把爱看成一种社会关系而不是一种情绪，甚至认为爱也可能是一种暂时的状态。④ 社会心理学家认为，"爱包含于亲密关系之中的情绪、认知和行为的结合体"⑤。

由以上学者对爱所作出的解释，我们不难看到，爱是一种由多种成分构成的同时又与各种心理与行为相关联的复杂的心理现象。

其一，爱反映出一种亲密关系。这种关系由爱的主体和爱的对象以及爱的内容与形式所组成。爱的主体是施予爱的人，爱的对象是被施予的人或事。爱的对象是各种各样的，有对自己的爱，对他人的爱，对事物的爱等。但不管怎么说，在论及爱的对象时，对他人的爱却是本质的。虽然对他人的爱也是各种各样的，但主要是对双亲和子女的爱，对朋友的爱，对异性的爱及对他人及人类的爱。⑥ 而在反映人与人的这种关系中，爱应该是相互的，而不是单方面的，是一种互爱的关系，因此，彼此双方既是爱的主体，又是爱的对象。这种互爱性突出体现在相互了解与熟悉基础上的平等、互尊、互惠的对称性方面。如果不具备这种平等、互尊、互惠的对称性，那么，这种爱的关系即使已经形成，也难以维持下去。因此，爱所体现的

---

①　[荷]斯宾诺莎：《神、人及其幸福简论》，洪汉鼎、孙祖培译，商务印书馆1987年版，第193页。

②　[荷]斯宾诺莎：《神、人及其幸福简论》，洪汉鼎、孙祖培译，商务印书馆1987年版，第195页。

③　[美]埃利希·弗洛姆：《健全的社会》，欧阳谦译，中国文联出版公司1988年版，第28页。

④　[新西兰]K.T.斯托曼：《情绪心理学》，王力等译，轻工业出版社2006年版，第134～135页。

⑤　[美]R.A.巴伦、[美]D.伯恩：《社会心理学》，黄敏儿等译，华东师范大学出版社2004年版，第411页。

⑥　[日]井上慧美子、[日]午出彦仁：《现代社会心理学》，林秉贤译，群众出版社1987年版，第305页。

关系，不是一般简单意义上的人与人之间的血缘、同事、同学等角色关系，尽管这些关系中也存在一种爱的关系，但它们并不是一回事，爱所表现的是一种亲密关系。

其二，爱是一种积极的情绪与情感。情绪与情感虽然都是人与其需要满足与否相联系的一种主观体验，但两者是有明显区别的。情绪具有情境性，并随情境的改变而发生改变，而情感则是内隐的、稳定而持久的，它不会因情境的改变而改变；情绪通常与人生理需要的满足与否相联系，而情感则是与人社会需要的满足与否相联系。因此，如果我们将爱只是理解为一种情绪，那么就是承认爱仅与生理满足与否相联系，从而撇开了爱所具有的社会属性，就仅将爱视为一种具有情境性的且会随着情境而发生变化，而完全忽视了爱所具有的内隐而稳定的特性。当然，情绪与情感二者是相互关联，且可以相互转化的，也就是说作为反映情绪性的爱，是可以通过时间的积淀而转变成一种情感性的爱。而已经形成的情感性的爱，也可能因为一些偶然或特殊的事件的作用转变成一种情绪性的爱。而正常的爱应该是首先基于特定的情境作用而发生的情绪爱，逐步发展成稳定的情感爱，且两种体验同时存在。其情绪表现为热烈而激动，其情感表现为真挚而深沉。只有情绪而没有情感的爱难以持久，只有情感而没有情绪的爱缺乏活力也难以维持。只有同时具有积极情绪与情感的爱才既充满活力，又具有持久性。爱的积极情绪与情感，具体表现在彼此的相互吸引和亲密方面，且会有一种彼此在一起时，显得心情愉悦而轻松，难舍难分；若发生分开，则感到失落与伤心；若不相见，则感到特别的思念与挂怀；若一旦失去，则感到悲伤与心痛。如果一个人显示出这样的情绪与情感体验，那么我们就可以从情感的维度来说，他对对方具有爱的情感。

爱是一种积极的情绪与情感，表明爱是具有建设性的。这种建设性表现出爱所具有的生成与动力意义，也就是通过爱增强了彼此之间的沟通联系，极大地改善了人与人之间的关系，同时也催生人生存的勇气与力量，鼓舞了人的斗志，更加焕发了人的精气神，使人充分感受到生命的意义与生活的美好。

其三，爱以认知为风向标。人们常说，世界上没有无缘无故的恨，也没有无缘无故的爱。一个人要有爱，他得知道爱谁，或谁值得爱，为什么值得爱，哪些方面值得爱等？这些基本的问题是要考量的，而这就必须充分发挥其认知的作用。认知是产生爱与形成爱以及巩固爱的重要心理基础。通过认知，你去发现爱，形成爱，稳固爱；通过认知，你初步了解到对方有许多在你看来非常宝贵而值得欣赏的东西；通过进一步的认知，你再次发现对方具有让你值得信任和值得进一步保持交往的意义；随着交往的不断深入，通过认知你加深了对对方许多对你的人生有重要意义的东西的了解，于是你愿意与其保持更为密切的接触，建立一种亲密的关系，且已经形成了离开对方就有些想念，与对方在一起就感到一种满足的情感反应状态。如果对方也一直如你一样，那么，就可以说彼此有了爱的情感，而所有这些都是在伴随其认知加深而逐步形成的。因此，可以说，认知是爱的风向标。爱的对象、意义、程度、时间长短，都由我们的认知发出指令。如果一个人的认知出了偏差，那么，他的爱也就会误入歧途；如果一个人盲目地而不是理性地追求爱，那么他就会出现爱的迷失。正所谓知之准，爱之宜，知之深，爱之切。是认知，为人们的爱一路领航。

其四，爱的价值性。爱不是空洞的东西，就是单纯的柏拉图式的精神的爱也不是。大凡我们爱一个人或一个物件，总要有一些值得我们爱的价值与意义。因此，爱的内容就是其本身所具有的价值。尽管这种价值需要我们通过一定的认知作用去发现，但其必须有一种自在的价值，如果没有任何的价值，就是我们发挥认知的作用，也是无法发现的，因为它本身就不存在价值。当然，某个人或某种东西是否有价值，是否值得我们去爱，在许多情况下是受人的价值观念影响。对于同一件东西，有的人认为有爱的价值，有的人觉得没有爱的价值。甚至同一个人面对同一个对象，在不同的时间会表现出相互矛盾的价值反映。这就进一步反映，人的爱不是抽象的空洞的，而是受其价值观影响的，同时也说明爱会因为人的价值观的改变而改变。价值观不一样，爱也就不一样。常言道"白菜萝卜，各有所爱"，既然爱能被人的价值所引导，也就表明人的爱不是完全的生物学意义上的，而是具有社会性的。随着人价值取向的不同，人的爱也存在明显的社会差异性。作为爱的对象存在的人或事物，由于往往同时表现出多方面的价值属性，但人们大多是按其自身的主导价值需要，选择其爱的对象。

其五，爱需要积极行动的参与。爱不是一种单纯的内心所想所望，也不是仅停留在口头的甜言蜜语，而是需要付诸积极的行动。没有付诸积极行动的爱，不是真正的爱。真爱是需要积极的行动加以体现的。这种行动包括关心、支持、责任、奉献、共享等方面。关心表示在生活中彼此间的各种体贴与嘘寒问暖；支持是各自对对方心灵方面的慰藉与鼓舞；责任是互为对方分忧解难的行为担当；奉献是指彼此之间愿意为对方牺牲一些个人的东西；共享是彼此相互地欣赏各种生活的荣誉与喜悦。只有当彼此在生活中能够感受到这些实实在在的行为，那么才能反映出彼此之间爱的情感。如果彼此没有感受到一定的来自对方的关心、支持、责任、奉献、共享等积极的行为举动，那么，我们就难以说他们之间具有爱的情感。

爱的需要与归属的需要既有联系，又有区别。有的爱的需要可以在归属的需要中得以体现并获得满足，尤其是在具有一定的直接血缘或亲情所构成的所属关系中，这样的情况表现较为普遍与明显，在其他一些较为融洽的所属关系中也会经常发生。由于爱的需要更多地表现为一种较为单一的情感上的需求，而有的归属的需要则更多地表现为一种最为普通关系上的联系的需求，有关归属者不一定就能够在这种所属关系中获得爱的需要的满足，如在一些具有组织化的较为正式的团体中，主要是职业或完成某种特殊任务所形成的一种所属关系，这种形式的关系更多体现的是所属成员在该团体中的地位、身份及相应的责任与义务等，所满足的更主要的是归属者的物质待遇或身份感，而并不一定就能够满足其成员爱的需要，尤其是比较大的或比较松散的组织中，其成员很难满足其爱的需要。就是在理想的所属团体，也只能满足人部分爱的需要，而不可能满足人所有爱的需要。因此，爱的需要满足比归属需要满足的标准或要求更高。我们认为，爱的需要是归属的需要的进一步发展，归属的需要是爱的需要的前提与基础。人们要想满足爱的需要，其前提条件必须满足归属的需要，因为爱所反映的是一种比归属更高层次的积极的关系。因此，只有形成了一定的归属关系后，才能进一步发展爱这种更高层次的积极关系。同时，只有进一步发展了爱这种积极的关系，才能够反过来进一步稳固与加强归属的关系。

二、爱的期望

所谓爱的期望，是人类对于爱这种情感形式的一种愿望反映，是在爱的需要基础上产生的，同时推动着人们努力寻求爱以获得爱的满足。人类不仅是理性的动物，而且是具有情感的动物。任何个体都需要爱这种特殊的情感，需要在爱的呵护中成长，在爱的激励下发展，在爱的伴随中度过一生。当爱的需要没有得到满足时，就会阻碍其个体的成长与发展，甚至因爱的缺乏产生各种精神问题。因此，人无论是在人生的哪一个阶段都有爱的期望与追求，年幼期望有父母之爱，走向社会期望有朋友之爱，成人后期望有情人之爱，成家后期望有夫妻之爱，老来后期望得到儿女之爱。正是这些爱的期望，激励人努力寻求爱的满足，点燃人们生活的期望，激发出人生命的活力。

这是因为爱在人类生存与发展中所具有的重要意义决定的。首先，爱是人成长的不可或缺的精神营养剂。人在出生后的整个儿童时期，是需要爱的呵护才能得以健康成长的。只有父母或养护人表现出对儿童的关心、爱护、支持、帮助等爱的行为，儿童才能在感受到来自他们的爱的同时，心理上的安全感才能形成与发展，他们才具有迈开独立探求外部世界的信心与勇气，并与外部世界逐步建立正常的联系，进而一步步成长起来。正如马斯洛所讲："爱的需要在其生命早期得到满足的人，在安全、归属以及爱的满足方面，比一般人更加独立，更可能发展出深情、自尊、自信、仁慈、慷慨、无私、宽容等品质。"①儿童只能在爱中才能成长起来，缺乏爱的儿童是永远难以长大的。因为没有爱的呵护与支撑，儿童从小就缺乏安全感，他们面对陌生的世界感到无所适从，甚至产生害怕、焦虑与不安，因此走向自我封闭。早期的这些反应，将会产生延迟效应，一直会影响其成人后的社会适应性。

其次，爱是人自我发展的催化剂。"爱是生命的支柱。爱得热烈，生命力就会

---

① ［美］马斯洛：《动机与人格》，许金声等译，华夏出版社1987年版，第41页。

增强，生活就有了价值。"①爱使人懂得了肩负的责任与承担的义务，催发出人行为的动力，从而使人以充分的信心、十分的勇气和旺盛的精力全身心地投入到学习、工作与事业中去，用更加优异的成绩回报所爱的人。正是因为老师的爱，激发起学生学习的热情，而使其努力学习；正是因为爱情的力量，推动彼此在事业中比翼双飞；正是家人的爱，鼓舞着人扬起生活的风帆。正是因为这些等所有的爱的催化与支撑作用，使人不断发展与成熟起来。

再次，爱是人走向自我完善的润滑剂。"谁都不愿意过着没有爱的生活，每一件事情，只要注入爱的情感，就会变得更加生动、更加丰富、更加充实、更加完美。"②的确，爱使我们变得更阳光、更大度、更善解人意、更加成熟。如果没有爱的润滑作用，人与人的关系就难以融洽，彼此的隔膜就会加深，冲突就无法避免，是因为爱消解了隔膜与冲突，促进了融合。

从社会学意义上讲，爱是人际关系的黏合剂，通过爱的作用使彼此之间的关系更融洽更投缘，由此可以充分利用其爱所带来的资源，满足自己成长与发展过程中的各种物质的或精神的需要。从心理学角度来看，爱能帮助个体获得大量心理慰藉与心理支持，使自己获得尊重和荣誉。在舍勒看来，"爱的秩序是主宰人类命运的基础，爱的秩序的迷乱是厄运降临的原因"③。正是因为爱所具有的这些社会-心理价值，才使人人充满爱的期望，并在实现其爱的期望中，获得社会-心理的需要与满足。

第二节　爱的期望构成内容及表现

从人的成长与发展及与人关系的经历来看，一般人们需要实现如下爱的期望：

一、亲情之爱的期望

亲情之爱的期望就是来自家庭之爱的期望。家庭之爱主要包括有父母之爱、夫妻之爱、子女之爱，在非核心家庭中还有姊妹之爱、祖孙之爱等。这是一种家族性的，其中除夫妻之爱以外均具有一定血缘关系的爱。这种爱往往难以割舍，一旦失去，有切肤断肠之痛。

（一）父母之爱的期望

这主要是孩子期望得到来自父母的爱。父母之爱是最深厚的亲情之爱，也是人

---

① ［日］今道友信：《关于爱和美的哲学思考》，王永丽等译，生活·读书·新知三联书店1997年版，第27页。

② ［美］纽曼等：《做自己的朋友》，康友、魏毅编译，学苑出版社1989年版，第55页。

③ 薛晓阳：《希望德育论》，人民教育出版社2003年版，第32页。

生的起点之爱。父母能否满足孩子爱的期望，事关孩子能否健康成长与发展。"尤其是母爱，得到母亲的爱就有了生命的活力，就有了扎根的地，也就感到安全、自在。"①

父母能否实现其子女爱的期望，在很大程度上取决于能否建立积极的亲子关系。许多心理学家认为，早期亲子关系的性质对儿童以后的发展具有极为重要的影响。积极的亲子关系所形成的儿童的依恋奠定了未来发展的心理安全基础。卡西（Cassidy）发现，安全型儿童在与物理环境的相互作用中占有相对优势，他们更能自由轻松地探索而不受干扰。Sroufe 等研究表明，早期被评定为安全型依恋的儿童在托儿所与幼儿园表现出较高的社会技能与活动的主动性、独立性及与同伴和成人的合作性。不安全型儿童则构成鲜明的对比，他们在同伴关系中倾向于退缩、被动、犹豫，参与活动不积极且缺少热情，而且这类儿童对教师等成人表现出过分的依赖性。

安娜·弗洛伊德等人研究了因历史原因而被一起封闭喂养三四年的一群儿童，发现这些儿童虽然在正常抚养环境中接受补偿治疗以后形成对抚养者正常的依恋，但其社会性发展仍存在很大缺陷，这些儿童最初对同伴之间隔离表现出极度焦虑和烦恼，对成人充满恐惧和怀疑、反抗，形成正常依恋后对成人有极强的占有欲，嫉妒同伴，情绪不稳定。

父爱对于孩子的成长具有特殊的意义。Hetherington 等研究认为，父亲对于一个孩子的发展，特别是对于其自我认同具有重要的作用。父亲帮助孩子从心理上与母亲分离，教他们控制自己的冲动，学习各种规范和规则，同时他还能帮助母亲避免过度情绪化地处理她和孩子之间的关系。② Blos 认为儿子从和父亲的关系中获得自信和安全感，它充当个体化过程中的激活动因；Jones 等人发现父亲缺失的男孩心理分离在几个维度上与父亲存在的家庭间存在显著差异，但是如果控制了母亲-儿子和父亲-儿子的关系，这个差异就不再显著。表明父亲缺失的作用可以通过母亲-儿子关系的质量得到调节，由此表明，良好的母子关系对儿童身心发展具有十分重要的作用。③

尽管今天的孩子吃得好穿得也好，同时不愁心爱的玩具，但由于各种原因，特别是父母常年外出务工，或因为工作繁忙，孩子很难在父母的陪伴下成长，他们比

---

① ［美］埃利希·弗洛姆：《健全的社会》，欧阳谦译，中国文联出版社1988年版，第31页。

② Hetherington E, Martha C, Roger C. Divorced fathers. Family Coordinator, 1976, 25（4）: 417-428.

③ Jones K A, Kramer T L, Armitage T, et al. The impact of father absence on adolescent separation-individuation. Genetic, Social, and General Psychology Monographs, 2003, 129（1）, pp. 73-95.

以往任何时候都缺乏来自父母爱的呵护，他们也非常渴望能够得到父母之爱。在满足孩子爱的需要方面，许多父母存在一些明显的误区：

有的父母认为，充分满足孩子在物质方面的需要，就是对他们的爱。因此，许多父母宁可自己节衣缩食，也要尽其所能去满足孩子在物质方面的要求。这不是对孩子真正的爱，而是一种物质上的施舍。这样不但无法使孩子满足爱的需要，反而会助长孩子在物质方面的贪欲，且还会使孩子之间形成不应有的攀比之风；有的父母认为，给孩子的饮食起居一手包办，就是对孩子的爱。这也不是对孩子的爱，而是对其自主性的一种剥夺，因为这样不但无法使孩子实现爱的需要，反而会使孩子丧失其自主性，助长孩子饭来张口衣来伸手的依赖性；有的父母信奉不管不成人的信条，而采取对孩子过于严厉的管制与约束。这同样不是对孩子爱的表现，因为这样只能使孩子个性压抑，且容易形成一种叛逆心理，或使孩子变得胆小怕事；有的父母认为"树大自然直"，因此、对孩子不管不问、放任自流就是对孩子的爱。这当然不仅不是对孩子的爱，而是对孩子不负责任的表现，这样放任孩子的结果就是以后无视纪律，不懂规矩，任意妄为。

总之，父母对孩子的爱不是一味地物质上满足，也不是无所不包的替代，更不是没有原则的溺爱。当然，也不是放任、或专断或忽视与冷漠，而是体现在满足孩子必要物质需要的同时，给予孩子必要的精神上的关注、成长的引导、人格的尊重、生活的相伴等。要想实现孩子父母之爱的期望，一方面需要父母通过生活的事实对孩子实施爱的教育，需要父母与孩子从真正意义上理解什么是爱，使孩子懂得靠人物质的施舍不是爱，一味地索取与占有也不是爱，而爱更多的是一种奉献、一种尊重、一种关心、一种责任；另一方面，父母应该以自己的行为使孩子感受到什么是真正的父母之爱，使孩子在感受到来自父母爱的同时，也学会爱，形成爱的能力。父母平时应形成对孩子必要的关注、关心、尊重、支持、鼓励等。无论多忙，父母都应该抽出一定时间经常陪伴孩子，在陪伴中增强积极的亲子关系，使孩子能够感受到父母的爱；应该经常关注孩子的成长，不时地鼓励孩子的进步；经常关心孩子的生活与学习，在孩子遇到挫折时，父母应该鼓励孩子，为孩子提供必要的心理支持，使孩子能够重拾战胜挫折的信心。同时也应该充分地尊重孩子的自主性与独立性和必要的选择性，与孩子平等相处，做孩子的朋友。当孩子成家立业后，应该说，父母已经基本完成了所应尽的责任与义务，但从爱的角度来讲，父母一方面应该支持孩子的工作与事业，但不要干预，关心孩子的生活，但不要干涉；另一方面，为了给孩子减负，自己有能力的情况下，过好自己的生活，尽量不要给孩子增添一些负担，如果尚有余力，还可以帮助带带孩子，享受天伦之乐。

（二）夫妻之爱的期望

夫妻之爱的期望主要是指夫妻之间期望得到对方的爱。幸福美满且能够携手到老的婚姻并不是人人都能如愿，随着离婚率的不断攀升，使越来越多的人对婚姻缺乏信心，心生畏惧。夫妻之爱是以婚姻的形式结合一起的以一定性爱为基础的两性之爱，是维系家庭稳定的压舱石。夫妻之爱也势必影响到有了子女后父母对于子女的爱。只有形成了应有的夫妻之爱，才有助于家庭关系的和谐与稳定，有利于父母更好地承担其家庭的责任，实现家庭正常的功能，才更有利于子女得到来自父母的爱。

性爱的和谐应该是维持夫妻感情的重要生物学基础，是构成夫妻之爱的基本要件。许多婚姻的解体与夫妻之间性的不和谐所有关；相互理解是形成夫妻之爱的基本条件。生活中夫妻之间的纷争与冲突都是因为不能够站在对方的角度，换位思考，而无法理解与认同对方所为而导致；包容是形成夫妻之爱所需要的基本要求。人总是会有这样与那样的不足，也免不了要会犯错，因此，夫妻之间对彼此的不足与所犯的错应该在理解的基础上，形成必要的包容。如果没有包容之心，夫妻之间难免会因彼此的不足或过错引发经常的纷争与冲突，进而造成感情的裂痕；相互信任是维护夫妻之爱的必要条件，如果没有互信，就无法形成互爱。今天生活中夫妻之间出现的许多情感问题，有的是因为相互之间缺乏信任，因为信任危机而直接造成情感危机甚至婚姻破裂；忠诚是保证其婚姻的稳定性，维护夫妻之爱的最重要心理基础。由于在一夫一妻制社会里，婚姻是排他的，因此任何一方的背叛都会从根本上动摇其婚姻的根基，也是引发夫妻情感危机的最重要因素。担当是指夫妻之间应该承担彼此生活中的包括家庭在内的各种责任，相互帮扶、相互照料，相濡以沫。

总之，要想真正实行夫妻之爱的期望，就应该在日常生活中，始终坚守"理解、包容、互信、互敬、忠诚、担当"等要求，并将其付之于日常生活的实践。另外，夫妻之间平时做到积极的交流应远远多于消极的交流，且这种积极交流应该突出体现在对对方行为的肯定与认可，以及相互间的欣赏等方面，这无疑会使夫妻之爱大为增色。

(三)子女之爱的期望

子女之爱的期望主要是指父母期望得到来自子女的爱。这是一种反哺式与回报式的爱。对于子女而言，你陪我长大，我陪你变老。子女小时是父母未来的希望，大了则是父母的依靠。中国传统文化有"养儿防老"之说。孝敬父母，是人之仁伦，天经地义。爱父母就是孝敬父母。百善孝为先，一个不爱父母的不孝之人，是不可能有爱人之心的。随着社会的进步，各种保险制度的不断落实，许多老人在经济上有了一定的保障，但在精神上却需要有所寄托。虽然今天许多老人在社区里不缺相应的文化生活，可以找到一定的精神寄托，但任何形式的寄托都不能取代子女对父母的关怀与照顾。这既是做子女的责任，也是子女应该承担的义务。子女对父母的爱，应该集中体现在平时生活方方面面的关心与照顾、经常的交流与沟通以及生活琐事等的照料上。当父母能够生活自理的情况下，应该做好一定的陪伴，抽时间经常与父母聊聊天、下下棋、打打牌等帮助其排除寂寞；经常同父母在外散散步；有条件的也可与父母一起外出旅游，带着父母看看外面的世界；必要时陪他们上街购物和去医院看病等。当他们生活不能自理了，作为子女应该承担起照料父母的所有责任，柴米油盐酱醋茶，吃喝拉撒洗晒等琐事样样都应该照顾到，做到能够亲力而为就不要他人代替，实在没有空的就应该安排好可靠的代替人选。对于因工作原因不在父母身边的，当其父母尚能自理时，应该每天通过网络或电话的形式有所沟通，且平时应该经常回家探望，慰问父母。当父母年迈体弱，生活不能自理的情况下，有条件的可以将他们接到身边照顾，没有条件的应该安排到较为可靠的人或敬老院照顾，但也不能就此了事，也要经常保持联系与沟通，同时还应抽时间经常去探访。只有做到这样，才能使父母能够真正感受到来自子女的爱，子女也就真正体现了对父母的"孝道"之心。

二、教师之爱的期望

教师之爱是继家庭的父母之爱之后，人生遇到的又一重要成人之爱。随着教育的广泛普及，我们每个人都要接受正规的学校教育，每个人不可避免地要与教师相遇，并受其教育。同时我们每个人在学生生涯中都期望得到老师的关爱。与父母之爱不同，教师之爱没有血缘关系而具有无私性与公平性。父母之爱着重体现在孩子的饮食起居及身体的发育等物质的关心方面，教师之爱主要反映在对学生精神成长的关照方面。没有爱的教育是没有灵魂的教育。作为肩负教育责任的教师，只有表现出应有的爱心，才能不辱教育的神圣使命，更好地肩负培养人的历史责任。教师之爱的本质就是充分尊重、平等对待每一位学生，积极关注每一位学生精神的成长，鼓励与鞭策每一位学生的进步。教师之爱不是抽象而空洞的，而是鲜活地体现与贯穿在整个教育教学的具体环节和整个教书育人的活动过程之中。

从现实来看，绝大多数教师能够切实肩负教书育人的重要责任，同时也表现出对学生纯真的爱心。但我们也不难发现，由于各种原因，特别是受市场经济的冲击和社会中不正之风以及应试教育等因素的影响，少数教师并没有很好地履行一种教育者的责任担当，而表现出对每位学生纯真的爱。有的教师将爱的橄榄枝只是伸向了部分成绩好而升学有望的学生，而很少关心那些成绩一般或较差且升学无望的学生。教师的偏爱将极大地伤害这部分学生，轻则会使他们失去对搞好学习的信心，重则甚至有可能导致学生失去对未来人生的信心。更有甚者，极少数个别教师，将爱的天平倾斜到某些家长送礼的学生。这些教师的所为，不仅有违最基本的职业道德，同时也完全丧失了做教师的本分。教师的爱心一旦掺杂了铜臭味，将不再纯真，这也是对神圣的教师之爱的一种亵渎，它给教育及年轻一代的不良影响将是不可低估的。这是因为教师之爱是教育的灵魂所在，具有特别的重要性。她是通过教师联系学生与现实世界的纽带，使学生真切感受到人生之真情，也是联系学生未来的桥梁，使学生能够憧憬未来之美好。

要想实现学生对教师之爱的期望，其一，教师需要具有一定的奉献精神，唯其有奉献精神，才能真正体现出教师对学生之爱；其二，教师应该具有一定的使命担当，唯其有一定的使命担当，才有可能使教师生爱生之心；其三，教师应该秉持公平理念，唯其有公平理念，才能使每一位学生都能沐浴教师之爱；其四，教师应该有同理之心，唯其有同理之心，教师才能够将学生视同己出，而倍加关怀每一位学生；其五，教师应该具有高尚的人格魅力，唯有高尚的人格魅力，学生才能真切感受到来自教师的纯真之爱。同时，教师平时与学生平易近人的接触与沟通和对学生学业的关心与耐心的帮辅也是实现学生教师之爱期望所不可或缺的内容。

三、朋友之爱的期望

朋友之爱也称友谊之爱，这是一种最为普通与常见的爱。朋友是一种基于某些相似性或共同性的需要，而形成的一种密切联系的结合体。朋友关系的形成具有明显的随意性与自发性，也就是说，对于大多数人来讲，一般不会刻意地去寻找或专门选择朋友，通常是因为长时间的生活接触，形成了彼此之间的相互了解，发现其对方一些具有吸引力或令人喜欢的东西，而慢慢走到了一起，还有可能是一次短暂的活动聚会，甚至是一次旅行中的邂逅都会结下朋友之缘。

一般来讲，除了极少数孤独者外，我们每个人都有交友的需要，都期望在生活中有来自朋友的关心与关爱，当朋友有难时，也会尽力所能及地帮助。

培根也认为："缺乏真正的朋友乃是最纯粹最可怜的孤独；没有友谊则斯世不过是一片荒野；我们还可以用这个意义来论"孤独"说，凡是天性不配友的人其性情可说是来自于自己而不是来自人类的。"[①]

朋友结成的友谊具有重要的作用。培根在此方面所见颇深，他指出："友谊的主要效用之一就在使人心中的愤懑抑郁之气得以宣泄弛放，这些不平之气是各种的情感都可以引起的。然而除了一个真心的朋友之外没有一样药剂是可以通心的。对于一个真心的朋友你可以传达你的忧愁、欢悦、恐惧、希望、疑忌、谏诤，以及任何压在你心上的事情，有如一种教堂以外的忏悔一样。[②] 他进一步指出，一个人向朋友宣泄私情的这件事能产生两种相反的结果，它既能使欢乐倍增，又能使忧愁减半。因为没有人不因为把自己的乐事告诉了朋友而更为欢欣者；也没有人因为把自

---

① [英]弗·培根：《培根论说文集》，水天同译，商务印书馆1987年版，第95页。
② [英]弗·培根：《培根论说文集》，水天同译，商务印书馆1987年版，第99～100页。

己的忧愁告诉了朋友而不减忧愁者。"①

朋友与亲戚一样也是有亲疏之别的，只不过与亲戚的亲疏不同之处，在于朋友是基于感情的深浅而区分出其亲疏。有心心相印的知己，有志同道合的挚友，有情趣相投的趣友，有见多识广的智友，有可以无话不谈的密友，也有泛泛之交普通朋友等。不同类型的朋友可以满足彼此不同的需要。

从理论上讲，友谊所带来的各种利益会对我们的繁殖活动产生直接或者间接的影响。尽管友谊拥有一些潜在的好处，但是朋友有时也会成为我们的竞争对手。"朋友可能会出卖我们，把我们的私人信息透露给对手；朋友可能会和我们争夺那些非常难得的资源，有时甚至争夺同一个异性。"②由此表明，在一定条件下，有些朋友也会变成对手。在现实生活中，许多善良的人，由于过于相信所谓的"朋友"而上当受骗。所以，古人告诫我们：匹夫不可以不慎取友。友者，所以相有也。③

虽然朋友不都是事先有意识地选择的结果，但由于可供我们拥有的朋友资源毕竟有限，因此，我们要想收获朋友之爱，就不能没有一定的选择。我们在选择朋友时，应该把握的基本要求是：善交益友。这种益友应如孔子所云"友直、友谅、友多闻"，即我们要选择那些正直的人、信实的人以及见识广博的人做朋友。因为与正直的人交友，有助于我们成为正直之人，与信实的人交朋友，有益于我们形成诚实守信的品格；与见识广博的人交朋友，可以增进我们的智慧。不交损友。所谓损友，如孔子所云"友便辟、友善柔、友便佞"，即孔子告诫我们不要与阿谀奉承、阳奉阴违、夸夸其谈的人交友。因为与阿谀奉承的人交友，不利于我们形成正直的品格；与阳奉阴违的人交友，我们难免会深受其害；与夸夸其谈的人交友，我们有可能变得不切实际。因此，在生活实践中我们应该注重选择"益友"，而尽可能避免选择"损友"。

选择朋友之后，我们应该做到如下几点：一是要真诚，就是真心诚意，坦坦荡荡地与之交流，不应该有丝毫的虚伪，做到"与朋友交，言而有信"④。只有彼此真诚相待，才能建立相互信任的朋友关系，只有相互信任，彼此才会走得更近，相处才更为融洽。二是理解，相互理解是建立良好朋友关系的重要条件。正如艾·阿德勒所指出："人与人之间如果能够更好地相互理解，则他们一定会相处得更好，彼此之间也一定会有更亲密的接触。"⑤理解，就应该推己及人，站在对方的角度思考

---

①　[英]弗·培根：《培根论说文集》，水天同译，商务印书馆1987年版，第99页。

②　[美]D. M. 巴斯：《进化心理学》，熊哲宏、张勇等译，华东师范大学出版社2007年版，第310页。

③　《荀子·大略》。

④　《论语·学而》。

⑤　[奥]艾·阿德勒：《理解人性》，陈刚等译，贵州人民出版社1991年版，第9页。

问题，设身处地地为对方考虑。现实中的许多朋友关系由于缺乏相互的理解，造成许多的隔阂而各自东西，不再往来。三是关心，作为朋友应该在生活中相互关心，不时地彼此问候。四是支持，作为朋友平时应该相互帮衬，特别是当一方遇到困难需要帮忙时，应该及时给予相应的力所能及的支持与帮助，尤其是精神上的支持与心灵的安抚是必不可少的。五是欣赏，所谓欣赏，就是朋友之间所表达的应该是对另一方面行为举止肯定与赞许。能够得到朋友的欣赏，将大大增强其个人自尊，同时它也是一种感情的润滑剂，将有助于增进彼此之间的积极情感。因此，我们应该做到"与朋友交，只取其长，不计其短"。①

四、恋人之爱的期望

恋人之爱一般是指男女之间因彼此的相互吸引而产生的爱。这种爱通常与人的性欲相关联，但性欲只是人的生物性的体现。性爱是一种基于性的冲动，所反映的同另一个人合并和结合的本能反应。性与爱能够而且在绝大多数时候的确是完美融合在一起的。诚然，两者也是可以彼此分开的，我们也无意将两者毫不必要地混同起来，但是，我们必须说，在健康人的生活中，两者倾向于彼此完全结合起来，融为一体。②

尽管真正的爱情是在性的吸引的基础上产生的，但单一的性爱也不是爱情。爱情是性爱与情爱的结合体，是人的生物性与社会性的有机结合的体现。爱情是一种内容丰富而复杂的心理现象。仅就情感这一维度来看，就包括激情、兴奋、欢愉、热烈、爱、美感等多种元素。爱情应该是肉体与精神的一种高度结合。一般的爱情往往是冲着长远的婚姻而去的，因此是具有排他性的。处在恋爱之中的人们，都期望得到恋人之爱。

要想真正实现恋人之爱的期望，首先需要对爱情有一个正确的理解。没有基于慎重考虑的以身相许不是爱情，单纯所谓激情之爱不是爱情，以占有为目的的不是爱情，只是身体相互吸引的不是爱情，以对方的地位或财物为吸引的也不是爱情，以各种哄骗方式得到的所谓"恋情"更不是爱情。

其次，需要我们在选择与确立恋人关系方面形成一种必要的态度及行为。许多人将爱情理解成一种单纯的情感反应，而几乎没有考虑其理智的成分在爱情中的意义。这是一种片面的不足取的观念。爱情是需要理智的作用的，只有在一定理智驾驭下的爱情，才会更为稳固与长远。这种理智的作用首先应该表现在对恋爱对象的选择方面。

---

① （清）李惺《西郊外集·冰言补》。
② ［美］埃利希·弗洛姆：《健全的社会》，欧阳谦译，中国文联出版公司1988年版，第22页。

重颜质，以貌取人。在恋爱对象的选择上，长相容貌的选择是必要的。所谓一见钟情，在很大程度上是因为被对方容貌长相所吸引。只要颜值高，其他可以不管不顾，或忽略不计。就是说，人往往因对方的容貌长相的突出优势被放大，而无形之中，忽略了其他在旁人看来十分明显的不足，其结果导致以偏概全的偏差发生。像这种偏向容易产生"激情之爱"，是一种对另一个人强烈、有时不太现实的情感反应，经常发生在一瞬间。如果不注重进一步培养感情，这种情感之爱，一般不会久远，即使是能够维持，所承担的风险较大，因为其颜值高，抛头露面的机会多，容易招来更多异性的青睐，当其难以抗拒各种诱惑时，极易另寻新欢。由此表明，选择容貌出众，外表漂亮的对象不仅需要承担更大的安全风险，且要有更高的成本付出。如果不具有承担和控制风险的能力和较雄厚的资本，即便是一时拥有了佳丽或俊男，也难以保持一种稳定的恋情关系。

重地位，以势取人。权力与地位是这个社会人们容易推捧的东西，它对人的影响几乎无处不在。一些社会学研究也探讨了男性社会地位对其妻子的性魅力的影响（Elder，1969；Taylor & Glenn，1976；Udry & Eckland，1984）。结果显示，社会地位更高的男士的妻子比社会地位低的男士的妻子相对来说更有魅力。

重家财，以利取人。在此，我们首先得承认一种基本的事实：爱作为一种精神的需要，不能完全脱离一定的物质经济基础而独立存在。因此当选择对象时，有所考虑其对方的经济条件并无可非议，但如果以此作为选择对象的主要甚至唯一条件，那就有失偏颇了。我们不难发现，许多年轻人非常实际，在找对象中将对方的家庭经济条件作为首选甚至主选。诚然，以这种方式找对象，也许衣食无忧，但是否精神上能够得到必要的满足就难讲了。同时，豪门的生活未必就能养尊处优，且难免会感到一种莫名的压力，家庭之间的差异往往会使自己失去做人的尊严，哪里又能够享有真正的恋人之爱？

另外，还有一种过于理想化的取向：在一部分年轻人中，恋爱标准很高，希望对方不仅颜值高，且家庭出身优裕，本人德才兼备，且彼此情投意合。持有这种想法的人，往往在现实中难以如愿，因为实际生活中并没有一切均完美的人，除非是多个人的优势集于一人，那只能是在影视剧或小说家的作品中才能见到这种情形。所以这些人最后若不改变想法，降低要求，恐怕也难以找到如意对象，更别提享有恋人之爱了。

再次，恋人关系一经确定，应该持有积极的行为反应。一旦做出具有一定理性的选择，就应该在明确彼此恋人关系的基础上，开展进一步的具有建设性的沟通与往来，增强进一步的了解，加强双方的情感联系。在具体的沟通与往来中，应该把握好一定的交往频率，交往过疏或过密似乎都不合适。过疏易造成彼此关系的距离，尤其是交往的初期，过疏容易造成彼此对所形成关系的不信任，甚至容易导致关系的恶化；过密可能牵涉彼此的精力而影响其他的生活，也容易带来某些厌腻感。同时也应注意交往的分寸，其保持怎样的空间距离，应该以情感发展的基本进展为依据，同时以不能违背对方的意愿为前提，并充分体现出对彼此的尊重为原则，尽可能避免做出以后后悔的甚至受到伤害的行为。在交往中应该更多表现出一些积极的行为举动，可以不时给对方一些惊喜，也可以增强一些浪漫的色彩，以始终保持交往的温情。对交往中出现的问题与分歧，应该注意换位思考，即使是对方的问题，切忌将问题放大处理，也不能强求对方按照自己的意愿加以改变。要明白"我爱一个人，不是要让他成为与我一样的人，或者变成我的一部分，而是要使这个人更好地成为他自己"①。只要不涉及原则性的问题，就应该予以一定的谅解和包容。另外，奥佛斯特里特（Dverstreet）说得好："对一个人的爱意味着对那人的肯定而不是占有，意味着愉快地授予他一种充分表达自己独一无二的人性的权利。"②

无论是男人还是女人，承诺都是爱的核心部分。这种行为包括放弃与其他人的关系，其实，承诺还包括有忠诚，忠诚意味着只对单一对象的性的承诺，承诺还包括对爱人物资的付出，情绪上的支持的承诺，表现为一方有困难时另一方及时赶到并耐心倾听，承诺还意味着时间和精力的投入，牺牲个人目标而尽量满足对方的要求。③

特别注意的是要保持恋爱关系的纯洁性，而既不能脚踏两只船，也不能朝秦暮楚，得陇望蜀，更不能见异思迁。在现实中某些年轻人对爱情缺乏专一性，而热衷于"游戏之爱"，由此直接影响到爱情的纯洁性，不仅造成对他人情感的伤害，且导致一些人不再信任爱情，而越来越疏远爱情。从维护爱情的真诚与纯洁的需要考虑，这种"游戏之爱"是理当避免的。彼此之间应该在其积极主动的交往过程中，发展一种成熟的"同伴之爱"，她"是一种对那些已经深深嵌入你生活中的人的情感。同伴之爱建立在亲密友情之上，两人相互有共识，彼此关心，相互表达了对对方的喜欢与尊敬，才是一种健康的爱情，而"健康的爱情从某种程度上说意味着防卫的解除，也意味着自发性和诚实的增强。健康的爱情关系倾向于双方的言谈举止完全出于自发，倾向于使两人相互了解，永远相爱。④ 只有这样才能不断加深双方的感情，享受真正的恋人之爱。

---

① ［美］马斯洛：《动机与人格》，许金声等译，华夏出版社1987年版，第230页。

② ［美］D. M. 巴斯：《进化心理学》，熊哲宏、张勇等译，华东师范大学出版社2007年版，第144页。

③ ［美］马斯洛：《动机与人格》，许金声等译，华夏出版社1987年版，第216页。

④ ［美］埃利希·弗洛姆：《为自己的人》，孙依依译，生活·读书·新知三联书店1988年版，第34页。

第三节　实现爱的期望的基本条件

如前所述，尽管人类爱的期望反映在方方面面，且每种爱的期望都有其独特的内涵与要求，但不管哪种爱的期望的实现，都同时应该具备以下基本条件：

一、具备爱的能力

爱既不是一种飘落在人身上的较大力量，也不是一种强加在人身上的责任，它是人自己的力量，凭借这种力量，人使自己和世界联系在一起，并使世界真正成为他的世界。[①]

爱是人的一种主动的能力，是一种突破使人分离的那些屏障的能力，一种把他人和他人联合起来的能力。我们要想实现爱的期望，就应该具备爱的能力。如果不具备爱的能力，我们既不能感受爱，也不能表达爱，更无法承担爱的责任。因此实现爱的期望必须具备相应的能力，具体包括：

(一)感受爱的能力

爱是需要感受的，也就是当别人给予我们爱的时候，我们应该能够很好地感受到这种爱。如果一个人缺乏感受爱的能力，他当然不可能有效地接受爱，进而充分地享受爱，这样也就不可能实现其爱的期望。只有能够感受到爱，才能更好地接受爱，充分地享有爱，这样才有可能实现彼此爱的期望。

(二)表达爱的能力

爱是需要表达的。表达爱的能力就是能够将自己对别人的爱，通过恰当的方式表达出来从而使对方能够理解并予以积极接受的能力。表达爱的能力，既是满足对方爱的需要，也是表达者实行爱的期望的过程。生活中许多人由于缺乏表达爱的能力，既无法将自己的爱很好地传递给别人，也无法使别人有效地接受其爱，导致双方都无法实现其爱的期望。这种情况既表现在家庭父母与子女之间，也反映在夫妻或恋人之间，并因此留下许多遗憾。因此，学会爱的表达，培养爱的表达能力是实现其爱的期望所必须具备的一种基本能力。

(三)承担爱的责任的能力

爱是需要一定的担当的。因此，具有承担爱的责任的能力是保证实现爱的期望

---

① ［美]埃利希·弗洛姆：《为自己的人》，孙依依译，生活·读书·新知三联书店1988年版，第104页。

的一个重要条件。不同的爱其承担的责任可能有所不同，如父母对于子女的爱，应该承担其抚养、教育、引导等责任，而子女对于父母的爱应该承担陪护、赡养、照顾等责任；朋友之间爱的责任主要表现为维护其声誉，尊重其人格，相互的支持与帮衬等；恋人之间爱的责任主要表现为彼此在恋爱期间有维护对方身体与生命安全、个人隐私以及道德及法律所赋予的各种责任与义务。只有具有承担爱的责任的能力，才能真正享有爱的权力，真正拥有爱，也才能实现爱的期望。如果一个人不能够或不愿意很好地承担爱的责任，也就失去其爱的资格，一个连爱的资格都不具备的人，当然就无法实现其爱的期望。

(四) 经营爱的能力

爱也具有变化性。因此，要想维持爱的稳定性同时又使爱具有保鲜性，需要双方对爱进行经营，不断为爱注入"维生素"。今天我们发现生活中许多有良好基础的朋友之爱，由于各自生活的忙碌而不能经常经营打理，最后随着岁月的流逝而渐行渐远，销声匿迹，荡然无存，实属可惜！爱的种子一经播下，要想使其生根、发芽、成长、壮大，需要人去浇水、除草、培根、扶苗、剪枝等。这样才能保证爱成长为一棵参天大树，能够经得起岁月的考验，使爱得以稳固。因此要实现爱的期望，需要我们加以经营打理。没有一定的付出，就不能收获爱的果实。这就需要爱的加盟者进行一定的经营，开展经常性的积极互动、陪伴、支持、关心，所有这些都需要时间、精力、心思的投入。只有这样才能既保持爱的鲜活，又保证爱的历久弥新。

二、懂得关心与承担责任

弗罗姆认为，不管爱的对象是谁，爱的本质都是一样的。他提出各种生产性的爱有相同的基本要素。这些要素就是关心、责任、尊重和认识。[①] 这里所谈的关心与责任，不是基于某种特殊的社会角色所形成的对人的一种任务性的反应，而是出于爱对方的一种发自内心的真诚奉献。这种"关心和责任意味着爱是一种能动性，而不是一种征服人的热情，也不是一种'感动人'的影响力"[②]。正如弗洛姆所言："责任并不是一种由外部强加在人身上的义务，而是我需要对我所关心的事情做出反应。"[③]因此，这里所指的关心与责任不是一种外部强加的，而是因为爱所自发产生

---

① ［美］埃利希·弗洛姆：《为自己的人》，孙依依译，生活·读书·新知三联书店 1988 年版，第 104 页。

② ［美］埃利希·弗洛姆：《为自己的人》，孙依依译，生活·读书·新知三联书店 1988 年版，第 105 页。

③ 高德胜：《爱与教育爱》，载《教育研究与实验》2009 年第 3 期，第 3 页。

的，是发自内心的。那种因为勉为其难的来自外部的压力所形成的所谓关心与责任不是爱所需要的，也不是爱的一种心甘情愿的反应。因此，我们要想实现爱的期望，就应该自觉地而不是勉为其难地形成其关心与责任，为所爱的人付出一片发自内心的关怀，承担一份由衷的责任。如果彼此都能做到这样，那么爱的需要就得到了满足。现实中我们发现，一些人虽然对所谓爱的人表示出某些关心，且行使了一些责任，但却不是发自内心的，让人感觉到有些勉强，这与其说是一种基于爱的自发表达，不如说是由于所谓道义使然，或是因为出于其他考虑。这样的关心与履责，难以使人感受到爱的暖意，因而也就谈不上从其关心与履责中实现了爱的期望。

三、尊重与信任

尊重与信任是实现任何爱的基本条件。对于另一个人的尊重意味着承认他是一个独立的存在，是一个独立自主的个体。尊重他人的独立性，这是对爱的一种限制，也是爱本身的要求，是真爱不可缺少的要素。因此，真正的爱必然包括尊重，否则就会变成控制。① 没有尊重就没有爱，没有信任也不会产生爱。这里的尊重应该包括自尊与互尊，爱既需要自尊又需要互尊。自尊是一种宝贵的个性特征。自尊意味着一个人在社会中保持自我的独立与人格的尊严，不阿谀奉承，不奴颜媚骨，不妄自菲薄，不妄自尊大，与人保持平等地位的接触。只有这样的人才能赢得对方的尊重，只有这样的人才有爱的勇气，才能赢得别人的爱。互尊是一种交往中的相互尊重，就是相互尊重对方的人格与做人的尊严和权力，相互尊重对方的自由与选择，交往中彼此没有违背对方的任何意愿，一切都建立在彼此的自觉自愿的基础上。只有建立在这种互尊基础上的爱，才具有平等性与真诚性。这里的信任同样包括自信与互信。所谓自信就是一个人对于自我的一种积极认可和充分肯定，即相信自己有能力处理好各种事物。只有自信，人才有勇气去爱，敢于去爱。如果一个人缺乏自信，既无法表现出积极的爱的行为，也无法赢得别人的爱。爱是信心和勇气的行为，谁没有信心与勇气，谁就没有爱。② 因此，一个人要想实现爱的期望，首先应该充满自信地去爱别人。互信就是彼此之间的一种相互信任，这是形成爱的必然要求。只有互信才有可能实现爱的需要，如果彼此之间连信任都不具备，就根本无爱可言，也就无从实现其爱的期望。因此，要想实现爱的期望，我们既要形成自尊与自信，又要形成互尊与互信。弗洛姆认为："关心和责任是爱的组成要素，但是没有对所爱者的尊重与认识，爱就会堕落成统治与占有。尊重不是惧怕和敬畏，

---

① ［美］埃利希·弗洛姆：《爱的艺术》，转引自卢大振、华蕾蕾：《世界心理学名著导读手册》，中国城市出版社 2002 年版，第 208 页。

② ［美］埃利希·弗洛姆：《为自己的人》，孙依依译，生活·读书·新知三联书店 1988 年版，第 106~107 页。

尊重意味着能够按其本来面目看待一个人，能够意识到他的个性和唯一性。没有认识，就不可能有对一个人的尊重；没有对人个性的认识作引导，关心和责任也就是盲目的。"①父母与子女要想实各自的爱的期望，应该以彼此之间的相互尊重与信任为前提，要想实现朋友之爱的期望，彼此之间也应该形成相互的尊重与信任，另外就是夫妻之间也应如此。现实中我们不难发现，亲人之间、朋友之间由于缺乏必要的尊重与信任，而形成了彼此之间的各种隔膜，有的甚至分崩离析。因此，要想改变这种状况，那么我们就应该学会尊重与信任，只有在彼此的相互尊重与信任中，我们才有可能获得各种爱的需要，实现其爱的期望。

四、保持良好的道德操守

爱需要道德的铺垫与引领。爱本身具有道德及审美的价值内涵。一个不道德的人，是不具有爱的价值的。人们之所以爱彼此，不完全是基于对方的容貌及身体或才华之类的东西，当然也不应是某些身外之物，尤其是在一般的普通朋友之间的爱方面，很重要的是在于对方具有良好的德行。因为与一个没有道德的人在一起，人们感觉不踏实，缺乏起码的安全感。在这种情形下，怎么会产生爱的情感呢？只有建立在一定道德基础上的爱，才能够行稳致远。做人需要本分，这种本分就是恪守一定的道德伦理规范。而只有这种本分之人，才能得到爱并享有爱；而失德之人，是无法得到真正的爱并享有充分的爱的。没有一定道德维系的爱，终究不会维持久远。亲情之爱、朋友之爱、恋人之爱，无不反映出应有的道德内涵。在失爱的家里，往往充斥着一定的家暴，而在充满爱的家庭，都在恪守一定的家庭美德。因此，一个人要想实现爱的期望，首先应该立德，应该表现出应有的道德的操守，这是获得爱的需要、实现爱的期望的必然要求。

五、沟通与往来

这是实现爱的期望的必要途径。爱的能力、关心与责任等行为反应均需要通过沟通与往来实现。在封闭的传统时代，人们主要是通过书信往来进行沟通，随着互联网的普及，人们之间的联系完全可以超越时空，其沟通更便捷。因此，即使身处异地，远隔重洋，也阻隔不了传递爱的沟通，哪怕是简短的一句问候，也可以传递爱的暖意。常言道：亲戚靠走动，朋友靠往来。沟通与往来的频率直接反映出爱的程度。亲戚不走动，亲情就淡了，朋友不往来，感情就疏了。社会心理学研究认为，在沟通过程中，随着彼此间自我卷入的深度，其情感关系不断加强，因此，我们要想实现爱的期望，彼此之间不仅需要沟通与往来，且双方都应有情感的自我卷

---

① ［美］埃利希·弗洛姆：《为自己的人》，孙依依译，生活·读书·新知三联书店 1988 年版，第 103 页。

入。通过沟通与往来及必要的情感自我卷入，可以不断地增进了解，加深感情，从而满足彼此爱的需要。我们要想实现爱的期望，就应该注意加强平时自我卷入的沟通与往来。在沟通与往来中传递爱，实现彼此爱的期望。

六、处理好爱己与爱人的关系

人与存在的矛盾是：他既要寻求与他人的接近，又要寻求独立；既要寻求与他人结为一体，同时又要设法维护他的唯一性和特殊性。① 这就需要处理好爱己与爱人的关系。爱己应该包括自爱和希望得到来自他人之爱。一个人对于自己的爱，最初是源自他人对于自己的爱，也就是从他人对于自己的爱中学会了对自己的爱。如果没有来自他人对于自己的爱，自己也就无法学会对于自己的爱，也无法学会对别人的爱。而一个人要想实现来自他人对于自己的爱，因此，他必须爱他人，如果他不能够爱他人，那么，他就无法实现完整意义上的自爱，也就是说他如果不能够爱他人，那么，他就无法获得来自他人对于自己的爱，如果没有来自他人对于自己的爱，他的自爱是不完整的。因此从一定意义上讲，爱己与爱人应该是统一的。

若一个人有能力爱他人，也就有能力爱自己；若你真正爱他人，你就应该真正爱自己。反之，正因为你爱你自己也更应该爱他人，爱他人是自爱能力的反映。自私者不是过于自爱，而是缺乏自爱，缺乏创造性。自私者本质上不是爱自己，而是恨自己无能。自私者不能爱他人，因而也不能爱自己。② 因此，我们既不能将爱己与爱人对立起来，也不能在爱己的过程中无视对他人的爱。否则就是一种自私而不是自爱。自爱者，必爱人，爱人者，必自爱。这样也可得到人之爱，从而实现爱的期望。总之，我们需要来自他人之爱，同时也应该爱他人，还应需要有自爱。他人之爱使我们感到温暖，爱他人使我们感到生命的价值，而自爱则使我们充满生命的意义与活力。

在寻求爱的期望路上，有的人非常幸运，会如愿以偿，也有的人由于各种原因，而难以如愿。当爱的期望没有实现而形成爱的缺失，如缺乏母爱或父爱，失去爱情等，人们一般会表现出情绪低落，精神不振，甚至感到孤苦无依。在这种情况下许多人会通过寻找另外的一些东西加以替代与补偿。这些补偿有的是及时性的，有的则具有延缓性。前者如一个失恋了的人，很容易立即坠入另外一个人的爱河之中。也许在一时内在一定程度上弥补了他们爱的缺失的需要，但由于这种补偿有的可能是错位的，因此有可能再一次令其失望。后者如从小失去母爱或父爱的人，在

---

① ［美］埃利希·弗洛姆：《为自己的人》，孙依依译，生活·读书·新知三联书店 1988 年版，第 106～107 页。

② ［美］埃利希·弗洛姆：《爱的艺术》，转引自卢大振、华蕾蕾：《世界心理学名著导读手册》，中国城市出版社 2002 年版，第 211 页。

他们即将成人时，他们很可能就过早地找一个比自己年龄要大得多的异性作为婚配对象。当然还有人在缺失的爱面前，可能会出现一些刻板性固着反应，如有的失恋者将感情永远固守在前面的对象上，对其他人无论如何再也难以萌发一种真正的感情。还有的是实现一种对象的完全转换，如一个失去恋人的人，将自己全部的情感投入到公益事业或自己的工作中去，而在此方面有所作为。这种补偿方式可能造成其诸多社会功能或适应方面的问题。有的人在现实中找不到情感慰藉，可能沉溺于网络虚拟世界中。极少个别的甚至因为失爱而生恨，报复他人与社会。这种过激表现是极不足取的，最后的结果只能是害人害己。另一种就是走向另一面，因失爱从此一蹶不振，破罐破摔，甚至自杀。这种以生命的代价对付失去的爱，是一种极其愚蠢而懦弱的表现，断然也是极不足取的。由此可见，有些补偿是有一定积极意义的，是有益的，而有些补偿是消极而有害的。

其实，我们在失去的爱面前，一时情绪的低落，甚至无比的痛苦都是一种正常反应，但此时我们真正需要的是在失去爱后的一种豁达、自信和勇气。它们会重新点燃我们爱的期望，或促使我们寻求生命中比爱更有意义的东西。所谓升华就是一种有效的积极的高级补偿方式。当我们一时失去某种爱，如果通过艺术创造等更有社会价值的追求，弥补因失爱而造成的缺憾，以获得心灵的慰藉。当我们在艺术创作中取得一定成绩的同时，也许会收获更加甜蜜的爱，这岂不更美哉！因此，这种升华补偿于己于人均有益，是值得提倡的。

另外，某些爱的期望没能实现时，我们在感到伤心难过的同时，应该通过寻求合适的方式予以倾诉，或通过一种适当的方式宣泄，还可以通过一定的"酸葡萄机制"帮助自己减压，而不应采取压抑、逃避、孤立自我等方式，因为这样做不但解决不了问题，反而使问题迁延化。通过合适的倾诉、宣泄，使不良情绪消解后，应冷静下来，有所反思，总结一下原因，特别应该找找自我主观的原因，这样有助于从中吸取教训，促进自我的成长。如果一味地"在客观领域找原因。怨天尤人不但不能很好的生活，而且只能更加远离爱的绿洲而走向爱的荒漠"①。

常言道："塞翁失马焉知非福。"不管怎样，无论我们失去怎样的爱，我们都不能失去对于生活的爱和生命的爱。生活是不会抛弃我们任何一个人的，当生活为你关上了一扇门，她会为你另外打开一扇窗。正所谓"失之东隅，收之桑榆"，只要我们珍爱生命，热爱生活，那么，相信总有那么一天，通过我们不懈地努力，我们失去的爱将回到身边，爱的期望终将能实现！

---

① ［美］埃利希·弗洛姆：《爱的艺术》，转引自卢大振、华蕾蕾：《世界心理学名著导读手册》，中国城市出版社 2002 年版，第 208 页。

第十章　声誉期望分析

我们每个人都期望获得应有的社会地位和做人的基本权利，期望体面而有尊严地度过一生，期望自己的所为能够得到社会及他人的充分肯定：每个学生都期望自己的学习能够受到老师的表彰，每个员工都期望自己的工作得到领导的赏识和同行的认可，每个普通人都期望在现实生活中有个好名声等，这就是我们要谈到的声誉期望。有的人为了实现自己声誉期望，或维护已经获得的声誉，不仅付出了艰巨的努力，而且承受了巨大的痛苦；有的甚至因此致使人格扭曲，并且酿成一些重大悲剧。那么人为什么这样看重声誉，为什么为了实现自己声誉的期望付出那么大的代价，甚至遭受那么多的不幸，我们究竟应该怎样实现声誉期望呢？这是下面将要展开探讨的内容。

第一节　声誉期望概述

一、什么是声誉

声誉中的"声"本义指敲击悬磬发出的声音，后泛指各种声音。"声"可以被人听见，由这个特征引申表示人的名气、名誉等。人一旦出名之后，就会远近闻名。"誉"的本义为称扬、赞美。如：交口称誉、毁誉等，其引申义指"名声"。如荣誉、名誉、信誉等。"声"与"誉"合成"声誉"一词，较早见于《史记·三王世家》："'臣不作福'者，勿使行财币，厚赏赐，以立声誉，为四方所归也。"按照现代辞书的解释所谓声誉就是指"声望名誉"。[1] 从此解释中，我们不难发现，声誉包括两层相关意思，一是指声望，那么什么又是声望呢？辞书的解释是"为群众所仰望的名声"[2]。这种解释似乎隐含着声望是针对具有一定权势与地位者的。二是指名誉，什么是名誉呢？辞书的解释是个人或集团的名声[3]。由这种解释我们不难看到，从

---

[1]　中国社会科学院语言研究所：《现代汉语词典》，商务印书馆 2019 年版，第 1172 页。

[2]　中国社会科学院语言研究所：《现代汉语词典》，商务印书馆 2019 年版，第 1172 页。

[3]　中国社会科学院语言研究所：《现代汉语词典》，商务印书馆 2019 年版，第 913 页。

广泛意义讲声誉就是一种名声，那么名声又指什么呢？这里的名声泛指一个人或团体在社会生活中所具有的公众形象。作为名声的声誉包括声望与名誉两个方面。

声望与名誉二者之间既有联系又有一定的区别。从其联系来看，二者均指有关对象在社会生活中所享有的名声。名誉应该是声望的基础，没有好名誉，就没有好声望，而声望在某种意义上是一定名誉的体现。其区别在于声望有高低大小，名声有好坏优劣。一个人声望的高低大小，主要与一个人在社会中的地位、权力等社会身份联系更为密切。一个人的名誉则与一个人的地位、权力并没有直接的关联性。也就是说从理论上讲，即使没有任何权力与地位的普通之人，也能享有与有权力和有地位的人同等的名誉，甚至普通之人可以比某些有权力与地位的人享有更好的名誉。这可能是这位普通人比某些有权力的地位高的人有更好的"公众道德形象"，也就是说，名誉是一种"公众道德形象"在个体身上的反映。声望除了包括这种"公众道德形象"外，还具有与权力地位相匹配的责任与义务的担当等，所反映的内涵可能更多一些。

"名节"与"名声"一字之差，所反映的内涵虽然有些不同，但其基本意思均是指一种名誉，因此，其名节从广泛意义上讲也属于一种名声。"荣誉"也应该视为一种名声，是一种为一定的社会组织所授予的"好名声"。只是荣誉只有程度之分，没有好坏之别，也就是说荣誉一般应该是一种肯定的评价，而名声是有好坏之分的，因而从一般意义上讲，荣誉所反映的也是一种名声，是一种好名声，而不是坏名声。且荣誉由于是一定的社会组织所授予的，因此组织的权限所授予的荣誉有层级的差别，如"国家英雄"就是一种极高的荣誉。我们所探讨的声誉的期望也应该包括这些内容。当然，我们所探讨的名声是正面的、好的名声而不是负面的、不好的名声。

在实际的生活中人们偏向于从权力及地位来考量声誉，且几乎将声誉同权力和地位没有加以区分。在许多人看来，有权力和社会地位高就意味着社会声誉高，而无权力或社会地位低就反映出社会声誉低。在等级森严的社会中社会地位的高低往往又是与权力的大小作为衡量标志的，那些拥有较高权力的人往往被看成有较高社会地位的人，同时也是具有较高社会声誉的人。其实，权力及其地位与声誉尽管存在非常复杂的联系，但它们并不是一回事。从一般意义上讲，权力是一定的集团或阶级所赋予人的地位及其责任权限，作为普通人也有其权力，只不过他所拥有的权力则是法律所赋予的且要受其保护的身份及权限。而地位是人或团体在社会关系和社会格局中所处的位置，具体来讲是指一个人在社会中的职务、职位以及由此显示出的个人对于社会及相关人群的重要程度。在某种意义上讲，权力与地位具有同质性。地位高者意味其权力大，而地位低者意味其权力小；反而言之，权力大者其地位也就高，而权力小者则地位低。因此，权力与地位有大小高低之分。虽然声誉也存在一定的大小，但没有高低区分，只有好坏之别。在多元化的民主平等的社会中，权力地位与声誉应该是相剥离的，也就是说，那些拥有较高权力地位的人，并不一定就是具有较高声誉的人。当然，如果一个拥有较高权力地位的人同时又具备令人景仰的德性，那么这样的人才可能拥有较高的社会声誉。如果一个身居高位之人，失去其做人的德性，甚至道德败坏，这种人不仅不可能在人们心中享有真正的声誉，反而会名誉扫地，为人所不齿。

我们可从不同的层面理解声誉。首先，从最基本的社会文化层面看声誉，也就是以社会的公序良俗为评价标准理解声誉。在普通生活中，人们一般对符合公序良俗的行为人予以肯定的评价。这些人在人们心目中一般享有好名声，而对于那些有违公序良俗行为人予以否定的评价。这些人在人们心目中可能名声不好。常言道："公道自在人心"，因此，人们普遍根据其公序良俗这种"公道"而形成对人的声望之高低，名声之好坏的评判。这是一种为所有人都要恪守的声誉。这种声誉通常以非正规的众人口碑的方式体现。有一种自古以来就有的"名节"之誉，也属于一种文化层面的声誉，只是这种声誉所反映的内涵可能因为时代的不同而有所区别，但都属于我们要探讨的声誉范畴。

其次，一定的组织根据一定的标准所授予的荣誉。这种声誉是人们基于某种社会组织标准对当事者所履行的社会角色行为的一种积极评价。这种声誉因组织层级的不同，又有荣誉之大小的不同，如先进分子这一荣誉，有基层单位的先进，有省部级先进，有国家级先进，且同一层次中，可能存在不同的荣誉称谓，如国家层面就有先进工作者、国家楷模、国家英雄楷模等，随着层级的提高，其荣誉的等级也就增高。这些荣誉通常都是依据一定的标准评价推选，并通过相应的组织部门以正式的书面形式所授予。

再次，还有行业的不同所形成的各种声誉。各行各业都有相应的技术能手、标兵、工匠、大师，另外，还有专门学术领域的学者、专家等，所有这些主要是在各种行业、专业等领域当中表现突出，具有一定影响力的人员所组成。这类声誉主要是依据相应的行业和专业等领域所制定的技术评价标准，经过较为严格的评审，最后予以确认的。还有一些较为虚拟的声誉，如某协会或学会的名誉理事长等。今天在信息化的网络时代，甚至出现了各种网红达人。总之，在社会生活的各种领域都有人们所向往与追求的声誉。不同的声誉往往需要通过不同的途径和不同的方式去获得，并以各种不同的形式体现。

不管是哪种声誉都不是一个人自封的，也不是与生俱来的，而是社会中的他人或团体组织所赋予的。当然，这种赋予也是基于个人的所言所行的表现如何而给予的，其赋予的方式有非正式口头的评价，也有正式的各种荣誉的授予。但声誉的好否又决定于本人，更多的是以个人道德素质为核心的综合素质的体现。因此，虽然个人声誉由外在的他人或相应的社会组织所赋予，但并不为外在的他人或社会组织所决定。

人们关于自我声誉的意识，是伴随着人的自我意识和在一定的道德认知水平与道德情感基础上形成起来的，也就是说，在人的自我意识和道德认知水平及道德情感尚未形成前，人不具有自我声誉意识。声誉是否对人的生活与行为方式产生影响，在较大程度决定于这个人对于个人声誉重要性的认识，同时也在一定程度上受到某些社会因素的影响。如果一个人自我声誉的意识缺乏或淡薄，那么他的言行举止就不会或很少会受到声誉的影响，也就是说声誉对他没有什么影响力与约束力。相反，如果一个人的意识中非常在乎声誉，将个人声誉视同于生命一般重要，那么声誉对他的影响力与约束力就较大，为了维护自己的声誉，他就会时时处处谨言慎行。

同时，个体是否关注与重视自己的声誉，也要受其身份及个人经济条件的影响。一般来讲，普通人更多的只是注重与公序良俗有关的声誉，而不特别看重其他形式的声誉，或对其他声誉没有过高的要求，特别是当自己的经济条件不好的情况下，人们几乎不会考虑所谓的个人声誉。常言道：衣食足，知荣辱。具有一定社会身份的人往往非常看重自己的声誉，特别是那些清正廉明的官员和为人正派的名人名家，唯恐声誉有所损失。

当然，个人是否看重自己的声誉，在一定程度上也要受到一定的社会文化等因素的影响。特别是现实的政治生态等环境因素，对人是否看重自己的个人声誉有直接的影响作用。如果社会的政治生态清廉，大兴求是之风，大力弘扬正气，好人扬眉吐气，奋发有为的人能够得到应有的奖励，那么，人们一般都会在意其声誉对自己的影响。否则，不仅一般人不在意其个人声誉，同时也会导致某些人为了捞取有利的声誉，而大搞形式主义，弄虚作假，为了实现个人声誉期望，不惜牺牲他人的声誉，或窃取他人声誉，沽名钓誉，最后搞乱社会风气。

二、什么是声誉期望

所谓声誉期望就是一个人对自己或有关他人在社会中的声望与名誉方面的一种积极期盼。人生于世，一般需要留一个好名声。不管是什么人，不管他从事什么职业、承担何种社会角色，都会持有不同程度的声誉期望。声誉所反映的是人在社会中的地位、权力、荣誉、名声等的需要，因此，声誉期望是一种推动人们去追求地位、权力、荣誉等最基本的动因。正是人们形成了这样与那样的声誉期望，才激发人们在各种社会实践中大显其能和大展其才的力量与勇气，才促使人们形成勇攀事业高峰的积极进取的斗志与热情。声誉期望的内容充斥于人们社会生活领域的多个方面，且在人的发展的不同时期，声誉期望的内容及其表现也不尽相同。有与学业相联系的声誉期望，有与职业密切相关的声誉期望，有与社会地位及身份相联系的声誉期望，有与专业相联系的声誉期望，有与各种活动相联系的声誉期望等。对于声誉的期望与追求，成就了卓越之士，铸造了社会的辉煌，同时，也创造了卑劣者，滋生了社会的痈瘤。

三、人为什么需要声誉期望

声誉期望具有重要的社会文化心理基础。从社会政治的角度看，声誉主要目的在于维护社会基本秩序和公德，具有起到维护公共环境、保护公共设施、管理公共秩序等作用。基于权利属性的个人声誉相对应的权利即名誉权。名誉权是宪法赋予公民的基本权利。在一定意义上讲，声誉实质上是公权力对个人名誉的一种干涉，即国家通过制度约束公民维护自己的名誉，并保护公民的名誉不受侵犯。同时，国家出于保护大多数人利益的目的，通过声誉机制的作用对个人实施干涉，以维系大多数人共享的公共环境与公共秩序。其逻辑在于：尽管个体做出有损自己名誉的行为是他的自由，但如果该种行为将影响社群中多数人正常的生活秩序或他人的声誉，就需要通过一定的法律手段予以干涉。因此，从社会政治的角度来讲，声誉的期望既是公民遵纪守法的需要，也是维护个人及他人名誉的需要。

从社会学的角度讲，人们之所以表现出一定的声誉的期望，是因为一定社会文化作用的结果。我们的传统文化历来就有"光宗耀祖""青史留名"之说。所谓"雁过留声，人死留名"，就足以可见声誉在我们文化中的重要性，在人的生命中的不可或缺。更为重要的是，我们的文化通过各种手段不断强化了声誉的价值。古代的"五子登科""金榜题名"，现代学校中的各种评先评优，从小诱导人争荣争先；各种组织也经常性地开展各种评优评先活动，促使人们力争上游，力获殊荣；政府各部门及各个层级组织的荣誉授予，各行业的技术比武，各种竞技比赛等等，促使各类人群相互追逐在声誉的路上。美国心理学家贝科尔认为："人们一旦被贴上某种标签，就会成为标签所标定的人。"心理学认为，之所以会出现"标签效应"，主要是因为"标签"具有定性导向的作用，无论是"好"与"坏"，它对一个人的"个性意识的自我认同"都有强烈的影响作用。当一个人被一种词语名称贴上标签时，他自己就会做出印象管理，使自己的行为与所贴的标签内容相一致。这种现象是由于贴上标签后而引起的，所以称之为"标签效应"。给一个人"贴标签"的结果，往往是使其向"标签"所喻示的方向发展。

声誉的期望也反映出一定的心理学基础。有尊严而体面地活着是每位正常人的基本心愿。每个人都有希望得到他人肯定的心理需求，并将这种肯定作为一种实现与维护自尊和他尊的需要。正如马斯洛所讲："除了少数病态的人以外，社会上所有的人都有一种对于他们的稳定的、牢固不变的、通常较高的评价的需要或欲望，有一种对于自尊、自重和来自他人的尊重的需要或欲望……对于地位、声望、荣誉、支配、公识、注意、重要性、高贵或赞赏等的欲望。"①因此，人需要感受到所

---

① ［美］马斯洛：《动机与人格》，许金声等译，华夏出版社1987年版，第52页。

从属的群体成员的承认和赞许。没有这种承认，他就会产生一种自卑感。对权力和威望的追求是人之常情，虽然获取地位的方式在不同的社会大相径庭。① 但可以说社会赞许动机是一种推动人克服自卑感，增强优越感，实现其声誉期望的普遍动机。

同时就人自身而言，每个人都有表现欲的需要，而一定的声誉可以助力于实现其表现欲的需要，当人们通过各种方式与手段获得一定的声誉后，就可以借助这种声誉去打开实现表现欲的局面，找到一个很好展示自我的平台，因而，声誉可以彰显自我，实现自我的表现欲。

声誉在帮助人们实现自我表现欲的同时，也会给人带来许多实际的利益。著名的"马太效应"告诉我们，强者更强，弱者更弱。当一个人获得某种荣誉后，许多好处将随之而来。声誉是一个人或团体的软实力，当一个人获得了一定的声誉后，他可以获得名声之外的许多好处与实际利益。名和利关联密切，先有名后有利，由名而利，且利多多。所谓的名人效应、明星效应、专家效应，通过现代媒体形式广为盛行，已充斥于社会生活的众多领域；网红可以拥有众多的粉丝；一个团体可以用获得的声誉做金字招牌，给自己带来丰厚的回报；名校可以广招天下英才而教之；各种品牌的商品使顾客趋之若鹜；一些名不见经传的小地方或小卖部，若一旦获取某一殊荣，就会引来八方来客，驻足打卡。凡此种种，声誉所带来的其他价值可见一斑。

由此看出，人们声誉期望所产生的积极意义显而易见，它不仅有助于维护社会正常的秩序，同时对个体的发展有积极的动力作用。它成就了许多人的人生辉煌，造就了不计其数的社会名达显贵、志士仁人、卓越才子，使许多普通而平凡的人跻身于上流社会，成为名人学者等等，从而同时也推动与促进了社会的文明进步，文化的繁荣。

总之，追求声誉的期望是现实中的一种较为常见而普遍的社会现象，尽管人们常说如钱财一样的"名"也是身外之物，可又有多少人完全能够置于声誉的追求之外呢？是人皆爱名声，无非有强弱、性质之分。

正是因为声誉具有重要的社会与个人意义。古往今来多少人将声誉视同于生命，甚至比生命还重要，有的人将活着的意义在于追求声誉。于谦《无题》中一句"名节重泰山，利欲轻鸿毛。"自古以来，就不乏重名而轻利、重名声胜过生命的人。古有叔齐、伯夷守名节而饿死首阳山的传说；现代作家朱自清不吃美国的救济粮，而表现出文人应有的民族气节；现当代又有多少英雄豪杰、仁人志士，为民族之大义，不惜抛头颅洒热血，视死如归，而名垂青史。"名节如璧不行污"，在法

---

① ［美］乔兰德：《健全的人格》，许金声、莫文彬等译，北京大学出版社1989年版，第81页。

律不彰的旧时代，许多普通人为了个人名声清白以死沉冤；今天，在现实生活中当有人名誉受损时，会勇敢地拿起法律的武器，努力捍卫自己的声誉。

特有的声誉文化，既催生了社会的进步与个人发展，同时也助长了许多不良的社会风气，表现出明显的两面性。从积极方面来看，声誉可以作为人发展进步的一种必要引擎。推动人不断奋发有为，激发人的上进心。许多能工巧匠、专家学者、仁人志士，他们或发明或创造，或著书立说等，其最初的第一动力许多就是对于声誉的追求。诚如老舍先生在《二马》中所言："我一定要先写本书，造点名誉。"正是这样的追求，才在成就了他们的同时，也促进了社会的进步与繁荣。

虽然一定的声誉对于个人和社会均具有一定的积极意义，但也给个体与社会造成一些负面的影响作用。声誉文化也在一定程度上成为人进一步发展的桎梏。许多人成名之前，勤勉自励，发愤图强，而一旦名利双收，就满足现状，止步不前，从此不再有所作为。同时，某些声誉也会给个人带来一定的风险。常言道"人怕出名猪怕壮"，"木秀于林风必摧之"，一旦人获某种荣誉，在赢得人们羡慕的同时，也招来一些人的嫉妒之心。"喜名者必多怨。"[1]心生嫉妒之人，往往会竭尽全力之能事，通过各种不正当手段，去打压那些身边获得荣誉的人，或造谣、或中伤、或进行人身攻击，有些人甚至通过现代网络媒体，采取所谓的"人肉搜索"，寻找可乘之机，泼脏水，对其竭尽诋毁之能事，以此获得一种"治人"的快感。因此，那些曾获过荣誉之人，稍有不慎，哪怕出现一点闪失，就会被这些嫉妒之人弄得名誉尽失。

另外，我们也应该看到，由于一定声誉文化的强化作用，导致人们在追求声誉的路上出现这样或那样的偏差。

有的人为了维护所谓的声誉，而背负着不应背负的负担。中国人非常讲"面子"。这种面子观所带来的积极社会意义就在于使人在社会生活中注重名声，不做有辱祖先和伤风败俗之事，而所带来的负面社会效应也显而易见。在普通老百姓中，无论是举办一场婚礼，还是安排一种丧葬，或主办一场生日派对，抑或是其他的日常琐事，都有一种不甘人后的表现，哪怕经济条件不允许，但就是私下借债也得办得风光些，大讲排场，而不能给人留下不好的口实，否则就丢了面子，坏了名声。从积极的方面看，这种做法似乎促进了消费和市场经济的繁荣，而从另一方面看，则无形之中增添了当事人的经济负担，且使本来不富裕的老百姓难以承受其重，同时，也助长了社会的攀比之风，造成一些重大的浪费。还有一些妇女常年遭到的家暴，为了维护所谓的声誉，家丑不可外扬，不敢声张，更不愿举报，否则就会使丈夫没有面子，自己也丢人，整个家里也无光彩，而陷入家暴所造成的身心痛苦之中不能自拔。在各行各业处在弱势地位的群体里，为了背负一个好名声，受辱

---

[1]　（汉）韩婴：《韩诗外卷》。

受屈也不乏其人。

与此同时，对于声誉的不当追求，也滋生与助长了部分人的虚荣心，并因此而造成许多不良的后果。因为虚荣心过强的人，为了所谓的颜面，他们往往会采取一切方式掩盖自己的短处，而过于夸大自己的长处，并会经常将自己的长处与别人的短处比，且对于别人的不足，竭尽夸大之能事，以此来显示自己的优势。这些人为了在他人面前显示优越性，会尽一切可能包装自己，炫耀自己，他们会穿着华丽，打扮时髦地出现在各种朋友聚会、集会，或招摇过市，而在实际生活中，除了这些，什么也不会，思想空虚，毫无上进之心。

以上分析表明，由于各种原因，人们较为普遍地存在声誉的期望，尽管声誉期望与追求，无论是对于个体的发展，还是社会的进步，都具有较为重要的积极意义，但人们在追求和实现声誉期望的过程中，也容易出现这样或那样的一些问题，而构成对个人乃至社会一定的消极影响。

第二节 实现声誉期望的条件

声誉期望的实现，既包括努力获得其声誉期望，也包括一经实现一定声誉期望后的维持。只有将获得的声誉期望通过一定的方式维护并保持下来，才可以称作声誉期望的实现。能否实现并保持所期望的声誉，同时要受到来自个体内外多种因素的影响。

一、实现声誉期望的个人条件

(一)树立正确的声誉意识

一个人的声誉意识主要反映在声誉的认知及观念方面，包括对于声誉实质的理解，声誉价值意义的看法等。如果一个人缺乏对于声誉的正确理解，或并不看重声誉对于自己所具有的意义，或无视其声誉的价值作用，那么他就不会在意其声誉，更不可能对声誉抱什么期望，因此，也就谈不上实现声誉的期望了。如果一个人能够正确理解声誉的实质，懂得声誉在个人成长与发展中的价值，那么，他就会在实际生活中非常在意自己的声誉，并会采取积极的行为，尽力维护自己的声誉，进而努力实现自己所想要的声誉。当然一个人声誉的意识及观念，往往要受到他所处的地位与身份以及生活的需要和外在的某些因素的影响。正确的声誉意识集中体现在如下几个方面：

首先，应该明确良好的声誉无论对个人还是社会都是有益的。如果一个人将声誉视为一种可有可无的东西，而在实际生活中丝毫不顾及声誉，对自己言行举止的作用，那么他就有可能大事不犯，小事不断，在日常生活琐事中就没有什么顾忌，就有可能做出一些令人不齿的出格事来。如果社会中人们普遍都缺乏必要的声誉意识，而不在意其个人声誉，那么社会道德的力量就会荡然无存，并会由此出现各种混乱。

其次，声誉应该是我们为人处世必须考虑和注意维护的。我们只有在生活的实践中，注重与维护自我的声誉，才能为他人所容纳，也才能赢得他人的尊重，我们才能更有尊严地生存于世，从而在社会中发挥应有的作用，为社会的发展与进步做出自己应有的贡献。

再次，我们要寻求的应该是对于我们的成长与发展具有积极意义的声誉。只有具有积极意义的声誉，才是我们应该期望实现的声誉，而那些影响甚至阻碍我们成长发展的声誉，是不足以去追求的，如一些名不副实的虚荣，一些徒有其名的光圈花环，还有一些依权力或金钱得到的声誉等，不仅是一个正直之人需要避讳的，同时也是应该鄙视的声誉。

同时我们还需意识到，声誉不应成为我们人生为之奋斗所要达到的终极目的。因此，我们不应该为某些声誉所累，也不应为某些反映公序良俗的陈规陋习所绊。一定的声誉应该始终只是成为助推我们成长与发展的一种精神力量。

（二）用道德来引导声誉的实现

声誉本身是建立在一定的道义基础上的，因此，声誉是需要道德引驾护航的。《周易》有云"善不积，不足以成名"，《道德经》中也有"天道无亲，常与善人"的说法。"富贵名誉，自道德来者，如山林中花，自是舒徐繁衍；自功业来者，如盆栏中花，便有迁徙兴废；若以权力得者，如瓶钵中花，其根不植，其萎可立而待矣。"[1]一个人的科学文化素质与能力素质等，在相应的声誉形成与维护中可能具有一定的作用，但德性在声誉期望中不可缺位。培根讲："称誉是才德的反映。"[2]许多现实告诫我们，如果一个人只有才而无德，由于缺乏必要的道德基础，其声誉难以达到一种令个人满意的结果，有时甚至造成声誉扫地。在大多数情况下，一个人的声誉主要是由一定的道德素养所决定的。"嫉恶如仇雠，见善若饥渴，备更内外，灼有名声。"[3]况且"完美名节，不宜独吞，分些与人，可以远害全身"[4]。因此，一个人无论职位多高，权力多大，能力多强，都应该加强个人道德修养，培养足以立身的德行，以恪守一定的道德为做人行事的准则，在实现声誉期望的路上，应该有所为，有所不为，那么，你将赢得良好的声誉，从而才有可能实现真正的声

---

[1]　宋长河：《菜根谭》，蓝天出版社 2016 年版，第 81 页。

[2]　[英]弗·培根：《培根论说文集》，水天同译，商务印书馆 1987 年版，第 185 页。

[3]　（唐）韩愈：《举张正甫自代状》。

[4]　宋长河：《菜根谭》，蓝天出版社 2016 年版，第 24 页。

誉期望。从维护声誉的角度来讲，应该注重以下方面的基本道德要求：

首先，要讲求信誉。信誉是声誉的具体体现和重要内容。一个人要想获得真正的好名声，在平时的实践活动中不能不讲信誉。有许多人之所以没有获得好名声，而无法实现声誉的期望，首先是在实际生活中失信于人，轻诺寡信。好名声是需要通过良好的信誉去维护的。一旦失信于人，好名声也将荡然无存。因此，我们无论从事何种职业，身处何种地位，也不管在何时何地，做人做事都应该讲究信誉、信守承诺。生活的现实告诉我们，没有信誉，就没有声誉，丧失了信誉，也就失去了声誉。我们每个人都应该牢记这条公理，恪守信誉，以维护好个人声誉，进而为实现良好的声誉期望奠定必要的基础。

其次，要有羞耻之心。羞耻之心，是我们寻求积极声誉的基本心理动力。正是因为一个人具有了羞耻之心，他才明白什么事是不可做的，什么行为是不该有的，从而恪守一定的道德底线，以维护其必要的声誉，并在一定声誉的约束下，行事做人。因此，我们要想实现声誉的期望，不能少有必要的羞耻之心。只有有了羞耻之心，才能知其廉耻，只有懂得了廉耻，才使人更好地维护其声誉，从而实现其声誉的期望。今天生活中的某些人骗取或剽窃他人成果，或利用手中的权势，非法占有他人成果，以捞取某些荣誉，从心理根源上讲是这些人缺乏羞耻之心，不知其廉耻，因为一个具有羞耻之心且懂得廉耻的人是不会通过这种方式获取声誉的。当然，通过这种不正当手段获得的声誉，在朗朗清明的社会里不但难保，且会因此受到相应的惩处，最后为人所不齿，颜面尽失。

再次，应尊重他人声誉。在实际生活中不难发现，存在人与人之间声誉的"诋毁"现象。一些人为了获得或维护自己的声誉，而不惜竭尽能事地诋毁别人的声誉，有的甚至会彼此之间相互诋毁对方的声誉。造成这种现象的原因可能是多方面的。有的或是嫉妒心所使，有的或是利益冲突所致，有的甚至基于维护安全感的需要，还有的可能是一种自卑心理作祟等。其手段也可能有多种，或造谣、或诽谤、或中伤、或吹毛求疵、或小题大做等，但不论何因或采用何种手段诋毁他人的声誉，不仅是一种低级而愚蠢的做派，同时也是极为失德之举，有的甚至为法律所不容，而想通过诋毁别人声誉而抬高或维护自己的声誉，最终只能是自己的声誉不保，有的甚至会触犯法律。因此，"勿以身贵而贱人"。我们只有更好地尊重别人的声誉，才能更好地维护自己的声誉。人与人之间的认可往往是相互的，只有当一个人能够充分肯定与认可别人时，他才有可能赢得别人的肯定与认可。

最后，还应正确处理好两种关系。一是正确认识与处理名与实的关系。"名与实对，务实之心重一分，则务名之心轻一分；全是务实之心，即全无务名之心。若务实之心如饥之求食，渴之求饮，安得更有功夫好名！"①王阳明"名实"之论有理，

---

① （晋）葛洪：《抱朴子·外篇·博喻》。

但可能过于"脱俗"。当然我们要想谋求自己所需要的声誉，从而实现自己声誉的期望，就应该付出脚踏实地的努力，以实实在在的功绩，取信于人，为人所心悦诚服，从而赢得人们的尊重与好评。"名美而实不副者，必无没世之风。""宁有求全之毁，不可有过情之誉。"①如果为了提升自己的个人声望，而有意识地贬低他人的声望是不道德的，甚至以他人为人梯而爬上高位以此得到声望的，不仅是无德的，且是无能又无耻的。还有那种通过溜须拍马，巴结上司而因此受到提携而获得声望是极其可怜的。在寻求声誉的路上，切忌哗众取宠，华而不实，做表面文章，以博取他人眼球，以得到他人青睐。这样最后所得到的声誉一定不会是积极肯定的，而是消极否定的。倘若不经过切实的努力，而是采取一些不正常的手段去牟取其名，所得之名就是一种虚名，而在某些社会背景下，这种虚名可能捞到某些实惠，然而这样不但不会获得好名声，反而会为人们所不齿。因此，循名责实，名副其实则应该是我们每个人追求的声誉，也是实现声誉期望的人间正道。

二是正确处理名与利的关系。正确处理名与利的关系，做到因名而利，名利兼收。名与利具有非常强的关联性。名利名利，名在前利在后，因此，正常情况下应该是因名而利。在现实中发现有的人以不为利而图名，结果是名利双收；有的人以图名而为利，结果是因利损名；有的人以利索名，结果是徒有虚名。本来利应该是名的一种派生物，也可叫副产品，就是说当你有了名以后，有些与名联系密切的利也就随之而来，如你创作出一部有影响力的小说，因此你出名了，那么你同时也会得到不菲的稿酬，因此其利就有了，这就是名利双收。可是生活中有些人往往以名作为获取巨额利益的手段，而以获取利益作为出名的目的，结果其贪欲就恶性膨胀，不顾一切地以名敛财。只有正确处理名与利的关系，我们才能维护好自己的声誉，也能享有因名而获得的红利，最后名利兼收。

(三) 积极展示自我声誉

要想实现声誉的期望，个人的自我实力展示是必要的。有些声望是需要专业才能做基础的，对于一些专门的领域来讲，其声望通常是一个人的职业专长或学术水平决定的。那些在专业领域内专业水准能够独占鳌头的人，往往会赢得较高的声望，他们通常应该是被称为学术或技术权威。当然这种名头应该是货真价实的，而那些凭借不正当手段获得所谓专业头衔的就另当别论了。这里的自我展示当然不是一种刻意而为之的自我炫耀，甚至是为了单纯地获得自己所需要的声誉的自我卖弄，而是一种实在而自然的，是一种自我实力的彰显，尤其是我们要想获得某个专门领域的声誉，你没有强有力的自我展示，即使你有再强的实力，你也不为人所知，别人也无法给你什么赞誉，因此，如想实现你所期望的声誉，你就应该找到一

---

① 　(清)李惺：《西沤外集·药言剩稿》。

种适合展示自己的平台，以充满自信的姿态，勇敢而大胆地加强自我的展示，将你的才能得以充分发挥。这样才有可能赢得众人的喝彩，并由此获得自己所追求的声誉。

(四)注重声誉自我管理

注重一定的声誉管理，维护好必要的个人声誉。人之声誉，如鸟之羽毛，因此，我们应该像鸟爱惜自己的羽毛一样爱惜自己的声誉。在实际生活中我们不难发现，许多人为了给他人关于自己的一个好的声誉，平时十分注重印象的管理。通过一定的印象管理，维护好个人声誉是必要的。对于每个人而言，涉及有关违背公序良俗、人伦常理之名是不能背负的，如不忠不孝之名不能背，不仁不义之名不能背，背信弃义之名不能背，忘恩负义之名不能背，见利忘义之名不能背等。如果一旦背上这些等不义之名，很容易为人所唾弃与唾骂而招来污名化，而落下不好的名声，有的甚至会身败名裂，遗臭万年。因此，这些不好的标签对人的影响是不容忽视的。对于我们每个人来讲有些声誉是需要维护的。与我们做人的基本权利相联系的声誉是需要维护的，与我们身份相联系的声誉是需要维护的，因为这些声誉与我们的生存、生活息息相关，对我们的工作与立足社会都不可或缺。对于某些获有荣誉的人来讲，其体现荣誉的声誉也是需要维护的，特别是那些获得较高荣誉或具有较高地位的人，要加强较为严格的声誉管理，切忌居功自傲、过于张扬，而应该低调做人，谨慎行事，严于律己，宽以待人，否则就会脱离群众，且易突破底线，甚至最后有可能名节不保。

二、实现声誉期望的社会条件

在社会中，人们是否重视自己的声誉，在多大程度上重视自己的声誉，在实际的生活中是否表现出声誉的期望，在多大程度上表现出实现声誉的期望，在较大程度上取决相应的社会因素的作用与影响。因此，要想使人重视其个人声誉，并表现出应有的声誉的期望，主要解决好如下社会问题：

(一)形成积极向上的良好社会风尚

社会风尚是影响人声誉的基本社会因素。只有当社会形成风清气正，崇尚正义、崇尚务实、崇尚先进、崇尚楷模、崇尚英雄等社会风尚，才会使人们在意自己的个人声誉，注重自己的个人名声，并能够在平时的言行举止中维护好自己的个人声誉。相反，如果整个社会风气不正，正义不彰，先进不显，楷模不在，英雄无名，而邪恶横流、沉渣泛起，那么人们就不会在意自己的声誉，注重自己的个人名声，有的甚至可能会随波逐流，其行为就有可能放荡不羁，毫无收敛。因此，要想使人们看重个人声誉，实现声誉的期望，就应该弘扬正气，彰显楷模，为先进扬声，为英雄立碑。

(二)充分发挥先进人物的榜样示范引领作用

榜样的力量是无穷的。良好的社会风气形成后可以通过一定的榜样的示范引领作用促进人们向先进榜样看齐，力争获取一定的荣誉，为自我、家人、单位、国家争光。榜样既要有一定的先进性，又要有一定的可学性，同时也要有一定的代表性与典型性。既要有各行各业的先进榜样，又要有供所有人学习的榜样；既要有理想的高大上的榜样，又要有基层身边的实实在在的榜样；既要有历史的榜样，又要有时代的榜样。只有从不同的侧面和不同的层次发挥其榜样的示范引领作用，才能够使每个人都能找到属于自己学习的榜样，从而在榜样的作用与影响下健康地成长、进步。

(三)有效发挥媒体舆论的积极引导作用

舆论应该在引导人们健康成长与发展方面发挥积极的作用。一段时间里，我们看到一些媒体，甚至某些主流媒体，存在一些对人追求声誉的错误引导现象，有的电视节目，有意或无意中就产生对受众在声誉方面的一些误导，如有的所谓的模仿秀之类的娱乐节目，虽然有的不是出于故意，但的确造成了一些负面的社会效应，尤其是对部分缺乏辨识能力的青少年产生了一些不良影响。媒体舆论应该避免对于人们在声誉方面的一些消极误导的同时，更应该从积极的方面引导人们形成正确而健康的声誉观，帮助人们处理好名与利、名与实、名与地位、权力、名与成就等关系，大力宣扬正确的名誉观，为先进发声，为模范颂歌。媒体在大力弘扬正气的同时，还要敢于披露在关涉声誉方面的一些形式主义和浮夸之风以及一些弄虚作假的现象，从而引导广大受众为追求健康的声誉而发挥其应有的作用。

(四)必要的社会行为规范和相应的惩戒制度

现实生活中也有少数人不那么在乎自己的名声，不惧他人的指责和媒体的舆论，任意滋事，胆大妄为，给他人或社会造成危害和恶劣影响。这就需要相关的组织部门予以必要的干预，在加强对这些人教育的同时，还需要政府组织及相关部门，通过制定一定的规范约束人的行为，惩恶扬善、彰显正义。对于一些屡教不改者，有时采取必要的违信背誉惩戒措施，使恶行难施，劣迹不再，以儆效尤。

总之，在追求声誉的路上，我们务必保持一种清醒的意识。我们不应以追求声誉为目的而刻意去追求声誉，因为这样会失去追求声誉本应有的价值。也不应为了谋求个人地位和个人利益而追求声誉，因为这样往往会将使自己误入歧路，"名心胜者必作伪"。① 也没有必要为了虚名而追求声誉，因为这样的声誉到头来不值一文；更不应为了实现自己想要的声誉，而不择手段，甚至以牺牲他人的声誉为代价，因为这样将会失去你真正应有的声誉。我们应该将声誉的追求作为发展自我和完善自我，实现自我价值和奉献社会的一种精神引力，唯其如此，我们对于声誉的追求才获得生命的真实意义。当我们有了声誉的时候，在维护好声誉的同时，也不要为声誉所累，因为毕竟它属于身外之物。虽然我们都是世俗之人，难以达到庄子"圣人无名"的超凡脱俗的境界，但我们也应该有一定的淡泊名利之心，一个人只有冲破名利的羁绊才活得轻松而洒脱。正所谓"人知名位为乐，而不知无名无位之乐为最真"②，且人终究要回归到真实的自我，因为只有真实的自我才是属于我们自己的。

---

① （清）李惺：《西沤外集·药言剩稿》。
② 宋长河：《菜根谭》，蓝天出版社 2016 年版，第 89 页。

第十一章　成就期望分析

　　每个人在现实中都可能表现出这样的倾向：不论他所从事的是一种怎样的活动或工作，都非常期望自己取得更优于他人的骄人成绩。一个年幼的孩子，在幼儿园里与同伴一起搭积木，他总期望自己的积木比其他的孩子搭得更高一些，当他长大步入学校的大门之后，他总期望自己每门功课的成绩比其他同学更优秀一些，当他成人踏入工作岗位后，总期望做出领导赏识，同行夸耀的工作业绩……这就是我们要探讨的成就期望。那么什么是成就期望，人们为什么有成就期望，且在现实中为什么有的人表现的成就期望很高，有的人成就期望较低，人怎样实现成就期望，人在追求成就期望中往往会出现怎样的问题，怎样对待与处理这些问题？这是接下来我们所要讨论的问题。

第一节　成就期望概述

一、什么是成就

　　作为名词使用的成就一词，是指业绩，是事业上优良的成效。如"使此儿五十不死，其志义何如哉！惜吾辈不见其成就"[1]，又如"苏秦其所成就，虽不足道，使其有二顷之田，其能佩六国相印乎？"[2]再如："你不要看我是个女子，我想我将来的成就未必在你之下。"[3]由此可见，成就是一个较为普通的词，它与我们平常所讲的"成绩""成果"的意思基本相同。只不过成绩通常用于较为普通的学习或工作，而成就更多地用于人所从事的专业性较强的事业方面，其实质而言，它们所指的意思没有本质的区别。成就主要通过物质与精神两种形式体现出来。前者如人们日常生活中所用所见的各种大小不一，形态各异的产品，都是劳动者所制造或创造的物质成就，后者主要是精神文化的产品，如科学与文学著作、绘画、书法及各种工业

---

[1]　（唐）元稹：《叙诗寄乐天书》。

[2]　（宋）吴曾：《能改斋漫录·议论》。

[3]　冰心：《庄鸿的姊姊》，见《冬儿姑娘》，安徽少年儿童出版社 2019 年版，第 5 页。

设计等，一般也是以物质化的形态所反映出来。

成就也有不同的类型，有表现性的成就，它不涉及成就产品的性质，主要表现在一些新概念、新思想、新理论方面；有生产性成就，其成就表现为一种客体，主要有各种物质产品；有发明性成就，所反映的是一种新的前所未有的成就，如中国古代的四大发明，今天人们创造的许多新产品等；有革新成就，对于现成或已有成就的新突破，表现为各种产品的更新换代，产能的提质增效等。

成就主体是人，包括个体与团体。个体成就因个体的价值取向、兴趣爱好、能力资质等的不同，而反映在多个层面及水平上，如有的人热衷于自然科学，对其持有积极的兴趣爱好，且具备这方面的能力资质，因此条件允许，他会醉心于自然科学方面的研究，而努力在此方面获取成就；有的人对于文学艺术情有独钟，持有独特的兴趣与爱好，且不乏其艺术禀赋，因此，他会尽一切努力，从事其文学艺术方面的创作，并力争取得一定的成就；还有的人，对家庭厨艺很有兴趣，且经过一些尝试，有所收获，因此，他有可能深入钻研各种烹饪技术，并努力使自己在此方面有所成就。并且在各自各个不同的方面，可能显示出成就水平的差异。有的可能限于个人资质或外部条件，只是在某方面小有成就，而有的人可能同时受惠于良好的个人资质和外部条件，而在某方面乃至几个方面成就卓著。

团体成就，通常是由若干个体共同努力而获取的成就。这种成就具有明显的社会公共性，也就是说，这种成就主要是基于一定的社会需要，而采取集体攻关研发所取得。面对当今复杂而充满激烈竞争的社会格局，和学科之间的相互渗透与高度融合现实，仅凭一个人的单打独斗是难以取得巨大的成就的，只有通过团体的协同合作，用集体的智慧和力量，才能取得相应的成就。

不管是个体成就还是团体成就，都是人类富有智慧的辛勤劳动的结晶。世界上没有不通过智慧与汗水的付出所能得到的成就。任何通过不劳而获的方式获得成就的想法，都是不切实际的痴人说梦。成就也永远属于那些付出辛勤智慧的劳动者。

涓涓细流，汇集成海。普通的劳动者在平凡的岗位上所作出的点滴贡献，汇集在一起，形成了人类巨大的成就。因此，世界是属于普通劳动者所创造的世界。正是千千万万的普通劳动者的辛勤而充满智慧的劳动，才形成了创造成就的磅礴伟力，创造出人类一个又一个的丰功伟业，铸就了世界的辉煌。尽管在创造人类辉煌成就的过程中涌现出一些专家、学者以及大师级的卓越之士和领军人物，但他们也都是从普通而平凡的人群中走出来的，也是劳动者中的一员，只不过这些人物在人类文明与发展史上，所做出的贡献远远要超过其他普通之人。

成就的大小主要取决于成果的价值。而成果的价值主要是依其时空的跨越及其所富有的效用来考量。有些成就只在某段时间内具有一定的效用，当出现新的替代品后其价值也就随之消失；有些成就可能是空前绝后，具有恒久的不可替代的效用性，如基础科学中的一些成就，这种旷世成就一般是很少的。大多数成就会随着岁月的流逝，消失在人类历史的长河中。尽管如此，哪怕这些如流星一般闪过的成就也是应该肯定的，因为它毕竟在社会发展与进步某一时间节点中，散发过一抹微光，且有的可能同时起到了一种承上启下的传承作用。集腋成裘，聚沙成塔。在社会发展与进步所构成的成就大厦中，固然需要大的成就作为脊梁与主体框架，但也不能少有许许多多小成就砖块的搭建。

成就通常是人智慧的结晶。智慧是人的才能的体现。由于才能存在一定的个别差异，这种差异既表现在一定类型方面，也体现在一定水平方面。因此，人们就在不同的领域而表现出不同的成就。有的人表现出数理逻辑的才能，因此可能在数学、逻辑等一些需要逻辑推理的领域有所成就；有的人在言语、形象思维等方面表现出一定的才能，因此有可能在文学艺术、绘画等方面有所成就。才能所表现的水平差异，所反映的是人的成就大小，同样是从事自然科学研究的，大多数只是取得一般成就，而少数个别的精英可能成就卓著；同样是从事文学艺术方面创作的，有的作品只是"下里巴人"，有的则是"阳春白雪"。

二、什么是成就期望

成就期望就是人们对于取得成绩的一种期盼，所反映的是人们成就的需要，所体现出的是一种成就动机。所谓成就动机是指个人或群体为取得较好成就，从而达到既定目标而积极努力的动机。尽管这种期望对于许多人而言，没有安全、归属及爱的期望表现得那么强烈，但大凡一个正常的人，都有在社会生活中取得成绩的心理需求。成绩的取得不仅使人获得一种满足感和成就感，同时也使人产生自豪感、快乐感和幸福感，并因此而增强了对于自我的信心和生活的勇气。

在不同的发展时期，人们成就的期望的内容不尽相同。在幼儿时期，其主要的活动是游戏，因此，幼儿成就期望就是自己的积木要比同伴搭得好而有趣；进入学生时代，学习是主要任务，因此许多学生都希望自己取得优异的学习成绩；走上工作岗位后，我们每个人都希望自己能够建功立业，取得令人瞩目的成就，且从事不同行业的人，都希望在本行业中出类拔萃，在业内取得具有一定影响力的骄人成绩。

成就期望与我们前面谈到的声誉期望应该是有所区别的。声誉期望主要表现为人们对权力、地位、名望的追求方面，而成就期望则主要表现为人们在现实中所展示的才艺和对社会所做出的成绩的期盼，因此，它们所针对的目标物是完全不一样的。当然，这二者之间有较为密切的联系，且有时可能显示出一致的动力机制，即无论是声誉期望还是成就期望的背后，都可能是基于想获得尊重的需要或获得财富的需要等。且二者有时也可能表现出一种相互的动力机制，即人们所表现出的成就期望，是因为想拥有较高的社会声誉，而另一方面，人们所表现出的声誉期望，是想获得一定的社会成就。因为根据"马太效应"原理，对于一个普通社会地位的人来讲，要想在社会中实现一定成就的期望，要比那些拥有一定社会地位的人困难得多，尤其是在一个充满权势的社会中更是如此。一些有权势的人利用自己手中的权力，轻易就能够占有比一般普通人更多地实现成就期望的智力资源和社会资源，而对于一个普通人来讲，要想取得一定个人成就，以实现自己成就的期望，主要靠自己的实力全力打拼，如果这些人没有表现出切实的能力和具备坚韧的意志品质，他们是很难真正实现自己个人社会成就期望的，尤其是要想取得非凡的成就，没有超人的智慧才能和坚忍不拔之志，几乎是不可能的。而那些已经获得有一定权势的人则不一样，他们可以利用权势得来的智力资源和社会资源，非常轻易地取得普通人需要几倍、几十倍甚至上百倍的努力，才能够实现的个人成就的期望。当然，这些人如果自身素质就一般，要取得为世人所公认的非凡的成就也非易事。如果真有了这样的成就，也极有可能是欺世盗名之作。

由于人们在现实中的成就动机存在强弱之分，即有的人成就动机水平较低，有的人成就动机水平较高。因此，在成就期望方面就存在两种极端现象：一种人表现出较低的成就期望，主要表现在这些人不管是在工作与事业上，还是在人际交往等生活方面，对自己的要求往往较低，得过且过，不求有功，但求无过。另一种人则表现出过高的成就期望，他们无论是在工作及事业上，还是在日常交往等生活方面，都表现出过高的成就期望。也有的人只是对于自己所爱好的职业或感兴趣的活动，表现出较为强烈的成就期望，还有的极少数个别人为了实现自己实际能力无法企及的高成就期望，做一些非正常的甚至违纪犯科之事，如弄虚作假，剽窃他人的成果等。

由于人的成就动机反映在现实的领域不同，人们在实际生活中的成就期望所指也有所不同，且有那么一部分人的成就期望出现舍本逐末的现象，如有的人在学习、工作以及家庭生活方面的成就期望异常低迷，而在一些其他方面的成就期望则显得非常高涨，如有少数个别大学生在学习方面的成就期望很低，他们中的一些人只是期望自己不要挂科就感到满足了，但他在网络游戏中则表现出非常强烈的成就期望，投入大量时间玩过关网络游戏，当他们每过一关时，就有一种成就感，随着过关级别的不断提高，他所表现的成就感也在不断增强。还有的职工在单位工作的成就期望，只是停留在不出问题的按部就班完成任务上，可在业余的一些爱好方面却表现出较高的成就期望，在跳舞场上，他期望自己的舞姿比别人更优美；在演唱会上，他期望一展歌喉，压倒群芳；在与人交往的一般场所，他期望自己表现出众，成为谈话的中心人物等，并且他们为了实现这些期望，也非常注重在时间、精力等方面的投入。

为什么人们在成就动机方面表现出强弱水平的差异，致使其成就期望出现高低的不同？为什么人的成就动机及其期望会产生不同的指向，甚至出现舍本逐末现象其原因多而复杂？有内在的原因也有外力的作用，而更多的是由于各种内外因交互作用的结果。

从内在原因来看，影响人成就期望的内部因素有许多，如可能是出于一种好奇心所激发的探求欲望的驱使，或者是基于某些特殊的兴趣与爱好，或者是为了维护或提振个人自尊。同时，个人自我效能感、人生态度与信念、抱负水平以及实际能力等，都会不同程度地影响人成就期望的有无或大小及指向等。

外部原因，是因为成就能够给我们带来我们想要的其他东西，如地位、名望、利益等。且社会通过各种激励与强化手段，促使人们形成对成就的期望与追求。同时个人所处的社会环境、有关的体制机制、人际关系等因素，也会在一定程度与意义上影响人成就期望的形成。

由于成就可以推动社会的进步和繁荣，而社会的繁荣与昌盛不仅需要所有普通劳动者为社会做出自己的贡献，同时也需要更多的能工巧匠、科学家、发明家、文学艺术家等各个方面成就卓著者，为社会各行各业做出更多更大的贡献。麦克莱兰德在《成就与社会》的研究发现，如果一个国家有许多成就需要高的人，并且他们都选择创业，这样就可以预测这个国家的经济会迅速发展。成就需要高的文化中有许多愿意冒险经营企业的个体，而成就需要低的文化中则较少。因此，为了使这些人为社会的进步添砖加瓦，开枝散叶，政府及其组织会充分调动各种手段，或培养与造就各种人才，或为人才的施展提供广阔的舞台空间，或用奖励、晋升等各种刺激手段，调动每个社会成员的积极性，使其为社会创造更多的丰功伟绩。

职业选择对于人的职业成就期望具有一定的影响作用。今天由于劳动力市场的供需不平衡，出现明显的供大于求或结构性人才缺失，再加上受就业择业渠道信息不对称的影响，使许多人难以找到符合自己特长或喜欢的职业，此种条件下工作只能是谋生的一种手段，而不是人们发展其特长、展示自我、成就人生的平台。在此种情况下人们是难以形成较为明显的成就期望的。因为他心里很清楚，他目前所从事的职业不是他所喜欢的或擅长的，他不可能在这种工作中取得令人满意的成就，因此，这类人所持有的成就期望往往是很低的，甚至是极为缺乏的。也许一些有为之人，可能由于一种职业的严重错位而无法施展所长，而碌碌无为一生。

相对而言，由于内力作用所产生的成就期望对人的影响会更持久，而由于外力作用所触发的成就期望，会随着强化的取消或某些愿望的实现而趋于消退，否则就需要不断地增加强化量，才有可能维持其相应的成就期望。

三、为什么人有成就期望

人们之所以表现出成就的期望，如前所述，主要是因为人都有一定的成就需要，和在此基础上所产生的成就动机。成就动机是直接推动人形成一定成就期望的基本内生动力。成就动机产生机制也是较为复杂的，对此有多种理论从不同的视角展开了解释。

有关精神分析的理论认为，人们之所以表现出一种成就动机，是由于一种被压抑的本能"升华"作用的结果，或是一种"补偿"缺陷作用的结果。这种"升华"与"补偿"的观点，虽然在一定程度上能够解释部分人追求成就的动机，如那些处在社会底层的人，之所以表现出比那些地位优越的人更为强烈的成就动机，可能是因为某些本能的东西长期压抑而激发起一种向上的举动。有些人因为个人的爱等基本需要受阻，也会因此表现出较为强烈的追求成就的动机。还有一些人是因为自己生理上的某些缺陷而引起的自卑，而使其通过一定的"补偿"方式，以获得成就而实现一种自我的超越。"我们不应低估追求社会地位的冲动对现代人的推动力。难以理解的是，它是如何变得这样强大的呢？一种假设认为，对社会地位的痴迷是对爱或者物质匮乏的一种补偿。似乎可以这样理解，渴望成功的人是在努力弥补孩提时代精神上的匮乏，而且永不满足。"①但这种观点并不能解释所有人的成就动机，且其解释也存在明显的欠周延性，因为压抑并不一定导致升华而致使人追求成就，还有可能导致冲动性的攻击；同样自卑及缺陷并不一定形成人积极的补偿而致使人追求成就，也有可能致使人破罐，破摔，一蹶不振。

行为理论的观点认为，人们之所以产生一定的成就动机，是由于一定的外部"诱因"和受到某种"强化"所致。在"诱因论"看来，人们之所以表现出一定的成就动机，是因为由于外在的金钱、奖励等诱因所导致，是因为这些外在的物质或精神因素"强化"作用的结果。如一个学生追求学业的成功，是因为他可以因此得到父母的物质奖励和老师的表扬以及同学们的赞许，甚至将来能够上好的大学，找到一个理想的职业等；一位普通职工表现出一定的职业成就动机，是因为职业成就可以使他获得不菲的奖金，还有可能因得到上司的赏识获得晋升的机会等。这种观点似乎能够解释许多人的成就动机。但我们也应该不难发现，在现实生活中，许多学生并不是在为获得这些外部的东西而努力学习，我们也不难看到，某些人积极投身于各种革新创造的活动中，也并不全都是为了获得所谓的奖励或晋升。且研究发现，如果外在的奖励等诱因与强化不当，不但不会增强人的成就动机，反而会削弱人的成就动机。由此可见，这种所谓的"诱因论"和"强化论"，也不能完全解释所有人的成就动机。

认知理论则从认知层面解释其成就动机，其中包括阿特金森的成就期望-价值理论。该理论认为，个体从事某一活动的倾向和行为与将要达到的特定结果的期望的强度有关，而这种期望的强度又与其个体对于活动结果（目标）所具有的价值判断，和实现该结果的可能性程度（概率）估计有关。当个体觉得所活动的结果对于他而言有非常重要的价值，同时实现的可能性又较高的情况下，他所表现的成就期望的强度就大，这样就愈有助于激发他去努力实现目标，从而获得成就。相反，当

---

① ［美］乔兰德：《健全的人格》，许金声等译，北京大学出版社 1989 年版，第 82 页。

他感觉到所获得的活动结果的价值一般或并不重要，或者觉得其目标实现的可能性较小甚至没有可能性的情况下，他所表现的成就期望强度就小或很弱，那么这种情况下，他就不会表现出明显的实现目标的努力，因此也就不会取得成就。由此看出，人的成就期望的有无或高低，较大程度上与人对目标价值的判断和实现其目标的可能性的估计等认知活动密切相关。这一理论观点能够较好地解释现实生活中部分人的成就状况。我们发现，许多人平时不那么努力去干一件事，要么是他不明确所干之事所具有的价值意义，或者他觉得尽管做这件事的确有意义，但他却感到将它做成功的可能性不大，由此缺乏去做这件事的信心，因此他对从事该活动的动机就严重不足。如果是由于某种外在的力量迫使他去做该事，他也不可能尽力去做好，往往是结果平平，根本不可能取得明显的成就。许多普通学生对于学习就是如此，许多普通的员工对于其工作也是如此。因为在他们看来，学习或工作并不特别重要，或总觉得自己不是搞好学习或干好工作的料，根本就不可能取得好成绩或成为行业能手，因而他们也就根本不可能在学业或工作中取得亮眼的成就。

因此，在期望-价值理论的框架中，成就期望及其行为可以根据几个因素加以解释，其中包括对成就所达成的价值的认知、个人感知到的将来成功的可能性（成功的概率）、成功（或失败）的倾向等。

还有一种认知观就是成败归因的理论。所谓成败归因就是我们对于自己或他人成功或失败的原因的一种归属判断。维纳的成就归因理论看来，人们是否表现出一定的成就动机，在多大程度上表现其成就动机，主要取决于对内部（能力、努力）和外部（任务难度、运气）原因的认知判断。由于这些因素对于个体来讲有可控的（如努力）与不可控的（如运气），和稳定的（如能力、任务难度）与非稳定的（如努力、运气），由此存在着不同成败归因倾向。人们对其成败的归因倾向不同，所表现的成就动机也就不同。有的人将自己的成功归属于自己内部的稳定因素，如能力，而将别人的成功归属于是外部运气等不稳定和不可控的因素，而将自己的失败归属于是外在或不可控的因素，如任务难度或运气，而将别人的失败归属于其内在的稳定的如能力或可控的如努力因素。不同的归因倾向往往会导致人产生不同的成就动机。如果一个人将自己以往的成功同时归属于能力和可控的如努力的结果，那么有助于增强其信心，同时为了取得更进一步的成就也会做出积极的努力，从而获得更大成就；如果一个人将自己的成功归属于外在的运气，那么就容易懈怠；如果将失败归属于无法改变和控制的因素，那么在以后也很难表现出积极的成就动机。

自我效能感理论从另一认知视角对人的成就动机水平进行了解释。为什么在现实中有的人总是对于干任何事都充满成功的热情，相信自己会取得成功，有些人刚好相反，对于干好任何事都缺乏必胜的信心，总觉得自己不能成功呢？其中的原因可能也是多方面的。理论上讲是因为他们在自我效能感方面的差异所导致。班杜拉对自我效能感的定义是指"人们对自身能否利用所拥有的技能去完成某项工作行为的自信程度"①。一般来讲，自我效能感有高低之别，那些自我效能感高的人，一般对完成任务的期望值高，对自己所从事的活动与工作总是充满信心，相信自己能够出色完成其任务，因此表现出较强的成就动机。相反，那些自我效能感低的人，对自己成功完成一定的活动任务缺乏信心，因此，其从事活动的成就动机相对较弱。由此表明，自我效能感也是影响人的成就动机的一个重要因素。

以上分析表明，人们平时所表现的成就动机，在较大程度上受到包括对期望-价值的评价估计、对于成败的归因以及自我效能感等认知因素的作用与影响。只有形成积极合理的成败归因，和持有较高的自我效能感以及对活动结果的积极预期，才有可能增强其成就动机，而努力实现其成就期望。

从实际情况来讲，人们之所以表现出一定成就的期望，是因为成就本身所具有的价值产生的回报效应。对于个体而言，成就可以同时带来物质和精神的酬偿。当一个人取得一定成就后，随之而来的名利皆有了，还会有可能获得上司的赏识，而被提拔与重用，其权力与地位也有了，且伴随着这些实实在在的有形回报，而无形的精神的酬赏也随之而来，自我价值感、荣耀感、自豪感、尊严感、自信心等将会大大增强。

第二节　实现成就期望的条件

如前所述，人们都表现出不同程度的成就期望，然而，由于各种因素的影响和条件的限制，我们许多人成就的期望都并未如最初所愿，而留下遗憾的人大有人在。那么，我们究竟怎样才能实现自己成就的期望，而不至于到头来留下遗憾呢？在此，我们需要同时考虑来自个人内外的一些条件。

一、实现成就期望的主观条件

一个人能否实现自己成就的期望，在很大程度取决于自己。影响自己成就期望的个人因素有许多，首先应该解决成就及其观念方面的问题，克服与消除一些关于成就相关的认知偏差，是实现成就期望的关键一步。

我们必须从根本上明确，成就的取得是在一定的社会历史条件下，在一定的成就动机的推动下，人通过智慧与汗水辛勤劳动的结晶，是人们努力奋斗的结果。当我们从认知上能够明确这些以后，需要具备如下方面的条件：

(一) 志向与抱负

志向与抱负是决定人成就期望的最基本的个人条件。大凡一个有远大志向和抱

---

① 全国十二所重点师范大学联合编写：《心理学基础》(第2版)，教育科学出版社2009年版，第88页。

负的人，都不会安于生活的现状，而总想有所追求与作为。因此，他们会为自己设定一定的奋斗目标，并为之做出巨大的努力，确保目标的实现，从而实现自己成就的期望。而那些一事无成的人，往往就缺乏相应的志向与抱负，容易满足现状，不思有为，因而终其一生碌碌无为。美国成功学者拿破仑·西尔认为："我们已经发挥出来的能力一般只占全部能力的30%"，他认为"其主要原因是缺乏强烈的成功欲望。"①我们要想有所成就，并实现其成就的期望，首先做到自己所确立的志向与抱负应该以正确的人生观与价值观为引领，只有以正确的人生观与价值观为引领的志向与抱负，才符合社会发展的规律，而只有符合社会发展规律的志向与抱负才有实现的可能；其次应该将个人志向与抱负融入关乎国计民生的大业中去，形成个人志向与抱负和社会需要与发展的有机结合与统一，只有这样的个人志向与抱负才具有实现的社会基础；再次个人志向与抱负还应从个人知识、能力及所处的环境实际等基本条件出发，因为完全脱离个人实际的志向与抱负是难以实现的。

(二)兴趣与热情

兴趣与热情是人追求与实现成就期望的积极情感基础。达尔文在《自传》中提到："我有强烈多样的趣味，沉溺于自我感兴趣的东西，深喜了解任何复杂的问题与事物。"俄国杰出园艺学家米丘林从小就喜欢在园子里挖地、播种、栽培等园艺活动，经过60年研究，创造了300多个果树新产品。研究表明，兴趣与热情之类的积极情感不仅在人成就的取得中具有明显的动力作用，同时其积极体验具有拓延人们的能力，并能构建和增强人的个人资源，如增强人的体力、智力、社会协调性等，为人的成就的取得提供必要资源与条件。正是因为学生对于学习的浓厚兴趣与热情，才促使其潜心钻研其学习，并因此取得优异成绩；正是技术工人对于各种技术革新的兴趣与热情，才激发其大胆创新，从而取得一个又一个重大生产技术的突破。无论是在人类的科学史上还是文学艺术史上，我们都不难找到，一些科技精英和文学艺术的翘楚，正是因为对于科学或文学艺术所持的浓厚兴趣与充满热爱的情感，最初投身于科学的发现和文学艺术的创作，并因此而有所成就的。因此，培养和保持稳定而广泛和中心的兴趣，对所从事的工作与活动充满热情，这是获得成就并实现其成就期望的一种重要条件。

(三)责任与担当

为了实现自己的理想与抱负，我们必须具备应有的责任与担当。只有我们具有一定的责任与担当，我们才有可能不负理想与抱负，为实现其理想与抱负做出我们最大的努力，并不惜一切为之奋斗，具有不达目的誓不休的顽强拼搏精神。这样我

---

① 伍心铭：《拿破仑·西尔成功学全书》，光明日报出版社2007年版，第69页。

们才有可能不断向理想的目标迈进，最终实现其成就的期望。如果一个人缺乏为理想和抱负奋斗的责任与担当，他只能使自己永远停留在理想的此岸，而无法到达理想的彼岸。从现实中我们也不难看到，那些只知道空谈理想而不见责任与担当的人，最后也就毫无成就可言。

(四) 勤奋与努力

要想肩负其理想与抱负所必需的责任与担当，我们必须具有勤奋与努力的精神。所谓勤奋就是围绕自己所要实现的目标和要完成的任务而勤于思考、勤于实践，任劳任怨，埋头苦干；所谓努力就是为了所要实现的目标，发愤图强，奋力拼搏，不畏艰难困苦，善始善终，善作善成。一分耕耘一分收获。任何成就的取得及其期望的实现，都需要付出勤奋与努力。只有通过勤奋与努力，才有可能实现其理想的追求，从而获得一定的成功。天道助勤。成就的取得及其期望的实现，最终属于那些不断为之发奋努力的人。任何懒惰与懈怠都与成就无缘，那些坐享其成、不劳而获的人不可能取得真正的成就，也根本不可能实现成就的期望。这是生活的真谛。

(五) 自信与坚持

成就不属于缺乏自信、妄自菲薄的人。因为在某种程度上，自信心对于成就来说是必不可少的。① 自信是获得成就的必要条件。一个缺乏自信的人，做事往往会前怕狼后怕虎，瞻前顾后，畏首畏尾，或摇摆不定，优柔寡断，错失良机，因此难以成功。我们要想有所成就，就应该表现出一种应有的自信，即相信通过自己的勤奋与努力，能够实现其成就及其期望。同时，还应相信自己一旦失败，也能够通过进一步的努力，战胜失败，最终获得成功。希尔关于人们对于挫败或打击的耐性实验表明，"大多数人只遇一次挫折以后就不想再努力，极少数人继续尝试第二次，还有很多人还没有真正遇到挫折就放弃了，因为他们预期会失败，还没有开始就打退堂鼓。"②的确，生活中我们有许多人相信自己能够成功，却往往难以相信自己能够战胜失败，最后为失败所击倒。自信还体现在具有敢于冒险，挑战未知等不确定性方面。只有敢于冒险，挑战未知的人，才有可能有所新发现和新突破，从而取得具有开拓与创造性的成就。自信来自以往成功的经验的鼓舞与激励。成功是成就之母。当我们在过往的经历中，能够屡屡获胜，无疑会增强我们的自信；自信同时也取决于我们对于以往成败的正确归因。当我们将自己的成功归属于自己的能力，而将失败归属于自己努力不够，方法不当的时候，我们不会因失败而失去自信，而同

---

① ［英］伯特兰·罗素：《权威与个人》，肖巍译，中国社会科学出版社1990年版，第48页。

② 伍心铭：《拿破仑·西尔成功学全书》，光明日报出版社2007年版，第69页。

样能够激发我们取得成就的信心。

坚持也是我们获取成就，实现成就期望的必要条件。因为我们所要成就的事物，不可能都是一蹴而就，往往需要作出一次又一次的不懈努力，方可能到达预期的结果。法国著名细菌学家，微生物学的创始人巴斯德曾讲过："告诉你我成功的奥秘吧，我唯一的力量就是我的坚持精神。"古今中外，大凡一切成就的取得都是长期坚持不懈努力的结果。司马迁写《史记》花了 15 年，李时珍写《本草纲目》花了 27 年，曹雪芹写《红楼梦》花了 10 年，达尔文写《物种起源》花了 20 年，马克思写《资本论》花了 40 年，歌德完成诗剧《浮士德》花了 60 年。坚持，既表现在我们平时正常条件下的不懈努力，同时更表现在遇到各种困难与障碍中的不轻言放弃所进行的进一步努力。许多成功就是在不断地克服一个又一个困难的坚守中取得的。爱迪生在发明照明材料的过程中，先后用了一千余种材料，最后才获得成功，如果他没有顽强的坚持精神，根本就无法取得这种发明的成就。因此，只要我们发扬"锲而不舍"的坚持精神，我们离成功就不远，实现成就的期望就指日可待。

（六）知识与能力

知识与能力是实现成就期望所必备的智慧条件。一个人如果不具备为成就取得所必须具备的知识与能力，也就不可能取得成就。成就所需要的知识不是以一种简单的记忆方式存储在脑中的书本知识，而是经过个人理解吸收后所建构的一种认知结构。这种认知结构能够帮助人生成许多新的观念、思想等。只有形成这样的结构性知识，才能作为取得成就的条件。人的能力反映在多个侧面，认知能力，包括观察力、想象力、思维能力，尤其是当我们要想取得创造性的成就，必须表现出丰富的创造性想象能力与创造性思维能力。只有通过展开丰富的想象力和充分的发散性思维的能力，我们才能发现新问题，获得新的观念、新想法，进而通过我们的努力加以求证解决，并产生出新的成果，取得新的成就。

除了认知能力，还应包括专业能力、决策能力、合作能力、自控能力和善于利用各种信息资源等能力。专业能力是保证我们在相应的专业领域，取得成就的必备条件。我们只有具备较为扎实的专业知识基础，并能够通过自己的深入加工，使之转化成为专业能力的认知结构，我们方可在自己的专业领域有所作为与成就；决策能力是保证我们富有成效地完成各种任务并取得成就所不可或缺的能力。因为我们要有所成就，就应该根据自己的能力基础和所处的外部环境条件审时度势，做出合理的判断与合适的选择与决定，这样才能保证我们的付出是有效的，然后经过进一步的实践，从而收获相应的成就。如果我们经常犯决策失误的错误，那么我们就无法选对适合我们可以取得成就的目标，而当我们目标没有选对的情况下，即使你做出了很大努力，也难保取得相应的成就；合作能力也是当今保证我们能够获取一定成就的一种必备能力。因为现代科技的高度融合与交叉等特点，往往使我们单个人无法施展其能，并取得成功，因此与人合作就成为一种必然。一定的合作能力是保证我们与人协同攻关，取得团体成就所必须具备的一种能力；良好的自我控制力是以良好的意志为核心的综合素质的体现。这是我们取得成就的一种十分重要的关键性的能力。能取得成就的人，无不表现出良好的自我控制力，这是因为外在有许多东西随时诱惑我们，使我们远离自己的追求，同时，内在不良情绪反应会经常干扰与阻碍我们去实现自己的追求。另外，在追寻目标的过程中，经常会面临各种艰难困苦甚至各种失败的考验，如果没有较强的战胜内外的干扰与障碍的自我控制力，也就根本不可能取得应有的成就而实现其成就的期望。

(七) 厚积与薄发

集腋成裘，聚沙成塔。成就的取得需要一定的积累，尤其是大的成就，更需要长期的积累。人类至今一切成就的取得，无不是基于前人所取得的成就经验基础上所创造的结果。古人云"博观而约取，厚积薄发"。对于每个人来讲，要想取得成就，我们既要通过"读万卷书"善于去学习前人的经验，又要努力学习现当代人的经验。当然，学习前人的经验，不是食古不化，学习当代人的经验，也不是照搬照抄，而是经过自己的深入思考，做出自己的鉴别，吸取其精华，为我所用，使之成为自己有所发现、有所发明、有所创造的新的原材料。同时还应通过"行万里路"，而深入现实实践，在实践中促发灵感，经过思索，努力发现与捕捉一些新的东西。"不积跬步，无以至千里。"我们只有善于用人类所积累的各种知识经验，不断丰富与充实自己头脑，同时善于学习与掌握现代科学知识，在此基础上，通过联系现实实际，经过个人深入思考与加工，才能不断创造新的辉煌，从而取得一个又一个新的更大的成就。

(八) 模仿与创造

模仿与创造应该视为两种获取成就，以实现成就期望的方式。模仿就是根据现有的某种原型而加以仿造，从而取得相应的成就。模仿不是照搬照抄，简单地复制现有的东西。模仿中也含有创造的成分，如鲁班仿造带齿的植物发明了锯。人类今天许多成就都是基于对一定事物的仿制而成，天上飞的，水里游的，地上跑的许多动物都成为人类发明创造的仿制对象。创造是人类取得更新的突破性成就的另外一种方式。它需要借助于包括灵感在内的创造性想象和创造性思维等更为复杂的高级心理活动完成。有时幻想也参与其中，古代人的"嫦娥奔月"幻想，今天被科学家的创造变为现实。一般来讲，人类的许多成就都是经过最初的模仿向实现创造的飞跃的结果。而要想实现这种飞跃，需要我们大胆幻想，充分展开自由想象的翅膀，以及以求异思维为核心的创造性思维，同时也需要敢于冒险、敢于突破，不惧风险的信心与勇气，只有这样我们才能有所发现，有所发明，实现创新成就的期望。

另外，要想有所成就，要处理好两种主要关系：一是德与才的关系。只有德才兼备，方能在追求成就的路上行稳致远，从而确保成就期望的实现。在现实中，有才无德者有之，因才失德者也有之，而两者最后都没有好的结局，那些被称"高智商"网络黑客、各种网络诈骗等高科技领域的犯罪就是最为典型的反面例子。古人云"德者业之本，业者德之著。德益进则业益修，业益修则德益盛，二者亦交养互发，实为一种励夫。"①"德之深厚，所就必达，德之浅薄，虽成必小。"②这种告诫，的确需要那些想有所成就的人铭刻于心。要求我们将自己的才智应用于正道，所谋求的是对于人类社会有价值有意义的事业，而不是用于单纯的谋求私利和贪图个人的名利与享乐的事物中，更不是用于危害社会和他人的各种犯罪活动。唯有如此，我们方可大展其才，并有可能实现其成就的期望。二是健康与成就的关系。身心健康是实现成就期望的前提与基础，也是取得成就的重要保证。因此，维护与保持健康的身心是第一要义。没有健康的身心，我们无法从事正常的工作，也就谈不上取得成就，而实现其成就的期望。在实际生活中，有许多人可能认识到这一点，但往往缺乏相应的行为表现。一个人如果为了事业偶尔废寝忘食、加班加点、挑灯熬夜，可能无济于事，与身心无碍；如果隔三岔五而为之，就难免有过，给身心健康有可能会埋下隐患；如果经常而为之，则会导致身心过于透支，不可避免地造成对身心健康的损害。因此，我们要想取得成就，实现成就的期望，就应该切记以不透支身心健康为基本前提。

二、实现成就期望的客观条件

人的成就期望的实现除了需要具备上述等主观条件外，同时还应具备必要的外部客观条件，这是因为人的存在的客观必然性所决定的。拉塔内（Latane. B）等人提出的"社会惰化"的概念，是指由于他人的存在而引起个体努力的降低现象。在此之前也称"林格尔曼效应"。在许多类似的研究中都发现这种"社会惰化"现象，且在女性、男性、不同文化、不同年龄都存在此种现象。有关进一步研究发现，社会惰化最有可能发生在，当不知道会评价个人操作时；当个体预期努力也不能让群体成功时；认为群体没有赢的可能性和结果得不到评价时。③ 这是一种个人行为受到他人影响而产生的社会致弱作用，由此表明，个人能否努力而获得一定成就，要受到外在某些因素的影响。

所谓"天时、地利、人和"恐怕就是我们每个人实现成就期望所必须具备的基

---

① （明）张履祥：《备忘三》。
② （明）张履祥：《备忘二》。
③ ［美］赫伯特·L.彼得里：《动机心理学》，郭本禹等译，陕西师范大学出版社2005年版，第221页。

本外部条件。如果离开了这些必要的外部客观条件，无论人自身的主观条件如何成熟，都难以保证人成就期望的最终实现。在现实中我们不难看到一些本身素质优秀之人，也不乏个人的努力打拼，但由于所处的客观历史条件的限制，终其一生，仍然一事无成。因此，当一个人要想实现自我成就的期望时，就应该学会善于充分利用好各种客观条件。影响人成就期望实现的客观因素复杂多样，概括来讲有来自宏观与微观两个方面。宏观方面主要指大的社会生活背景，微观方面主要指人所具体生活工作的环境。

(一) 家庭影响

家庭对于孩子在成就动机的形成与发展方面具有不可小觑的作用。研究表明，对孩子抱有上大学期望的家庭的孩子其上大学的比率，远远大于那些父母对孩子不抱上大学期望而上大学的比率。麦克兰德的实验表明，母亲对孩子严格的自律训练与孩子的成就动机是正相关；罗森等人研究发现，孩子成就动机高的母亲，一般对孩子起指导性和劝告的作用，因而，孩子对成功表现出很高的热情，而这些孩子的父亲一般不是权威主义性的，对孩子起激励的促进作用；孩子成就动机低的父亲，多数具有权威主义倾向，起支配甚至是妨碍作用。

每个家庭都不是一座孤岛，它与社会存在千丝万缕的联系，家庭的一切都要受到外部社会环境因素的影响。由于现代社会日益激烈的竞争，导致人在未来发展中面临前所未有的挑战，使许多家长表现出前所未有的焦虑。他们害怕孩子将来在激烈的竞争环境中被淘汰，唯恐孩子输在起跑线上，而节衣缩食，为孩子选择好学校。有的父母望子成龙、望女成凤心切，在孩子很小的时候，不惜重金，让孩子参加各种兴趣班，特长班的学习等。且这种状况随着许多家庭父母的跟风与从众，愈来愈盛。而事实表明，这些做法不但没有达到父母所期望的目的，且往往适得其反。由于完全无视自己孩子本人的兴趣爱好等需要，也丝毫不考虑孩子愿意不愿意，尽管有的父母通过各种奖励去诱导孩子按照自己的意愿做，父母的奖励可能对某些孩子的后期行为起到一定的促进作用，即孩子按照父母所期望的目标努力。研究发现，在某些情况下，奖励对有些孩子随后的行为几乎没有影响，除非孩子生成一种对奖励的预期。另外，奖励有时还会起到使孩子分心的作用，而并不能真正起到促进孩子提高学习质量的效果，并且如果孩子认为一些奖励是具有控制性的，这样往往会减少他们在学习任务中的自然兴趣，使他们不再那么投入父母所期望的学习活动。还有那么一些父母采取强制的甚至处罚的手段，迫使孩子按照自己的意愿学习他们所期望的内容。这样不仅会引起孩子强烈的反感，反而使孩子更加不愿按照父母的要求去做，甚至因此有可能泛化到对一切正常学习活动都感到厌烦，而严重挫伤孩子的学习动机。不仅如此，还有可能会导致某些孩子产生叛逆或过度焦虑等不良心理。

　　由于父母不能够尊重孩子，从孩子的兴趣出发引导和培养孩子，使许多孩子进入学校后几乎没有了学习的内部动机，而只是被动地按照老师的要求去完成学习任务，特别是在没有老师的控制情况下，几乎不再主动学习。由于学习积极性严重不足，因此，其学习效果往往较差，当受到老师与家长的批评以后，会产生一定的挫败感，从此更加缺乏搞好学习的信心，学习动机也就越来越不足，学习成绩也越来越差，其挫败感进一步加重，造成一种恶性循环。

　　因此，要想使孩子从小表现出应有的学习成就动机，父母应该尊重孩子的个性与兴趣，应该有效引导孩子学习成才，并充分肯定孩子在成长中的点滴进步，鼓励孩子的好奇心和探究的行为，帮助孩子建立学习等活动的信心，尽可能促进其取得学业的成功，尤其是孩子在学习中遇到困难或出现挫折，父母应该以积极的方式加以处理，帮助孩子通过自己的努力去战胜困难与挫折，切忌采取简单、粗暴、打压的方式处理孩子成长中的问题。

(二) 学校教育

　　一些事实告诉我们，那些在事业上有所成就的人，他们中的许多人往往不是在学校中表现突出的尖子生，且不少都是被老师认为没有才能的"笨学生""劣等生""留级生"等，如大科学家牛顿、爱因斯坦、达尔文、巴斯德，大文学家易卜生、契科夫，大画家达·芬奇，大哲学家黑格尔，发明大王爱迪生等，他们在学生时代都是被老师认为的有名的劣等生。在我们所处的现实中，这种现象仍然存在。这在一定程度上反映了我们的教育在人的培养方面存在一定问题。正如爱因斯坦所尖锐指出："当代教学方法没有使神圣的探究好奇心完全窒息，这不仅是个奇迹，因为除了兴奋作用外，这个娇嫩的幼苗主要生长于自由的需要之中；没有这种需要，他就必然会招致毁灭。认为探究的乐趣能凭借压制的手段和某种责任感来促成，那就是大错特错了。"的确，由于学校不当的教育所造成的对健康发展与成才的不良影响的现象，无论是过去还是现在都毋庸置疑地存在。尽管随着经济的发展和社会的进步，从量上看教育的确有很大的发展，义务教育的普及与延长，高等教育的大众化，使越来越多的人受惠于教育，但同时我们也应该看到教育发展的不平衡不公平现象仍然存在，特别是教育的质量的短板依然突显，教育的提质增效任务还很艰巨。

　　一般来讲，学校教育应该是培养和造就各种人才的重要场所，可我们所看到的事实是，除了少数适应应试教育的尖子最后一步步升入高一级学校深造外，大部分被老师认为的普通生或差生，并没有步步高升，只是勉强弄到一个毕业证走向社会。更让人匪夷所思的是，这些被学校老师认为普通甚至差生的人，走向社会后在各种职业领域成为有用之才的大有人在。他们或是技术标兵与能手，或是企业的领军人物，而被老师看好的那些学习尖子，虽然登堂入室，一步步登入大学殿堂，一生平庸无奇的也大有人在，虽然其中的原因很多，但作为培养人才摇篮的学校恐怕不能完全撇开关系。

就一般事理而论，我们今天学校教育无论是内容，还是方法与形式所存在的短板，的确对于人才的培养与造就产生不利影响。

从内容上讲，尽管我们一直都倡导与强调学校教育应该注重人的全面发展，并要做到德、智、体、美、劳"五育并举"，而受应试教育的影响，实际上存在较为普遍的轻德重智而忽视体美劳，就是所重视的"智育"，也只是着眼于与应试有关的科目及内容的教学，学生更多的是接受现成的知识结论，而为人的成就的取得所需要的各种品质与智慧，如探求问题的兴趣与方法，包括发现问题和解决问题能力以及创新思维与想象力都不在学生培养与训练的计划里，在一定意义上学生只是成为完成学习任务的机器，实现其升学考试的标准件。

人们对于全面发展的认识尚需要进一步端正。首先，人的全面发展是以每一个人的全面发展为前提，没有每一个人的全面发展，就不可能实现整个社会人的全面发展，而要实现每一个人的全面发展，就需要教育要面向全体学生。可现实中我们发现，在应试教育影响下，学校教育只是面向少数尖子学生，只是给部分学生带来成功希望，而许多普通的学生，尤其是被老师认为差的学生，并没有真正感受到这种期望，他们几乎被学校教育边缘化。其次，要促进每一位学生的全面发展，不是要使每一位学生都得到同样的发展，而是要使每位学生在充满个性基础上的全面发展。这就要尊重学生的个性与个别差异性。教育如果不尊重学生的个性与个别差异性，就无法促进每个学生的全面发展。在实际的教育中，教育并没有很好体现这种要求，而是以统一的教学模式和统一的标准要求学生，这种培养模式是无法造就各种具有个性的创新型人才的。用统一的标准要求与评价学生，所造就的是标准件，而不是充满个性的人格健全的人，且用单纯的统一标准要求与评价学生，本身就是违背了人的个性与个别差异性，造成的直接后果就是将学生人为地分成合格与不合格，合格就看到了希望，不合格的就只能是无望。

以互联网和人工智能为特征的大数据信息化时代，将在各行各业方面引起一系列的前所未有的革命性大变化，传统的产业、行业将出现颠覆性的改变，旧的产业与产能将被新的产业产能所替代，科技的竞争和综合国力的竞争将日渐突显，面对世界百年之大变局，人类面临着居多的不确定性，充满各种风险与挑战，对人的素质提出了新的更高的要求。要想在风云变幻中求生存与求发展，需要我们摈弃一切陈规陋习，改变一切不合时宜的行为与做法，而形成不断开拓进取的创新精神。唯有创新，我们才能赢得未来，唯有创新我们才立于不败。创新是人的创新，是人的创新素质的体现，而人的创新素质不是与生俱来的，是后天培养与训练而形成的。因此，作为培养人才的学校理应承担其创新型人才培养的责任。

要创新，需要好奇心。好奇心是催发创新的原动力。学校教育应该通过适宜的教学内容与方法培养学生的好奇心，激发好奇心，引导好奇心，形成学生积极的认知兴趣和强烈的探求欲；要创新，需要探求，探求是创新的最基本的形式。而要想形成学生的探求，学校教育教学应该注意创设有助于激发其探求欲的问题情境，深入开展探求活动，并通过鼓励学生积极自主地探求，激发其探求的勇气与信心，学会探求的方法，培养探求精神；要创新，就应该敢于挑战未知，而要想挑战未知就应该具有怀疑精神。学校就应该改变完全确定性知识的教学模式，为学生挑战未知打开一扇窗，就应该深入开展探究性的教学，就应该注重学习过程的评价，改变以往只是注重结果的评价方式；要创新，就应该尊重与培养个性。没有个性就没有创新。而要尊重与培养个性，学校就应该改变只注重统一标准而忽视个别差异的教学及其评价方式；要创新，就应该坚持问题导向。创新始于问题，没有问题就没有创新。因此，学校应该注重问题导向的教学，质疑问难，培养学生发现问题、分析问题、解决问题的能力；要创新，需求异，没有求异精神，就无法创新。因此，学校应该突破以往一味训练学生求同的教学思维藩篱，注重加强学生求异思维的训练；要创新，需要左右脑的协调并用。一般情况下，人脑有较为明确的分工，人的左脑主要司理言语与逻辑思维，右脑主要司理形象与直觉思维及发散思维，而人的创造活动既需要发挥左脑的逻辑思维的推演与论证，更需要右脑的形象与直觉思维的发现与猜想。对于创造等复杂问题，需要左右脑协同作用。因此，学校教育要改变以往只重视左脑教育，而忽视右脑教育的传统做法，认真履行和贯彻德智体美劳全面发展的方针，真正做到实施全脑教育。

总之，学校要想培养创新型人才，需要从观念、体制、机制、内容、形式与方法等方面实现根本性的转变，树立有助于培养创新型人才的观念，破除一切有碍创新型人才培养的体制与机制，改革一些妨碍创新人才培养的落后于时代的教学内容，加强新的教学形式与方法的大胆探索，形成一套比较完备的创新人才培养的体制与机制和人才培养的队伍，从而为社会培养与输出一批又一批真正德、智、体、美、劳都得到全面发展的创新型合格人才。

(三)社会条件

影响人成就的社会条件有很多，如历史的、现实的、政治的、经济的等，其中比较直接的条件有经济环境、社会风气等。

社会的经济发展状况不仅影响到人才的培养，同时也直接影响到人才的表现。由于经济发展水平的不平衡，一些经济欠发达的地区，教育资源相对不足，尤其是优质的教育资源严重匮乏，直接影响到当地人才教育与培养。同时，在经济发展相对滞后的地方，其人才施展与表现的机会相对就少，因此，实现其成就期望的途径相对不足。而经济发展水平较高的地区，人才培养的优质教育资源相对要好，人才市场相对要活跃，因此，无论是成才还是施展才能的机会也就相对多一些。当然这些地方人才竞争也要激烈一些。这样能够在一定程度上激发人的成就动机，推动人努力实现成就的期望。由于经济发展的局限所造成的就业面相对不足，致使人才闲置、或出现用非所学，学非所用的现象也时有存在，而直接影响到人的职业选择问题，并造成对人成就动机的不利影响。因此，只有通过不断发展经济，加大教育投入，尽可能使更多的人受到良好而公平的教育，同时不断激发市场活力，使更多的人能够找到施展才能的机会，以实现其成就的期望。

社会风气在一定意义上讲是人的成就动机及其成就行为表现的风向标。如果一个社会尊重人才，注重发挥人才的作用，并通过积极的政策支持和鼓励人才有所作为，那么就能够在一定程度上激发人的成就动机，促进人努力取得成就。相反，如果社会缺乏对人才的应有尊重，不注重发挥人才的作用，且许多人因为政策的限制，而无法施展其才能，那么，人们就难以表现出应有的成就动机，而缺乏相应的积极努力，因此也难以实现成就期望。尤其是在分配体制与机制上出现的不合理不公平现象，将直接影响到人的工作积极性，而无法使人产生做好工作的成就动机。另外，社会风气不正，官员贪腐、形式主义、弄虚作假、以权谋私、嫉贤妒能、赏罚不明、缺乏包容之心，所有这些都将挫伤人的成就动机，影响人的才能的正常发挥。因此，营造一个风清气正、公平公正、赏罚分明、健康向上的社会风气，无疑有助于人形成应有的成就动机，并促进每个社会成员努力实现成就期望。

(四)行业影响

人的职业成就动机主要在相应的行业当中激发与体现，因此，行业内部的管理机制与制度以及上下级之间的关系，都就将会在不同程度上影响员工的职业成就动机和具体的行为表现。美国著名的"霍桑实验"效应表明，如果领导与员工建立一种相互尊重与相互信任的关系，将有效调动员工的生产积极性。特别是在一些技术革新与改造过程中，领导在充分尊重和支持员工的同时，还应有包容之心，应该允许失败，包容失败者。因为许多成功就是在失败中实现的，如果领导不具有这种胸怀，既不利于激发员工技术研发的积极性，也不利于自身企业的进一步发展。同时，在有关分配及福利制度方面，也应体现按劳取酬，多劳多得，奖勤罚懒。另外，也要关心员工的生活与身体健康，防止因压力过大造成的"职业倦怠"所导致的身心健康问题，和由此产生的职业成就降低，工作效率下降等情况发生。

(五)国家政策

国家有关政策在更大的层面和更为广泛的意义上影响人的成就需要和成就动机，并进而影响人成就期望的实现。国家人才教育与培养的政策，直接影响到家庭与学校在人的培养与教育方面的性状；国家关于人才就业使用的政策，直接影响到各行各业人才的使用与发挥；国家关于人才的待遇政策，将在一定程度上影响到人才工作的积极性与创造活力。因此，国家应该克服人才选拔、培养、使用、评价等方面的各种政策短板，积极推行人才强国战略。通过各种政策支持和政策保护，加强人才培养，不拘一格降人才，尊重与保护人才，维护好人才的合法权益，做到人尽其才，才尽其用，为充分发挥每一个人才的作用保驾护航，搭建公平竞争的政策平台，通过有效的政策手段，激励与调动人才建功立业的自主积极性。这样才能够从根本和更加广泛的意义上，使更多的有为之才表现出强有力的成就动机，大展才华，在为国效力中实现个人成就期望。

在追求成就期望的路上，充满着各种荆棘、阻碍，甚至风险，有时哪怕你付出了许多艰辛与努力，也许所有这些会付之东流，石沉大海。若果真如此，你既不要抱怨自己无能，甚至从此一蹶不振，消沉堕落，也不要怨天尤人，因为这些并不会给你带来多少有益的东西，而只会使自己情绪更加低落、抑郁，最后造成对自我身心的损害。最好的处理方式，就是先来点儿"阿Q"精神，搞点"酸葡萄"机制，以此来自我安慰和放松一下自我。然后在清醒状态下，进行一些必要的冷静分析，同时找找主客观原因。如主观上是否抱负水平太高，所定目标是否脱离个人的实际，如果是就应该适当降低抱负水平，重新调整过高的目标；若是自己方式方法有问题，就应该重新选择和寻找有效的方式方法；如果是自己努力不够，那就要加大努力。客观上是否不具备成功的条件，如果是就应该设法找到或创造相应的条件；是否是遇到人为的阻碍，如果是就应该通过建设性的沟通，消除人为阻碍。只有通过相应的冷静思考与分析，并有针对性地解决问题，才能从挫败中找到成功的期望。当然，为了避免不必要的失误或挫败，理想的做法就是从个人和所处的条件等实际出发，做好事前的周密规划与部署，且在进行中及时发现问题，做出适时的调整，这样就能避免因为计划不周等盲目性所造成的失误与损失，从而更好地保证所追求的成就期望如愿以偿。

总之，人脑有极为巨大的潜力，脑科学研究表明，人脑是迄今为止世界上最复杂最精密最高级的物质，只要我们不畏险阻，勤勉奋进，擅于科学而合理用脑，就能够不断创造一个又一个的人间奇迹。对于我们每个个体而言，要想有所成就，实现其成就期望，就应该合理而科学地设定目标，以脚踏实地、锲而不舍的精神而努力拼搏，不管在什么情况下，不要轻言放弃，而坚持如初，上天是会眷顾那些为理想而不懈奋斗的人的。

第十二章　财富期望分析

一谈到财富，大多数人首先想到的是物质和金钱之类的东西，当然还有一部分人也可能还想到有精神方面的内容。的确，在现实世界中，多数人一生都在追逐着物质的财富，他们中的绝大多数人通过合理合法的正当劳动，去获得与积累了一定的物质财富，而却有那么极少部分人，为了获得更多的可供自己挥霍享受的物质财富，铤而走险，违法犯罪。我们还能发现，有那么一部分人并不刻意去获得更多的物质财富，而将主要的精力投入精神财富的追求中，在此过程中获得巨大精神满足。由此我们不难看到，在现实中人们普遍存在对财富的期望，我们怎样理解这一现象，而一个人怎样才能实现财富的期望？这是接下来讨论的问题。

第一节　财富期望概述

一、什么是财富

"财富"一词出自《史记·太史公自序》："布衣匹夫之人，不害于政，不妨百姓，取与以时而息财富。"现代《新华字典》的解释是"具有价值的东西"①。这种对财富的解释过于抽象与宽泛，且缺乏周延性，因为有价值的东西并不都是财富。许多自然之物，均具有价值，好比空气、土地等这种东西，对于每个人的生存无疑是有价值的，但由于它不是人们劳动的产品，只是人类所需要的自然资源，尚未参加生产过程，是未被开发的自然资源，如果说它是财富充其量只是"潜在的物质财富"②。而自然资源只有通过人的劳动加工成为一种具有使用价值与交互价值的产品，才称其为一种财富。将财富视为"社会拥有的物质资料的总和"，这种解释仅将财富限于社会及其物质层面，显然是片面的。财富的主体既可以指社会，也可以是个体。财富内容不仅单指物质的，同时也应包括精神的和信息的等，即财富应该是指社会或个体拥有的物质与精神及信息等方面的劳动产品的总和。

---

① 《现代新华字典》，商务印书馆 1978 年版，第 98 页。
② 宋原放：《简明社会科学词典》，上海辞书出版社 1984 年版，第 483 页。

就内容来讲，财富包括物质与精神及信息大类。物质财富是劳动者通过一定的物质资料的生产，而创造的具有使用价值和交换价值的劳动产品。物质财富是以物化的形态而存在，是人们经过生产过程所创造的一切可用来支配和享用的所有物，主要包括人们生活中的衣食住行乐所耗物。英国学者培根形象地称其为行军中的"辎重"，其意味自然可不少。"辎重"行军打仗不可少，且不可置于后，就是人们常讲的兵马未到，粮草先行。既然是辎重，他有时会影响行军的速度，并因此造成军事失利，甚至直接带来失败。若人生如行军打仗，财富断不可少，但如果聚之太多，也会为其所累，现实中也确有此况。因此，培根讲"巨大的财富并没有什么真实的好处，他只有一种用处，就是施众，其余的全不过是幻想而已。"①细品其言，不无道理。

金钱是物质财富的货币表现形式，也是衡量其物质财富的标志物。现实中人们往往将物质财富直接以金钱相称。因此，人们往往通过金钱数量的多少，来衡量人的物质财富的多寡。从一般意义来讲，金钱应该只是在人类特定发展时期，人们用以满足基本物质和精神生活需要的一种形式与手段，而人一旦将其视为一种追求的目的并不惜一切追求与占有，甚至为了金钱而徇私枉法、图财害命，最后不仅沦为金钱的奴隶，且成为金钱的牺牲品。

当然，对于一个社会来说，物质财富是衡量社会发达与否的标志。一个社会越发达，就表明其越具有丰厚的物质财富。一个社会越有财富，就能更好地促进其发展，不断改善好民生。对于个体而言，物质财富往往是衡量其地位的标志，一个人越有财富，就反映他比一般人享有更高的社会地位。一个人越具有财富，也越有利于自我的再投资，更好地发展与完善自我。

精神财富通常被人理解为是"人们从事智力活动所取得的成就。"这种表述是不准确的。物质财富也是人们智力活动所取得的成就，尤其是当今科学技术飞速发展的时代，物质财富创造中的智力含量越来越高。物质形于外，精神存于内。因此精神财富是存于人内在的并对人的心理及行为产生重要影响的东西。它一方面对人内在的心理产生重要的支撑作用，另一方面对人表现于外的行为产生明显的影响作用。对于一个生命个体的人来讲，其精神财富若用于己，具有安其形、润其心的意义；若用于外，则可为社会和他人产生一定的价值作用。就社会层面讲，精神财富是指一定社会所创造与积累的文化资源及其成果，并转化成为一种促进与推动社会与人的发展的精神力量。

正如物质财富需要以一定的自然资源为材料，并通过人的劳动创造所形成一样，精神财富也需要以一定的文化资源为材料，经过人的大脑加工，才逐步内化于心，成为支撑人生的巨大精神力量，并且在此过程中完成再创造后，外化为一种新

---

①　［英］弗·培根：《培根论说文集》，永天同译，商务印书馆 1987 年版，第 126 页。

的文化资源或作为改造自然和社会的利器。可以这么讲，人类至今所有文化资源都是在一定的社会生活的实践中，人类通过自己的加工与创造而不断外化累积所成。每个个体精神财富的形成是借助于一定的媒介（如语言文字），通过自己的学习与思考，并将社会的文化资源逐步转化为个人所具有的信仰与信念、态度、德性、意志力等精神力量，成为自己可以支配的精神财富。并且，通过运用获得的精神财富，去从事物质财富的生产或创造新的更多的精神财富。这些精神财富一旦内化于心，为个人所拥有，将成为其内心精神宝藏，谁也拿不走，是比任何物质财富都要珍贵的东西，是一个人得以活下去，得以不断进取的源泉。

精神财富具有十分丰富的内容，首先包括有能够对人起到各种作用的自然、人文、道德、审美等方面的知识。通过这些知识财富，帮助人去认知自然、社会及人自身的变化与发展的规律，并根据这些规律有效地从事改造自然、社会及自我的实践活动，从而推动社会的发展与进步和个人的不断自我完善；其次，通过所获得的知识，经过进一步的思考，逐步形成对于真理、道德及审美等人生方面的信仰与信念，并在这些信仰与信念的作用下，表现出对真、善、美的追求，且在此过程中不断丰富与充实自己的内心世界，提升自己的精神境界；再次，在一定信仰与信念基础上，通过人的社会实践形成其意志力、情感态度等精神财富。其意志力是推动我们战胜前进道路中的各种艰难险阻，排除、抵制各种干扰与诱惑的不可或缺的精神财富，而充满生活实践的热情、勇气、爱等积极的情感，也是人类社会生活实践不可或缺的精神食粮。所有这些精神财富，无论是对于人类社会的存在与发展，还是对个人的生存与发展都是必不可少的。

人类社会发展史，既是物质财富的创造与积累史，也是精神财富的创造与积累史。对于社会发展而言，精神财富足以具有与物质财富比肩的价值意义。精神财富与物质财富共同承载人类社会的前行，且二者联系密切，相互作用，相互促进。特别是现代社会人们的物质财富的获得途径及方式，几乎离不开人类所创造的各种科学技术等精神财富。以科学技术为主的精神财富，对于物质财富的贡献率越来越突显。体现精神财富的智慧型劳动产业犹雨后春笋。以先进科学技术为重要手段的精神财富，催生了越来越多的新产业和新业态。精神财富与物质财富不仅相互作用，且形成高度的融合。无论如何，一个社会的延续与发展，固然不能缺少必要的物质财富，但其精神的财富也功不可没。如果没有人类千百年来所创造的灿烂的精神文化财富，人类可能不知自己来于何方，去往何处。同样，如果一个人没有精神财富做武装，也只能是徒有躯壳的白痴。因此，一个社会不仅要具有丰厚的物质财富，同时也应具有较为丰富的精神财富。如果一味去埋头于发展经济，以增强其物质财富，而不注重精神文化的建设，不断丰富人的精神财富，那么，这个社会发展起来的物质财富，会随着国民文化素质的垮掉而失去。同样的道理，一个人如果只顾及物质财富的积累，而放弃必要精神财富的追求，那么，由此积累的物质财富因为个人精神素养的缺乏而使用不当,也保不齐终究有一天而得以丧失。因此,无论是对社会还是个人,不管是物质的财富还是精神的财富都是不可或缺的。对于一个人们衣食已无忧的社会来讲,深入开展与大力倡导其精神文化的建设,不断丰富人们的精神生活更显得尤为必要。

另外,从现代意义上讲,信息及其资源也是一种重要财富,它是介于物质财富与精神财富之间的一种重要财富,因为它既不完全包括于物质财富而隶属于物质财富,也不是属于完全的精神财富,而是交汇于物质财富与精神财富之间的并以特殊形态存在的一种财富,这种财富是现代科学技术发展的成果形式,且对于传统的物质财富与精神财富的发展具有极其重大的作用。

不管是物质财富还是精神财富抑或是信息财富,都是人类通过辛勤的劳动所创造的。劳动是人类获得财富的唯一源泉。只有通过正当诚实的劳动所获得的财富,才是最宝贵的最值得珍惜的财富。只有这样得来的财富最可靠、最安稳。

财富具有以下特性:

第一,财富具有价值性。所谓财富的价值性,通俗而论,就是指财富这种东西对于拥有者来讲是有用之物,持有它可以帮助自己解决一些问题,如物质财富可以帮助自己解决日常衣食住行等所需物质或一些其他的精神需要,而精神财富可以直接满足自己各种精神之类的追求与需要。财富的价值性主要体现在它的效用性方面。功利主义哲学家边沁(1820)认为,所谓效用是指物品能使人获得幸福和避免痛苦的能力,一切物品的价值都在于它的效用。英国的杰文森(1871)提出了"边际革命"理论也认为,凡是能引起快乐或避免痛苦的东西多可能有效用,效用的有无或变化皆以物与当事人的欲望与需求之间的关系而转移。他们都将是否"快乐或幸福"作为衡量其物品有否"效用"的参照。

第二,财富具有计量性。人们往往据以数字来分辨人的物质财富之大小,如百万富翁、千万富翁、亿万富翁等。即使是精神财富也是如此,如才高八斗、学富五车、著作等身等用来表明人精神财富的巨大的词语,而以数字为重要特征的信息财富更显示其典型的计量特性。通过财富的计量性,能够帮助人们掌握财富的多寡,且易于进行相应的财富比较。这在一定程度上有助于财富的积累与发展,并促进了计量经济学的形成与发展。

第三,财富具有储蓄性。储蓄性只是财富的中间或过程属性,也是非常重要的一种财富特性。财富如果没有储蓄的特性,人们就不会储存财富,也不会在很短的时间内去努力挣得更多的财富。财富的储蓄特性在为社会积累财富的同时,也催发与滋长了人的财富贪恋欲,许多人唯恐所聚财富甚少,而采取一切方式倾力积聚。

第四,财富具有消费性。财富的本质效用就是它的消费性。财富消费包括一般性消费和享受型消费。前者只是满足人们最基本的衣食住行等消费,后者是具有铺张与奢靡的消费。不管是何种消费都能起到有效地促进市场的流通,有助于刺激生产以促进其社会经济的发展与市场的繁荣。

第五，财富具有自由支配性。一般来讲，财富主体可以根据自己的需求而自由支配自己所拥有的财富。它可以用于物质的或精神的消费，可以用于新的投资而获取更多的财富，可以存储以备后用，可以用于公益，可以直接赠人，甚至可以由人任意挥霍等。财富的自由支配性，其积极意义在于能够充分调动一些人的积极性并发挥其不断创造财富的聪明才智；财富的消极意义则是可能造成负面效应即引发市场经济的无序与混乱。

第六，财富具有再生产性。这是指人们可以通过已经获得的财富，从事各种再生产活动，而不断获取更多的财富。财富的再生产特性，是促进社会经济发展和社会进步的一种非常重要的特性。如果没有再生产性，社会无法完成财富的积累，没有财富的消极意义则是积累，社会则将停滞不前。另外，财富如果不具有再生产特性，人们也就不会贪恋财富与不断集聚财富。人们之所以积累财富，在一定意义与程度上讲是为了进一步扩大再生产，以此进一步满足自己更多更好的物质或精神方面的消费等需求。

二、什么是财富期望

所谓财富期望就是指人们为了满足其财富的需要，而希望通过一定的手段与方式获取财富的一种愿望及心理活动。财富期望是推动人类社会进步与发展的内在动力，是促进社会经济繁荣和文化昌盛的重要引擎。人类如果没有对财富的期望与追求，就不可能形成创造财富的活力与积极性，社会生产力也就失去应有的心理基础而难以得到应有的发展，其社会的经济与文化也不可能兴旺发达。正是因为人们表现出对财富的积极期望与追求，才焕发出生产劳动的积极性和创造的热情，从而推动着社会生产力的不断发展，并因此促进了社会经济与文化的繁荣和昌盛。

人们物质财富期望是指人们基于现实的物质需要而产生，并对于满足这种需要的物质的期盼与追求，是推动人生产与创造各种物质，以满足其物质需要的动力所在。正是人们对于物质财富的期望与追求，才极大地催生出人们创造物质财富的积极性，正是因为这样的积极性才推动人们创造了大量的社会物质财富，促进了社会经济的繁荣。正是一代又一代人对于物质财富的期望与追求，才促使其不断创造与积累人类大量的物质财富。

人们精神财富的期望是推动人们实现精神生活需要的重要动力。人们的精神财富期望主要反映人们在教育、科技、体育、艺术、审美等方面的精神生活愿景，是促进人形成人文素养和科学素养的心理动力基础。正是因为人们对于精神财富的期望与追求，才焕发出人们对精神文化生产的热情；正是因为这种热情，才促使人们创造出璀璨的精神文化，促进了人类文化的昌盛。正是一代又一代人对于精神财富的期望与追求，才创造出无比辉煌的人类历史文化。同时个体精神财富期望也促使人知善恶、辨是非、识美丑、懂礼数、讲文明、尚真理、陶冶情操，充实与丰富内心世界。

随着现代信息科学的越来越发达，以及在现代物质文明与精神文明中日益凸显的作用，人们也开始更加关注其信息财富，形成对一定信息财富的期望。通过一定的信息财富的期望，促使人们更加关注信息财富，并投身于信息财富的创造与利用中去。

从社会发展来讲，当社会生产力水平较为落后，物质生活相对较为贫困和科学文化生活相对匮乏的情况下，大多数人反映出较为强烈的物质财富的需要，更多地表现为对于物质财富的期望与追求，而精神财富的需要及期望相对不足；随着社会生产力水平的不断提高，在人们的物质生活得到一定的改善后，随之而来人们也就有了科学文化等精神方面的需求，许多人在不断形成对物质财富期望的同时，逐步产生一定的精神财富的需要及其期望；随着社会经济的进一步发展，人们对于精神文化的需要进一步增强，越来越多的人对于精神财富的期望同对物质财富期望一样得到增强。

对于不同的人来讲，由于人生观和价值观不同，在财富需要及期望方面也存在明显的差异。一部分人过于看重物质财富所具有的作用，他们侧重于获得更多的物质财富的需要，形成更为强烈的物质财富的期望，而对于精神财富需要明显不足，因此其精神财富的期望则显得淡漠。这种情况突出体现在那些贪恋物质财富的人方面；有的人侧重于获得精神财富方面的需要，对于精神财富的期望表现突出，而对于物质财富的期望相对不足，这种情况突出表现在一些以从事精神生产为主的个体方面。还有的人同时兼有获得物质财富与精神财富的需要，因此既有对物质财富的期望和追求，同时也有对精神财富的期望与追求。当然更多的人还是以追求物质财富为主，而以追求精神财富为辅，同时，也确有那么一些人以追求精神财富为主，而对于物质财富追求要求并不高。

三、人为什么有财富期望

从个人角度来讲，人们之所以表现出物质财富的期望，是因为物质财富所具有的重要生存与发展价值。人们要维持基本的生存，要买房、结婚生子、交友、看病等，就得有维持这些衣食住行等所必需的各种生活资料，而要获得这些生活资料，必须靠手中拥有的物质财富。随着社会的发展，人们需要进一步改善衣食住行等生活条件，同样需要更多的生活资料，也同样需要手中拥有更多的物质财富。如果没有一定的甚至更多的物质财富做保障，人们既不可能维持基本的衣食住行等的需要，更不可能实现满足衣食住行等改善的需要。同时，人们要实现基本发展的需要，必须接受更好的教育，这就需要进行相应的智力投资，而智力投资也需要靠一定的物质财富；人们要进一步发展自己的事业，同样需要自己手中拥有相应的物质财富。如果没有一定的甚至更多的物质财富，人们既不能满足基本发展的需要，更难以实现事业进一步发展的需要。

对于大多数普通人来讲，追求与实现物质财富的期望，既有满足现实衣食住行的需要，同时也有基于维护个人来日安全的考量。因为来日方长，而人生不确定性的事项挺多，在他们看来唯有较为雄厚的物质财富才能保其安全无虞。尤其是经历疾病、灾年、兵荒马乱等各种苦难的人，当经过自己的打拼拥有了一定财富后，他们更是担心所经历的苦难再次发生，因此，会尽可能去获得更多的财富，以备危难时所需。

一定的物质财富也是人获得一定社会地位，实现其尊重需要一个重要筹码。"现代人通常都渴望拥有更多的钱，以此来炫耀自己的显赫，借此胜过和他地位相等的人。"[1]人生在世，不仅形成对财富的追求，同时也非常渴望有一个令人仰慕的社会地位。"尽管金钱本身并不足以让人显赫，但是没有金钱却是难以显赫的。"[2]

追求物质财富也是某些人获得成就感的一种方式。当人拥有的物质财富，足以使自己及家人此生能够过上锦衣玉食般的生活，但他们并不因此获得满足，而是把获得更多的大量财富，视为一种衡量自己成就的标志，在追求物质财富的路上不肯止步。对于许多追求物质财富而成功的人士讲，他们后来一如既往，甚至变本加厉地追求财富，不是纯粹为了获得更多的财富，而是以此获得为世人所仰慕的更多成就的需要，并由此获得更大的优越感。

另外，人们对财富的期望是为了实现其幸福，其最终需求是生活幸福，而不是有更多的金钱。如果人们期望获得更多的财富，那也是为了实现更大的幸福。这是因为从"效用最大化"出发，对人本身最大的效用不是财富，而是幸福本身。与经济学（Economics）相对应，奚教授把这种科学叫做"幸福学"（Hedonomics）。这个理论提出：我们的最终目标不是最大化财富，而是最大化人们的幸福。人们关注财富人生，希望财富增加的时候，幸福感也能与日俱增。且许多人认为，有了金钱财富就可以拥有快乐乃至幸福。罗素说，"不否认，从某一点来说，金钱很能增强人的幸福感，而一旦超过了这个点，我认为金钱就不能增强人的幸福感了"[3]。因此，我们可以这样讲，一个人没有财富而过着贫穷的日子，且经常会因为生计的问题而感到忧愁，他难以快乐与幸福。但是否就可以说，一个人拥有了金钱财富就一定感到快乐与幸福呢，甚至说一个人拥有的金钱财富愈多，他就愈快乐与幸福呢？现实与研究表明，它们之间并不构成这种关系。物质财富在很大程度上更多地只能帮助人们满足物质的需要，而并不一定能够带来人真正的快乐与幸福。物质财富充其量

---

① ［英］伯特兰·罗素：《幸福之路》，刘勃译，华夏出版社 2016 年版，第 39 页。
② ［英］伯特兰·罗素：《幸福之路》，刘勃译，华夏出版社 2016 年版，第 39 页。
③ ［英］伯特兰·罗素：《幸福之路》，刘勃译，华夏出版社 2016 年版，第 40 页。

能够在某种程度上充当精神满足的副产品。

总之，虽然说钱财乃身外之物，生不带来，死不带去。可就在人们的生死之间，若没有一定的物质财富做支撑，人是无法正常完成由生至死的轮回的。培根告诫人们："不要相信那些表面上蔑视财富的人，他们蔑视财富的缘故是因为他们对财富绝望；若是他们有了财富的时候，再没有比这般人爱财的了。"①正是由于物质财富给人带来多方面的利益和好处，能够满足人多种需要，才使人们对其充满期望与追求。

人们为什么持有精神财富的期望，这主要是基于如下原因：首先，社会发展需要人拥有一定的精神财富。社会的物质文明离不开人所具有的精神文明，社会经济的发展不能少有人的精神财富。精神财富可以助推物质财富的增长，实现精神变物质的转变。公民素质的提高主要依赖于精神财富。其次，人自身的发展也需要人拥有相应的精神财富。大脑需要精神财富的充实，心灵需要精神财富的武装，幸福生活离不开精神财富的滋润，潜能发挥不能没有充盈的精神财富，人生的自我发展与完善需要不断的精神财富做铺垫，个体物质财富的获得与使用需要一定的精神财富为引领。另外，精神财富的高度发展是人类走向理想社会，过上美好生活的重要保证。正是基于以上等情况，人们才表现出一定的精神财富的期望。

人们之所以持有信息财富的期望，是因为这种财富可以帮助人们更高效更快捷地获取其更多的物质财富和精神财富，同时使自己更好享有现代物质文明和精神文明。

第二节　实现财富期望的途径与方式

人类实现财富期望的途径与方法林林总总，且不同的集团与个体均存在明显的差异。随着人类文明的进步，现如今正不断出现一些新的获取财富、实现财富期望的形式，如通过平等竞争、互利合作等方式获得财富。对于普通人来讲，通过智慧形式，如发明创造、开拓市场、投资贸易而获得财富，随着电子网络技术普及与运用，网上市场潜力巨大，通过各种理财，如炒股、融资、期货、电商等方式获取财富。但不同的手段获取财富的方式，存在正当与不正当、道义和不道义的分野，我们可从人类迄今为止的如下获取财富的方式以见分晓：

一、掠夺的方式

这是一种野蛮的索取财富，实现财富梦想的方式，也是人类表现较早的一种非文明的获得财富的方式。旧时代的地痞流氓、地主恶霸及现代社会出现的黑社会组

---

① ［英］弗·培根：《培根论说文集》，商务印书馆 1987 年版，第 127 页。

织等，全都是靠非法的暴力手段掠夺方式得到财富。其中最大最为典型的一种掠夺方式就是通过霸权发动侵略战争，掠夺他国资源和财富。这种情况不仅古已有之，而进入现代社会不但没有销声匿迹，且随着科技在军事领域的越来越广泛的应用，战争所带来的风险与损伤可能超过以往任何一个时代。由此方式所得来的财富，是以巨大的代价与牺牲所换取的，且不只是以牺牲无数被掠夺方人的生命为代价，同时也是以大量牺牲掠夺国的将士为代价的。因此，这种方式是以牺牲多数人的利益甚至生命为代价的，是残酷的充满血腥的，是文明社会不能够容忍的。通过这种方式得到财富，不仅无义，且无道。它也必然会为多数人所坚决反对，因此，靠这种方式索取与掠夺财富者，终将有一日为之付出代价，因为有掠夺必然有反掠夺，有侵占必有反侵占。面对强盗入侵，是无理可讲的，人们只有团结起来，拿起战斗的武器，勇敢地捍卫自己的国土，保护自己的资源及财富，惟其如此，别无选择。

二、争斗的方式

这种情形主要表现在旧有的家族中和一些利益集团之间。旧有的富裕家族中，往往兄弟之间为获得家族的财富而反目，有的甚至带有一定的血腥。今天，在某些富裕了的家族中仍然存在这种现象。现代社会的利益集团中所表现的争斗方式，就是通过竞争的形式，而赢得更多的市场份额，获取巨大的财富。这种通过争斗获得财富的方式，如果是基于一定的规则所采取的文明手段进行的，同时有利于不断激活市场活力，促进经济社会的不断繁荣，不但无可厚非，还应有所提倡。当然如果采取的是不按规则出牌的非文明手段的恶性竞争，甚至采取垄断性并辅之以一定的暴力手段的竞争，不仅难以实现财富梦想，且不利于激活市场与发展社会经济，还会扰乱正常的社会经济秩序，同时还有可能造成一方或双方俱伤，因此这种获取财富的方式是非正当且不合道义的。

即使想通过正当竞争获取财富，实现财富期望，也是需要一定条件的。首先，必须有确保正当竞争的公平、公正的社会环境条件，如果没有形成这种条件，就很难避免出现各种各样的违背竞争规则的恶性竞争。因此，建立与营造一种公平竞争的市场机制，确保参与竞争者的合法权益，为人们参与正当的社会竞争，成就其财富期望的梦想，应该是政府所要承担的一项重要责任。当然，要想通过竞争实现财富的期望，竞争参与者自身的实力与素质是关键，如果不具备其必要的参与竞争的实力与素质，是无法通过竞争方式实现财富期望的。

三、骗取的方式

这是自古以来存在的一种既非正常又无道义的侵害他人利益、索取他人财富的方式。随着时代科技的进步，这种骗取财富方式，不断出现一些新的形式与花样。

今天较为常见的有花样不断翻新的各种网络诈骗、电信诈骗，如网络贷、校园贷等，且发展到有组织的诈骗集团，打着各种骗人的旗号，已经成为一种社会公害，且屡禁不止，甚为猖獗。采取骗术索取他人财富者，有的或是缺乏专门谋生的技能，而难以找到维持生计的其他正常工作；有的或性情懒散，想过不劳而获的生活；有的或出于某种或某些经济上的压力，而又没有找到别的可解决的途径；有的或因为生活本身奢靡，而又没有稳定的可供奢侈的经济来源；还有那么一些人可能最初受人胁迫，而加入诈骗团伙，也不排除还有一些是非不分的人出于一种盲目效仿，等等。尽管原因不一，但其共性就是采用非正当的手段从他人手中索取财物，且均存一致的侥幸心理，认为这样做是不会被发现，即使发现了也可以设法逃脱外在的法律的惩罚等。他们中的许多人缺乏良知，因此，丝毫不以自己的诈骗行为感到羞耻，只要不被发现而受到法律的惩办，这部分人的诈骗行为是不会收敛的。还有极少数个别的骗子，即使受到应有的惩治，也难以收手，往往会重抄旧业，继续坑蒙拐骗。靠诈骗获取财富的方式无疑是非常有害的，它不仅直接给受骗者造成财产与精神上的巨大损失，同时也严重扰乱了社会正常的经济金融秩序。因此，这种靠骗术图谋他人钱财者，在法治社会最终难以逃脱应有的惩治，以此作为实现财富期望的梦想总有一天会灰飞烟灭。

四、职务越位敛财的方式

这是一种特殊的且也是危害最大的索取财富的方式。说它特殊，是因为只有一定公权力的人，才有机会与可能使用此手段索取财富，而大多数普通人不具有这种权力。这种利用手中权力去谋求财富可以说是形式多样，五花八门。有的是直接凭借其手中的权力，去侵吞公有资产；有的或利用其职权收受贿赂，大发横财；有的甚至利用得来的不义之财，去贿赂高层官员，牟取高职，再去利用手中的权力，更加大侵吞公有资产，或更加有恃无恐地收受甚至索要贿赂，不一而足。虽然其贪腐方式不断花样翻新，但贪婪、自私、腐化、堕落、滥用权力、假公济私、目无党纪国法，是这类腐败敛财分子较为普遍的共性。且这种人不仅缺乏最起码的道德信念，完全丧失其道德意志，其认知也严重扭曲。有的认为自己有权支配旗下的一切，得到别人不能得到的，也有权享受别人不能享受的东西；有的认为有权不用，过期作废等。什么初心、什么信仰，这些人一律置于脑后。这种利用权力的贪腐敛财方式，比其他非正当牟取财富的方式更隐秘、更具有欺骗性，影响更坏，危害更大。它严重危害国家和人民利益，严重损害政府形象与公信力，严重破坏正常的社会政治经济秩序，一旦泛滥开去，相互效仿，国将不国。因此，历来清正廉明的政府，不可能对于贪腐放任不管，任其泛滥，而是将惩治腐败作为维持其政权稳固，和社会长治久安的一大重要战略，惩治腐败，常抓不懈。其实这种通过非法手段获取的财富，对于其贪腐者而言也不会带来多大幸福。因为若其良心尚存，收之有愧，藏之难隐，用之难安；若其良心无存，但法律利剑高悬，其敛非法财富，无论收之、藏之、用之，都难免忧心忡忡，如惊弓之鸟，惶恐不已。如此志忑狼狈，岂有福焉！且以身试法，一旦东窗事发，不仅赃物不保，且官位不再，甚至有可能会锒铛入狱，身败名裂。如此下场，焉能是福？因此，想通过手中的权力实现财富期望，不仅失德与失义，也害己误国。而那些身处官位者，理当警醒，切莫滋生贪腐之心，力戒贪腐之欲，彻底切断企图通过权力获取财富的念想。同时，一定的政府组织通过完备的组织及制度管理体系，从根本上堵住直至消除滋生腐败的社会漏洞与土壤，使那些想腐败的官员无处无法可腐，才是解决问题的关键所在。当然，最根本的是要加强国家公职人员的廉政教育，提高其从政的思想及道德素质，形成拒腐蚀，永不沾的抗诱惑能力。

五、投机的方式

投机的确会成为少数人实现财富的方式，尤其是在社会动荡或处于变革的初期，一些人利用管理混乱或制度不健全的外部环境，采用投机方式实现了最初的财富梦想，甚至一夜之间成为暴发户，拥有了大量的财富。靠投机致富毕竟是少数人，且靠投机致富难以走到最后。因为好运不可能总是跟随投机分子，那么，只要他们一天不放下投机的方式去敛财，就免不了总有一天因投机失误而失去财富。另外，由于靠投机得来的财富较为容易，许多投机者就不那么珍惜这种得之容易的财富，他们会用各种方式而任意挥霍掉。同时，靠投机方式在某些特定情境中不仅欠妥，且有悖道义。如在国家处在危难之际，在天灾人祸之时，面对弱势群体等情形下，任何乘国之难和乘人之危的投机钻营，不仅不当，且不仁不义，不仅会受到众人的谴责，也难逃法律的惩戒。今天还有一些人通过网络媒体的形式，利用名人、网红等从事一些投机钻营活动，牟取暴利，不仅影响到当事人的声誉和正常的生活，同时也造成不良的社会影响，有的甚至触犯法律，因此这类投机行为也属非正当的和不义的，是需要人们诫勉的一种投机方式。

六、投资的方式

投资与投机是不同的。投资是基于深入思考，所作出的一种较为长远的获取财富的策略，而投机更多的是出于一种偶然的巧合获取财富的手段。财富是需要累积的，当你通过本分的劳动，获取最初的一些积蓄，而要想真正实行财富的梦想，就应该通过寻求一些渠道"钱生钱"。如培根所言："不要爱惜小钱，钱财是有翅膀的，有时它自己会飞去，有时你必须放它出去飞，好招来更多的钱财。"[①]当今社会由于金融业的高度发展，且新的产业与业态也犹如雨后春笋大量涌现，因此通过投

---

① ［英］弗·培根：《培根论说文集》，商务印书馆1987年版，第127页。

资的方式实现财富梦想不失为一种有效方式。当然，通过投资获取财富需要智慧与技巧以及相应的承担风险的素质。在投资项目的选择上应该独具慧眼，应该对相应的市场前景作出科学的预测，同时能够较为精准地作出评估。另外，作为一名投资者应该明白，任何投资都是有风险的道理，且往往是回报高的投资其风险也高。因此，投资者一般应该谨慎而行。作为经济实力较弱者，最初的投资要量入为出，应该以确保基本生活无忧为投资前提，开始比较适合于进行一些低风险与低回报的投资。就是经济实力较为雄厚的投资者，也不要将鸡蛋同时放到一个篮子里，这样能够保证一旦某一投资失败，一是生计无忧，二是尚有其他翻盘的机会与余地。当然，无论什么投资，都应该在法律框架内，只有受到法律允许和保护的投资，才有可能实现其财富的期望。

七、合作的方式

通过一定的合约与人形成一种合作方式，或一起投资，或一起创业，或一起经销，由此互利共赢，获取财富，以实现财富的期望。如培根所讲："合股的生意，如果所托的人选择得当，是很能致富的。"①特别是当今社会各行各业，相互渗透与融合现象较为普遍，形成了犬牙交错的各种产业链，靠个人的单打独斗，很难在复杂的市场领域获得自己的财富追求。因而通过谋求与人合作的方式，优势互补，资源共享，同时还能共担风险，这不失为一种有效地实现财富期望的方式。当然，成功的合作也需要相应的条件做支撑。寻求可靠的合作伙伴是关键，事先通过协商，形成必要的彼此书面约定断不可少，在合作中的责任与义务也需要明确下来。在具体执行合作协议中诚信是最重要的。如果是缺乏彼此信任的不具诚信的合作，不可能获得成功，也无法使人通过此种方式实现财富的期望。同时，人们还必须明确，并不是所有的合作共赢形式都是合理合法的，如各种传销、非法集资等都是违法的，其所得均不受法律保护。因此，对此类所谓的合作，人们应该加以提防，切莫盲目陷入其中。

八、勤勉劳动的方式

孟德斯鸠认为，富裕是在付出劳动的基础上实现的，无论体力或智力劳动。如果不劳动就富裕了，只能靠赠予与掠夺。赠予只限于前人生前的自觉自愿；而靠掠夺他人劳动成果富裕起来的现象占主导地位时，人类同样只会退化到丛林野蛮状态。因此，劳动应该是人们获取财富的唯一可行的正确途径。劳动致富是一种亘古不变的真理。当然，随着现代社会科技的飞跃发展，和市场经济竞争的日趋激烈，其劳动的科技含量越来越突显，因此完全靠传统的劳动方式，是难以使人实现财富

---

① ［英］弗·培根：《培根论说文集》，商务印书馆 1987 年版，第 127～128 页。

期望的，而要想通过劳动拥有更多的财富，就应该通过具有创造性的智慧劳动形式，只有通过这样的劳动形式，我们才有可能实现其追求财富的期望。无论是何种劳动形式，就其本质而言，应该是诚实而勤奋的。生活的现实充分地告诉我们，只有靠诚实而勤奋的劳动获得的财富，才是真正属于自己的财富，而只有靠自己勤劳奋斗所拥有的财富，才会使人得之心安，用之坦然。

勤勉、诚实、智慧而具有创造性的劳动，是当今获取财富最为可靠而有效的途径。勤勉是指财富只有从艰苦奋斗中获得，没有艰苦奋斗的精神与努力，所获得的财富往往不可靠，且难保易失；诚实是指财富需要通过脚踏实地的劳动方可取得，任何缺诚少信的方式所获得的财富，都难以守住而易失去；智慧是指随着现代科技发展对人们获取财富提出的新要求，只有通过充满智慧的劳动，才有可能更好适应现代致富的时代要求；创造是指通过各种技术革新和科技发明等手段获取财富的方式，这也是当今社会经济发展的必然要求。勤勉与诚实是传统劳动致富的有效方式，也是现代劳动致富的重要基石，智慧与创造是现代经济发展时代要求，也是劳动致富方式的进一步升级。没有勤勉与诚实仅靠智慧与创造所得的财富，因缺乏根基而难免有失稳妥，只有勤勉与诚实而缺乏智慧与创造，由于不具科技竞争力而难以斩获更多的财富，而只有集勤勉、诚实、智慧、创造于一体的劳动，才是人们今天获得财富最为可靠而有效的途径。因此，今天我们要想实现财富的期望，就应该以勤勉诚实为基，以智慧与创造为主要劳动要素，并通过努力奋斗去获得所需的更多财富。

人们期望获得一定财富是为了使用它，使它能够为我们的生活服务。在财富的获得方面存在正当和道义的与否，而在财富的使用流向方面，也存在正当与否和利与弊的问题。"货悖而入者，亦悖而出。凶财凶入，必定凶出。"[1]由此表明，财富通过非道义的错误的财富流入，必然会通过非正当的方式流出。一般来讲，财富的流出主要是一定的消费的形式进行的。因为财富最终都是用于消费了的，没有消费，就没有市场，没有市场其经济就难以发展与进步，因此，在一定意义上讲消费也具有促进财富发展的作用。但并不是所有消费都无条件对社会和个体经济的发展具有积极的作用。

现实中人们有性质截然不同的消费，有以维持最基本的衣食住行所需要的节约型消费，有以在此基础上的发展改善型消费，也有享受型消费，甚至还有挥霍无度型消费。在一般情况下，当然以节约型消费为上，因为节约不仅可以养廉、养德，同时还可以大大节省有限的财富资源，另外也有助于减少对自然生态的破坏，较好维护生态平衡等。因此，从这种意义讲，只有节约型消费，才是对于社会与子孙后代最具有积极意义的消费。当然随着社会的进步与经济的发展，人们对消费的质量

---

① 《大学·第十一章》。

需求可能有所提高，因此，一定的改善型消费也是合乎情理的，在一定程度上也是可行的。而享受型消费从社会及人的发展来看，弊大于利。享受型消费往往要消耗过多的社会财富资源，且容易造成一些不必要的浪费。对于个体而言，享受型消费对其身心都有可能造成不良影响：食得太好，身体会负担过重而受到伤害；穿得过于奢华，难免会助长其虚荣；住上豪宅，会使人过于安逸，可能造成人的懒惰、颓废、不思进取等。挥霍型消费给社会与个人所带来的危害更是无法估量的：不仅要造成社会资源的巨大浪费，同时还会给社会生态造成巨大的破坏，甚至有可能直接造成个体的堕落与毁灭，因此，将所获财富主要甚至唯一消费在吃、喝、玩、乐等物质享受上，其弊是显而易见的。

所以，个人对财富的使用应该适度，凡事过犹不及。财富如果为个人无度使用，将既祸及使用者本身，同时也可能殃及他人及社会。"生于忧患而死于安乐。"①有了财富后极易导致人的生活奢靡，挥霍无度，男人易染上吃喝嫖赌抽的恶习，女人容易形成好逸恶劳的劣行。不仅造成大量财富的浪费，同时对挥霍者的身心也造成一定的危害。有的人财大气粗，往往表现过的任性，难免也会给自己甚至他人带来麻烦与痛苦。

因而当基本物质生活及其必要的需求得到改善后，我们更有必要将物质财富投向精神的消费上，因为这样的消费走向，无论对于社会经济的进一步发展还是对个体的进一步的成长与健康，都具有非常重要的积极意义。在今天社会经济生活中产生的新业态，几乎都与人类所创造的科学技术等精神财富息息相关。知识经济、智能经济、网络经济等智慧经济，对于人类经济财富的贡献率不断增强。对于个体而言，物质财富应用于精神财富的消费，同时也是一种重要的智力投资，在今天科技领军的经济时代，智力投资可谓是回报率最高的投资方式。不仅如此，将物质财富用于精神的消费，将极大地充实于人们的精神生活，改善人们的精神面貌，提升人们的精神素养，促进人们身心和谐的发展，从而使人们真正感受到生活的充实与快乐。

财富的使用除了个人及家人的消费，再就是用于投资，从而做到"钱生钱"，而创造与积累更多的财富。显然，财富用于投资对于促进社会经济的发展和个体财富的创造与积累可能是有益的。随着进一步的投资，财富可能不断聚集增多，因此，人们将一部分财富赠予子女或给子女置办各种家产，甚至作为遗产留给子孙。这种财富使用方式对于社会及子孙而言往往弊大于利。因为这样容易使子女形成坐享其成、养尊处优、好逸恶劳、好吃懒做、游手好闲、不思进取等诸多劣习。由于不是通过自己劳动得来的财富，他们往往并不会那么珍惜，而挥霍无度、坐吃山空，甚至腐化堕落。因此，父母将过多物质财富留给孩子的做法并不是明智之举。

---

① 《孟子·告子下》。

这样做与其说是为了孩子的幸福，不如说是毁了孩子的人生。比较明智的做法是将部分财富用于子女从小的智力开发和教育投资，成人后其有创业意愿的也可适当支持一些启动资金。每位为人父母者应该铭记，为了子孙后代的真正幸福，不是为他们留下更多的物质财富，而是要为他们留下宝贵的精神财富。

如果在有生之年，尚有一些多余财富，不如行善于社会和他人。将多余财富作为慈善捐赠于社会与他人（需要资助者）应该不失为一种较为妥善而明智的选择。因为这样做悦己悦人，于己于人于社会均是有益的。老子曰，"既以为人己愈有，既以与人己愈多"①。其意思是说，终因为帮助别人，而自己更富有，终因为把东西给予人，而自己的财产更多。老子所言甚有其理。财富来自社会而重新回馈于社会，服务于社会，是顺理成章，合情合理之事；将剩余财富无回报地帮助所需要帮助的人，是人之人伦的体现，由此也是为自己积德积福，因此，此种财富使用方式善莫大焉！

综上所述，财富本身并无所谓善恶，而只是从财富的获得与使用可见其善与恶；获取财富并没有什么不对，而只是获取的方式不同才有了对与错之别，拥有财富也没有对与错，只是财富的流向才有了利与弊的区分。无论是何种财富，都会因拥有者的不同，产生截然相反的作用。

第三节　实现财富期望的条件

一、实现财富期望的个人条件

虽然财富本身不存在对与错、好与坏，且它给人类所带来的利益也毋庸置疑，但是，可以说人类的几乎所有恶，都直接或间接与财富有关，其中大部分恶均始于与财富有关的活动，大到发动对他国的侵略战争，小到个人之间的仇怨，莫不如此。可以说人类最大的贪欲莫过于对物质财富的占有，而人类最大的恶也往往莫不是起因于物质财富得与失。物质欲望过于膨胀所带来的直接后果，是人们完全沉溺于物质财富的贪图和获取及占有，甚至导致某些人成为物质财富的牺牲品。而要想使财富从这种"恶"，变为造福于人类和我们每个人有积极意义的善，根本就是需要改变人们对于财富的观念与态度。需要人们树立正确的财富价值观。财富价值观就是人们关于财富的价值及意义的基本观念。人的财富价值观直接影响到人的财富的获得和使用。长期以来，由于人们在财富价值观念方面，存在这样与那样的一些问题，直接导致人们在财富的获得与使用方面的一些偏差。

首先是看重甚至过于夸大物质财富所具有的积极价值及作用，而完全无视其有

---

① 《老子·第八十一章》。

可能给社会和个人所产生的负面效应。"人为财死，鸟为食亡。"这种旧有的观念从根本上颠覆了人存在的意义与价值。人追求财富应只是一种手段，而不应是目的。如果将手段作为目的去追求，这样便使人为财富所累，失去了做人的根本价值及意义。同时，这种观念也直接导致人们价值取向上的严重扭曲，致使一部分人在追求财富的路上迷失方向，误入歧途、深陷其中而难以自拔，有的甚至铤而走险，走上不归路。

尽管财富对于人有诸多的用处，但对于个体而言，当积攒一定的物质财富后，随之而来的风险也会如约而至。财富越多，所带来的风险也就越多。那些赫赫有名的富豪之类的人物，他们往往因坐拥巨大的财富而忐忑不安，而生怕有朝一日自己的财富丢失，有的甚至因财富担心个人的生命安全，而不得不顾保镖，随之而来的就是为幸福所必须具有的自由也受到限制。我们还发现，一些积财并不多的普通人，往往有一种炫耀财富的倾向，主要通过穿戴和使用各种高档名贵的奢侈品，开豪车，有的甚至直接与他人进行吃穿住行方面的攀比等，通过各种直接或间接的方式炫耀其财富。这种做法无外乎是显摆一些自我身份，满足一点虚荣心。其实炫耀财富有时也是要承担风险的，有时甚至有可能招来厄运。

按照效用递减法则，一个人占有的财产越多，他从增加的单位财产上所获得的幸福越少。这一方面在一定程度上表明，人所占有的物质财富与其所获得的幸福并不是同步增长的，而在另一方面同时也表明，人们仅想通过物质财富获得更多的幸福，必须不断去获得和拥有更多的物质财富。这无疑将会激发人们不断贪求物质财富的欲望，在财富欲望的不断驱使下，往往有可能使一些人失去理智，丧失原则，不仅突破道德底线，甚至越过法律红线，最后为法律所不容。

其次，人们只是看到物质财富对于精神财富所产生的积极作用，而没有真正认识到精神财富，对包括物质财富在内的整个社会和个人生活的重要价值意义，因而在实践中只重视物质财富的获得与集聚，而忽视其精神财富的追求与获得。在市场经济的驱动和金钱挂帅的旗帜下，很多人似乎已经忘却了精神的需求。正是这种忘却，使人们的内心处于严重的失衡状态。为什么今天的人对物质的需求如此迫切？对金钱财富的积累如此贪婪？其原因固然很多，但恐怕主要是因为在人们的内心世界中，没有了除物质财富追求以外的其他精神目标的追求，没有崇高的理想做驱动，没有坚定的信仰做支撑，一些人甚至没有道德的约束。为了追求物质财富，有些人不仅忽略了精神财富，甚至以丧失精神财富为代价。当人的精神世界成为一片废墟之时，金钱物质是完全不能帮助填补其空白的。人是万物之灵长，只有精神才是人生的最强支柱，才是人生的最大财富。人有了精神财富做支撑，没有物质财富可以努力去创造物质财富，有了物质财富，可以更为妥当地使用物质财富，使物质财富能够更好地为我们的生活服务。而一旦失去精神财富的作用，人既无法通过正常的途径获取为生活所需的物质财富，也无法保证其正当地使用其物质财富。因此，可以说精神的贫乏比物质的贫穷更可怕。一个缺乏精神信仰的民族是没有希望的民族，一个缺乏精神信仰的人是没有前途的。精神生活的匮乏终将使人走向落寞与衰亡。人类社会的一切无道的恶行劣迹，都是因精神的虚无或颓败和对于物质的过于崇拜与贪欲所造成。现代人因精神问题，不仅给本人有质量的生活造成危害，有的甚至因此而丧失劳动力而给家庭与社会造成巨大的负担。因精神问题所造成的巨大社会经济损失已成为不争的社会现实。

再次，就是在精神财富的追求上，人们也存在一些偏差，人们往往只是从功利的角度，注重与物质财富相关的有利于经济增长的科学技术方面的精神财富，而忽视作为人的成长与发展所必须具备的人文科学及人文精神财富的追求。正如罗素所批评的："关于生产的重要性的信仰，含有一种狂热的不合理和残酷性在内。只要有东西生产出来，至于生产的究竟是什么东西似乎无足轻重。我们的整个经济制度鼓励这种观点，因为惧怕失业，所以任何一种工作，对于工资劳动者，都是一种恩惠。"①由于经济社会往往过于强调物质财富的价值，把人作为一种追求与创造物质财富的工具，而对人的价值及存在的意义视而不见，这是非常可悲的。因为一定的物质财富只是人的生存与发展的前提与基础，因此，它对人所体现的只是基础价值，而不是最高价值，更不是唯一价值。从需要理论来讲，物质财富所反映的是人的基本需要的一部分，且不是全部，而人除了有基本需要外，还有更为高级的发展需要。尽管人要实现其发展需要，也不能少有包括物质财富在内的一定的基本需要做基础，但人所表现的发展需要具有更为丰富的内涵，而不是其物质财富等一部分基本需要所能够完全取代的。因此，我们在强调创造物质财富价值的同时，也应该基于人的存在的总体价值，而需要注重其除与物质有关联的精神财富以外的其他的人应具有精神财富的重要价值。

总之，人类在财富的追求方面，应该适当控制人们物质财富追求的欲望，加强人们对于精神财富的促进。过于物质财富的追求而丝毫不注重精神财富的拥有的人类，最终会被物质财富引入歧途，甚至为物质财富欲所吞噬。

对于一般人来讲，最基本和普通的精神生活就是有道德的生活。因为人无论是创造与获得物质财富还是精神财富，无论是享有正常的物质生活还是精神生活，都离不开一定的道德的引领。"德者，本也；财者，末也。"②无论是实现何种财富的期望，都应该守住道德底线。

我们要想实现追求财富的期望，首先应该明确为什么要追求财富，只有明确和懂得了追求财富的目的与意义，才能激发其追求财富的积极性，同时，在追求财富的路上有明确的方向；其次，应该考虑通过怎样的途径与方式获得财富，而选择这

---

① ［英］伯特兰·罗素：《社会改造原理》，张师竹译，上海出版社1987年版，第68页。

② 《大学·第十一章》。

样的途径与方式是否要承担一定的道德风险，应该如何规避这种风险。如果你规避了道德的风险，那么你也就避开了法律的风险。在此种情况下，你尽管去努力追寻其想要的财富，道德保你无忧。如果不对此问题做出必要的思考，就容易使自己追求财富的路上误入歧途，即使凭一时的侥幸实现了追求财富的期望，但终究会有一天失去其财富。同样，当你通过正常的途径获得财富，你还得进一步思考，怎样守住财富或怎样用好财富。如果对此也缺乏必要的考虑，那么即使是你通过正当途径获得的财富，也随时有可能因使用不当而轻而易举地失去或用之失当。某些明星获得不菲的财富而偷税漏税，还有的将获得的财富用去非法放高利贷，最后不也受到了应有的惩罚吗？诸如此类的事，难道不能够使我们有所警醒吗？而要想解决这些问题，首先就是要立好德。只有建立在一定道德基础之上的财富，才得之稳而失之难。君子爱财，取之有道，不义之财，断不可取。如果是直接的物质财富的创造者，应该守住在原材料来源及加工过程中的道德底线，不能偷工减料，材料以次充好；如果是物质财富的经销商，应该守住经营过程中的道德底线，讲究诚信，而不能缺斤少两，坑蒙拐骗，做各种手脚去坑害消费者。无论是制造商还是经销商，如果不能够真正守好道德底线，就会触碰法律的红线，其行为就会受到法律的制裁。

另外，无论何种财富期望的实现，都应该以一定的身心为条件。无论是创造财富还是享有财富都需要以一定的身心为条件。一旦我们的身心状况有了问题，不但直接影响我们正常地获得各种财富，同时也会影响我们正当地享有财富。我们创造与积累财富，是靠我们的身心付出，如果一个人没有为创造与积累财富的身心条件，那么财富对他而言，只能是无缘的；如果一个人因在追求财富的过程中，过于透支自己的身心，即使获得了一定的财富，也无法正常地享有它。今天我们也耳闻目睹某些人，经过自己的多年打拼，积累了相当的财富，最后身体垮掉了，甚至英年早逝。沉痛的教训告诉人们，我们不应该为了实现自己追求财富的梦想，而以牺牲自己的健康甚至生命为代价。因此，在追求财富的路上，我们得量力而行，顺势而为，只有当我们有充足的身心条件做资本，我们才能在追求财富的路上渐行渐远，最终实现其财富的梦想，并能够正常享受得来的财富。

二、实现财富期望的外部条件

人们财富期望的实现，最终离不开相应的外在的社会条件。影响人财富期望实现的外部因素有很多，其主要有如下方面：

其一，社会经济的发展与繁荣。这是人们发财致富，实现财富期望的最基本的社会条件。社会的经济发展是形成财富的重要来源。因此充分发展社会经济是实现人们财富期望的唯一出路。没有经济高度发展，既无法实现社会财富的高度聚集，也无法保证个人获得更多财富。只有社会经济得到充分发展，社会的物质文化呈现繁荣，才能够为更多的人提供更为广泛的就业机会，人们才能够通过各种有效的途径谋求生财之道。

社会经济的发展集中体现在生产、流通、消费等三个相互联系与相互促进的领域。其中产业生产与发展是基础，产业发展不仅为社会生产与提供各种产品，同时也能够带动更多的行业发展，为更多的人提供直接的就业机会；产品流通则是最为关键的中间环节，通过流通，一方面为生产及时有效地提供装备和各种原材料，另一方面，将生产的产品及时顺利地投向市场，为消费提供渠道和方便，流通受阻，将直接影响到上游的原材料供给和下游的产品的供应与消费；消费则是经济发展的主要动力源和助推器。消费不畅，则直接影响生产与流通。因此，要想大力促进社会经济的发展，应该形成产业链、供应链、消费链的良性循环。政府及其组织应该通过合理的组织、调配、协调等机制，确保各经济链及其连锁的畅通无阻，从而助推社会经济的正常而有序地发展，充分利用和发挥现代科学技术手段所形成的信息财富，深入开拓就业市场，通过互联网、人工智能、大数据等现代技术与手段，改造和提升传统的产业，提质增效。同时不断通过技术研发和开发，形成新产业新业态，为越来越多的人提供就业和劳动的机会，使越来越多的人逐步走上致富之路。

与此同时，应该大力发展循环经济、绿色经济，严格控制对不可再生资源，如土地资源、矿山资源、石油资源、海洋资源等的过度开发与占用，因为这些资源是有限而又不可再生的，如果人们一味地毫无节制地开发这些资源而索取财富，这种做法无异于饮鸩止渴。一定的政府组织应该通过严格的立法制度，阻止这样的情况发生。同时应该通过立法，鼓励人们通过创造与利用各种再生资源，去创造和获得财富，这样做对于社会终归是有益的。

其二，加强社会精神文明的建设，为人们实现精神财富创造良好的社会环境。人最宝贵的不是拥有更多的物质财富，而应该是精神财富。一个人只有精神的富有才是真正的富有。因为只有精神的富有，才使内心更强大、更丰满。人是最宝贵的财富。世界的一切物质财富与精神财富都是人创造的。只要有了人，就可以创造世界的一切。因此，对于一个社会而言，要进步要发展，首先应该尊重人，充分发挥人的聪明才智。有关的政府及其组织，应该高度重视对于增进人们精神财富方面的投入，包括注重加大对教育、科学、技术、文化、体育、文学与艺术等的投入，为人们精神方面的生产与消费创造与提供更多的条件，同时，应该给人的精神生活留有较多的休闲与娱乐的时间与空间。

其三，建立与完善各种制度机制，为人们实现财富期望提供强有力的制度支持。制度最大的效力应该体现在它的公平性方面。一定的公平性，也是大多数人实现财富期望的不可或缺的条件。在财富的生产方面建立平等的就业机会，使人人享有充分的就业机会，提倡公平竞争，使个个能够参与公平的竞争，充分激发与调动每个人生产的积极性，和激活每个人的聪明才智，有效遏制与消除不公平和不平等的非正当竞争。财富的分配方面也应该建立公平的机制。旧时代由于存在剥削，财富只是集中在极少的统治集团手里，由于社会制度的不公平，大多数真正的财富的创造者，却因此而不能拥有自己所创造的财富，无法实现财富的期望。不公平不仅使直接创造财富的大多数人无法实现财富的期望，同时还会激化社会矛盾，引发社会的动乱。从历史的发展来看，社会的分配不公，往往会导致社会的冲突。今天，虽然一些政府组织从制度层面消灭了人剥削人的制度，但在这些地方仍然存在着分配不公的现象，且大量的物质财富还是集中在少部分人的手上，而这些财富仍然是大多数人所创造，但这大多数人还只是占有少量的财富。因此，由于社会的分配缺乏应有的公平性，直接影响到大多数人实现财富的期望。当然，由于各种原因，要实现社会分配的完全公平几乎不可能，绝对的公平是不存在的。这里讲公平性，也不是搞平均主义，搞大锅饭。这里所讲的公平性，主要是应该努力做到同工同酬，多劳多得，劳动者的报酬应该与他的劳动时间与劳动强度及劳动效率成正比，等等。

在社会公平的问题上，政府及相应的组织仍然责任在肩，无可旁贷。如政府应该对劳动者的收入有统一的管理办法，包括最低工资及提升的保障制度、同工同酬制度、加班加点报酬补偿标准及实施等。企业组织除了应该认真落实政府有关劳动者报酬制度政策外，还应结合本企业的特点，通过人头股，各种贡献奖励制度等，尽可能使更多的员工提高其报酬水平。这样既为多数人财富的提升做出了贡献，同时也更加激发广大员工的劳动积极性，为其进一步创造更大的财富做出自己的新贡献。总之，一个社会只有通过各种努力，不断缩小财富差距，从而能够使大多数直接创造财富的人越来越多地获得红利，才能使他们有更多的获得感和幸福感，最后实现共同富裕，这样的社会才能确保安稳无虞，人人才能过上美好的生活。

其四，加强正确的舆论引导，帮助人们形成正确的财富价值观和财富消费观。无论是实现何种财富，都应该以正确的价值观为引领。一个健全的社会应该倡导一种积极而健康的财富价值观和财富消费观。在财富的获得方面，应该在人们心中形成包括劳动创造财富，奋斗创造财富，以劳动奋斗所获财富为荣，而以不劳而获为耻，非法获得财富当罚等价值观念。在使用财富方面应该树立以合理节俭消费为荣，铺张浪费为耻，提倡节俭之风，反对奢靡之风的财富消费观。在财富的处理上应该同时兼顾个人、他人及国家利益关系等观念。只有整个社会倡导一种积极而健康的财富价值观和消费观，并以此为引领，才能帮助人们通过正当的途径获取财富，实现财富梦想，并更好地发挥财富所具有的积极作用，从而使财富更好地为人们的基本生活服务，为不断提高人们生活的质量，和促进经济社会的进一步发展作出应有的贡献。

其五，无论何种财富期望的实现都应该以稳定而宽松的社会秩序为基础。稳定有序及宽松的社会政治经济环境，是发展生产力的基础，是人们实现财富期望的压舱石。没有这个基础与压舱石的作用，人们无法通过正常的劳作去创造与积累财富。在一个动荡不安的社会中，人们整天过着惶惶不可终日的日子，哪有什么心思去追求更多的财富。因此，我们要想追求财富，就应该祈求社会的稳定有序，长治久安，同时也应该自觉做维稳的促进者，敢于同那些破坏社会稳定的行为作斗争，只有全社会共同担负起维护社会稳定的责任，每个社会成员才有可能通过自身努力实现追求财富的期望。

　　总之，财富既事关整个社会的稳定与发展，也关乎我们每个人的生存与发展。与整个社会和每个人休戚相关，"富有之谓大业，日新之谓盛德。"①因此，不得不使我们高度重视。同时，人类有必要重新审视物质财富和精神财富所具有的地位与价值。对于一个社会来讲，要想维持其发展需要不断获得与积累越来越多的物质与精神财富，这样才能保证其社会的稳定与发展的可持续性。而对于每个人来讲，我们只是需要有限的物质财富用于维持其生存与发展。因此，应该是"知足者，富也。"②物质财富永远只是一个人生存的手段，而不是目的。如果将物质财富作为目的去追求，就失去了做人的意义。而人生存的意义与目的只能在精神的财富中去寻找。精神财富才是人存在的本质。只有有了积极而充盈的精神财富，才能帮助我们更好驾驭其物质的财富，而不至于使我们迷失在追求物质财富的路上。我们只有在精神的财富中才能获得人生的意义、快乐与幸福。

① 《周易·系辞上卷》。
② 《老子·道德经·第三十三章》。

第十三章　健康期望分析

我们每个人，无论是普通平民，还是身居高位者，无论贫富，无论长幼，都有一个共同的期盼，那就是一生一世，远离疾病，身体健康。同时，我们不只期盼自己健康，也期盼家人健康。尤其是那些步入老年阶段的人，不仅期望健康，且期望长寿。然而，在实际生活中，我们许多人却没有能够真正理解什么是健康，且人们许多的行为方式有损其健康，这样不但无法保证他们实现健康的期望，反而使其离健康期望越来越远。那么，我们应该怎样理解健康，怎样才能实现健康的期望呢？围绕这些我们将展开如下讨论。

第一节　健康期望概述

一、什么是健康

尽管我们每个人都十分关心自己的健康，但许多人并没有真正明白什么是健康。在许多人的心目中对健康的认识只是满足一些经验的东西。随着生物及医学等科学的进步，人类的健康的观念有一个不断变化的过程，较为传统的观念就是"身体没有疾病就是健康"，今天尚有一部分人都停留在这种传统的健康观念方面。但早在 20 世纪 40 年代世界卫生组织就明确提出"健康是一种心理、躯体、社会康宁的完满状态，而不是没有疾病和虚弱"[1]，后来又将健康定义为"生理、心理、社会适应和道德品质的良好状态"[2]。按照国际权威世卫组织的解释，健康应该包括身体健康和心理健康以及良好的社会适应能力与道德品质等基本内容，从而在四个层面对人的健康做出了较为全面而科学的界定。这种界定不仅从根本上颠覆了人们关于健康的片面而狭隘的传统观念，同时为现代生理-心理-社会新的医疗模式的形成

---

[1]　全国十二所重点师范大学联合编写：《心理学基础》（第 2 版），教育科学出版社 2009 年版，第 378 页。

[2]　全国十二所重点师范大学联合编写：《心理学基础》（第 2 版），教育科学出版社 2009 年版，第 378 页。

奠定了基础，为人们形成全面的健康观指明了正确的方向。同时，世卫组织对健康做出了如下具体的描述：①

①有充沛的精力，能从容不迫地担负日常工作和生活，而不感到疲劳和紧张；

②积极乐观，勇于承担责任，心胸开阔；

③精神饱满，情绪稳定，善于休息，睡眠良好；

④自我控制能力强，善于排除干扰；

⑤应变能力强，能适应外界环境的各种变化；

⑥体重得当，身材匀称；

⑦牙齿清洁，无空洞，无痛感，无出血现象；

⑧头发有光泽，无头屑；

⑨反应敏锐，眼睛明亮，眼睑不发炎；

⑩肌肉和皮肤富有弹性，步伐轻松自如。

以上内容既包括有生理方面的，也包括心理方面的，还包括社会及道德层面的。概括来讲，生理健康就是指机体生理组织及其系统功能正常，无损伤，无病痛。今天，关于人们生理健康与否，有如身高、体重、血压、心率、胖瘦、骨骼等相应的生理指标，且可以用各种仪器设备的检测而获得这些指标，因此，人们是容易通过这些指标知道自己的生理健康与否的。

心理健康目前没有形成统一的认识，我国心理学界将心理健康界定为"一种持续的积极的发展的心理状态，在这种状况下主体能对社会作出良好的适应，能充分发挥身心潜能，而不仅仅是没有心理疾病"。② 概括来讲，心理健康同样是指人的认知、情感、意志等心理机能正常、人格健全，而表现出积极而持久的社会适应状态。尽管今天的科学尚不能够像测定生理健康那样可以获得心理健康方面一些更为客观的指标。但是心理学家也力图通过一些测试而判断其心理是否健康，也从一些侧面提出了衡量人心理健康的指标，尽管这些指标尚有一些分歧，但人们还是可以通过接受正规的测试，在一定程度方面了解自己的心理健康状况的。同时，人的心理健康与否也是可以从其个人在社会生活中的经常性的各种行为特征得以反映的。

良好的社会适应性是健康的又一个特征。它集中体现在人能够很好地适应现实生活，与他人和社会保持正常的接触，较好地融入周围的环境中，并能够在学习、工作及生活中较好发挥自己的潜能，而且主观感觉也较为愉悦。良好的社会适应性，既是生理健康与心理健康在现实生活中的具体体现，也是人的健康不可或缺的一部分。因为一个人如果不具备有良好的社会适应性，既有可能反映出生理或心理

---

① 全国十二所重点师范大学联合编写：《心理学基础》（第2版），教育科学出版社2009年版，第378页。

② 姚本先：《学校心理健康教育新论》，高等教育出版社2010年版，第8页。

或二者均存在这样或那样的问题，也表明其社会功能方面的不足甚至障碍，而对于这样的人来讲，就谈不上是健康之人。

良好的道德品质，集中表现在善待自己，善待他人，善待其他一切事物，能够正确处理自己、他人和社会及其他事物之间的关系。同样，将良好的道德品质作为健康的一个必要组成部分，充分表明人的精神健康之必要。因为一个不具备良好道德品质的人，其精神是不健全的人，这样的人不仅随时有可能给自己的身心造成伤害，同时也随时会给他身边人的身心造成伤害，甚至会给社会造成危害。科学家在神经化学领域发现，当心存恶念、负面思考时，走的是相反的神经系统的活动，即负向系统被激发启动，而正向系统的活动被抑制，身体机能的良性循环圈会破坏。当人心怀善念、积极思考时，人体内会分泌出令细胞健康的神经传导物质，免疫系统也变得活跃，人就不易生病。孔子讲"仁者寿"是有一定道理的。

因此，世卫组织将良好的社会适应性和良好的道德品质，作为人的健康的重要组成部分，是有其科学的依据及其重要的现实价值的，尤其将道德品质作为人的健康的重要组成部分，具有直接而重要的现实意义。

以上四个方面的健康同时也是交互作用、相互影响的，其生理健康与心理健康是最基本的，只有生理与心理同时都是健康的人，才有可能表现出良好的社会适应性和良好的道德品质。而良好的社会适应性与良好的道德品质，既是人的身心健康在现实生活中的集中体现，又反过来对人的生理与心理健康产生积极的影响作用，有助于增强与稳固人的身心健康。总之，人只有在生理、心理、社会适应及道德品质方面同时表现出健康，才是真正而完整意义上的健康。

尽管国际卫生权威机构和学者们在关于健康方面，提出了对于我们普通人具有一定指导与启示作用的理论观点。在此，我们应进一步明确健康是一个具有相对性的概念。这种相对性表现在一定种系文化、地理位置及年龄等方面。就文化种系而论，不同的文化对人健康的某些内容，如关于社会适应与道德方面可能赋予不同内涵；就地理位置而论，人们所处的经纬度不同，一年四季的气温有别，因此，在生理及心理健康方面的评判指标也不尽相同；就年龄而论，人经历了一个从出生到成长、从成长到成熟、从成熟到衰落的过程，因此，无论是有关生理健康的指标还是心理健康的指标，在不同的年龄阶段应该是不一样的。我们知道，衰老是每一个人都避免不了的一个自然过程，只是由于各种因素的作用，有的人可能要来得早一些，有的人可能稍要延迟一些。另外生老病死也是不可抗拒的自然规律，到了一定的年龄阶段，由于生理器官及机能的老化与衰退，免疫机能的下降，各种疾病也会随之而来。同时，许多人在一生的某段时间内，可能要处在一种介于健康与疾病之间的亚健康状态。所谓亚健康状态也称"第三状态""灰色状态"。它是指人的机体虽然无明显的疾病，但出现活力降低，适应能力呈不同程度的减退的一种身心状态。非正常性的衰老、疲劳综合征、神经衰弱、更年期综合征、临床中出现的相当长时间难以确诊的各种病症都属于亚健康范畴。由于各种主客观原因，现代社会中的一部分人就处在一种亚健康状态，也就是说从生理年龄上讲，他们正值人生上升或鼎盛的时期，其生理及心理乃至社会适应出现过早的衰退状况。当然，这种状况也不是一成不变的，它也会随着外在的某些条件的改善，和人自身的有意识的积极改变而逐步恢复其健康状况。同时，这种状况也可能由于持续的甚至更加不利的外部环境等的作用，和人的一些更为消极的应对而持续下去，并迁延而转归为一定的疾病。当然，即使是由于各种原因所造成的某些疾病，也并不是完全不可逆的，它也可以通过某些医学手段的干预，和人自身所作出的积极努力而发生根本性的改变，身心最后也可转归为健康。因此，我们应该用全面的变化的联系的观点理解健康问题。

二、什么是健康期望

所谓健康的期望，是人们基于健康需要而表现出的对自己或相关的其他人健康生存状况的一种心理意愿反映。它是对人的生命及生存状态的一种观照，是对生命的一种积极的情感反应。这种期望集中体现在人们对各种有助于健康事物的一种渴望与追寻方面，也反映在人们为了实现健康所作出的各种行为努力方面。如人们因为健康的期望，而十分注重合理的膳食和一定的体育运动及其他保养等，正是因为健康的期望，人们表现出各种维护其健康的行为反应。

三、为什么人有健康的期望

我们每个人们之所表现出健康的期望，恐怕主要是基于以下原因：

首先，健康事关人的生命安全。对于每个人来讲，生命只有一次，不可重来，因此，维护与爱惜生命是每一个正常人的第一要务。人的生命是非常脆弱的，而本来脆弱的生命，不仅要承受各种生活的艰难和灾难，同时，还要面临各种疾病的侵袭，一些细菌、病毒等给人造成的各种疾病，随时有可能会夺去人的生命。而健康是生命之基，如果没有健康做保证，生命就失去了应有的依托之所，漂浮不定，随时有可能因此而逝去。只有有了一定的健康做保证，生命才可望得以存在与延续。因此，为了生命安全的需要，我们每个人都表现出较为强烈的健康期望。

其次，健康事关人的正常发展。健康不仅事关人的生命安全，同时也事关人的正常发展。健康是人的发展之本。从人成长的经历来看，人们从小开始要接受教育，而一般普通的教育，应该以人健康的身心发展为条件。如果人的身心健康出了问题，就难以正常接受常规的教育，当缺乏一般教育的情况下，人的心智的发展就要受到影响。同样，作为一个进入社会的成人，必须在事业上有所发展，才能在更好地肩负其生活重任的同时在事业方面也有所成就，而要想如此，同样需要以其身心的健康为条件。总之，如果一个人不具备良好的身心健康条件，他既不可能顺利完成其学业，也不可能顺利地成就一番事业。因此，从人的发展来讲，人们也会表现出强烈的健康期望。

再次，健康事关人的生活质量。人的生命在现实生活中展开与延伸。人活着是为了更好地生活，使生活充满意义与质量，而健康是实现人们这种愿望的最基本的保证。如果没有了健康，人们生活的质量就会大大下降，人们既不能够充分享受应有的物质生活，也不能真正过上幸福快乐的生活。因为健康没有了，疾病就会缠身，而在疾病缠身的情况下，就会饱受疾病带来的痛苦与折磨，而在这种情况下，人是无法保证其生活有尚好的质量的。因此，人们基于提高生活的质量考量，也非常渴望身心的健康。

最后，健康事关人的长寿。现代人比以往任何时候都希望长寿，这是因为随着社会的发展，人们衣食无忧，各种生活条件有了极大的改善，人们不仅仅希望健康，同时也希望长寿。现代人的平均寿命越来越高，在我们身边80岁以上的高龄老人并非少见，而年迈100岁的老人毕竟不多见。长寿不仅要活得长久，还要活得有质量，这才叫真正的长寿。健康既是长寿的基础，也是其活得有质量的保证。如果没有健康且不说无法保证人的长寿，就是人老后的生活质量也无法保证。因此，实现健康的期望，也是保证人真正长寿的需要。

另外，现代社会人们表现出前所未有的对健康的期望，因为社会的发展，使人们更能享受到由生活带来的快乐与幸福，他们希望能够健康地活着，充分享受现代社会的物质和精神文明所带来的成果，同时随着现代生物医学的发展和各种社会保障制度及医疗卫生制度的不断改善，使人们的健康有了一定的保障，因此，更加促使人们对健康的期望。

第二节　实现健康期望的条件及要求

我们健康期望的实现，要取决于各种内外条件，是各种内外因素交互作用的结果。因此，我们要想实现健康的期望，必须综合考虑各种内外因素的作用。

一、实现健康期望的个人条件及要求

个人条件是影响健康期望实现的基础与前提，而影响健康的个人因素反映在个人的遗传、健康意识及观念、生活方式及习惯、个人卫生状况、情志、个性特点等多个方面。

(一) 遗传基因

遗传基因是影响人健康的最基本的生物学因素。人的许多健康问题不同程度地受遗传基因的影响。现代生物遗传学和生物医学研究发现，有许多危害健康的疾病均有相应的遗传基因的变异或突变引起。如较为典型的"唐氏综合征"就是在第21条染色体的位置上三条染色体所造成，这种因基因所引起的病症的儿童有心脏问题，呼吸系统感染危险大，患白血病的风险是正常儿童的15倍，这些危险使这样的儿童寿命短，一般活不过20岁，如果通过后天医学的干预，有的虽然可存活下来，但其基因负荷仍会导致后来的大脑病变，因为任何"唐氏综合征"的人活过45岁就会发展成为"早发性老年痴呆症"。我们看到，某些因遗传因素所导致的疾病，随着医学科学和医疗技术手段的进步而展开的干预发挥了有效的作用，得到一定程度的有效干预与治疗，而要想完全改变因遗传基因所造成的健康问题，只能寄希望于人类生命科学和生物技术的高度发展，人们应该坚信，终究有一天人类会战胜因遗传基因给人类健康所造成的威胁。

(二)健康意识与观念

我们关于健康方面的行为，是受我们相关意识与观念影响的。科学而积极的健康意识与观念是实行健康期望的重要认知基础。在现实生活中许多消极甚至错误的观念，直接导致我们在健康问题上的行为误区，如明明已被科学证实某些食品具有致病性，而许多人偏偏搬出老祖宗的经验，说世世代代都吃的东西，并且还说身边的某某吃了这些东西活了多少岁。这种经验偏差直接导致许多人无视科学的东西，我行我素。又如"不干不净，吃了不生病"的观念，致使部分人无视饮食卫生，乱吃乱喝。还有不少人盲目推崇各种"补药补品养生"，认为只要进补，就能养生健体，结果导致市面上的各种"补药""补品"大行其道。所有这些都有可能反映出人们的一个或多个健康意识与观念上的问题。因此，我们要想实现健康的期望，首先应该克服在健康方面的各种认知偏差，树立科学而积极的健康意识及观念。具体来讲，我们应该逐步形成如下方面健康意识及观念：

1. 维护健康的积极意识及观念

首先，在健康及其维护的意识及观念方面，我们应克服经验性的片面的健康观，形成科学的全面健康观。那种认为只要吃得、喝得、做得就是健康，只要自我感觉良好就是健康等，基于个人经验与个人感觉形成的健康观，显然是片面的。人的身心是否健康，仅凭个别的表象或主观身体感觉进行判断显然会造成重大失误。仅就生理健康而言，一个人的身体健康出现问题是有一个变化过程的，许多身体疾病在初期，甚至在中晚期，人都很难清楚地感觉到，即使偶尔感觉到某些不适，人也是无法准确知晓是否是疾病，等到最后发现是疾病时，可能已经是重症了。更何况现代科学的健康观，强调的是生理、心理、社会适应、道德品质等方面的整体健康。我们只有树立了这种整体健康观，才能从全面意义上关注自己的健康问题，同时加强整体健康的维护，从而实现完整意义上的健康。

其次，"我的健康我做主"的责任意识与观念。长期以来，人们在个人健康问题上，反映出一定的"宿命论"意识，就是说人的生老病死是由天注定的，由不了自己。因此，在个人身体健康方面表现出无能为力，听天由命的想法。还有的人尽管不相信这种"宿命论"，但平时也不那么在意自己的健康问题，一旦发现自己的健康出现问题，他们就将自己健康的主要责任交给了医院的医生，只要健康出了毛病，他们就寻医求药，当医治效果不佳时，他们就将责任推给医生。所有这些反映出人们，缺乏将自己作为个人健康的第一责任主体的意识。形成个人健康责任的主体意识，对于维护与促进自我健康是非常必要的。只有具备了这样的意识，平时才能从积极的方面关注自己的健康状况，并自觉而主动从事各种有助于维护健康的活动，注意加强个人卫生保健，以更好地维护自己的个人健康。

再次，科学而合理的运动有益于健康的观念。科学而合理的运动，无论是对那个层次的人的身心健康都具有积极的作用。但运动有助于健康的提法不够准确，因为并不是任何运动都有助于健康，那些缺乏科学性的不合理的运动，不但不能够促进健康，反而会有损健康。因此，我们应该树立科学而合理的运动有益于健康的观念。只有建立了科学合理的运动观，我们才能在实践中，克服与避免一些不科学不合理的有损健康的运动，自觉坚持科学而合理的运动，维护并促进其个人健康。

最后，讲究卫生有益于健康的观念。在实际生活中，许多人由于缺乏这种观念，因而处处可以见到一些不卫生的行为表现，随地吐痰，随便乱丢垃圾，成为一些人的生活常态，还有的平时口无禁忌，随便吃一些对身体并无好处的东西，等等。所有这些都足以表明，许多人是缺乏卫生观念的。只有我们真正确立了牢固的讲究卫生有益于健康的观念，我们才有可能在生活实践中，养成自觉遵守卫生的良好行为习惯，做到该吃的吃，不该吃的坚决不吃，不该乱丢的绝不乱丢。通过良好卫生习惯的养成，维护与增强其健康。

2. 关于疾病及其治疗的积极观念

维护与促进健康，从一定意义上讲，就是预防疾病和与疾病作斗争。我们预防疾病和同疾病斗争的过程，就是维护健康的过程。在预防疾病和与疾病斗争的过程中，我们应该形成如下意识与观念：

一是预防胜于治疗的观念。在中国很早就有治"未病"的说法。现代医学明确提出"初级预防"或称"一级预防"的概念，它是一种最积极有效的预防疾病的措施。始于疾病或功能障碍出现之前，包括健康促进与保护和疾病预防两个方面。就是人们通常讲的"未雨绸缪"，即指疾病尚未发生之前，提早进行防范干预。事实上人体许多疾病是可以通过积极的预防而得以遏制的，如我们知道"病从口入"，那么为了防止这些疾病的产生，我们就要"管住嘴"如果我们知道某些疾病是因为"久坐不动"而导致的，为了防止这些疾病，我们就需要"迈开腿"。现代生物医学为我们做出早期干预与预防许多疾病，提供了科学的事实依据，现代科技手段为我们识别与诊断某些疾病的原因，为我们提前有效防止其疾病提供了便利，如通过胎检技术，可以发现胎儿的某些问题，提前干预与处理，有效避免了各种先天造成的疾病，人出生后通过各种疫苗接种技术，有效预防各种传染疾病的发生。我们应该高度关注这样的信息，通过采取积极的预防，不仅可以避免许多疾病对我们的伤害，且能够避免因为疾病给我们造成的身心痛苦和经济负担，大大降低医疗的成本。因此，我们应该树立预防胜于治疗的观念，这样才能做好积极有效的预防。

二是早治优于晚治的观念。人们常说，人吃的是五谷杂粮，哪有不生病的。这句话未必就是真理，我们只能说由于各种不良内外因素的作用，人们往往因此而会生病。当有了病以后，有的人讳疾忌医，而不去就医，自己硬扛着，有的病有些人的确有不治而愈的情况。这是因为人自身就具有对某些疾病的免疫力。有些病有些人则没有扛过去，甚至由小病发展成大病，这是因为这些人对这些病不具有抗免疫的能力。有些病是不能拖的，如一些急性病，必须及时就医，不然错过了治疗的最佳时间，轻则会转归为难以治愈的慢性病，重则将会危及生命。如大家都知道，许多恶性肿瘤早期治疗与晚期治疗有截然不同的结果。一般而言，当疾病上身后，既不能乱投医，也不能乱吃药。但有选择地求医和合理用药是必要的。如果在患病之初得到了合理的治疗，有助于疾病的早日康复，避免疾病的进一步迁延所造成的身心痛苦，同时也能降低医疗成本。因此，为了使患病后的身体得到及时的治愈康复，应该树立早治优于晚治的观念。做到有病及时有选择地寻医治疗，根据医嘱，合理用药。

三是战胜疾病的积极信念。几乎人人都会生病，不是大病就是小病，不是急症就是慢性病。因此，对于每个人而言，要想尽可能地使自己健康一些，就应该具有战胜疾病的信心，甚至要具有与疾病同行的思想意识。生活中我们不难发现，有些人患上某种或某些疾病后，就背上沉重的思想包袱，从此变得心事重重，一蹶不振，既不从积极的方面改变自己不良的生活方式，又不主动寻医求药，本来是没有大不了的病，因不能够以积极的态度去应对，使病情加重，变得越来越复杂，其结果导致病情每况愈下，迁延难治。同时，我们也不难发现在我们身边还有一部分人，也身患同样一些疾病，有的病情甚至较重，但他们以积极乐观的心态去对待疾病，不断注重加强生活方式的调整与改善，并适当地就医吃药，其病情由重转轻，有的甚至彻底好转，成为健康之人。正反的经验告诉我们，我们应该有战胜疾病的积极信念，即相信在自己的积极努力下，通过配合医生的必要治疗，自己所患的疾病是能够得以康复的，就是某些疾病，即使一时难以完全康复，但只要能够以乐观的心态坦然去面对也无大碍。现代医学研究证实，人的积极心态在战胜各种疾病中都具有重要的作用。

四是学会做自己的医生的观念。我们有些人有一点头痛发热的毛病就上大医院挂专家门诊，这不仅没有必要，也容易造成医疗资源的不必要浪费。过度医疗不仅不利于疾病的康复，有时反而会加重疾病。因为用药总存在一定的安全风险，特别是一些处方类药，如抗生素之类药物的乱用，会增强机体的耐药性，同时给自己身体造成不良影响，也带来额外的经济负担。有人说最好的医生是自己，这种提法不是完全没有道理。每个人都要学会做自己的医生，应该自觉承担其在战胜疾病和维护健康方面的责任。这是因为，首先，人本身就有一种自愈能力。我们每个正常人都有一种与生俱来的生理及神经系统的免疫调节能力，这种能力不仅能够帮助人抵御各种疾病，同时也能够帮助人在一定程度上修复健康方面出现的问题，确保人正常情况下的健康安全。其次，人能够通过药食同源的机理，利用某些食物的医疗价值，从而使某些疾病不需要寻医用药得以治愈，且这种方法比某些用药可能更安全。另外，人还可以通过许多方式战胜疾病，维护健康，如通过各种放松训练，合理的膳食，充足的睡眠等修复身体，维护健康。

（三）生活方式及习惯

要想实现健康的期望，除了要树立正确而积极的健康观念，更重要的是要在健康观念的指导下，在实际生活中根本改变不良的生活方式及其习惯，形成良好而健康的生活方式及生活习惯。这才是我们实现健康期望的关键所在。生活方式主要指日常生活中的饮食起居、工作学习、待人接物等方面的行为样式。不良的生活方式及习惯是疾病产生的温床，是健康的大敌，而良好的生活方式及习惯是健康的卫道士与守护神。因此我们要想实现健康的期望，就应该不折不扣地改变不良生活方式及习惯，从而完全彻底地践行良好的生活方式，并逐步养成其习惯。

现代科学研究发现，个人不良的生活方式及生活习惯是造成疾病，影响健康的重要原因。在生活中我们所耳闻目睹的影响健康的不良生活方式及习惯比比皆是，举不胜举。集中表现在我们常见的吸烟、酗酒、久坐、熬夜、暴饮暴食、不吃早点、偏食、挑食、高脂、高糖、低纤维饮食、爱食腌制、熏制食物、物质滥用等；不良的进食习惯，如进食过快，过热、过硬等。还有有病不就医，讳疾忌医，或有病乱投医，乱吃药，过度治疗等行为，平时不讲个人卫生，不能够做到饭前便后勤洗手等。上述任何一种不良生活方式与习惯都有可能导致某些疾病，而直接造成对健康的威胁。

因此，我们要想实现健康的期望，就必须坚决克服与摒弃上述等不良的生活方式及习惯，逐步培养与形成良好的生活方式与习惯，要想如此，必须做到：

1. 合理膳食，不挑食、偏食，做到营养均衡

人的健康是需要一定的物质能量维系的，研究表明，人的生命需要蛋白质、碳水化合物、维生素、钙、铁、钠、镁、锌等各种物质，任何一种营养物质的摄取不足或缺乏，都有可能影响到人的身心健康。这些物质主要靠我们平时在各种饮食中获取。因此，只有食物品种力求丰富多样，才能确保各种营养物质的有效获取。这就需要我们注重合理膳食，荤素搭配，并做到不挑食、偏食，保证营养均衡。这样

才能够确保证我们的身体有足够的能量维系。在饮食过程中，不要吃过热食物，应该细嚼慢咽，这样才能保证身体的正常吸收，同时每一次不能吃得过量，否则，容易造成消化不良，甚至造成消化系统的疾病。从理论上讲，一般每人平均每天至少要摄入 12 种食物，每周要有 25 种以上食物；每天至少喝 300 克奶制品，吃足一斤蔬菜，其中至少要有一半深绿色蔬菜；每天吃半斤水果；每周吃鱼虾等水产品、畜禽肉各 280~525 克；每周吃蛋 4~7 个；适当多吃全谷物杂粮、豆腐、豆干，适量吃些坚果等。

2. 坚持科学而适宜的运动锻炼

坚持科学而适宜的运动锻炼，不仅能够增强身体机能，也有助于心理健康，有效防止各种身心疾病，维护身心健康，其好处多多。具体来讲，科学而适宜的运动锻炼，能够提高最大耗氧量，降低静息心率，降低血压，提高心肌的力量，减少能量的利用，增加慢波睡眠，提高高密度脂蛋白而不改变总胆固醇，减少心血管疾病，减少肥胖，提高寿命，减少某些癌症的发生风险，提高免疫系统功能等。（Center for the Advancement of Health，2000）科学而适宜的运动锻炼还有其他一些益处：增加肺功能、增强体力、优化体重、提高软组织和关节的灵活性、提高糖耐量、提高应激能力、改善心血管机能、减少心脏病的可能性、提高高浓度脂蛋白的功能、改善睡眠质量、提高能量和新陈代谢率、减轻体重，提高脂肪的代谢率、减少跌伤的可能性、减缓衰老等。另外，科学而适宜的运动锻炼同时对心理健康也具有积极的促进作用。研究发现，有氧锻炼对心理的益处也表现在多方面：增强自控、自主、自我满足感，改善工作压力下大脑的活动节奏，降低应激水平，摆脱轻度烦恼，改善心理功能和心境及情绪，降低或缓解焦虑、抑郁和紧张等。[①] 科学而适宜的运动锻炼的效果取决于以下几个方面：

一是坚持。如果缺乏必要的坚持，就难以达到通过锻炼促进健康的目的，特别只是心血来潮的偶尔且强度较大的剧烈运动，不仅不会促进健康，反而会有损健康，甚至有猝死风险。因此，为了使运动能够促进健康，我们必须养成坚持锻炼的习惯，排除一切干扰与阻碍，持之以恒。一般的标准是每周保持不少于 3 次运动，每次不少于 30~40 分钟的有氧运动；

二是运动的方式。运动方式不同，所产生的锻炼效果也不一样，有氧运动，包括慢跑、快走、跳绳、游泳、骑车等具有较高强度，较长时间，机体活动范围广的运动，能够帮助调节和加强心肺功能，提高机体对氧的利用率；非有氧运动，如，杠铃、举重、短跑等，在增强其机体的骨骼机能方面有一定的作用，而对整个身体健康来讲其效果不如有氧运动；

---

① ［美］Phillip L. Rice：《压力与健康》，石林等译，中国轻工业出版社 2000 年版，第 314~316 页。

三是运动量及其强度，包括运动的频次、每次运动时间长短及每次运动的负荷等。超强度的过量运动，不仅无益，且会伤及身体，影响健康。如，一般步行以6000~8000步为宜。一般而言，对于正常人每天应该保持30分钟的中等强度的运动，或每周应该保持3次，至少每次20分钟的较高强度的锻炼。（Center for the Advancement of Health，2000）；

四是个体特点。由于每个个体在体质基础、运动偏好等都不一样，因此，只有适合自己的运动，才更有针对性，效果才得以最好的显现。如果体质基础好的年轻人，适当加大一点强度的运动较为适宜；体质基础较差的60岁以上的老人，则以中度以下强度的运动量为宜；而身体特别虚弱的老人则以低强度的短距离的散步为妥；那些心肺功能不好的人，每周应该从事轻微而少量的运动。（Ekkekakis，Hall，VanLanduyt，Petruzzello，2000）另外，不管什么运动应该有一定的热身准备，做到循序渐进，同时应该防止运动中的跌倒等意外风险。

3. 保持必要的休息与睡眠

必要的休息与睡眠是维护其身心健康的必要条件。它们可以帮助恢复与调整体力，增强机体的新陈代谢，提高机体免疫力，保证有效的信息加工。大量的研究发现，休息与睡眠不足，将给人的身心健康造成一定的危害。而生活的经验也告诉人们，经常的休息不好、失眠等，直接造成我们精神萎靡、情绪烦躁易怒、工作效率严重下降。经常熬夜，加班加点，会造成免疫力低下，对健康极为不利。因此，保证合理而必要的休息睡眠，对健康尤为重要。由于各种原因现代人的休息睡眠存在明显的问题，熬夜、睡前消夜几乎成为现代都市人的一种生活时尚。难以入睡、睡眠度浅、易早醒为许多中老年人十分困扰的问题。因此，提高休息与睡眠质量非常必要。高质量的睡眠主要表现为：入睡快，睡眠深，少起夜，无惊梦、白天精神好，工作或学习效率高。要想如此，需要做到：

其一，应该养成有规律的作息制度习惯。人体虽然具有一定的可塑性，但其生物节律是不容打乱的，一旦打乱，就容易造成机体生理功能的紊乱，由此对健康产生不良影响。因此，要想维持好对健康有利的休息与睡眠，就应该养成有规律的作息制度习惯。一般应该顺应四季变化及个人生物钟特性，做到按时就寝，按时起床，不熬夜，不拖床，白天中午有少许的小歇；其二，晚餐不要过饱或过饥，尽量不吃或少吃辛辣和不易消化的食物；其三，晚餐不要吃得太晚，睡觉前不要吃夜宵，不要喝咖啡、浓茶等易引起兴奋的饮料或过多的饮水，不做剧烈的运动；其四，应该及时救治一些如痛痒、哮喘、睡眠呼吸暂停综合征等影响睡眠的病症；其五，对环境敏感者应该设法保持睡眠环境的安静、避光、舒适；其六，上床后应该做到身心保持自然放松，气息平稳，不生杂念；其七，保证充足的睡眠时间，一般情况下，成人每晚睡眠在6~9小时之间均可，但超过9小时，容易降低总体代谢率，保持理想的体重越来越困难，肌肉活力下降，由于惰性大脑系统的工作能力下降，做正常工作要付出更大的努力。同时，睡眠时间过长，不仅影响其活动效率，对健康也造成不利影响。

4. 讲究卫生，防止疾病

讲究卫生包括讲究生理与心理两个方面的卫生。只有同时注重生理与心理两方面的卫生，才能有效地防止各种疾病。具体要围绕如下几点进行：

一是要讲究生理卫生。讲究生理卫生，就是通过必要的生理卫生的维护，增强其身体抵抗力，防止感染各种身体疾病。具体做好如下几个方面的卫生：其一，做好必要的免疫防御卫生，如注射一些防流感、防肝病等疫苗，以防止各种细菌病毒的侵入；其二，讲究食品卫生，防止"病从口入"。在食品的选择上，应该选择安全卫生、健康营养的食品，尽量少吃腌制品、烧烤油炸食品，少喝高糖饮料等不利健康的食品，避免食用一些有有害健康的有毒有害的劣质食品和腐烂变质的食品；不要乱吃补药。盲目甚至大量吃补药，不仅对健康无益，反而会给健康造成危害。如大量服用维生素 A 会引起食欲减退、体重减轻、脱发、贫血症、视力减退、皮肤粗糙、嘴唇干裂、溃疡等；过量服用维生素 C 的危险是极为广泛的，最常见的副作用是引起腹泻、尿酸增加、耐低氧能力下降、尿糖量大、便血、抵御细菌感染和肿瘤的能力下降、牙质破坏等。过量服用维生素 D，会引起食欲减退、恶心、头疼和抑郁，长期服用，还会引起软组织钙化和肾病等。过量服用维生素 E 会使女性血液中的甘油三酯增高，还会使男女的甲状腺素分泌减少。在烹饪方式上，应该尽可能选择与采用健康卫生的烹饪方式，宜煮的不宜煎，宜煎的不宜炸，宜炸的不宜烤；在食品的饮用方式上，应该克服传统的陈规陋习，本着对自己同时对他人健康负责的态度，在外聚餐，应该提倡公筷制或分餐制，在家也最好使用公筷制或分餐制，防止各种接触性传染疾病的发生；同时做到饭前便后要洗手；其三，勤洗漱保持身体及口腔卫生；其四，注重睡眠卫生，经常清洗晒床单被褥，保持室内干燥通风，睡前不喝引起兴奋的饮品和不看有刺激性的电视节目等。

二是讲究心理卫生。心理卫生既有助于促进心理的健康，也有益于身体健康的维护。在心理卫生方面要做到：

首先是讲究用脑卫生。脑既是生理组织，是神经系统的最高机能组织，又是心理活动的器官，是人一切心理活动的司令部。一旦脑组织出现问题，不仅影响到人正常的学习、工作及生活，且会直接造成人出现各种神经组织方面的疾病和心理健康问题。现代的许多身心疾病，包括各种应激性疾病和各种神经生理组织免疫性疾病，都与脑及其神经组织机能问题有关。因此，讲究用脑卫生，维护脑健康，是维护整个身心健康的不容忽视的重要内容。如其他生理组织一样，脑组织也需要蛋白质、碳水化合物等多种营养元素和必要的运动与休息。在护脑方面，还需要积极防治影响脑健康的疾病，尤其是心脑血管方面的疾病。现代医学研究表明，心脑血管疾病已成为威胁现代人生命健康的第一杀手，同时，还需要防治各种意外所造成的脑伤害。在平时日常的学习与工作中也需要做到用脑卫生。具体而言，应该遵循"用进废退"的生物学规律，只有我们经常用脑，才能促进脑的正常机能的发挥，否则，就会导致脑机能的衰退。在人们的经验中，往往会认为，经常用脑的人易折寿，这种说法缺乏任何依据的。而事实表明，那些经常用脑的思想家、科学家的寿命都超过同一时代的一般人，中国古代人的平均寿命是非常低的，且有"人生七十古来稀"之说，而古代许多著名的思想家大多是年逾古稀，孔子活了 73 岁，荀子活了 75 岁，孟子和庄子都活到 83 岁，而墨子则享有 92 的高寿。现代科学家钱学森享年 98 岁，作家杨绛享年 105 岁，数学家苏步青享年 101 岁。国外的思想家、科学家也是如此，有人对 16 世纪以后的 400 名欧美科学家做过调查，他们平均寿命为 67 岁，而寿命比较长的恰恰是那些平时用脑最勤的科学家，他们平均寿命高达 79 岁。爱因斯坦活了 76 岁，门德列也夫活了 78 岁，米丘林活了 80 岁，巴甫洛夫活了 86 岁，罗素则活了 98 岁，发明大王爱迪生也活了 84 岁。这些人的长寿至少告诉人们，勤于用脑不会折寿的道理。当然，我们在遵循用进废退这一规律的同时，还应做到有劳有逸，而不能一时间内超负荷地过度用脑，这样仍然会造成对脑的机能的伤害。在学习与工作一段时间，如果效率不高，应该让脑闲置一会儿，或变换一些活动的内容，还可以小睡一会儿。这样做既维护了用脑卫生，同时也有助于提高活动的效率。总之，平时是不能够经常透支脑及身体的机能，否则，将给健康埋下巨大的隐患。现实中出现的过劳死、英年早逝等许多悲剧，大多是平时不注重有关用脑卫生、身体过于透支所造成。

其次，注意情绪活动的卫生。情绪的有效管理不仅有助于心理健康，同时也利于身体健康。这是因为情绪是与人的生理与心理有重要关联的心理活动。早在我国古代《黄帝内经》中就有"怒伤肝""喜伤心""思伤脾""恐伤肾"等阐述。中医"内伤七情说"就把情绪因素列为疾病的内因。现代医学心理学，更以大量的证据证明不良情绪因素的致病作用，从而把情绪与疾病的关系建立在科学研究的基础之上。从情绪因素引起的一系列生理变化来看，情绪活动在相当大的程度上决定着人的新陈代谢过程和全身各器官系统的功能状态，因此，情绪因素不可避免地成为影响人身心健康的一个关键性因素。情绪与内科疾病的发生发展关系密切。不良情绪如紧张、焦虑、抑郁等的持续作用，开始时因正常生理过程被扰乱而出现生理功能障碍，继而在身体的薄弱环节——易感器官上出现器质性病变，如原发性高血压、冠心病、溃疡病等。研究发现长期的焦虑、抑郁、紧张和恐惧等消极情绪与紧张性头痛的发生有关。焦虑病人长期的情绪紊乱、心理紧张使头颅肌肉处于收缩状态，造成局部肌肉出现触痛和疼痛，还可以压迫肌肉内小动脉，发生继发性缺血而加重头痛。紧张情绪可以降低人的免疫系统的功能，使人增加患传染病的机会。长期抑郁还可使免疫功能减弱，诱发癌症。不良情绪（紧张、焦虑等）还可以使人注意力涣散、不集中，反应的敏捷性降低，因而致使车祸、工伤等事故增加，造成许多意外的外伤性疾病。另外，不良情绪对人的其他心理功能的危害，影响人的正常认知（感知、记忆、思维）功能，阻碍人的意志功能的正常发挥（玩物丧志），影响人正常的学习和工作效率以及生活的质量，造成社会功能障碍、心理异常和引起多种神经症（焦虑症、抑郁症、恐怖症、癔症），严重时还会诱发精神病。

情绪既可以致病，又可以治病。如上所讲的许多等消极情绪往往是某些疾病的致病因素，而乐观、满足、关爱、自信等积极的情绪与情感则有助于疾病的康复。讲究情绪活动的卫生，就是要通过一定的方式使情绪处在一种适宜的状态，而不至于因为情绪问题给人的身心健康造成消极的影响，同时，且尽可能保持与发挥积极的情绪在维护与促进人的身心健康中的作用。其基本要求是：

第一，情绪反应适度。"当喜不狂喜，方可长欢喜；当怒不暴怒，方可不长怒；舒心应有度，延年又益寿。"这段话充分表明，任何情绪都可能具有其基本的适应意义，但必须是适度的，凡是有过之无不及，如果超过一定的度，哪怕是积极的情绪，也可能造成对健康的不利影响。从根本上讲，学会把握好情绪的度，这是管控情绪的关键。这里的度，一是指情绪反应的强弱程度，一般情况下，过强的情绪反应，会导致生理与行为方面的异常反应。二是指情绪活动在持续性方面的程度。某些情绪如烦恼、愤怒、紧张、焦虑、抑郁等持续的时间过长，以致影响到正常的学习、工作与日常生活，那么，其对健康也就构成不利的影响。因此，当某种情绪影响到你生理及行为方面的异常反应时，则表明你的情绪超过一定的度，你应该通过一定方式加以调整。

第二，平时的主导心境应该是积极而乐观的。人在某些情况下因为某些原因而在某段时间内，一时表现出负性的消极情绪是正常的，也是允许的。因为我们每个人，不可能一生一世行走在坦途之上，沐浴在阳光之下，有时也会行走于崎岖的充满泥泞风雨路上，我们有欢乐，也会有悲伤、痛苦与愤怒等。而一些消极的情绪只要没有构成对现实生活的明显妨碍，且在一定情境条件下一定程度的消极情绪可能具有积极意义，如一定的恐惧，有助于我们形成对某些危险事物的戒备反应，从而起到避免伤害而保护自己的作用；又如一定程度的抑郁，可以促使人行事更谨慎，而避免一些不必要的风险发生等。当然，从维护与保持身心健康的角度讲，我们平时常态的主导心境应该是积极乐观的。积极乐观的情绪对人的健康的作用具有重要的科学依据，而消极而不良的情绪对身心所造成的影响也是客观存在的。因此，我们讲究心理卫生，主要是在平时大多数情况下要学会保持乐观的心境，而尽可能克服其不良的消极情绪对身体的伤害。具体应做到：

一是要合理疏导与宣泄影响健康的消极情绪。对于愤怒、抑郁、焦虑等消极情绪，我们既不能任其滋长蔓延，也不能采取过于克制与压抑的方式处置，而应该通过采取合适的方式予以化解和逐步消除。如面对愤怒情绪，在其产生之前，就应该自我提醒："愤怒是以别人的过错来惩罚自己"。这种提前的预警，可以在一定程度上避免愤怒的发生。而一旦处在愤怒之中，应该通过立刻离开愤怒的对象，转移注意力，并通过一定的体育锻炼或寻找其他合适渠道发泄出来。又如面对抑郁与焦虑，应该在分析其原因的基础上，采取有针对性的处理方式，如果抑郁是源于生活中所谓的挫折与失败，就应该改变对这些挫折事件的看法与态度，由原来消极的看法与态度向积极的看法与态度转变，也可以努力发现自己的优势，并充分发挥其优势，使自己获得成功，以成功感替代最初的失败感等。如果是焦虑，也应学会找到引起焦虑的原因，然后采取针对性的减轻焦虑的办法，一般来讲，可以通过认知的调整和行为放松等方式，使焦虑得以缓解与减轻。

二是应该努力培植积极健康的情绪情感，以逐步取代消极的情绪情感。我们的情绪情感往往是基于一定的态度基础上产生的。因此，要想培植积极健康的情绪与情感，应该形成积极健康的生活态度，而态度又是源于人对事物的看法与评价基础上的，因此，逐步形成正确的生活观念是形成积极健康的生活态度的前提。我们只有树立正确看待事物的观念，才能逐步形成积极健康的生活态度。如果凡事都站在个人的立场，且基于个人的荣辱得失去看待与评价周围的事物，容易使人形成患得患失的态度，一个人如果形成了患得患失的生活态度时，是很难形成积极的情绪与情感的。因此，要形成积极健康的情绪情感，就应该学会跳出个人中心主义的圈子，学会站在客观公正，直至站在与之有关的他人的角度，看待与评价事物，这样就更容易理解和包容他人，形成与他人的一种积极的共情反应。不仅如此，平时还应心存善念，乐于助人。我们只有心存善念，才会在平时生活中善待他人，当我们表现出善待他人的行为时，我们一般也会收到善的回报，即得到他人的认可。即使我们没有得到外在的某些回报，但也应为我们的善举而感到一种满足与惬意，正所谓"送人玫瑰，手留余香"。帮助他人，快乐自己。如果一个人能够经常如此，那么他的积极情绪与情感就会因此而成长起来。因此，当一个人能够积极参与各种社会公益活动，如做一个志愿者或一个公益形象大使或一个有能力的慈善捐赠者等，都有助于积极健康的情绪情感的培养。为什么说"仁者寿"，就是因为仁爱之人在行仁爱之举的过程中，收获了满足、愉悦、快乐之情，而这种情感从积极方面改善了他身体的机能，因此，也就有助于身心的健康。

另外，培养一定的高雅的生活情趣与爱好。每个人除了平常的学习与工作外，还应该有其他方面的一些情趣爱好。可以通过琴棋书画陶冶情操，培植积极健康的情绪情感。优美动听的音乐、歌舞作用于人脑，使人精神振奋、心情愉悦，从而导致神经系统、内分泌、心血管、消化道等器官功能得到很大改善；各种棋类活动，均给人以愉悦与享受，健脑开智；练习书法，挥毫泼墨、书画鉴赏等均可以怡情宜志、开怀舒襟，对健康多有裨益。古往今来历代书画家长寿者多，如唐代欧阳询活了85岁，柳公权活了88岁，明代文徵明享年90岁，现代的书画家郭沫若活了86岁，何香凝、齐白石活到97岁；意大利米开朗琪罗88岁还设计了圣玛丽大教堂。

较为典型的是四川著名书画家赵鼎臣，虽然年幼患有多种病症，但坚持练习书法之后，数十年很少患病，享年 80 余岁。

人们要想实现健康的期望，从根本上来讲，还需要改变不良的个性及其行为模式，研究表明，人的某些个性及其行为模式与某些疾病之间存在一定的关联性，如 A 型行为，典型的是不耐烦、敌意、急躁等行为，是高血压、冠心病等心血管疾病的重要致病因素；又如 C 型行为，表现为过于压抑、克制、爱生闷气等，这种行为导致个体体内神经——体液水平发生紊乱，致使免疫力功能下降，而容易诱发多种癌症。因此，我们要想尽可能减少或避免疾病的发生，实现个人健康的期望，就应该设法努力改变对健康构成危害的不良个性。

二、实现健康期望的环境条件

人的健康与所处的环境息息相关，这里所指的环境既包括人所生存的自然生态环境，又包括人所处的社会文化环境。从维护人的生命与健康来讲，这两种环境条件缺一不可。在发挥环境对人的健康的维护与促进作用方面，固然与每一个个体人的作用分不开，而更主要的是要发挥社会的政府组织及其他团体的作用。

(一) 自然生态环境

自然生态环境是人生存的第一环境。人要想实现健康的期望，其自然生态环境必须是良好的，因为人只有喝上无污染的水，吃上无害而有营养的食品，呼吸到新鲜的空气，才能维持其健康的身心，而这些东西主要靠人所生存的自然生态环境所提供。如若生态环境被破坏、被人为污染，那么人维护健康的第一道防线就被摧毁。当人长期喝被污染了的水，食用被污染的土地里生产出的粮食，呼吸的是被工业化污染的空气时，人的健康就难保。因此，要想实现健康的期望，人必须维护好生存的自然环境，对于过往因发展经济而遭到破坏的生态环境必须加大修复力度。每个人为了自己和他人的健康，应该做自觉维护与保卫自然生态环境的主人，学会与自然同呼吸、共命运。一定的政府组织应该通过严格的生态环境的立法，以零容忍的态度，坚决遏制任何一种破坏自然生态环境的行为。唯有如此，才能保证我们生存的自然环境，为我们每个人的健康提供良好的水源、优质的食品，清新的空气，只有这样我们实现健康的期望才有可能。

(二) 社会文化环境

社会文化环境是人生存的第二环境。从专门的健康意义上讲，社会文化环境主要是指人所处的社会人文环境，而这种环境所体现的主要场所包括家庭、工作单位、人所处的社区及其他生活相关的场所，也包括社会的各种与健康相关的福利制度及政策保障体系等。

首先，从人的生活的家庭环境来看，研究与现实的许多真实情况有力表明，人的健康与家庭关系密切。这不只是事关其家庭成员同食同住的物质生活方面，而是事关家庭成员之间的关系方面。一般而言，家庭成员之间相处和睦，相互关心与支持，有助于维护家庭成员的身心健康，若家庭成员之间关系紧张，且经常发生各种冲突，那么久而久之，将有损家庭成员的身心健康。与此同时，研究表明，家庭关怀与支持，对家庭成员疾病的康复也具有积极的作用。因此，要想维持每个家庭成员的健康，需要家庭成员之间关系的改善，形成和睦相处、相互关心、相互支持的亲情关系。

其次，人的工作环境，包括同事之间，员工与领导之间的关系以及所在单位的具体工作环境和各种劳务制度等，都可能会影响到员工的身心健康。首先从各种关系来看，员工之间，员工与领导之间的关系，直接影响到每个员工工作时的心态及工作积极性。如果员工之间，尤其是员工与领导之间关系紧张，相互掣肘，那么就容易导致员工心绪不畅，由此产生郁闷压抑的负性情绪。如果人迫于生计长期处在这种人际环境中，而又缺乏必要的积极的应对方式的情况下，势必造成对健康的不利影响。Meilahn 和 Kiss（1995）等研究认为，与上司的关系不好似乎与工作痛苦有着特别的关系，能够明显增加工作人员患冠心病的危险性。[1] Bosma（1997）如果员工之间，员工与领导之间相互尊重与信任，关系融洽，相互支持与帮助，那么，员工就会心情舒畅，安心工作，表现出更多的建设性情绪，这不仅有利于提高劳动生产效率，且有益于员工的身心健康。

另外，单位的各种分工、劳动报酬、工作时间、劳动强度等均是影响员工身心健康的一些因素。如果分工不合理，劳动报酬分配不公平、经常加班加点、劳动负荷长期过重、必要的休息时间无法正常保证等均为一些影响人健康的应激源，所有这些可能首先是造成员工的心理不平衡，但迫于生计，又不得不长期压抑自己的不满情绪，在缺乏必要的有效个人调节的情形下，可能会构成对健康的不利影响。研究发现，工作压力越大的人，健康状况越差，去医疗机构看病的次数越频繁。[2]

工作模式的变化，今天人们进入办公室或其他的工作环境后，体力劳动减少，人们从事锻炼的机会也相应减少。由于活动水平与健康是相关的，这种工作性质的变化导致了疾病的易感性（Eichner，1983）。如腕关节综合征就是长期保持坐姿的

---

①　[美]Shelley E. Taylor：《健康心理学》，朱熊兆、姚树桥、王湘主译，人民卫生出版社2006年版，第192页。

②　[美]Shelley E. Taylor：《健康心理学》，朱熊兆、姚树桥、王湘主译，人民卫生出版社2006年版，第191页。

计算机时代的生活方式所导致的疾病。① 与工作有关的最后一个应激源是失业。失业对躯体和心理健康会带来一系列的负性影响，包括精神痛苦、抑郁、焦虑、躯体症状、躯体疾病、酒精滥用、性冷淡等。②

Heaney 和 House（1994）等的研究发现，不确定工作是否保持以及工作的不稳定与躯体疾病有关，如 Pavalko 和 Clipp（1993）对男性的调查研究发现，曾换过几种工作的人，死亡风险比有稳定工作或从事一种工作多年的人要高。Rushing 和 Burton（1992）研究认为，一般来讲，稳定的工作对健康是一种保护。③ J. A. House（1981）等研究认为，社会支持可作为一个调节因子来减轻工作角色造成的应激，并减少应激对健康的影响。④

改善员工健康的环境条件，关键责任在有关组织及具体的单位领导，如果员工所在的组织领导，真正将员工作为工作单位的主人，充分尊重员工在工作中的主人翁地位，有效调动员工在工作中的劳动积极性，就应该关心每个员工的疾苦，通过行之有效的制度，确保员工所享有的各种权益，不断改善员工的工作环境与条件，提高他们的劳动报酬，建立与完善员工的各种劳保福利制度，让员工参与其工作密切相关的管理事务，尽可能使工作任务明确化，同时采取更加积极的激励机制，多奖励少处罚，培养职工爱岗敬业的精神等，将大大减少因工作应激源对员工健康产生的不利影响。这样做不仅有助于维护员工的身心健康，同时也有益于提高劳动生产效率。因为人是最重要生产力，只有当人心情舒畅，毫无思想负担和后顾之忧的情况下，才能一心一意投身于工作，才能保证他们创造更加辉煌的工作业绩。

再次，社区生活环境，包括社区的人际、文化、卫生环境。社区环境是居民生活休闲的重要场所，也是保证社区居民健康的不可或缺的环境条件。实践与研究表明，社区往往是各种问题及矛盾冲突的集散地与交汇处，如果社区的各种管理不到位，极容易产生各种矛盾和冲突。这样不仅使当事人处在由此引起的应激之中，同时也会波及社区的其他居民，造成其寝食难安，影响其身心健康。一般来讲，人们只有在人际关系和谐、文化生活丰富、治安稳定、卫生环境良好而宜居的社区环境中，才能心情舒畅，更好地享受生活带来的快乐，这无疑有益于居民的身心健康。社区组织在居民卫生健康方面，应该承担其主要的组织管理责任，除了在一般意义

---

① ［美］Shelley E. Taylor：《健康心理学》，朱熊兆、姚树桥、王湘主译，人民卫生出版社2006年版，第191页。

② ［美］Shelley E. Taylor：《健康心理学》，朱熊兆、姚树桥、王湘主译，人民卫生出版社2006年版，第193页。

③ ［美］Shelley E. Taylor：《健康心理学》，朱熊兆、姚树桥、王湘主译，人民卫生出版社2006年版，第193页。

④ ［美］Shelley E. Taylor：《健康心理学》，朱熊兆、姚树桥、王湘主译，人民卫生出版社2006年版，第192页。

上保证辖区居民有一个平和、安宁、友善、清洁、卫生的生活环境以外，还要承担其对居民之间冲突调解的责任，特别是应该承担其辖区内，老弱病残等特殊群体的各种健康保障服务，同时还应加强对各种劳教人员、吸毒人员等的专门管理。这样才能保证每个成员生活在一种有益于健康的良好的社区环境中。

三、实现健康期望的医疗保障条件

(一)医疗水平与质量

医院及医护人员是人们健康维护的最后一道屏障，医院及医务人员能否做好最后的康复保健工作就显得非同小可。

每个医务人员应该自觉坚持职业操守，面对病人应该明白，他们是因为信任你，才将自己的健康乃至生命托付于你，你没有任何理由不对他们尽职尽责，而应秉持"医者仁心""救死扶伤"的态度，对生命有真正的敬畏之心，心存生命至上的人本理念，充分尊重每一位病人的生命。应该具有一套过硬的执术本领和应有的工作责任心，真正做到不因自己的医术或工作失误，而造成对病人健康的"二次伤害"，甚至危及其生命。不打无把握之仗，当自己发现缺乏某些技术而不能够承担其医疗任务时，应该事先主动提出退出申请，切莫拿病人的生命做实验品。应该在医疗实践中，更好地秉持现代生理-心理-社会医学模式的理念，对病人持热情关怀、安抚、鼓励的态度。应尽可能避免给病人贴一些简单的疾病"标签"，尽可能做到采用病人能够正面理解和接收的病理解释，根据有关安慰剂效应的原理，每一位医生及护理人员应该明白，积极的鼓励与心理暗示，有时可能比只是给病人开出的一剂药或注射一针药水的疗效更有效。

相对于医务人员而言，病人是弱者，因此，国家应该通过立法，维护和保障每个病人的合法权益，使病人能够得到充分有效的救治，使医院及其医护人员真正成为病人健康的卫士。同时，国家应该建立严格的医务人员准入制度，将不合格的庸医和缺乏职业道德的医务人员坚决拒之于门外。医院作为维护病人健康的责任主体单位，应该建立完善的医务人员的管理、考核、评价、监督制度，建立一支高效精干，使广大患者放心与满意的医疗队伍。只有这样，病人才能得到妥善的救治，其疾病的治疗，健康的恢复才有保证。

另外有关职能部门及医院，应加强对一些医疗器械和药品的监督与管理，防止与杜绝为病人多开药、乱开药，同时，应该管理好精神麻醉之类的药，防止滥用，因为所有这些不但不利于实现人健康的期望，反而会损害甚至摧毁人的健康。

(二)社会医疗卫生及健康保障体系

公民的健康期望能否最终顺利实现，从根本上讲，取决于社会的医疗卫生及健康保障体系是否完善与健全，而这又完全为国家相关方面的制度与政策所决定。尽管国家及各级政府职能组织在此方面作出了很大努力，也确实惠及了许多人，但与人们不断增长的卫生健康需要相比，政府及其组织尚有许多工作要做。

首先，国家应该进一步完善各种医疗卫生及健康保障制度，真正在制度层面体现出人人享有平等而完善的医疗卫生及健康保障的权益。与此同时，政府组织及经营部门还应通过严格的立法与管理，监控生产流通领域中，有可能出现的人为导致的食品药品安全问题，应该加大对危害食品、药品安全的违法行为的处罚与打击力度，从制度与处罚层面有效遏制住食品、药品安全中的违法现象。并且应该在基层建立必要的专门的食品药品安检机构，加大对食品药品从生产到流通等各环节全过程的经常性的全面安全检查，及时排除安全隐患。确保人们饭桌上的食品安全无虞和用药安全。总之，包括各级政府在内的我们每个人应该清醒地意识到，没有食品药品的安全，就没有人的生命与健康的安全，要维护好人们的生命与健康安全，就必须做好全方位的食品药品安全保障工作。

其次，应该不断加大对医疗卫生及健康保障方面的投入，能够尽可能在实际生活中，使每个公民享有较高质量的卫生医疗方面的服务；应该通过进一步的必要的政策支持，形成比较完备的健康卫生及健康保障体系，促进医疗卫生的关口前移，做到以积极的卫生预防为主，以疾病的治疗为辅。这样做不仅可以大大降低医疗成本，同时也有利于人们身心健康的维护；加大对卫生健康教育、卫生保健，医疗保障等方面的投入，确保人人享有较为充分的卫生保健、药疗救治方面的权益；应深入开展全民，尤其是青少年的卫生健康教育，不断完善老年人的健康护理工作；有效开展社区卫生环境的综合整治，深入开展科技协同攻关，努力解决涉及民生所关注的重要健康卫生问题；加大医学人才培养的步伐，切实解决好医疗资源短板问题。国家及地方政府只有全方位加强有关医疗卫生及健康保障体系的建设与完善，使人人享有充分的卫生医疗保障，每个人才有可能真正实行其健康的期望。

总之，我们健康期望的最终实现，需要同时发挥每个人在内的包括家庭、单位、社区、医疗及政府组织等全社会多方面多种力量的作用，缺一不可，只有做到全方位的协同配合和共同一致的努力，才能铺就我们实现健康的期望之路。

第十四章　幸福期望分析

　　幸福是人们现实生活中使用频率较高的词，尤其是在各种约会及节日或生日之际，幸福几乎是人们绕不开的贺词。我们每个人不仅期望自己幸福、家人幸福，同时也期望普天之下善良的人都能过上幸福的生活。人们为幸福而努力工作，为幸福而奋斗，为幸福而创造，为幸福而不断苦苦追寻。古往今来一些仁人志士，甚至为了子孙后代过上幸福的生活，不惜抛头颅洒热血，牺牲自己宝贵的生命；无数的国家卫士为了全体国民的幸福，而日夜守护在条件异常艰苦，人迹罕至的边塞。由此可见，幸福对于我们每个人乃至全体人民而言该是一个多么重要的大事。今天，我们也能发现现实中的许多人感到生活的美好与幸福，也不难发现，现实中一些人即使身处高位，家财万贯，也感到幸福不在，也有许多平凡而普通的人，整天为衣食而忙碌，家境并不十分宽裕，可在生活中经常洋溢着满满的幸福。那么究竟什么是幸福，人们为什么充满幸福的期望，怎样才能实现幸福的期望？这是我们下面要讨论的问题。

第一节　幸福期望概述

一、什么是幸福

　　究竟什么是幸福，这是一个千百年来人们都在一直追寻但至今都难有统一定论的问题。对此不仅不同时代的人们有不同的回答，同一时代不同的人也有完全不同的回答，甚至即使同一个人处在不同的时段或不同际遇中也会有不同的回答。人类关于幸福问题的讨论历尽数千载，古今中外的思想家、哲学家及其他学科的学者都有许多关于幸福的观点，他们从不同的立场，采用不同的理论与方法，对幸福形成各自不同的解释。

　　从词源学讲，幸福是由"幸"与"福"所构成的合成词。幸，吉而免凶也；福，佑也，古称富贵寿考等齐备为福，与祸害相对。古文中二字连用，谓祈望得福。因此，我国古代将幸福视为一种与祸害相对应的反义词，且有祸福相依之说。

　　在西方古希腊时代的学者苏格拉底认为，人生的根本目的就是追求幸福，而幸福就是对至善的追求。他将"至善"作为幸福所追求的内容。他进一步指出："当我们说快乐是一个主要的善时，我们并不是指放荡者的快乐或肉体享受的快乐。"①他认为："我们所谓的快乐，是指身体的无痛苦和灵魂的无纷扰。"②他还认为，身体的快乐虽然是必要的、合乎自然的，但它是暂时的、不稳定的、浅薄的，只有精神的快乐才是持久的、稳定的、深刻的，因为它能回忆过去，预见未来，使人享受心灵的愉快和幸福，而这种快乐与幸福是身体的快乐所达不到的。赫拉克利特最早提出感性主义幸福观，认为人的一切行动都是受快乐和痛苦的感觉支配，他认为快乐有肉体与精神之分，高级与低级之分，且认为精神的快乐要高于肉体的快乐，高级快乐胜于低级的快乐。他曾生动地比喻："如果幸福在于身体的快感，那么就应当说，牛找到草料吃的时候是幸福的。"③他也从肉体与精神两个层面的快乐理解幸福，而更加强调的是高级的精神方面的幸福。霍布斯认为，幸福是连续的快乐，即不是已得到的快乐，而是对快乐的追求和实现的过程。④ 他所强调的是过程快乐的幸福。以上多数思想家将幸福与快乐联系在一起，且区分出物质肉体和精神两种快乐，多数强调精神方面的快乐幸福观，也有强调物质层面的幸福。

快乐，通常是指人所需要的东西得以满足或所追求的东西得到时所形成的一种主观体验。将幸福视为一种快乐，在一定意义上讲是成立的。因为所需要的东西若无法满足，或已有的东西失去，已获得的东西被剥夺等只能给人带来痛苦，而失去和被剥夺所造成的痛苦，不是幸福，而是不幸。因此，我们说幸福是一种快乐，往往是我们所需所要的东西得到，所追求的东西得以实现所形成的积极体验。但是幸福并不等同于快乐，且不是所有的快乐都是幸福。只有充满意义而具有一定价值，且通过自己的正当劳动所得满足的快乐才是幸福的快乐，而那些通过非正当手段而得到满足的，和那些凭借他人赠予获得满足的快乐，都不是幸福。凡事过犹不及。幸福的快乐应该是有度的，而不是无度的。那种物质方面的口欲之欢，那些挥霍无度的贪图享乐，也都不是真正的幸福之乐。

何况，虽然快乐可以是幸福的应有之义，但快乐并不等同幸福，幸福也不仅仅只有快乐一种体验。人本主义心理学家马斯洛从新的角度解释其幸福并明确指出："对于幸福，有必要重新定义，幸福就是有良好理由的痛苦；幸福生活，就是有真正值得体验的烦恼与忧虑的生活。"⑤马斯洛认为，从享乐主义来定义"幸福"是错误的，因为真正的幸福一定包含着困难和挫折。例如，在创造过程中，尽管失眠、压

---

① 郑雪、严标宾等：《幸福心理学》，暨南大学出版社 2004 年版，第 23 页。
② 郑雪、严标宾等：《幸福心理学》，暨南大学出版社 2004 年版，第 23 页。
③ 郑雪、严标宾等：《幸福心理学》，暨南大学出版社 2004 年版，第 31 页。
④ 郑雪、严标宾等：《幸福心理学》，暨南大学出版社 2004 年版，第 35 页。
⑤ 许金声：《活出最佳状态——自我实现》，新华出版社 1999 年版，第 22 页。

力、紧张等随之而来，人们还是愿意经历这种过程中痛苦的煎熬。人们宁可为了孩子的调皮生气，也不想膝下无子。人们心甘情愿主动去爱护自己的家人和朋友，尽管这意味着分担别人的烦恼。因为，这远远比孤身一人的寂寞好得多。因此，我们必须重新定义"美好的生活"与"幸福"，使其包括这些痛苦的特权。① 马斯洛的幸福观突破了以往单纯的快乐幸福观，而强调幸福之中也包括痛苦、烦恼与忧虑等。

今天，一般普通人对什么是幸福更是有形态迥异的回答。一个总想把学习搞好的学生，可能认为每门功课一直都被老师评为优秀就是一种幸福，而一个酷爱游戏的孩子，沉浸在所喜爱的游戏中可能就感到一种幸福；一位想粮食丰产的农民，可能认为年年喜获粮食丰收就是一种幸福，而对于年年闹饥荒而一直处在饥饿中的人来讲，能遇上好的年成有一口饱饭吃就是一种幸福；一位作家可能认为自己的作品获得大奖并拥有大量的读者粉丝就是一种幸福；一位想长寿的老人，会觉得身体健康，老有所依就是一种幸福。由此可见，人们对幸福的感受与理解是因人而异、千差万别的。那么，我们从这些普通人不同的回答中能否找到一些关于幸福的共同的元素呢？综合以上人们对于幸福的理解，不管是何人的何种幸福，我们可以从中抽出如下共有的元素：

其一，幸福是有所指的，同时也是人内心对所期盼事物的一种反馈。如上述学生所期盼是优秀的学习成绩，农民所期盼的是粮食的丰收，饥荒者期盼的是有口饱饭吃，作家所期盼的是大奖与众多粉丝，而老人所期盼的是健康与依靠。概括来讲，人们所期盼的事物不外乎两个方面，一方面是物质的，如粮食、身体等，另一方是精神的如成绩、奖励等。因此，幸福通常反映了人对于物质的和精神的需要与期盼。由此我们也可以根据其幸福的不同来源，将人的幸福分为物质引起的幸福和精神引起的幸福。

其二，这些所反映的事物是能够使人从中得到满足的，如粮食能够满足人们物质的需要，而好成绩和奖励主要能够满足人自我价值的精神方面的需要。

其三，这样的满足对当事者来讲是具有积极意义的。如学生成绩优秀可以上更好的学校，农民粮食丰收，可以帮助家里解决穿衣吃饭等问题，作家作品获奖可以使其名声大噪且名利兼收等。

其四，这种需要满足后还能使人表现出一种持久的快乐体验。如无论是学生获得优秀成绩，还是农民获得粮食丰收，抑或是作家作品获奖等都会因此而感到兴奋不已，且这种快乐不会马上消去，而会持续一段时间。

其五，他们都会因此满足而愿意为之投入和付出，哪怕承受一定的痛苦，也无所怨尤。

---

① ［美］马斯洛:《洞察未来——A.H. 马斯洛未发表过的文章》，［美］霍夫曼编，许金声译，改革出版社 1998 年版，第 4 页。

以上分析表明，虽然每个人所反映的幸福的具体内容与方面不同，但其中都蕴含着一些共同的基本元素。如果缺乏其中任何一个元素，都不构成完整意义上的幸福。因此，幸福包括具有一定意义并可满足人需要的事物，为了得到该事物而人会有所投入，甚至甘愿经历与承受一定的痛苦，得到后人会形成一种较为持续的快乐体验。

幸福所体现的是一种复杂的心理活动过程。将幸福与快乐简单等同的观念是从静止的单纯结果方面理解幸福，而完全忽视幸福所经历的过程及其他心理活动，因此，也是片面的。无论是幸福的追求，还是幸福的实现，同时包括多种心理活动，而情感只是其中的一个方面。除了情感外，幸福还包含有理性、意志等活动。如果没有理性，人既无法感知幸福，也无法追求幸福；如果没有意志，人无法克服与战胜追求幸福过程中的困难与障碍，也无法保证最终实现幸福。仅就情感而论，幸福不只是有快乐一种情感，同时人在追求与实现幸福的过程中，还会伴随有痛苦、烦恼、紧张等，因为人的幸福的实现，不可能是一帆风顺，总要经历各种艰难困苦。在此过程中，总要品尝到各种酸甜苦辣，因此，不能将幸福看成单纯的快乐。

从以上对于幸福的解释我们不难看到，幸福不是针对简单的结果所形成的只是快乐情感体验，而是同时伴随痛苦与烦恼的体验，因此，幸福里面有快乐，也有痛苦与烦恼等情绪情感体验。将幸福视为一种单纯的快乐，只是迎合了人的生理本能，并没有完全反映幸福的真谛。且幸福不只是单纯的情感体验，而是同时包括认知、情感、意志等过程在内的较为复杂的心理活动。因此，人们要获得幸福，实现幸福的期望，需要通过合理的认知，确立恰当的生活目标，并通过发挥一定的热情和意志的作用，逐步向目标迈进，其间有时还需要经历一定的挫败带来的痛苦与焦虑，当目标实现的那一刻，他才可能感受到实现目标时所带来的喜悦。

二、什么是幸福感

幸福感也叫主观幸福感。主观幸福感与幸福二者之间虽然存在密切的关联性，但二者并不完全是一回事。主观幸福感主要是幸福所反映的一种以快乐为主要特征的情感体验及评价，而人的幸福除了表现出以快乐为主的情感体验及评价以外，还有其他的内容及表现形式，如积极的行为举动、有意义的追寻、目标达成后的满足感和惬意以及持久的维系愿望与努力等。如一个学生在努力学习后，实现了门门功课优秀的目标，此时的他如果处在幸福之中，他不只是有主观的快乐，也有目标实现后所带来的满足及惬意，同时他还会有这种状况一直维持下去的意愿，因此而表现出如往一样的积极的学习行为。因此，我们也不能将幸福视为一种单纯的主观快乐感觉。

当然，幸福作为一种主观的心理现象，通常是以幸福感的形式反映的。Veenhoven(1984)将主观幸福感定义为个体对其整体生活质量的判断，即指个体对其整体生活的喜欢程度的认知评价。Andrews 和 Withey(1976)认为主观幸福感不仅包括认知评价,即指生活满意度的评价,而且包括情感,主要指对于生活的情绪情感方面的愉悦体验。主观幸福感的内隐理论阐明了认知与情感两种维度的关系,认为人们总在不断地对生活事件、生活环境及自我生活状况进行着评价,这是人的一种共性。因为这些评价导致人们在现实生活中的愉快或不愉快反应,那些在实际生活中有较多愉快情感体验的人,更有可能知觉他们的生活是幸福的。一般来讲,那些对于自我的生活事件和生活环境持正性评价的人,更容易获得主观幸福感,而对生活事件和生活环境持负性评价的人,则难以形成其主观幸福感。①

迪勒尔(1984)认为主观幸福感具有主观性,即指对自己是否幸福的评价,主要依赖于个体基于经验而产生的内定标准,而不是依据外在的或他人的准则;它不仅没有消极的情感存在,而且还必须包含积极的情感体验;它不仅是对某个生活领域的狭隘评估,还包括个体对其生活的整体评价。也就是说人的主观幸福感既体现在生活的某一个侧面,也反映在整体的生活方面。另外,我们应该看到人的主观幸福感具有可变的特性,因为随着个体生活条件和环境的改变,个体对其条件与环境的认知评价也会随着发生变化,其情绪情感体验也会有所改变。② 由于人的主观幸福感具有主观性,因此,而反映出一定的个别差异性,即一个人是否能够获得幸福、感受幸福、拥有幸福,往往与其所具有的个性有关。研究表明,人所具有的外倾性、神经质、自尊、乐观、自我控制感等个性与人的幸福有一定的关联性,总体上讲具有外倾性、自尊、乐观、自我控制感强的人更容易感受、体验与获得更多的积极情感,对于生活的满意度更高,因此其幸福感更为明显。③

现实中人们的行为及表现存在内部控制和外部控制的倾向性,一般研究认为,内控者的主观幸福感较高。Taylor(1983)和 Diener(1984)研究表明,如果认为不良生活事件是无法控制的,就会产生抑郁而降低主观幸福感。Veroff(1981)研究表明,内控者有更好的应激方式,他们试图去改变情境,凡是能够应付各种问题,其主观幸福感都较高。④

以上研究表明,人的幸福感与人的某些个性存在较为密切的关系,某些个性的不同,其主观幸福感也不尽相同。

三、什么是幸福生活

幸福感是人们对于幸福生活的一种观照与体验。那么什么是幸福生活呢?不同

---

① 郑雪、严标宾等:《幸福心理学》,暨南大学出版社 2004 年版,第 52 页。
② 郑雪、严标宾等:《幸福心理学》,暨南大学出版社 2004 年版,第 52 页。
③ 郑雪、严标宾等:《幸福心理学》,暨南大学出版社 2004 年版,第 99 页。
④ 郑雪、严标宾等:《幸福心理学》,暨南大学出版社 2004 年版,第 97~115 页。

的学者和不同的普通人会有完全不同的回答。

伊壁鸠鲁认为，幸福生活是天生最高的善，而快乐又是幸福生活的具体内容或目的，所以快乐是天生的最高的善。将幸福生活理解为是一种追求至善的活动，虽然其中不乏一些重要价值意义，因为幸福生活的确需要善，善应该是幸福生活不可或缺的内容。但幸福生活不仅在于单纯地追求善，幸福生活也应该包括对真的追求和对美的追求，幸福生活还应体现在人们对爱、尊重、自由等精神和一定的物质享乐方面的追求。因此，如果将幸福生活仅限于追求"至善"方面，就无形之中将幸福生活的其他内容排开了。

马斯洛认为幸福生活"就是有真正值得体验的烦恼与忧虑的生活"，而罗杰斯称之为"美好生活"。这种生活是"丰富的、兴奋的、挑战性的和富有意义的"。他指出："我确信，这种美好的过程不是怯懦者所能领略的生活。它意味着全身心地投入生活的洪流。可是人世间极其兴奋的事情是当个人取得内在的自由时，他就会选择这一形成过程作为美好的生活"①国内有学者认为，幸福生活或美好生活应该是一种"最佳的生活状态"，所谓最佳生活状态"也就是我们最乐意具有的状态"②。

那么，什么是最乐意具有的状态，一般普通人因其人生观，价值观方面的不同会有完全不同的回答。那些贪图权势的人，可能把过有权有势的生活视为最乐意具有的状态；那些一心追求物质享乐的人，往往会将吃喝玩乐视为最乐意具有的状态；那些一心向往精神自由的人，可能就将过无拘无束、逍遥自在的生活视为一种最乐意具有的状态等。

不同文化取向的个体对于幸福生活的认知也有所不同。个人主义同时又是现实取向的人，往往认为自己现实的生活无忧无虑、逍遥快活、无拘无束、自由自在就是最乐意具有的状态，而基于个人主义未来取向的，认为能够实现自我理想和自我利益最大化等个人追求的目标就是最乐意具有的状态；集体主义同时又是现实取向的人，往往着眼于家人、亲人、朋友乃至民族、国家等关系的考量，认为所有与之相关的人享有一切现实生活的良好状况就是最乐意具有的状态，而基于集体主义未来取向的人，往往将追求与实现大家及人类共同美好的生活，看成是最乐意具有的状态。

我们应该从人所具有的主要属性出发理解其幸福生活。自然性与社会性是人所具有的两个最主要的属性。人的自然性也就是人的生物性。人的生物性决定了人需要通过必要的物质手段维持生命及生存，因而人需要享有一定的物质生活的幸福。因此，那种将人在物质上享有的幸福及其追求，与一般动物在此方面获得的满足完全等同的观点显然是有问题的。人是通过富有创造性的劳动获取物质方面的生活幸

---

① ［美］马斯洛等：《人的潜能与价值》，林方主编，华夏出版社 1985 年版，第 328 页。
② 许金声：《活出最佳状态》，新华出版社 1999 年版，第 27 页。

福的。人的社会性决定了人需要通过必要的精神生活，来维持其社会的存在与发展，因而人需要享有一定的精神生活的幸福。因此，对人而言，幸福生活应该是物质生活与精神生活的统一，而那种幸福的二元论观点，并没有真正站在这种立场看待与理解人的幸福生活。

　　幸福生活应该体现个人与社会的统一。幸福生活的主体既指每一个独立的个体，同时也包括一类的群体，且二者具有较强的关联性。从社会学意义上讲，幸福生活的主体首先应该是簇类群体。在一个特定的社会中，只有整个社会成员拥有了幸福生活，才是真正的幸福。而从心理学意义上讲，个体才是幸福生活的直接载体，只有社会中的每一个个体拥有幸福生活，才是真正的幸福。其实这两者之间并不构成非此即彼的关系，而是趋于统一、一致的。因为群体是由若干个人组成，个体总隶属于一定的群体。一个家庭成员的个人幸福，应该以家庭其他成员的幸福为依托，如果家庭中其他某个成员处在不幸之中，那么包括这个成员在内的每一个家庭成员，也就难有真正的幸福生活。同样一个民族如果处在水深火热之中，那么这个民族中的每一个成员，恐怕也难以过上真正的幸福生活。

　　因此，单纯的只是个人生活幸福也不可能是真正的幸福，因为只考虑个人幸福的人，难免会因个人幸福而影响到社会中他人的幸福，同时仅有个人的幸福生活，因失去社会的支撑而难以形成，形成了也无法稳定保持下去。当然社会的幸福生活，是由每个人的幸福生活所组成，社会中其他成员只有相互扶持，才能一起去维护好个体的幸福生活。爱尔维修提出了利己与利人相结合的幸福观，认为一方面，具有感性肉体的人，趋乐避苦、自爱自保是其本性之一，另一方面，人又是社会的独立个体，每个人追求自己的幸福不能离开别人，别人是自己存在和幸福的最重要的条件。他把个人对利益和幸福的追求与公共的利益与幸福结合起来，他说公共的幸福是由所有个人的幸福组成的。个人幸福与社会幸福并不矛盾，而应该相辅相成、相互促进。如果一个人为了个人的幸福，而损害了他人或大家的幸福，这不是真正的幸福。这种利己不利人最终会给个人带来灾难与痛苦。爱尔维修将个人幸福与他人幸福相结合的观念，且看到了二者的相互依存关系，这是值得充分肯定的，但他将幸福的内容主要满足于物质层面，就反映出一定的局限性。

　　幸福生活应该是现实与理想的统一。真正的幸福应该是基于一定现实而同时又指向未来的目标的。因此，幸福生活应该是现实与理想的统一。许多人往往只是着眼于当前的现实生活，往往将现实需要的满足与否，作为衡量自己幸福与否的标志。如果自己所期望的现实需要得到满足，就认为是幸福的，如果自己所期望的现实需要没有得到满足，便认为自己是不幸福的。他们对于将来的发展及幸福很少表示关注。的确现实是人们生活的基础与出发点，只有人们所期望的现实生活得到相应的满足，人才有可能实实在在地感到幸福，没有立足于一定现实的理想的幸福，未免有些虚幻，遥不可及。但只有现实获得的满足感，不是真正而完整意义上的幸福生活，由于缺乏对于未来理想幸福追求，人们往往因此而容易满足，安于现状，不思进取，甚至有可能产生颓废堕落的状况，这样的所谓幸福生活不会持久。幸福所反映的本质应该是一种精神生活。因此，在某种意义上讲，幸福所反映的是一种未来的东西。① 赵丁阳认为，幸福总是一种未实现的，已经占有的东西就是存在，而不能称为幸福。幸福不是单纯的感性概念，包含生活的目的与意义。幸福总是指向未来生活的目的和方向。② 因此，幸福生活也不是停留于在某一个时间节点上，而是反映了一个从现实到理想、从当下到未来的连续的过程方面。它既可反映实实在在的当下，也可指向遥遥无期的未来。如果没有当下现实的一定获得状态，而只有指向遥远的未来的幸福，那么，那是一种虚幻缥缈的东西，人们很难感受到是幸福，如果只有实实在在的当下，而缺乏对未来更美好生活的期盼，那么，只有现实的满足感，这也不是真正而完整意义上的幸福生活。幸福生活是一种人的理想的生存状态，是人们一种寄于未来美好生活的不断追求。

　　Seligman（2002）在他所著的《幸福的真谛》中提出了幸福生活由：愉快的生活（The Pleasure Life）、充实的生活（The Engaged Life）和有意义的生活（The Meaningful Life）三个部分所组成。③ 其中愉快的生活是对生活的享受，包括许多积极情感，而积极情感是主观幸福感的镜子，从时间维度上分，过去的积极情感包括满意、知足、实现、自豪和平静；当前的积极情感包括直接来自愉快的满意感④；对未来的积极情感包括希望和乐观、真实、信任和信心。充实的生活，包括在工作、亲密关系和休闲生活中投入、卷入和入迷，伴随着高投入的活动有一种流畅感（Flow），时间飞逝而过，注意力完全集中在活动上，忘记了自我。有意义的生活是指追求生活的意义，包括运用一个人的力量和才能从事比自我更广泛的事业，跳出小我的圈子，服务于宗教、政治、家庭、团体和国家。追求一种有意义的生活，会产生满意感和生活会更好的信念。⑤

　　因此，我们不只是需要期望充满快乐的幸福生活，而且更应期望充实而具有意义的幸福生活。因为单纯的快乐的生活并不一定就是幸福的生活，而只有同时还具有充实而有意义的生活才属于幸福生活的应有之义。正如哲学家赫舍尔写道："人的存在从来就不是纯粹的存在，它总是牵涉到意义。意义于恒星和石头来说是固有的一样。正像有人占有空间位置一样，他在可以被称作意义的向度中也占据位置。

　　① 薛晓阳：《希望德育论》，人民教育出版社 2003 年版，第 64 页。

　　② 薛晓阳：《希望德育论》，人民教育出版社 2003 年版，第 65 页。

　　③ Alan C. Positive psychology: the scicnce of happiness and human strengths. Hove and New York: Brunner-Rutledge of Taylor & Francis Group, 2004: 6-74.

　　④ Seligman M E P. Authentic happiness: using the new positive psychology to realize your potential for lasting fulfillment. New York: Free Press, 2002: 102-140.

　　⑤ Dinner E, Seligman M E P. Very happy people. Psychological Science, 2002, 13(1): 81-84.

人甚至在尚未认识到意义之前就同意义牵连。他可能创造意义，也可能破坏意义，但他不能脱离意义而存在。人的存在要么获得意义，要么背离意义。"①而人的幸福生活离不开意义。离开了意义，也就不叫幸福的生活。

什么是有意义的生活，这种有意义的生活是与别人有联系的，而不是独自的生活。因为"我们四周还有其他人，我们活着，必然要和他人发生关联。个人的脆弱性和种种限制，使得他无法单独地达到自己的目标。假使只有他孤零零地活着，并且想只凭自己的力量来应付自己的问题，他必然会灭亡掉。他无法保证自己的生命，人类的生命也无法延续下去。""个人为自己的幸福，为人类的福利，所采取的最重要步骤就是和别人发生关联。因此，对生活问题的每一种答案都必须把这种联系考虑在内……我们最大的问题和目标就是：在我们居住的地球上，和我们的同类合作，以延续我们的生命和人类的命脉。"②

由此表明，幸福所反映的生活意义，是事关他人及社会所共有的意义，而不是出于单纯的个人的意义。"所有真正'生活意义'的标志是：它们都是共同的意义——它们是别人能够分享的意义，也是被别人认定为有效的意义"③加德勒明确指出："奉献乃是生活的真正意义。"④"假若一个人在他赋予生活的意义里，希望对别人能有所贡献，而且他的情绪也都指向这个目标，他自然会把自己塑造成最有贡献的理想形态。"⑤

因此，我们应该认识到，幸福的生活应该是对于他人及社会做出有意义的奉献的生活，只有在这样的生活中我们才能感受到幸福所具有的快乐、充实和意义。

四、什么是幸福期望

所谓幸福的期望，我们可以理解为人们对当下及未来一种幸福生活的期盼。这里所指的当下与未来，同时包括已经和正在发生的时间节点，也指向那种尽管当下没有发生，而希望在未来的某一时间节点出现，并得以持续的美好生活的愿景，所反映的是一种人们对美好生活的持续愿望。这种愿望就是期望者对于被期望者过上其所希望的幸福生活。在现实生活中，每个正常的人都怀有幸福的期望，正是这种期望，推动人们砥砺前行，不惧风雨，甚至忍受各种痛苦与历经各种磨难。人们幸福的期望，是直接推动人们追求和创造美好生活的一种心理力量。

幸福期望所反映的就是人们所关注的幸福生活的内容，是人们对幸福生活内容

---

① ［美］A. J. 赫舍尔：《人是谁》，隗仁莲译，贵州人民出版社 1994 年版，第 46 页。

② ［奥］加德勒：《自卑与超越》，黄光国译，作家出版社 1986 年版，第 9~10 页。

③ ［奥］加德勒：《自卑与超越》，黄光国译，作家出版社 1986 年版，第 12 页。

④ ［奥］加德勒：《自卑与超越》，黄光国译，作家出版社 1986 年版，第 13 页。

⑤ ［奥］加德勒：《自卑与超越》，黄光国译，作家出版社 1986 年版，第 13 页。

的一种期望关照。幸福期望的内容既体现出人们所具有的共性上，也反映出每个人的个性需求。从普遍意义上讲，人们均具有对物质享受的幸福追求，同时也具有对精神愉悦方面的幸福追求。人们对于幸福的期望，既反映在某个特定的生活的侧面，又反映在整体的生活方面。

普通人幸福期望的内容集中体现在个人身心健康、工作、收入、教育、社会地位、休息、家庭、婚姻、社会环境、生活意义、自我决定、情感、自由、他人（朋友）、国家及世界等等诸多方面。

个人身心健康是人们幸福期望的基本内容，也是实现幸福期望的最基本的要求。身心健康既是人们享受幸福生活的条件，又是人们实现其他幸福期望内容的保证与前提。如果没有身心的健康，而饱受各种身体或心理疾病的纠缠与折磨，人们无法保证为幸福所需要的正常工作，无法为家庭幸福尽到自己的责任与义务，也无法获得为幸福所需要享有的地位，更无法实现为幸福所需要的人生意义与目标。这样既无法获得所期望的幸福，也没有能力享有所期望的幸福。所以，个体的身心健康应是所有人所要求的不可缺少的幸福期望内容。人们对自我健康持较高的满意度和更多的积极情感体验是幸福期望的重要组成部分。

工作是人的生活的主要组成部分。包括工作的性质、时间、收入、升迁、工作的场所、工作中的人际关系（上司、同事）等内容，人们对这些诸多工作内容的满意度和积极情感体验都是其幸福期望的重要内容。从工作中满足幸福期望，最主要的应该是自己能够有一个喜欢或感兴趣同时觉得有意义且能够胜任做的工作，并且这份工作能够给自己带来较好经济回报。而真正在现实中能够同时满足这些工作条件要求的人可能并不是很多，尤其是满足其自己的兴趣爱好条件的情况往往不多，还有部分人甚至其能力也难以胜任，而只是仅为了生计而勉强或拼力去从事一些工作。这样的人是无法实现其工作幸福的期望的。只有同时具备前三个方面要求的职业，人们才能从其职业中实现幸福的期望。

另外，工作中的各种环境条件，对人在此过程中幸福期望的影响也不能小觑。现实生活中许多人，往往是因为各种关系处理不好，而致使其关系紧张、烦闷而不愿待下去。竞争性太强，劳动强度大，休息时间严重不足，不仅会直接造成人的身体疲劳，且有可能造成神经疲劳，而形成人们的"职业倦怠"等，都会影响到人工作中的幸福期望。罗素指出："认为竞争是生活中主要的事情是很可怕、很固执的，这会让人的肌肉和神经都紧张……经历了这种生活后，人一定会神经衰弱，还会用各种方式逃避现实……竞争哲学不仅毒害了工作，它也同样毒害了休闲。"①当然，在今天市场经济的环境条件下，工作中的竞争几乎不可避免，同时也并不是所有竞争全都是有害的。一定程度的公平而合理的竞争，无论是对促进社会经济的发

---

① ［英］伯特兰·罗素：《幸福之路》，刘勃译，华夏出版社 2016 年版，第 44~45 页。

展，还是激发个人工作积极性和创造的潜力都可能是必要的。

与工作相对的一种生活就是休闲。英语和拉丁语中的"休闲"中含有"教养"的意思。休闲的基本意思是人们在闲暇时间所从事的活动，而其活动的目的并非想获得物质利益，而是通过自己从事一些业余爱好活动，得到娱乐和放松身心，并在有可能的情形下，发挥与展示因工作中无法表现的才能。因此，休闲不是一种消极的事情，休闲不等同于无所事事、游手好闲，而是一种非常有意义的生活方式。早在古希腊，亚里士多德就看到了休闲的价值与意义。在亚里士多德看来，人的休闲应该是终生的，而不只是指某一个阶段，是真、善、美的组成部分。他把休闲看作"一切事物环绕的中心"，是"科学与哲学诞生的基本条件"。① 的确人类的一些科学发现和重要研究成果，并不都是在紧张忙碌的工作时产生的，而是在具有一定的休闲空间里，在身心得到一定放松的安静情形中，经过一定的沉思而产生的。亚里士多德且还把"休闲"与"幸福"联系起来，认为休闲是维持幸福的前提。尤其是当今时代，工作的压力与竞争越来越大，而这种竞争与压力不会给人带来幸福感，更多的是给人造成紧张、焦虑、不安。因此，人们需要通过休闲来调节、缓解由此带来的压力。随着现代科学技术在生产中的广泛应用，劳动生产率的提高，人们有了越来越多的休闲时间，因此休闲生活也事关人们的幸福。研究表明，并不是所有休闲生活都能够使人产生幸福感，只有从事一些有意义的有助于愉悦身心的活动，才有可能使人获得一定的幸福感。Mishra（1992）以印度 120 名退休男性的研究发现，参加与以前职业有关的活动，志愿者团体和与朋友经常在一起的人有更高的生活满意度。运动与锻炼能够释放一些消极的情绪，减轻心理压力，增强身心健康，这也都可以在一定程度上增强人的幸福感。从事一些自己感兴趣的活动，并由此有所成就，也可以增强人的幸福感。

家庭生活是人生必不可少的内容，因此包括有家庭经济状况、婚姻状况、父母与子女关系状况、家庭中成员的情感状况、社会支持及其整个家庭生活的满意度和情感体验，也是每个人幸福期望所关注的内容。我们每个人都将家庭经济状况良好、婚姻美满、父母安健、子女有为、举家和睦作为个人幸福期望的重要内容。如果家庭在诸如此方面出现这样与那样的缺失，就会给人的幸福造成损失和留下缺憾。因此，人们对于家庭这些方面的期望，也应是个人幸福期望不可或缺的组成内容。

社会生活是每个人毕生都必须经历的。包括学校、社区、朋友圈、社会福利、保险制度、商圈等社会生活的质量及满意度，都事关人们个人幸福期望。人们都将享有良好的学校优质教育资源、所生活的社区人际关系融洽和文化氛围健康、自然生态良好、朋友真诚友爱、社会福利有保障、保险制度健全等，视为个人社会生活幸福期望的重要内容。

---

① 郑雪、严标宾等：《幸福心理学》，暨南大学出版社 2004 年版，第 224 页。

个人生活，包括个人所受教育、在社会中所处的地位、个人自由度、自我决定感、自尊、成就感、社会接纳、个人生活的意义、价值、情感状态等满意感，也事关个人幸福的期望。人们将接受好的教育、在社会生活中享有一定的地位、受到应有的尊重、保持一定的个人独立与自由、形成应有的自我决定、获得一定的自尊和个人成就、感受到个人生命的价值及意义等，作为个人幸福期望的重要内容。

总之，人们关于幸福的期望反映在人全部生活的多个侧面及多种具体的要素方面，每个人都期望在这些侧面及具体要素方面，都得到一定的满足和形成更多的获得感及积极的情感体验。

人们幸福期望的内容，既反映出现鲜明的时代共性，也体现出明显的个性，同时也显示出明显的发展阶段性。不同的时代人们幸福期望的内容存在一定差异。在社会落后贫穷的时代，人们以求得温饱作为幸福的主要期望；在社会发展到解决基本温饱后，人们以获得富足为主要期望，其精神幸福的期望也就提上日程；在社会发展至较为富裕后，人们精神期望进一步增强，同时，人们以提高生活的品质与质量为主要幸福期望。当今越来越多的人对幸福的期望，集中反映在对于社会和个人生活的高品质高质量的追求方面。

不同的个体之间幸福生活期望内容也有所不同。有的以期望得到单纯的物质享乐的幸福，有的则主要在实现精神的追求中得到幸福的满足；当然，许多人可能既期望从一定的物质享乐中得到幸福，也期望从一定的精神追求的满足中收获幸福。具体到每个个体，他们在这两个方面显示出的幸福期望更是多彩纷呈。在通过物质的满足而实现幸福期望方面，有人以吃得好、穿得好为幸福；有的人则以住豪宅、开豪车而感到幸福；有人是以获得所有的物质享受而感到幸福。在精神幸福的期望方面，有人以追求艺术的精神享乐为幸福，有人以探求科学的真谛享乐为幸福，有人以得到家人或他人的爱的满足而幸福，有的人以期望获得显赫的地位而享有幸福，有的人以期望学业或事业的成功而获得幸福的满足等。

人处在不同的发展时期，由于面临的生活主要任务不同，而所反映的幸福期望的内容也不尽相同。在人的儿童发展时期，其主要生活任务是玩耍、学习、发展与人的正常关系等，因此他们幸福期望的内容是在学习上取得满意的成就的同时，还期望有一定的玩耍乐趣，关系上能够得到来自父母、老师及同龄人的关心与支持；青少年期，其主要任务是学习、成长、获得自主独立性，因此，其幸福期望的主要内容是学习和不断地成长进步、获得自主独立性等；成人期的主要生活内容是成家、立业、获得社会地位与成就等，其幸福期望的内容是有美满的家庭、和谐的婚姻、满意的工作和一定的社会地位及取得应有的成就；老人时期的主要生活是以健康为主的休养生息、休闲、业余爱好等需要的满足，因此，老年幸福期望的主要内容就是减少直至避免病痛、延缓衰老、生活自理、儿女无忧、经济独立、有一定的个人兴趣与爱好等。

　　由此也充分表明，人的幸福期望的内容是复杂多样的，要想从各个侧面及每一个具体要素方面，都能够实现其幸福的期望显然是有较大难度的。因此人们幸福期望不可能一蹴而就，一下子就能够都实现，只能是逐步地得到体现，并且由于各种内外原因的影响与限制，也许人的许多幸福期望永远只是期望而已。还有一些幸福期望可能一时间实现了，但由于某些个人或外在的原因而又失去，当然也不排斥有些失去的幸福期望，因为条件的变化和我们的努力而失而复得。

　　不管是人们对哪种幸福的期望，都有其道理，且应该能够理解，但我们应看到任何幸福期望的实现都是有条件的，且有些幸福期望的实现也是存在一些风险的。如果我们看不到这些，那么纵然是有些幸福期望实现了，也会失去，且有些幸福的期望却可能难以实现，甚至有可能不但无法实现，且有可能会给自己或他人造成不幸。

五、人为什么有幸福期望

　　人们幸福的期望有着一定的生物学基础。如果说快乐是幸福的必备要素的话，那么，在人类的生物进化过程中，形成了快乐的重要神经生化机制。与快乐积极情感有关联的生物物质有复合胺，它是一种积极情感的重要传递素，且可以阻止抑郁的产生；多巴胺，它是一种对人的积极行为起到重要奖赏作用的神经递质；还有内啡肽，它是一种降低人痛苦，增强人欣快感的重要物质。同时现代脑科学研究发现，人脑中存在"快乐中枢"。所有这些表明人们之所以有幸福的期望，在一定程度上讲是脑及其机能长期进化作用的结果。另外，人类大脑额叶和前额叶的进化，可能有助于促进目标优化和计划思考，这就为人谋求理想的生活，实现幸福的期望奠定了重要的生物学基础。

　　幸福的生活不仅给人带来欢乐，同时也给人带来美好，带来慰藉和温暖，使人体验到人生的美好与意义。因此，幸福集中反映了人们对美好而理想生活的期盼，是人类自古以来所孜孜以求的目标。古希腊的苏格拉底认为，人生的根本目的就是追求幸福。人们将实现幸福的期望，作为人生努力的方向和奋斗的目标。幸福生活是人们所想要得到的，是人们所向往所追求的生活，正是因为人们对于幸福生活的心驰神往，人们才表现出对于幸福的期望。

　　幸福的期望是推动人类社会发展进步的根本动力。人类自古以来一直追求美好幸福生活。在人类发展的历史长河中，无论是东方民族还是西方世界，无论是生活在过去、现在或将来，也无论处在世界的哪个角落，都会表现出一个共同的心愿，那就是努力追求理想的生活，而这种理想生活的名字就叫幸福。人类为了追求并实现幸福期望，调动和采用了各种方法和手段，开拓疆土，发展生产，为了达此目的，甚至采用暴力与战争等非人道的手段去掠夺异族资源，为了保护为幸福所必需的资源，人们用血的代价进行了残酷的搏斗。战争不但没有给人们带来真正的幸福，反而使人们承受了由战争造成的巨大苦难与牺牲。斗则俱伤。血的教训使后来人们认识到，发动战争并不能实现幸福的期望，于是通过一定结盟和签订各种合约，采用贸易往来等和平的方式，获取为幸福所必需的资源。

旧时代的少数统治阶级，为了使自己过上锦衣玉食的幸福生活，而采取各种欺压手段剥削与压迫多数人，从多数人那里榨取其幸福的资源。而随着多数人的自由平等意识觉醒，唤起了他们维护自己正当利益，反抗剥削与压迫的斗志，他们纷纷展开了与统治者的斗争，且是一代又一代的抗争，最终促进了社会的进步，赢得了社会的基本平等与自由。他们在这个过程中也有了自己所追求的幸福。由此可见，努力追求与实现幸福的期望，是人类各文化与各阶层所表现的共同目标，同时也是推动社会文明进步的重要心理力量。

幸福的期望是推动个体创造更美好生活的原动力。幸福是每位个体所盼望的美好生活形态，而幸福的期望是推动个体创造更美好生活的原动力。无论何人，无论身居高位者还是普通百姓，无论男女老少，都期盼过上幸福美好的生活，概莫能外。无论他出生在哪个国度，无论他们身处何方，也无论他们从事何业，无不是在为使自己及家人过上美好幸福的生活而忙碌奔波。为了实现幸福的期望，他们用各自的聪明才智，尽显其能，在为社会创造更多财富的同时收获实现幸福期望所需要的物质和精神财富。还有自古以来的各种仁人志士、英雄豪杰，为了整个民族和子孙后代的幸福而前赴后继，不惜牺牲个人生命而努力奋斗。

另外，人们之所以反映出一定的幸福的期望，也在一定侧面反映出人们现实生活和所理想的生活之间存在一定的差距，而不满足于当前已有的生活，正是因为这种不满足，人们才有对于所想要的幸福生活的期望与追求，从而推动着社会的不断进步与发展。

第二节　实现幸福期望的条件

一、实现幸福期望的主观条件

人们能否实现幸福的期望，过上美好的幸福生活，需要具备一定的社会的外部条件，而更重要的是取决个人自身。一个国家和民族能否使全体人民实现幸福的期望，过上美好的生活，关键取决于国民的整体素质。在整个幸福期望实现的过程中，人才是真正的主体。我们每个人既是幸福期望的发起人，又是实现其幸福期望的实践者，因而幸福期望能否实现，关键是取决每个人自身的因素。

(一) 身心健康

人的幸福期望的实现应具有一定的生物学基础。身心健康是实现幸福期望的最基本生物学条件，同时也是人们幸福期望的重要内容。作家欧文认为，人类的幸福只有在身体健康和精神安宁的基础上，才能建立起来。常言道，健康是福。由此可以看出健康与幸福的密切关联性。健康不单指身体的健康，同时也包括心理的健康。一个人只有同时保持必要的身心健康状况，才可能更好地追求幸福，充分地享有幸福。疾病所造成的是人的痛苦。一个身患重疾的人或长期患这样那样慢性疾病而久治无望的人，是很难产生幸福期望的。他们更多的是感到由疾病带来的折磨和痛苦以及无助。也许有那么一部分人，虽然常年疾病缠身，他们有的也怀有幸福的期望，但在这些人中所怀有的幸福期望，可能尚有他所追求的东西，而毕竟疾病的折磨与摧残会使他们幸福的期望大打折扣。同样，那些心理健康出现问题的人，通常更多的表现是一些与实现幸福期望格格不入的消极负性情绪，或有碍实现其幸福期望的不当做派。这里我们应该十分清楚，实现幸福期望是需要付出艰辛的努力，是需要消耗一定的生命能量的，如果没有一个好的身心状况，恐怕难以实现其幸福的期望。因此，要想实现幸福的期望，健康是一种不可或缺的重要保障。我们要想实现幸福的期望，就应该通过各种有效方式，努力增强其身心健康。

(二) 个人品质

"人的品质，同艺术的创造或国民政府的机构一样，既可以用来促进也可以用来妨害个人和社会的幸福。谨慎、公正、积极、坚定和朴素的品质，都给这个人自己和每一个同他有关的人展示了幸福美满的前景；相反，鲁莽、蛮横、懒散、柔弱和贪恋酒色的品质，则预示着这个人的毁灭以及所有同他共事的人的不幸。"[1]我们似乎还可以这样认为，自私的人难以实现幸福的期望，因为这样的人心中只有个人利益，且会因为个人利益而斤斤计较，甚至为了自己的个人利益而牺牲别人的利益；贪恋的人难以实现幸福的期望，因为贪恋之人永远不知满足，他们对于眼前所得总心存不满；懒惰的人无法实现幸福的期望，因为幸福是需要靠奋斗和勤勉的劳动去获得的；狭隘的人难以实现幸福的期望，因为心胸狭隘之人，往往会患得患失，缺乏包容性，无法融入正常的人际社会；守旧的人难以实现幸福的期望，因为幸福是需要不断创造与追求的；缺乏爱心的人难以实现幸福的期望，因为爱既是幸福的重要内容，也是实现幸福的必要条件；嫉妒之人难以实现幸福的期望，因为容易嫉妒的人往往会通过一定方式打压别人的幸福，而最终因此也就难以使自己得到真正的幸福，如罗素所言："爱嫉妒的人不仅愿意制造不幸，还会在不受惩罚的情况下去这么做，他自己也会因为嫉妒不快乐。他不会从自己拥有的东西中找寻快乐，而会从其他人拥有的东西中找寻痛苦。"[2]缺乏独立性而过于依赖他人的人无法

---

① ［英］亚当·斯密：《道德情操论》，蒋自强等译，商务印书馆 2020 年版，第 235 页。
② ［英］伯特兰·罗素：《幸福之路》，刘勃译，华夏出版社 2020 年版，第 73 页。

实现幸福的期望，因为任何个体幸福是建立在以个人独立基础上的，而不是靠依赖他人获得的。作为父母要想孩子一生一世的幸福，应该从小培养孩子为幸福所必需的品质。我们每一个人要想实现幸福的期望，应该加强自我修养与历练，努力培养和具备其为实现幸福期望所需的品质。只有当一个人具备了为实现幸福所需的品质时，他才有可能通过自己的积极表现和行为努力实现幸福的期望，过上幸福美好的生活。

1. 道德品质

尽管有的哲学家明确提出幸福就是追求"至善"的观念有失片面，但人不管实现何种幸福的期望，都应该恪守必要的道德，而这种道德的约束力，直接来自每个人所具有的道德品质素养。良好的德行是我们追求与实现幸福期望最为深厚的心理根源。德行不仅维护个体和他人的正常生活，且有助于给个人及他人带来幸福。一个人在实现幸福期望的路上，需要一定的道德品质保驾护航。如果离开了道德品质的保驾护航作用，人在追求幸福期望的路上就很容易误入歧途。如果一个人缺乏基本的道德品质，在实现物质享乐幸福期望的过程中，他就非常有可能因为一味醉心于物质财富的追求，甚至不择手段，并以牺牲他人或社会的利益而满足于自己的私欲与贪恋；一个一心想成名成家，出人头地的人，如果缺乏一定的道德品质的约束，那么，为了自己的地位，他就有可能处处打压其他人，甚至弄虚作假，期满哄骗等手段去捞出名利地位。所有这种情况现实中时有所见，同时那些通过不正当手段获取财富与地位的人，大多并没有好结果。他们不但自己没有真正实现幸福的期望，同时也给他人和社会造成危害而带来不幸。

所以，古往今来，人们将积德行善视作为人处世的根本。无论东方还是西方均有德行幸福论。中国历来有"厚德积福"之说。儒家甚至认为抑制，乃至根除自己的物质欲望，遵守道德的生活才是幸福的生活。我国现代学者薛晓阳认为，幸福不是低级的占有，不是财富的积累和损害他人利益，幸福只能是道德的快乐和精神的愉悦，幸福只有在道德的指引下才能得到自己的快乐。[①] 西方理性主义学者也提出了幸福是对至善的追求，提倡以理性控制自己欲望，以德行取代感性快乐。亚里士多德提出了，"幸福就是合乎德性的实际行动"的著名论断。[②] 斯宾诺莎提出了理性利己主义的幸福观，认为人们应该绝对遵循道德而行，这是做人的基本原则。只有在理性指导下追求个人利益，才不至于与他人相冲突，才能把个人利益与他人利益结合起来，获得真正的幸福。

良好德行不全都是高大上的完全的利他主义。具有良好德行的人是能够正确处

---

① 薛晓阳：《幸福德育论》，人民教育出版社 2003 年版，第 53 页。

② ［古希腊］亚里士多德：《尼各马科伦理学》，苗力田译，中国科学出版社 1999 年版，第 15 页。

理小我与大我、自我与他人、个人与社会关系的人。当小我与大我、自我与他人、个人与社会发生一定冲突时，具有良好德行的人不是一味以牺牲大我、他人乃至社会大众的利益，而完全满足个人的一己私利；而是尽可能去兼顾各方面的利益，尽可能维持一种平衡，有的甚至直接牺牲一时的个人利益而尽可能成全他人及社会公众利益，而在此过程中赢得他人乃至社会公众的尊重与支持，并最终也实现了个人的幸福。

因此，良好的德行首先应突出体现在对个人欲望的控制方面。今天社会中的一些人由于缺乏基本做人的道德操守，为满足个人私欲，采取各种坑蒙拐骗，弄虚作假等手段获取一些不正当的利益或财富，这些人并不是真正幸福的人。因为这种人昧着良心得来的是不义之财，如果他们的良知尚未完全泯灭，他们有的只是自责与负罪感，而不会体验到任何的幸福感；如果他们的良心完全泯灭，正义可能会迟到，但不会缺席。法律的利剑随时会高悬在他们面前，他们有的是惊慌与惶恐，哪来有什么幸福感？无论怎样，那些失德之人是不可能真正实现幸福的期望，过上他所要的幸福生活的。古人云："宁有无妄之灾，不可有非分之福。"①因此，我们每个人应该明白，要想实现幸福的期望，必须有良好的道德自律，知道什么事该做，什么事不能做，守住道德底线。

另外，与实现幸福期望有关的德行应该具体反映在关爱、责任、包容、助人等方面。从道德伦理的层面讲，一个人的幸福不是单纯的自己拥有多少财富，处于多高的社会地位，而是体现在为社会或他人做了些什么，是否因自己的爱心和一定的奉献精神，赢得了他人对自己的尊重。能得到爱是幸福的一大原因，但索要爱的人却并不是会赐予爱的人。说得广泛些，得到爱的人就是给予爱的人。不过像借人钱是为了要利息的那种精打细算地给予爱是没有用的，因为被算计过的爱不是真爱，得到爱的人也会觉得这不是真爱。"②"爱出者爱返，福往者福来"，送人玫瑰，手留余香。只有那些具有爱心，乐于奉献的人，才更容易实现幸福的期望。因为他在给别人送去快乐的同时，也使自己获得为幸福所需的快乐。

因此，你要想实现家庭的幸福期望，你应该关爱家庭中的每个人，同时应该承担其家庭生活的责任，应该为家庭做出应有的奉献；你要想在工作中实现幸福的期望，你应该热爱你所从事的工作，应该很好地承担其工作的责任，同时应该在工作中奉献出自己的力量，做出自己应有的贡献；你要想在社会生活中实现幸福的期望，你应该表现出对他人的热情与关爱，应该积极参与各种社会的公益活动，为社会做出应有的奉献。总之，我们要想实现自己幸福的期望，就应该恪守一定的社会道德，通过正当的手段努力寻求自己所期望的幸福生活。

---

① （清）李惺《西沤外集·药言剩稿》。
② ［英］伯特兰·罗素：《幸福之路》，刘勃译，华夏出版社 2016 年版，第 215 页。

2. 积极向上的生活态度

积极向上的生活态度是实现幸福期望的重要心理基础。积极向上的生活态度是指一个人对生活所持的积极情感体验，和较为稳定的积极行为反应倾向。一个对幸福生活充满期望的人，首先必须是一个对生活持有积极向上态度的人。积极向上的生活态度，为人追求理想幸福的生活，注入了源源不绝的内生动力。只有持有积极向上生活态度的人，才充满对美好事物的憧憬与追求，才能在各种生活困难面前不改初心，矢志不渝，一往无前，朝着理想目标迈进；只有持有积极生活态度的人，才能在现实生活中充满阳光与活力，表现出极大的生活热情，不惧风雨，不畏艰险，坦然面对人生的一切，他们更相信理想的力量，更懂得奋斗所具有的人生意义。这种人对生活充满信心，因此，他们更容易实现生活的目标，而实现自己所追求的幸福。

(三)实现幸福的能力

我们要想实现幸福的期望，需要具有相应的幸福能力。在现实中我们不难发现，幸福就在他身边，但他不知道是幸福，也感受不到幸福，这是因为他缺乏对幸福的理解与感受能力。马斯洛认为："人类容易对自己的幸福熟视无睹，忘记幸福或视为理所当然，甚至不再认为有价值。只有体验了丧失、困扰、威胁、甚至是悲剧的经历之后，才能重新认识其价值。对于这类人，特别是那些对实践没有热情、死气沉沉、意志薄弱、无法体验神秘感情、对享受人生、追求快乐有强烈抵触情绪的人，让他们去体验失去幸福的滋味，从而能重新认识身边的幸福，这是十分必要的。"[①]

尽管有的人理解了什么是幸福，也非常渴望幸福给自己带来的快乐，但他们不知道通过怎样的有效方式得到自己所期望的幸福；有的人盲目地寻求自己所想要的幸福；还有的人一开始就以一种不切实际或非正当的方式，去追求自己所要的幸福，其结果不但没有得到自己所想要的幸福，反而离幸福愈来愈远，有的甚至害人害己。这在很大程度上反映出这些人缺乏正确的判断与选择能力。还有面对自己追求无果的幸福，或面对别人实现的幸福，而感到极其的无望无助，一蹶不振。这表明他们在追求幸福方面缺乏一种正确的自我调整的能力。的确，追求并实现其幸福的期望并不是一件容易的事。它需要相应的能力：

(1)必要的认知能力。一个人怎样实现幸福的期望，是否实现了幸福的期望，实现幸福期望的感受怎样？所有这些都得以其认知能力为条件，因为我们要实现幸福的期望，就应该首先理解什么是幸福，知道获取幸福的方式有哪些，明了哪些是正当的获取幸福的方式，而哪些是不正当的获取幸福的方式，懂得为了实现幸福的

---

① ［美］马斯洛：《动机与人格》，许金声等译，华夏出版社1987年版，第83页。

期望，我们应该怎样利用正当的方式，而避免与防止错误的方式，进而明确当我们选择了正当的方式，我们应该用哪些具体的途径和使用怎样的正确行为，努力实现其幸福的期望，怎样调整在实现幸福期望过程中的状态，用怎样的方式克服实现幸福期望过程中的困难，怎样最后去感受其幸福期望实现了的体验，怎样克服因幸福期望未能实现所带来的痛苦与不安，所有这些都需要我们的认知能力，发挥其重要的机能作用。只有当我们同时具有对幸福的理解、判断、选择、感受、调节等认知能力，我们才能形成对幸福的正确理解，才能选择正确的方式，追求并实现其幸福的期望，并真正能感受到幸福。

（2）一定的践行能力。我们要想通过自身的努力奋斗实现其幸福的期望，同时必须具备其一定的生活能力。生活能力是保证我们经过必要努力，实现幸福生活期望的必要条件。如一个人要想实现幸福婚姻生活的期望，他就应该具有选择合适伴侣的能力，就应该具有与伴侣进行积极交流的沟通能力，就需要具备经营好自己个人婚姻的能力，同时还要具有有效处理婚姻中所遇到的各种问题的能力等。如果一个人想获得工作中的幸福期望，他需要具有选择适合于自己的工作，并具备驾驭其工作的能力，还需要在工作中具备必要的创新能力，同时也需要具备与同事进行有效沟通与合作的能力等。这样才可能通过自己的不断努力，取得事业的成就，从而在工作中实现其幸福的期望。

（3）良好的自我调控能力。尽管我们每个人都希望过上美好幸福的生活，且为了实现这种美好的心愿而付出了劳动的汗水，而在现实中许多人却感受不到这种幸福，觉得幸福的生活对自己来讲是雾里看花，甚至遥不可及。其实，幸福可能就在我们身边，或已经存在于我们的生活中，只是由于我们自身的某些缘故，而使我们没有发现与感受到。现代社会的进步与经济的发展，致使满足人们的各种物质条件，达到了前所未有的丰富程度，由此在不断满足人们各种正当物质需求的同时，也极大地刺激了一些人的物质欲望，他们对自己在物质方面的要求越来越高，以使一些人越来越不满意生活的现状。一些为物质利益而利欲熏心的人，甚至铤而走险，置党纪国法而不顾，最终不但没有实现幸福的期望，反而遭受牢狱之灾。许多类似的案例，充分地告诉人们，如果缺乏良好的自我调控能力，没有节制，而表现出在物质金钱方面过于贪婪的人，不可能实现真正的幸福的期望。

因此，从总体来讲，对于一个人而言，既需要有感受与选择幸福生活的能力，也应该有实现幸福期望的践行能力，同时还应该有一定的幸福期望的自我调控能力。

（四）个人努力

在现实生活中，我们发现有的人将幸福期望的实现或寄予某种神秘的外部力量，或企图通过一定的祈祷而期望幸福的降临，或企图通过凭借外部的某种力量来达到幸福，而不相信自己就是幸福生活的创造者。特别少数人在现实生活中经受了这样或那样的打击与挫败后，深信自己这辈子就是受苦受难的，不可能有幸福，将幸福的期望寄予所谓的来世。显然，这种想法与观念是有问题的，同时也是不足取的。

一个人幸福期望的实现不是上苍突然降临的，也不是任何其他人所恩赐的，而是通过每个人的努力奋斗得到的。在现实中我们经常被人提到"学习好，不如嫁得好"，"学好数理化，不如有一个好爸爸"。没有情感基础又缺乏起码对等条件的婚姻很难说是幸福的，且单纯的物质意义上拥有不是真正的幸福，尤其是从他人那里直接所获得的物质享受更不是幸福。因为幸福婚姻一定基于平等的地位的，如传统意义上的门当户对、男才女貌可能更有利于实现幸福的期望。同样，将幸福期望的实现完全寄希望于父辈的做法也是不足取的，且这些往往基于一种物质的满足之上，当然不是真正意义上的幸福，至少不是一种完全的幸福。真正的幸福应该是基于对人生目标有意义的追求方面，而幸福期望是通过个人的努力奋斗才能实现的。只有通过个人努力奋斗得到的幸福，才是真正意义上的且是长久的幸福。罗素讲，"真正让人满意的幸福，都是伴随着充分运用了我们的官能、充分认识了我们生活的这个世界而来的"①。弗洛姆认为"幸福是与创造性定向相一致的……它伴随着所有创造性活动。幸福不仅仅是愉快的感觉和状态，而且也是增强整个有机体、带来日益增加的活力、生理健康，以及实现一个人的潜力的状态"②。劳动，尤其是创造性的劳动应该是人们实现幸福期望的唯一源泉。劳动能够使我们发挥其聪明才智，能够帮助我们实现幸福生活所需要的物资资源，能够帮助我们与他人建立一种积极的建设性关系，使我们融入社会建设的大潮，并能够在为社会作出我们应有贡献的同时，实现人生的价值与意义。因此，我们每个人都应该通过创造性的劳动去实现幸福的期望，这样才能同时体会到劳动过程及劳动结果所获得的愉悦和幸福。

（五）建立有助于获得必要社会支持的人际关系

良好的社会支持是人实现幸福期望的重要外部条件。而要想得到良好的社会支持，其关键就是要与人建立一种建设性的人际关系。只有建立与形成建设性人际关系，我们才有可能获得为实现幸福期望的重要社会支持。我们只有与家人建立一种亲密的关系，才能得到来自家庭的各种支持；只有与朋友保持一种亲密的友谊关系，才能从朋友那里得到必要的社会支持；只有与同事保持一种融洽的关系，才能在工作中得到应有的社会支持；只有在社会生活中与他人建立一种相互

---

① ［英］伯特兰·罗素：《幸福之路》，刘勃译，华夏出版社2016年版，第95页。
② ［美］舒尔兹：《成长心理学》，李文湉译，生活·读书·新知三联书店1988年版，第100页。

尊重、相互帮助的人际关系，当我们遇到困难时，才能得到来自他人的各种帮助与支持。

要想建立与他人的良好人际关系，首先应该在实际生活中培养令人喜欢的个性品质。心理学家阿伦森(E. Aronson，1969)曾经做过调查，结果发现受人喜爱的主要是：信仰与利益与自己相同的人；有技术、有能力、有成就的人；具有令人愉快或崇拜品质，如忠诚、理解、诚实、善良的人；喜欢自己的人。

在人际关系的建立与维持当中，必须遵循交互原则。阿伦森等(E. Aronson & D. I. mder，1965)运用大量的实验研究发现，人际关系的基础是人与人之间的相互重视、相互支持。任何人都不会无缘无故地接纳我们，喜欢我们。别人喜欢我们是有前提的，那就是我们也要喜欢他们，承认他们的价值，对他们起支持作用。[1] 人际交往当中喜欢与厌恶、接近与疏远是相互的。在一般情况下，喜欢我们的人，我们才去喜欢他们；愿意接近我们的人，我们才愿意接近。而对于疏远我们、厌恶我们的人，我们的反应也是相应的，对他们也会疏远或厌恶。因此，对于同我们发生交往的人，我们应首先接纳、肯定、支持、喜爱他们，保持在人际关系的主动地位。在这个意义说："爱人者，人恒爱之；敬人者，人恒敬之。""己所不欲，勿施于人"。另外，按照人际关系的功利原则，我们在同别人交往时必须时时注意关系的维护。无论怎样亲密的关系，我们都不能一味地只利用而不"投资"。否则，原来亲密的，值得的关系也会转化为不值得的疏远的关系，使我们面临人际关系的困难。与人建立亲密友好的关系方式有很多：给人提供帮助与建议；向别人表达自己的爱；感受别人的爱；感谢和赞美别人；让人对你说的话感兴趣；经常参加朋友的聚会等。

(六)培养一种或几种有益的兴趣爱好

兴趣爱好无疑也可作为幸福的内容之一。因为人在兴趣状态下是自由的、放松的、毫无心理负担的。同时在兴趣状态下的活动，让人精神专注、心地安稳，有助于消除因工作、家庭、人际的不顺所造成的各种烦闷和不快，且这些不顺几乎又是每个人的生活中都无法避免的。一个人如果在工作、家庭、交际等方面遇到各种不顺时，必须通过有其他的渠道予以消解，而兴趣与爱好则可以是一种最佳的消解清凉剂，且兴趣与爱好还有更多让人感到幸福的功效。兴趣与爱好的最直接的功效，就是能够使我们产生积极的情绪情感体验，特别是因为兴趣与爱好，所带来的一些哪怕小小的成绩，有时也会给人增添一些收获的喜悦，增强人的自信，由此平添人的一份幸福感。兴趣爱好能够使人感到生活的充实。"对外部事物的每一种兴趣都

---

① 章志光：《社会心理学》，人民教育出版社 1996 年版，第 288 页。

可以激发出一些可以全面防止人们产生无聊、倦怠意识的活动，只要这种兴趣始终存在。"①尤其是对于那些过于专注于自我而又陷入一些不安、焦虑、抑郁的人来讲，更具有积极的作用。正如罗素所言"对于那些极度沉迷于自我，以至于用任何其他方法都无法挽救的不幸的人来讲，对于外部事物产生兴趣是获得幸福的唯一方法。"②我们培养兴趣与爱好，最恰当的内容，应该是有助于维护健康、愉悦身心、陶冶情操等项目，如某些适合自己的运动项目、文学、艺术、小制作、小发明、种花养草等，因为这些内容本身就可以帮助我们实现幸福生活的期望。

二、实现幸福期望的客观条件

如果从幸福是人们的一种主观感受来看，而人的主观感受都是对一定客观现实的反映。因此，人们要实现幸福的期望，需要以一定的客观现实条件为基础。如果客观现实条件缺乏，人们也就难以真正实现这种期望。影响人幸福期望实现的客观现实，反映在物质与精神的多个层面上，前者包括衣食住行相联系的各种物质条件，后者包括能够满足人各种精神追求的途径与条件。且对于不同的个体而言，其满足幸福期望实现的客观环境条件也可能有所不同，对于大多数普通人来讲，实现幸福期望的客观条件主要包括如下方面：

(一) 良好的社会秩序

社会的安定有序应该是绝大多数人实现幸福期望最基本的外部条件与保障。历史与现实的事实有力表明，战争、恐怖、动荡、骚乱的社会中，人们过着颠沛流离、饥寒交迫的生活，经常处在极度的恐惧、焦虑甚至极其无助之中，整天忧心忡忡、惶惶不可终日。这样的生活状况与人们所期盼的幸福生活，完全是水火不相容的。在这种状况下，实现幸福的期望也就无从谈起。因此，要想过上幸福的生活，就必须从根本上确保社会的安定。作为政府组织，为了人民实现幸福的期望，应该将维持和确保社会的稳定，作为头等之事抓好。而作为每一个期盼幸福的人，更应该做维持社会稳定的促进者，自觉维护其社会的安定。人类要想真正过上美好幸福的生活，就应该远离战争，消除一切动荡与骚乱。这就需要全人类的人们团结起来，同一切违反社会正常秩序的各种行为作斗争，共同构筑人类和平安定的国际新秩序，促进人类的和平与安定。只有当人们处在和平安稳的生活条件下，才有满足其实现幸福期望的可能。当然，社会总是处在变化与发展中的，稳定有序并不是保持社会的固定不变。因为这既不符合社会的固有属性，也不是人们实现幸福期望所需要的外部条件。社会只有在不断地变化与发展中，才能不断满足人们对美好生活

---

① ［英］伯特兰·罗素：《幸福之路》，刘勃译，华夏出版社 2016 年版，第 7 页。
② ［英］伯特兰·罗素：《幸福之路》，刘勃译，华夏出版社 2016 年版，第 8 页。

的追求，从而更有助于人们幸福期望的实现。作为帮助人实现幸福期望的稳定是指没有战乱、恐怖、凶杀，一切平安有序、变化有常的安定局面。

另外，社会支持是人们实现幸福期望的一种重要外部条件。由于人总是社会中的一员，人的存在与发展不可能离开与社会中他人的联系与交往，人的生活不能完全缺少社会中他人的支持与帮助。良好的社会关系所形成的社会支持作用，是人的幸福生活不可或缺的资源。它可以在物质、信息、情感方面提供应有的帮助，增强人们快乐感、归属感等，从而有助于人形成幸福所具有的积极情感体验和生活的满意度。同时，一定的社会支持可以帮助人们在面临各种生活应激事件时，阻止或消解由应激引起的各种不良的情绪，安定其内心，防止因应激所造成的幸福感的降低。心理学家研究表明，包括家庭中配偶、父母、子女在内的和邻里、同事等各种良好的人际支持，均有助于人增强为幸福所需的生活满意度和积极的情感体验。有关社会支持的"累加效应模型"认为，积极的社会交往和消极的社会交往，都会对人的主观幸福感产生影响。积极交往所产生的是有益影响，而消极交往产生的是有害影响。大多数研究认为，消极的社会交往比积极社会交往，对人的主观幸福感产生的潜在影响更大。有关"缓冲器模型"认为，积极的社会交往起着缓冲器的作用，即能够缓冲消极的社会交往，对人的主观幸福感造成的有害影响。由社会支持所起到的缓冲作用，既指任何一种社会支持对于任何一种压力事件都起到缓冲作用，也包括某一特定的社会支持，仅对某一特定的压力事件起到缓冲作用。生活的事实也告诉我们，当一个人处在某种困境或烦恼与不安中时，哪怕有来自家人、朋友、同事等一句安慰的话，也使其感到一种莫大的安慰。同时，我们也不难发现，因为来自家庭、或朋友、或同事之间的一些不愉快的接触和交往，使自己倍感郁闷和烦恼。正反的事实经验告诉人们，一定的社会支持是人们实现幸福期望的一种不可或缺的重要外部条件。

(二)必要的物质保障

尽管一些研究表明，幸福并不完全同人们物质生活水平同步，也并不完全随着人们物质生活水平的提高而增强，但一定的物质条件是人们实现幸福期望的不可或缺的要素。因为一定的物质条件，既是人们维持生命的需要，也是人们实现幸福的需要。如果维持基本生存的物质条件都不具备，人们根本无幸福可言。尽管人们的幸福并不等于享有大量的物质财富，更不是完全由物质条件所决定，但一定的物质条件又是幸福生活必要的组成部分，而一定的物质条件，应该是人通过自己正当的劳动去换取的，而不是不劳而获，坐享其成的结果。只有通过自己诚实的劳动所获得的物质条件，才能作为我们获得幸福的可靠物质保障，而采取任何非道义而获取的物质条件，是不可能满足其幸福的要求的。

(三) 良好的生态环境

人们所处的生态环境也事关人们的幸福。"几乎所有人都认为，要想快乐就要有一个有共鸣的环境。"①今天人们利用各种节假日等，不惜一定的代价出外旅游观光，寄情美丽的山水之间，游玩于各种名胜古迹之地。人们置身于秀美的山川，清澈的河流，美不胜收的自然环境中，目睹青山绿水，呼吸清新芳香的空气，心旷神怡，流连忘返。处在这种令人陶醉的良好生态环境中，感受到身心的无比愉悦和生活的无比美好，这也是人们幸福感的体现。一般来讲，凡能够促发人心灵的愉悦，勾引人对美好事物的联想的所有环境条件都会给人带来一定的幸福。因此，建设与保护好我们生活的家园，使它更秀美与诱人，从而让我们更好地感受到由此带来的幸福。

(四) 平等自由的社会关系

平等自由是人们实现幸福期望的必要精神条件。人首先是以独立的个人存在的，同时又是与周围的他人有着密切关联的社会动物。人所具有的这种个别属性和社会特性，从基本意义上决定了人在社会生活中，应享有他人尊重和个人自由的权利。从这种意义上讲，人们的幸福是以个人获得必要的尊重和享有一定的自由为条件的。在某种程度上讲，享有平等和自由也是人们幸福生活的基本组成要素。要想实现幸福的期望，人们需要自己所处的社会是平等而自由的。只有当他们在现实中感受与体会到自己是受人尊重的，也是享有必要自由的人，他们才有可能感受到生活的真正幸福。如果一个人在现实生活中没有得到他人的起码尊重，也事事遇到生活中的不公，且自己的诸多行为受限，那他是难以感受到真正的幸福的。因此，建设一个平等而自由的社会，是人们实现幸福期望的必然要求。当然，人们实现幸福期望的平等是相对的而不是绝对的，其自由也是有条件的。因为在现实中由于各种主客观原因，所造成的不平等现象总是存在的，且不可能彻底消除，同时人的正当的自由应该以不违背必要的社会规范，不侵犯与牺牲他人的自由与幸福为前提。那种违背社会规范和牺牲他人的自由与幸福为代价的自由，是不可能成为我们实现真正幸福期望的条件的，也就是说，实现幸福期望的平等与自由，是维护正常的社会秩序和法律所赋予的。

(五) 政府及其组织的功能作用

无论是社会安定有序，还是物质保障，无论是良好的生态环境，还是必要的社会支持，抑或是平等自由等，所有这些实现幸福外部条件的落实，都需要政府及社

---

① ［英］伯特兰·罗素：《幸福之路》，刘勃译，华夏出版社2016年版，第113页。

会组织充分发挥其职能作用。通过精心组织与规划，充分发展社会经济，不断丰富与夯实人们实现幸福期望的物质基础。同时，需要政府组织通过各种福利保障制度，不断完善全民赖以实现幸福期望的制度保障。另外，还需要政府及其组织积极倡导和推行，各种有利于民众实现幸福期望的文明环境。霍布斯提出，人之所以创造国家，是出于人们对幸福生活的需要，指出统治者的权力是人民赋予的，这种权力应该用来维护和促进人们的幸福生活。① 这是因为幸福所具有属性及价值意义使然。亚当·斯密也指出："一切政治法规越是有助于促进在它们的指导下生活的那些人的幸福，就越是得到尊重。"②因此，只有政府及其组织从上述等各方面加强必要的建设，才能满足民众实现幸福期望的物质等条件和平等自由的社会环境。

三、自我调适幸福期望的原则

由于幸福期望的实现，同时要受到来自内外的多种因素的影响，又由于人关于幸福期望的内容及要求也具有复杂多样性，因此从客观的立场讲，一个人要想完完全全圆满实现自己所要的幸福期望几乎是不可能的，正如常言道"人生之事不如意的十有八九"。因此，面对诸多难以实现的幸福期望，需要我们个人做出相应的自我调适，从而使我们在事实中的不圆满里摆脱出来，而尽可能获得心理上的圆满幸福。加强自我心理调适应该遵循以下原则：

（一）欲求适当原则

有许多人之所以总感觉不到生活的幸福，或总觉得幸福的生活遥不可及，是因为他对幸福生活的期望值太高，且这种期望值总随着他们生活的变化而不断滋长，因此，无论如何都没有一种满足感。如果长此以往下去，这样的人是很难实现幸福期望的。不知足，就会竭力去追求外物的享受，导致欲望的过于膨胀，最后因无法满足而产生痛苦与不幸。

自古人们都非常注重知足问题。荀子认为人的自然欲望不能由人为而根除，也不能完全满足，所谓"虽为天子，欲不可尽。"老子提倡"见素抱朴，少私寡欲"③。他告诫人们："罪莫大于可欲，祸莫大于不知足，咎莫大于欲得。故知足之足，常足矣"④，还说"知足者，富也"⑤。西方哲学家伊壁鸠鲁也认为知足是一种大善。爱尔维修主张个人发财要适当，欲望满足要有节制，那种小康的生活状态才能使人

---

① 郑雪、严标宾：《幸福心理学》，暨南大学出版社 2004 年版，第 35 页。

② ［英］亚当·斯密：《道德情操论》，蒋自强等译，商务印书馆 2020 年版，第 233 页。

③ 《老子·第十九章》。

④ 《老子·第四十六章》。

⑤ 《老子·第三十三章》。

生活幸福。在他看来追求个人巨富，只能引起奢侈，甚至损害他人利益，不能真正使人幸福。罗素认为，"缺少一些你想要的东西是幸福必不可少的一个部分"①。有人说，"人生最美的不是圆满，而是留有缺憾，正是因为留有缺憾，才使人心存梦想，有进一步的追求"。有道是生活总是喜忧参半，心宽似海，百福自来。

当然，一个人应该是知足而不止于足。只有懂得知足，才有可能更容易在现实生活中，获得为幸福所拥有的满足与快乐。只有不止于足，我们才可能不断有新的追求，从而获得由于新的追求，所拥有的进一步满足的快乐与幸福。因此，知足并不是一种没有追求的自我满足。特别是在精神的层面，我们是不能仅满足于知足，而应该有所不知足。只有有所不知足，我们才会不断有新的目标追求，才会在这种新的目标实现过程中，实现生命的意义并获得更多的精神的满足。如果我们的精神生活仅停留于一般的知足常乐，我们就会因缺乏对新的目标的追求而失去其快乐。退一步讲，就是在物质生活方面也恐怕不能完全止步于所谓的知足常乐。尤其是年轻人，如果满足于现状、无所事事，可能感到的只是无聊，而不是知足所带来的快乐与幸福。这样一来，谁去进一步创造更新的丰富的物质生活？如果没有不断更新的丰富的物质生活，我们又怎能享受更新的物质生活所带来的快乐与幸福？因此，我们不能形成对知足常乐的绝对观念。我们需要的是一种平常心、不攀比、不奢求、不贪求、不妄求，但不能没有了一定的贴近现实的追求。就是说我们需要坚持欲求适当，只有欲求适当，我们才能做到既知足而又不止于足。这样既能够保证我们容易获得现实的幸福，又容易获得由不断新的追求所得到的幸福。

(二)不攀比原则

罗素指出，"爱攀比的习惯是致命的坏习惯，应该充分享受快乐的事，而不应停下来去想：和别人所遇到的乐事相比，自己的事也没有什么可乐的"②。在现实中一部分人之所以难以感到生活的幸福，并不是他实际的生活状况不好，而是由于他们与人的不当攀比所造成。这种不当的攀比主要是一种没有条件的向上的比较。有的人之所以感到自己住的房子不够大，是因为他看到有人的房子比自家的大；有的人工资收入够可以的了，但他不满意是因为他的某个朋友的工资收入要比他高不少；还有的羡慕别人的工作而觉得自己的工作低人一等，如此等等。像这样攀比的人，是无法在现实生活中获得应有的满足的，当然也就无法实现其幸福的期望。因为这样攀比的结果只能滋生不满的负性情绪，而根本就难以产生幸福所持有满意与愉快的体验。

其实，我们在生活中如果形成与之相反的向下比较，尽管事实并不会带来改

---

① ［英］伯特兰·罗素：《幸福之路》，刘勃译，华夏出版社2016年版，第19页。
② ［英］伯特兰·罗素：《幸福之路》，刘勃译，华夏出版社2016年版，第76页。

变，但却容易促使我们产生满足感，从而更容易获得幸福所持有的愉快体验，增强其生活满意度。一个有自己哪怕不大的房子的人，如果想到还有一些人没有自己所拥有的房屋而住在租住屋里，一个工资尚可以的人，如果发现他现有的工资水平远远高于其国民的平均工资，如果一个对自己现有职业不满意的人，看到还有许多人的工作不如自己，甚至有的人失业没有工作。那么在这种情况下，这些人不就对自己所有的现状产生满足感，并有可能因此而产生一定的为幸福所持有的积极体验。

因此，当感到有不如人、不满足之处，且因此不快乐、不幸福的时候，我们应该学会一种向下的社会比较，如古人云："比上不足，比下有余，此最是寻乐之妙法也。将啼饥者比，则得饱者自乐；将号寒者比，则得暖者自乐；将劳役者比，则优闲者自乐；将疾病者比，则康健者自乐；将祸患者比，则平安者自乐；将死亡者比，则生存者自乐。"尽管这种比较未免有些消极，但对于那些生活中不知满足者，既是一种心理安慰，也是一种排遣不快而感庆幸的有效方法。由此可见，当我们一时对自己的生活现状产生不满意的时候，我们应该学会一种向下的社会比较，而不是向上的攀比。另外，我们还要经常学会与自己的过去比，因为随着社会的发展与进步，绝大多数人的生活有了较大的改善与提高。如果我们经常进行一些这样的比较，那么，我们会有更多的获得感，并因此也能产生一定的幸福感。同时，我们应该明白，不管我们生活在何等地方，身处怎样的高位，每个生命都不可能尽善尽美，如果我们能够以一种坦然的心态接受我们的不完美，那么，幸福也就会如约而至，来到我们身边。

(三) 适己原则

无论做什么事或看什么问题，我们都应该从个人的实际出发，都应该适当，而不能脱离自己的实际，有失其当。只有适合自己的才是最好的。鞋只有适合自己的才是好的，衣服只有自己穿着得体才舒服。每个人的幸福感受并不全都一样，因此，我们应该努力找到适合自己的幸福，而不应是脱离个人实际的盲目攀比。从自己的实际出发包括：应该从自己现有的条件出发，选择并确立自己所追求的生活，并形成合适的生活目标及预期。只有从个人现有的条件出发，通过自己的必要努力与奋斗，同时，在努力奋斗的过程中，对将要实现的目标形成合理的预期，这样才有可能实现幸福的期望。如果一个人在生活的征程中，脱离个人实际，好高骛远，生活的预期值太高，那么，这样的人是难以实现其幸福的期望的。从个人实际出发，包括从自己的基本能力与有可能发展的水平、身心健康状况等实际出发，同时，也应考虑自己的年龄特征等。尽管有的研究表明，人们的幸福感不存在年龄上的差异，但毕竟人在不同的阶段所具有的社会责任不同，由此产生的幸福感的具体内容应该是有所不同的。对于年轻一代来讲，他应该审时度势，顺应社会发展的潮流，顺势而为，形成合理的目标定位，选择适宜的路线图，采用有效的行动方案而努力践行，在人生的舞台上，充分施展自己的个人才华，在为社会的发展做出应有的贡献的同时，也实现自己人生价值，并在此过程中实现幸福的期望。对于一个年迈体弱的人而言，应该通过必要的身体锻炼和一定的营养状况的改善，增强其身体素质，并从中获得必要的满足感，进而通过自己力所能及的行动，做一点对他人对家庭或社会有益的事情，以此获得一定的幸福感。

(四) 舍得原则

舍得，有舍才有得。生活中我们一些人之所以不幸福，是因为他们背负的东西太多：名想要，利想要，功想要，荣华富贵的生活想要，只要是人所该有的一切他们都想得到，各种欲念缠身，而且心中还不愿放下一些东西：杂念、私念、贪恋、嫉恨、仇恨……在人生的路上，只知道获得与占有，而不知道舍弃或放下。如此之人，如此人生，如此背负，焉能有福？幸福在某种意义上讲，不是获得而是获得后的舍弃与放下。正如罗素所言："在征服幸福的过程中，放弃也是有它的作用的，这种作用的重要性并不亚于努力。聪明的人不会在不可避免的不幸上耗费时间和精力。"①在罗素看来，"在大多数情况下，放弃是件好事，因为在一个充满竞争的社会里，只有少数人才可能获得引人注目的成功"②。只有舍弃与放下一些物质的东西和各种杂念，我们才能享有心灵的轻松与惬意，精神的愉悦才是幸福的真谛。至简的生活才是幸福生活。

当然，我们需要放下的是各种影响幸福的包袱：贪念、私欲、功名利禄、恩怨、爱恨情仇等，而不是有意义的人生追求。同时，我们应该认识到：并不是一定要达到某些追求的目标就是幸福。正如加德纳认为："我们在说到那种因朝着有意义的目标奋斗而产生的幸福时，我们并不是说一定要达到这些目标。人类某些奋斗的特点正是在于其目标是不可能实现的。"③加德纳认为"一切有意义的目标都会随着人向它们的迈进而往后退去。"④正是因为如此，我们才不会停止于追求的步伐，才总是对于未来充满期望，才在期望的人生路上享受由追求带来的快乐与幸福。

人类幸福的期望没有终点，永远没有完结。而我们每个人所需要的只能是有限的幸福期望，而不是无限的幸福的期望，因为一个人的生命是有限的，因此其对幸福期望的追求也是有限的。人类幸福的期望是没有边际的，而我们每个人可以期望更美好幸福的生活，但不是期望完美的幸福生活。由于各种原因，人生总会留有缺憾，只要我们主观上学会知足，才能在平常的生活中能够感受到更多的幸福。

---

① [英]伯特兰·罗素：《幸福之路》，刘勃译，华夏出版社 2016 年版，第 207 页。
② [英]伯特兰·罗素：《幸福之路》，刘勃译，华夏出版社 2016 年版，第 205 页。
③ [美]马斯洛等：《人的潜能和价值》，林方主编，华夏出版社 1987 年版，第 411 页。
④ [美]马斯洛等：《人的潜能和价值》，林方主编，华夏出版社 1987 年版，第 412 页。

　　况且，"人类不是在追求幸福，而是通过实现内在潜藏于某种特定情况下的意义来追寻幸福的理由"①。正如奥尔波特所指出的："幸福本身并不是目标，相反，幸福可能只是人格在其追求的抱负和目标的基础上成功整合的副产品。对于健康的人来讲，幸福不是他们主要考虑的事情，但是，它可以来到有抱负并积极追求实现抱负的人身上。"②

---

　　①　[美]维克多·弗兰可尔：《活出生命的意义》，吕娜译，华夏出版社 2014 年版，第 174 页。

　　②　[美]舒尔兹：《成长心理学》，李文湉译，生活·读书·新知三联书店 1988 年版，第 28 页。

第十五章　道德伦理期望分析

当面对社会中某些道德沦丧，有悖伦理之人做出各种违背道德伦理的事时，人们不仅从言论上予以强烈谴责，且从内心的真切呼唤其道德伦理的回归。的确，无论是从个体的角度，还是从社会发展的角度，人们都表现出一定的道德伦理的期望。笔者之所以将这个内容放在最后作为"压轴"，是因为它的地位及价值意义更具有基本而普遍的意义。细心的读者不难发现，我们前面所谈到的人生诸多方面的期望内容，都会涉及道德伦理的问题。那么什么是道德伦理的期望，为什么人有道德伦理的期望，道德伦理的期望内容有哪些，怎样实现道德伦理的期望？这些将是笔者下面所要探讨的问题。

第一节　道德伦理期望概述

一、什么是道德与伦理

道德一词源自老子之说："道生之，德蓄之，物形之，势成之。是以万物莫不尊道而贵德。道之尊，德之贵，夫莫之命而常自然。"[1]老子首次提出了"尊道贵德"的思想，强调"道"与"德"所具有的普遍意义。尽管老子关于"道"和"德"与我们今天所倡导的道德并不是一回事，但所蕴含的本真意义应该是具有一定的一致性的。道德一词连用始于荀子"故学至乎礼而止矣，夫是之谓道德之极"[2]。古人认为"臣闻仁义兴则道德昌，道德昌则政化明，政化明而万姓宁"[3]。可见，古人所言的道德内涵及主要内容，与我们今天所谈的道德内涵及内容虽然不尽相同，但所体现的功能及价值意义则是基本一致的。

古代与道德有重要关联的词就是"义"。"义"即"義"字，在甲骨文中就有了，其结构上由"羊""我"二字会意而成，是指以"我"的力量，捍卫美善吉祥神圣不可

---

[1] 《道德经·第五十一章》。

[2] 《荀子·劝学》。

[3] 《后汉书·种岱传》。

侵犯的价值，后来进一步引申为应该、规范、善这一类更为概括的内涵。① 由此可见，义与道德在其内涵方面表现出高度的一致性。

今天对道德的基本解释是"社会意识形态之一，是人们共同生活及其行为的准则和规范"，它"通过社会的或一定阶级的舆论对社会生活起约束作用"。② 从这种解释中我们可以看出，道德所具有的基本属性、作用及条件。道德既然是一种社会意识形态，那么就会因社会意识形态的不同而有所不同。如果这样理解，那就无法反映道德的历史传承性和具有普世价值的道德，因为人类社会发展经历了不同的社会意识形态，且人类当前也存在完全不同的意识形态，而事实上道德本身既有其历史传承性，也有人类共通性。

道德"是人们共同生活及其行为的准则和规范"。尽管这种解释反映了一定的真实性，但并不全面。道德不仅是人们共同生活及其行为的准则和规范，同时也是个体生活及其行为的准则与规范。一定的道德规范及准则，不仅对人们的共同生活起到约束作用，同时对于个体生活也起到约束作用。且道德规范不仅仅只是对人们的生活及行为起到约束作用，更主要的是对人的生活及行为起到规范及引导的作用。如果我们看不到这点，而只是看到其约束的作用，那么给人的感觉道德的意义，就是起到对人的行为的限制与束缚作用，也就意味着遵守道德是不自由的，是一种情非得已。如果道德对于人所有的本能冲动，都起限制与约束的作用，就难以使个人感受到道德带来的自由与快乐，那么这样的道德也不能算是积极而有意义的道德。只有那些既对个人不良行为起到必要约束作用，同时又能够给自己带来应有的自由与快乐的道德才具有积极意义。道德对于人的约束作用，仅限于其人的私欲和贪恋及伤害他人及危害社会的言行举止，这些都是人的本能的占有冲动所带来的。而道德对于人所具有的创造性的本能冲动，不应有任何的限制作用，这是因为人的创造性冲动是一种正常的生长性的冲动。这种冲动是需要一定自由的，是不能够加以限制的，而道德对于人的抑制或约束作用，主要是那种占有性的冲动而不是创造性的冲动。因此，真正的道德应该能够帮助每个人，都能因为遵守它而带来一定自由和快乐乃至幸福。

强调道德的约束作用是"通过社会或一定阶级的舆论"实现的，这种说法也不全面。因为道德对于人的影响的机制较为复杂，影响因素甚多。一定的社会或阶级的舆论只是影响其道德发挥作用的因素之一，还有其他如社会的物质条件、政治、文化等环境因素，另外还包括个体的道德意识及自觉性等主观因素，都会影响道德作用的发挥。

---

① 张国钧：《先义与后利：中国人的义利观》，云南人民出版社1999年版，第8页。
② 《现代汉语词典》，商务印书馆1996年版，第259页。

道德具有历史的传承性，由于服务于一定社会的现实政治经济的需要，应着眼于人及人类社会的未来发展。公益论主张人们在进行道德评价时，应当从社会、人类和后代的利益出发，从整体和长远角度来评价人们的行为，认为只有符合人类的整体和长远利益的行为才是道德的。19世纪英国的伦理学家边沁和密尔提出了"最大多数人的最大幸福"的道德原则。从本质上讲，道德应该充分体现社会大多数人的意愿和意志，而不应只是反映个别少数人的权力意志，除非个别少数人的权力意志，能够反映与代表多数人的意愿和利益。因为道德是为整个社会中大多数人的利益服务的，而不是为个别少数人谋取利益的。有生命力的道德应该是超越一定时代的，同时应更多地反映普遍价值。迄今为止，不同国家和民族保留了许多传统美德，如仁慈、诚实、廉洁、公平、进取等，并且这些传统美德经过世代验证，已成为人们社会生活中共同的行为准则或规范。

因此，我们需要放在一个更加宽广的意义上去认知道德，而不是完全基于某一时段某些需要去理解它。今天人们因为现实的各种利益，而几乎将前人所赋予的具有永久生命力和价值意义的道德内容逐步舍弃，且出于一定的政治需要或经济利益的考量，将道德与政治混为一谈，甚至认为道德教育就是完全意义上的思想政治教育。与政治相比，道德更具有基础而普遍的价值意义。我们很难想象，一个缺乏起码道德素养的人，其政治觉悟会有多么高！当今社会出现的各种乱象，如人们常关注的食品安全问题、医疗问题、一些突发事件和社会冲突、坑蒙拐骗、欺行霸市等，无不反映出当事者的道德素质问题，就是那些贪腐问题，也最初表现为贪腐者缺乏起码的抵制和抗拒诱惑的道德素质。

道德与品德具有密切的联系。品德，也称德性或品质，是个体依据一定的道德行为准则行动时，所表现出来的稳固的倾向与特征，其实质是道德价值与道德规范在个体身上内化的产物。由此可以看出，道德是一种社会现象，它的属性在个体身上的反映就是一种品德。道德既然是一种社会现象，它当然要体现一定社会对人的共同行为的要求，同时也在一定程度上反映出由于不同的社会意识形态所产生的差异。因此，不同社会对人在道德方面的要求是有所不同的，但所体现的道德功能意义应该是基本相同的，就是通过一定的道德规范去规范人的社会行为，从而更好地促进整个社会的安稳有序、国泰民安，为每个社会成员的正常学习、生活及发展提供条件。不同的社会与时代所反映的道德的具体内容，虽然会因意识形态的差别而有所不同，但所反映的主要属性应该是一致的。道德就是要人们分辨善恶、美丑，明辨是非，识好坏，知荣辱，懂廉耻，行善举，尚崇高。道德反映在个体方面的形式应该是相同的，就是每个道德个体需要表现出应有的道德认知、道德情感、道德意志以及道德行为习惯等。

伦理一词最早见于《乐记》："乐者，通伦理也。"今天我们所提及的伦理一般是指在处理人与人、人与社会相互关系时应遵循的道理和准则。伦理是指人们心目中认可的社会行为规范，它不仅包含人与人、人与社会和人与自然之间关系处理中的行为规范，而且也深刻蕴含依照一定原则来规范行为的深刻道理，即它是从观念角度上对道德现象的哲学思考。伦理涉及人们广泛的社会生活领域，如信仰伦理、生命伦理、责任伦理、环境伦理、网络伦理、休闲伦理，还有家庭伦理、公共的社会伦理等。

道德与伦理应该属于同一范畴，两者之间既有密切的关联，又有一定的区别。伦理是历史延续于现实的道德，道德既有历史传承性，同时又有超越现实的理想性。二者所要解决的均是人的行为规范及其要求，只不过伦理是遵从业已形成的规则与秩序，而道德既要尊重现实的规范，同时也需要超越一定的现实而体现出人类对更完善的规范的追求。伦理更侧重于社会，更强调客观方面，主要指社会的人际"应然"关系，这种关系概括为道德规范。而道德则侧重于个体，更强调内在操守方面，指个体对道德规范的内化和实践，即指个体的德性和德行。伦理主要反映的是人与人、人与社会、人与自然之间的一种关系，这种关系又是基于一定社会的道德标准而体现的。不同的社会与不同的时代人们的社会道德标准并不完全相同，因此由此表现的伦理关系也有明显的差异。

二、道德伦理的价值意义

一定的道德伦理对于人类社会的进步与发展具有重要的促进作用。古往今来，无论是东方文化还是西方文化，无不重视其道德伦理问题。道德伦理问题成为古今学者、思想家、教育家、哲学家等所共同关注与思考的重要主题，以至于形成庞大的道德伦理的思想与哲学体系，尽管他们在具体的道德伦理方面的思想观念体系各有不同，但几乎每一位学者都强调其道德伦理所具有的社会价值和个人价值。

从社会价值来看，由于社会是由人所组成的社会，而要想维护好社会正常的秩序，促进社会的协调发展，就需要形成对人的一套社会行为规范，并通过这种规范去要求社会成员依规行事做人，形成对于其成员行为的必要约束。只有这样才能维持好正常的社会秩序，确保社会的和谐与稳定；只有在这样的社会条件下，人们才能正常学习、工作和生活，才能保证社会的长治久安。这种规范包括政治、经济、法律、道德等，其中最基本的是道德伦理规范，它是形成与建立其他一切规范的基础。

道德伦理规范普遍反映在人们日常社会生活的方方面面，是最具普遍价值的一般行为规范，人们无论是在家庭生活中、还是在职业生涯中，或是其他的日常社会生活中，无不需要道德规范的约束，就是在人们的政治和经济生活中，道德规范也不能缺位。离开了必要的社会道德伦理规范，人的行为就失范，社会就有可能产生无序与混乱。

一定的道德伦理规范不仅有助于社会的稳定有序，同时也有益于社会的文明和进步。因为一定的道德伦理规范，本身是在社会的文明进步中形成与发展起来的，是社会文明与进步的产物与标志，同时它又反过来起到进一步促进社会文明与进步的作用。从一般意义上讲，现代社会的治理一是靠法治，二是靠德治。应该说这两者相互作用，缺一不可。而如果依先后则应该德治于先，法治于后，只有德治乏力，才可依法而治；德治柔，法制刚；德治于众，其效更显；法治于寡，其力更强。因此，社会的正常运行与安定有序以及文明与进步，不能单靠各种法律制度，对于全社会绝大多数成员来讲，还需要通过必要的道德伦理规范作为基本的保障。在法治社会中，依法治理社会，确保社会的正常有序运行固然必要，而法律只是维护其社会正常有序运行的最后一道屏障。在大多数情况下对于大多数人而言，更需要通过一定的社会道德伦理去规范与约束其行为，保证每位公民按照相应的道德伦理规范行事做人。这是因为比起一定的法律制度，而社会的道德伦理规范具有非强制性，其通常是为人们所认同的，因此，人们更容易接受其约束。而社会的法律制度则具有明显的强制性，不管什么人，一旦违法，不管你是否愿意，都会受到法律的制裁。一般情况下，人们的日常生活、工作学习秩序的正常维护，主要还是依靠一定的社会道德伦理，现实生活中各种矛盾的化解与处理，也主要还是依据一定的现有道德伦理规范得以解决的。只有当一些重要的社会矛盾无法通过这种方式加以调解的情况下，人们才诉诸法律，通过法律途径去解决，而此时所付出的成本较之于前者来讲要大得多。由此表明，一定的道德伦理在社会治理方面所具有的重要社会价值。

一定的道德伦理不仅具有促进与维护社会正常生活秩序和文明进步的作用，同时对于社会的政治经济也具有重要的作用，表现出一定的政治经济价值。我们不难看到，由于某些人的道德素质问题，所造成对于社会的政治经济的不良影响作用，扰乱了社会正常的政治经济秩序，因此而大大增加了社会治理的成本。各级政府组织经年累月为了惩治因突破道德底线造成的各种治安和经济犯罪，不知投入了多大的人力物力。如果每一位公民，能够恪守其道德底线做人行事，无疑会大大减少社会治理方面的各种负担。"天下有义则生，无义则死；有义则富，无义则贫；有义则治，无义则乱。"[①]"而义可利人，故曰义天下之良宝也。"[②]可见，一定道德对于一定社会的政治经济所具有的重要作用。

一定的道德伦理对于个体生活及其发展也具有重要价值。它可以帮助每个人明确生活方向，可以使每个人清晰认识到，什么事该做，什么事不能为。一个人要想真正实现声誉的期望，不能不恪守一定的道德伦理。一个人要想真正实现成就的期望，不能不坚守一定的道德伦理；一个人要想实现幸福的期望，不能缺少一定的道

---

①　《墨子·天志上》。

②　《墨子·耕柱》。

德伦理。德不立，行难致远。我们发现，一些失德的商人，贩卖一些假冒伪劣的商品，坑蒙拐骗顾客，最后受到惩罚而不得不中道关门歇业，有的甚至受到法律的惩治。如果他们坚守商人的职业道德，正经营生，就不会落此下场。还有那么一些不良厂家，为了降低成本，提高利润，用次等原料，生产销售不合格的商品，最后被查封下架。一个又一个典型的案例告诉人们，只有守住一定的道德伦理底线，诚信经营，才能行稳致远，并使自己的事业日益强大。从道德伦理的个体意义看，尽管一定的道德伦理限制了人的本能所需要的某种程度的自由，而这种限制无论是对人还是对己都是必要的，如果对于人的某些本能的欲望不加限制而任其膨胀，不仅会危及社会和他人，同时也会祸及自身。

从道德伦理在人与人之间关系来看，一定的道德伦理有利于人与人之间关系的和谐。"从某种意义上讲，道德的生活不是自己的生活，而是他人的生活，是整个世界的生活。"①孔子曰："德不孤，必有邻。"②一定的道德伦理，规范了人们在社会交往中应遵循的行为规则，使人在交往中有了必要的行为遵循，更好地形成了社会交往中对彼此的角色认同，确保了社会交往中人际关系的和谐。只要每个社会成员能够自觉按照一定的道德伦理规范从事社会交往活动，做到真诚待人，童叟无欺，就能够形成融洽和睦的人际关系。而在现实中我们也会不时地碰到一些有违道德伦理的现象。同学之间结群斗殴，欺凌弱小，同事之间钩心斗角，尔虞我诈，某些领导之间欺上瞒下，或相互撤台，凡此种种，直接导致各种人际关系紧张，彼此心存芥蒂，甚至直接导致人际冲突，其结果是两败俱伤，各不讨好。而这些表现的背后，恰恰表明其当事者在道德伦理方面存在一些问题。其实这些所为并不会真正给彼此带来多大好处，更多的是带来一种内耗和相互的伤害。

做人的尊严与荣誉，不在人的财富之多寡、地位之高低、权势之大小，而在于德性之有无和之优劣。有德且优者，才能享有真正的至高无上的做人的尊严，有过人之荣誉。那些为富不仁者，那些德不配位的位高权重者，那些利欲熏心者，永远也无法获得做人的道德尊严和享有世人所予的荣誉。

培根认为，如果没有这种德性，人就成为一种忙碌的，为害的，卑贱不堪的东西，比一种虫豸好不了多少。他强调指出："过度的求权力的欲望使天神堕落，过度的求知识的欲望使人类堕落。但是在仁爱之中却是没有过度的情形的，无论是神或人，也都不会因他而受危险的。"③

道德伦理的个人价值与社会价值应该是统一的，而不是对立的，是相互联系的，而不是相分离的。"我为人人，人人为我"，就是道德个人价值与社会价值的

① 薛晓阳：《希望德育论》，人民教育出版社2003年版，第220页。
② 《论语·里仁第四》。
③ ［英］弗·培根：《培根论说文集》，水天同译，商务印书馆1987年版，第43页。

统一的表现。"与人方便，与己方便""送人玫瑰，手留余香""敬人者，人恒敬之"，也在一定程度表明道德所具有个人价值与社会价值的统一。因此，个人一切美好的追求，都不应该以损害他人与社会利益为代价，在平时我们应该努力做到"利人乎即为，不利人乎即止"①。

客观来讲，我们每个人都应是社会道德伦理的受惠者，正是一定道德伦理的作用，才使我们每个人的生活有序进行，并从中与人分享平安与幸福。因此，人们所谈的"道德绑架"之说是难以信服于人的，因为我们无法想象，脱离一定道德伦理的人类生活将是一种怎样的生活？

当然，并不是所有的道德都会对人产生积极而有意义的影响，如基于封建礼教下的旧道德，主要是为少数统治阶级服务的，因此，就不是我们今天需要的积极而有意义的道德。判断道德是否具有积极的影响意义，首先，看道德所反映的目的是体现多数人意愿并为多数人服务，还是仅反映极少数人的意愿而为少数特权人物服务。只有充分体现多数人意愿并为多数人服务的道德才具有积极的意义。其次，看道德所具有的恒久作用性。如果道德仅对于人及人类社会眼前起到积极的作用，而对于人及人类的发展及未来产生不利的影响，那么这样的道德也不具有积极的意义。而只有对人当前的生活和未来的发展同时都有利的道德，才是具有积极意义的道德。如传统道德中的一些精华内容，就具有超越时空的积极意义，而理当为一代又一代人传承下去。再次，看道德是否对于社会的进步和个人成长同时具有积极意义。如果道德仅对于社会公共利益起到一定的积极作用，而对于个体发展则起到阻碍作用，这也不能称得上具有完整积极意义的道德。只有同时既对社会进步和个体发展起到促进作用的道德，才是完整而具有积极意义的道德。

人的道德是通过一定教化的作用，实现由他律到自律，由外化到内化的过程。因此道德形成的重要标志，是人所表现的一种完全的道德自律。如果道德没有通过真正的内化达到自律，而只是停留在他律和外化水平，表明人的道德尚未真正形成。而达到自律水平的道德是高度自觉的、是充分体现其个体道德意志，因此表现出应有的自主性和能动性，在很大程度是自由的。那种所谓的"道德绑架"只能说明人的道德尚停留在他律，只有基于外力作用下人应该享有的自由才可能受限，才存在不自由，才感受到是一种"绑架"。

第二节　道德伦理期望的内容及意义

道德伦理期望是指人们在一定道德伦理需要基础上而产生的一种对道德伦理的期盼，它是人道德伦理愿望及理想的一种体现，是推动人们实现道德伦理需要的重

---

① 《墨子·非乐》。

要心理动力。正是因为人们对道德伦理有期望，才促使人们形成对善的追求、对道义的追求、对公正的追求、对和平和进步的追求；正是因为人们对道德伦理有期望，才促使人们憎恨邪恶、远离贪恋、向往美好。

一、道德伦理期望的主要内容

(一) 个人道德伦理期望

虽然道德伦理是基于一定的社会目的而存在的，所凸显的是一种个人与社会及他人的关系的处理。但人首先是由独立的个体生存于世的，人要解决自己与社会、自己与他人的关系中的道德伦理问题，首先必须解决好自身道德伦理问题。解决好个体自身的道德伦理问题，应该是解决好其他一切道德伦理问题的前提与出发点。如果不能够很好解决好个体自身的道德伦理问题，其他一切道德伦理问题的解决就无从谈起。因此，道德伦理期望首先应反映在个人道德伦理的期望方面。个体道德伦理的期望，应该首先是对于个体生命道德伦理的期望。对自己生命的尊重与敬畏是个体道德伦理期望的根本内容。世间最重要的莫过于生命的存在。无论是称为万物之灵的人，还是其他生命体，都是一种独一无二的存在，且就每个生命个体而言，只有一次，不再重来。因此，无论是人类自我的生命还是他人的生命，抑或是自然中其他的生命，我们都没有任何理由去糟蹋。一个人如果缺乏对于自己生命的尊重与敬畏，也不可能尊重与敬畏他人的生命。只有尊重与敬畏自己生命的人，才有可能尊重与敬畏他人的生命。因此，一个人既不能轻易放弃自己的宝贵生命，更没有任何理由去非法剥夺与牺牲他人的宝贵生命，同时也不能任意摧残与毁灭自然中的其他生命。因为一个生命的孕育与诞生本就不易。对于每个人而言，一个生命的成长所付出的代价更是无法用数字去考量，同时一个人的生命并不完全属于他自己的，而是属于家庭与社会的。他人的生命也事关别人的家庭乃至社会，而应该更好地尊重与敬畏。尊重与敬畏生命，应该是道德伦理的最基本的也是最重要的法则，因为世上没有比维护和爱护生命更重要的事情。那些缺乏对生命的尊重与敬畏的行为，最应该受到道德伦理的谴责，尤其是那些出于非法律允许的限制与剥夺他人生命的行为。

今天令人叹惋的事在我们身边时有发生，有的年轻人或因学业或因事业或因爱情等受挫而不能原谅自己，走上不归之路。还有的甚至通过泄愤报复社会，而将他人的生命视同儿戏，造成无辜的生命的白白牺牲。这不仅违背自然道德伦理，也触犯了法律，不仅要受到舆论的谴责，且要受到法律的严惩。从道义上讲，我们期望每个人都应该对生命生敬畏之心，在好好尊重自己生命的同时，好好善待他人的生命。除了生命，一切都可以重新开始。

我们每个人的生命的存在，是以一定的个人人格与尊严为基础的。人格与尊严又是人有意义生活的重要条件。因此，尊重人的人格与尊严，应该是构成一定的道德伦理及其期望的重要内容。我们每个人既有维护自己个人人格与尊严的权利，同时也有尊重他人人格与尊严的义务。这既是我们每个人寻求有意义生活之必需，也是我们每个人以外的他人寻求有意义生活之必要。任何践踏他人人格与尊严的人都是失德之人，而失德之人由于缺乏对他人人格及尊严的尊重，也就失去了他人对于自己应有尊重，因此也是无法维持自己个人人格与尊严的。在现实生活中我们不难发现，有的人因为某些原因故意造谣、中伤、诋毁他人人格与尊严，而直接造成对于他人人格及尊严的伤害。这是有悖道德伦理的，理应受到社会的谴责，如果其伤害严重构成对于人正常生活的妨碍，人们有权用法律的手段维护自己人格及其尊严。

尊重与敬畏生命和尊重人格与尊严，是为了不枉顾生命和不浪费生命，使生命显示出意义。一切枉顾自己或他人生命，阻碍他人的生命成长及意义的行为，都是不符合道德伦理的表现。同样一个人无端白白浪费自己或他人的宝贵生命时光，毫无意义地耗费自己或他人生命时间，也是不符合其道德伦理的。我们尊重与敬畏生命和尊重人格与尊严，其最终目的是使人过上有尊严和有意义的生活。追寻生命的价值与意义，是个人道德伦理期望的最基本的遵循。"人应当超越自己的有限，站在更高的境界中体验生活，只有这样的生活才富有伦理价值，只有这样的生活才是真正有意义的生活。"①

（二）家庭道德伦理期望

家庭是人们生活的重要场所。人除了外出工作、社交、郊游等基本活动外，大部分时间是在家庭度过的，因此，家庭成员之间和睦相处、维持稳定就显得尤为必要。家庭应是我们享受亲情、爱、快乐的地方，同时也应是享受最大限度的自由、释放外在压力、放松心情、流露真情的地方。人们在工作和其他社会生活中所产生的压力与包袱，期望在家庭中卸下；同时，家庭也是各种矛盾最容易汇集的地方，情感最容易受到伤害的地方，最容易引人伤感之处，因此，也是最需要道德予以维护的地方。我们每个人都渴望有一个温暖、和睦、安全、稳定的家庭。虽然家庭成员之间所构成的是具有亲情和血缘的关系，但这并不意味我们在家就可以唯我独尊，甚至为所欲为，毫无节制，就可以恃强凌弱，就可以毫无担当。今天在某些家庭中出现的诸多问题，如虐待老人、夫妻不和、父子反目等，在一定侧面反映出家庭道德伦理的缺失，由此造成的后果轻则使家庭成员之间关系紧张失和，重则导致整个家庭的破裂与解体。因此，哪怕以情感为重要联系纽带的家庭，仍然需要其每个家庭成员表现出一定的道德操守，具有良好的家庭美德。

---

① 薛晓阳：《希望德育论》，人民教育出版社 2003 年版，第 220 页。

家庭美德属于家庭道德范畴，是指每个人在家庭生活中应该遵循的基本行为准则。家庭美德主要是用来调节家庭成员之间，即调节夫妻、父母同子女、兄弟姐妹、长辈与晚辈、邻里之间关系的。家庭美德的内容主要包括尊老爱幼、男女平等、夫妻和睦、勤俭持家、邻里互助等。同时，家庭美德还应体现在家庭成员彼此之间的理解、包容、支持，以及由此产生的道德责任与义务方面。在家庭中，如果缺乏相互理解，我们就无法容忍差异；如果缺乏相互包容，就难以避免纷争；如果缺乏支持，就难以感受家庭的力量与温暖；如果不能够尽到各自的责任与义务，就难以从根本保证家庭的安稳和成员的依归。

(三) 职业道德伦理期望

人们从事职业活动的基本动机就是获取与满足必要的生活资料，另外也是为了满足其发展的需要。无论是何种情况都是对一种利益的追逐与获取。前者是为了获取物质利益，后者是得到一种精神的利益。正如司马迁所言"天下熙熙，皆为利来，天下攘攘，皆为利往"，因此，对于在职场上的人来讲，努力获取一定的利益是一种再正常不过的现象。问题是怎样获取利益，采取何种方式与手段获取利益，在获取个人利益中与他人利益发生冲突怎么办？职场是最容易引起利益纷争和充满激烈竞争的决斗场，因而也是最容易考量人性与德性的重要场所。因此，人们都表现出较为明确的职业道德的期望。人们都期望工作在公平、公正、透明、平等、尊重等职场环境中，都期望通过正当、务实、卓有成效的劳动，获得与其付出相匹配的劳动报酬等。这就需要人们在职业生涯中表现出应有的职业道德。

广义的职业道德是指从业人员在职业活动中应该遵循的行为准则，涵盖从业人员与服务对象、职业与职工、职业与职业之间的关系处理规则。狭义的职业道德是指在一定职业活动中应遵循的、体现一定职业特征的、调整一定职业关系的职业行为准则和规范。由于人所从事的职业千差万别，且不同的职业由于其特性的不同，其有关的职业道德要求也会有所差别。从事生产劳动的需要恪守最基本的生态与环保、产品质量保证等方面的职业道德，经商者需要恪守诚信经营的职业道德规范，为政者需要恪守廉洁自律、克己奉公、服务公众的职业道德规范，执教者需要遵从教书育人的职业道德伦理规范，行医者需要遵从救死扶伤"医者仁心"的职业道德伦理规范。古人讲，立地为人，有三不能黑："育人之师，救人之医，护国之军"；经商创业有三不能赚："国难之财，天灾之利，贫弱之实"；千秋史册，三不能饶："误国之臣，祸军之将，害民之贼"；读书之人三不能避："为民请命，为国赴难，临危受命"。这些实际上所反映的是对人们不同职业道德的要求。

不管哪种职业都需要具备一些共同的职业道德规范：首先是爱岗敬业。爱岗敬业是职业道德的基础，爱岗就是热爱自己的本职工作，忠于职守，对本职工作尽心尽力；敬业就是以恭敬严肃的态度对待自己的职业，对本职工作尽职尽责，一丝不苟。爱岗敬业，就是对自己的工作要专心、认真、负责任，为实现职业生涯中的奋斗目标而努力。其次是诚实劳动，重诺守信，不弄虚作假、偷工减料，遵守职业规范。再次是公道正派。要站在公正的立场上，按照同一标准和同一原则办事，客观公正，不营私舞弊，不以公谋私，不贪图私利，通过正当的途径和努力工作获得个人的报酬和利益，从而为社会发展与进步作出自己应有的贡献。

(四)社会道德伦理期望

社会道德伦理也就是人们常说的社会公德。社会公德是人们在家庭与职场外的社会交往和公共生活中所要遵循的行为准则，是维护社会成员之间正常关系和社会和谐稳定的基本道德要求。因此，社会公德所涵盖的范围是极为广泛的，具体体现在出行、旅行、购物、乘车、参观、浏览、参会、会友、上学、上园等所有与人交往的公共场所中的道德。在这些公共社会场所，往往有的可能是素不相识的一种邂逅，有的可能只是通常意义上的相识，有的可能是曾经的同事或朋友，有的可能是当前的朋友，等等。其中有的只是因事而相遇，有的可能是因情相聚。我们相遇、相识乃至相知的人可谓形形色色，个性迥异，要想平和相处，相安无事，在公共的社会生活中，最需要道德伦理发挥作用。因为在家庭中人们尚可利用情感(亲情、爱情)等维持家庭的稳定与和谐，而在职业中尚可通过一定的工作纪律和必要的惩罚制度去约束员工的行为，以维持正常的工作秩序，而在公共的社会生活中恐怕主要靠相应的社会公德，形成对人的行为的规范与约束。社会公共场所是人们除家庭、工作外的必不可少的活动场所，社会公共生活中的为人处世，最能够反映出人所具有的道德素质和文明素养。这是因为由于公共的社会生活自由度大，环境相对于家庭和工作单位要显得宽松，因此公共的生活环境往往会成为人们宣泄由家庭、工作以及对社会不满情绪的"最佳场所"，加之在许多公共社会生活中，人们有"多一事不如少一事"的心理，这样就无形之中助长了某些人的失德行为，且这些人会利用"责任推诿""个人信息的隐秘性"而无所顾忌。因此，社会公共场所就容易成为各种道德犯禁、作奸犯科的"暴风眼"，容易成为各种失德之人坑蒙拐骗、恃强凌弱、欺行霸市、为非作歹的场所，同时也成为产生各种社会冲突的场所。在公共场所中因为失德而伤人、惹祸、遭灾、酿悲剧现象并不少见。现实生活中许多不该发生的惨剧、悲剧往往是须臾之间、偶然发生，而偶然寓以必然之中。在一般情况下，那些平时讲究公德、与人为善的人，是不会惹是生非而招来意外之人祸的。

可见良好的社会公德可以护佑我们每个人，而缺乏公德的人不仅容易招来是非，惹出祸端，也容易失去朋友，失去他人的尊重。人们期望所到的社会公共场所是祥和的、安全的、有保障的。因此，人们对于社会公德所表现出较为强烈的期望。我们每个人无不期望所到之处的各种社会活动场所井然有序、清洁美观；无不期望人人举止文明，人与人之间以礼相待、和睦相处、诚实守信；无不期望人与人之间能够相互帮助，团结友爱；无不期望整个社会形成尊老爱幼，助人为乐，见义勇为的良好风气。

（五）人类共同道德伦理期望

一方面，人类进入互联互通的全球化时代，同时需要共同面临众多的道德伦理问题，包括种族歧视、贩毒、战争、恐怖、拐卖妇女与儿童、地球变暖、环境恶化、病毒传播、各种跨国犯罪等现实问题。另一方面，人类今天发展还很不平衡，也存在着国家之间、地域之间的巨大贫富差距，同时由于人口与资源方面分布不均，客观上造成了利益方面的不均等，所引起的各种竞争与冲突，加上地缘政治的因素，当今世界仍然存在较为严重的对立与冲突。而要想解决人类所面临的各种问题，需要建立以人类普世价值道德为基础的国际新秩序。国与国之间、民族与民族之间、地区与地区之间，应该消除隔阂与对立，提倡相互尊重、相互合作、平等相处，共建共享、互利共赢，强国应该辅助弱国、富国应该帮助穷国，先进应该带动后进等。"个人生活、社会生活和甚至于人类的生活，不应该是互相脱离的断片，而应该在某种意义上是一个整体。"①当今之世，没有哪个人、哪个国家能够独善其身。现实生活的经验与教训，使我们每个人越来越清醒地意识到，人类在事关生存与发展方面存在着相依相成的共同性。我们都是同一个地球的子民，我们都处在同一片蓝天下，我们呼吸来自同一大自然所提供的空气，我们同食来自相同地球土壤里种出来的食物等。我们就是命运的共同体，我们与他人休戚与共，一损俱损，一荣俱荣。因此，当我们在追求自己个人或自国利益的同时，也应该充分考虑和尊重他人或他国的利益，当我们在维护自己个人或自国正当利益的同时，也千万不要伤害他人或他国的正当利益。否则，自己的利益也因此最终难保。那种想通过暴力与战争侵占他人或他国利益的图谋注定不能得逞，因为"战争，在开头的时候，把一个国家的生活变为一个整体，但把世界的生活拆散了，而在长期的过程中，当它像现在的战争那样剧烈的时候，就连一国的生活也会被拆散"②。因此，人类不需要战争，一切爱好和平的人们也不希望看到战争。战争不可能给人类带来和平和福祉，只能给人类造成巨大的牺牲和深重灾难，给人们带来痛苦与不幸。人类应该需要的是具有普遍价值的道德，只有形成具有普遍价值的人类道德，才能形成健康有序的人类新秩序，才能共筑休戚与共的人类社会。为了形成人类共同的道德，需要进一步加强各国政府同国际组织的高度合作，国际组织应该通过一定的立法，构建

---

① ［英］伯特兰·罗素：《社会改造原理》，张师竹译，上海人民出版社1987年版，第135页。

② ［英］伯特兰·罗素：《社会改造原理》，张师竹译，上海人民出版社1987年版，第137页。

与维护人类共同的道德价值体系。如果不能够真正建立起对整个地球公民的具有重要影响的共同的道德价值体系，如果没有强有力的维护这种道德体系的机制，人类不仅会走向分崩离析，且最终有可能会走向自我毁灭。

因此，一切爱好和平的国家与人民应该团结起来，反对一切霸权主义、强权政治和任何形式的侵略战争，共同建立与维护人类的普世道德，共同创造人类永久"化剑为犁"的和平而美好未来。

（六）自然道德伦理期望

维护好自然生态的平衡，保护好生态环境，与自然和谐相处等，应该是人类自然道德伦理期望的基本内涵。我们每一个人都应清醒意识到，人类本是大自然家族中的一分子，理应与自然中其他成员和睦相处，长期共存，而不应为了自身的利益，肆意伤害其他成员，甚至严重破坏其整个自然生态的平衡，否则将造成整个自然生态的灾难。由于人类大肆开采、砍伐、开发、工业污染，造成大量的水土流失，泥石流、滑坡、气候变暖，许多生物濒临灭绝，温室效应加剧，等等，已经使人类生存的自然生态环境遭受重创，人类也深受其害。人类应该明白，是大自然养育了我们，是大自然为我们提供了各种生命的养分与物质。离开了大自然，人类也就失去了生命的家园。我们要感恩惠泽于我们的大自然，应该是大自然的维护者，每个人不仅应该热爱大自然，且应该做保护大自然的卫士，敢于同一切伤害大自然的行为作斗争；与此同时，还应是大自然的建设者。而那些因一己私利，破坏自然生态的行为应该受到强烈的谴责，同时应该受到道德伦理的审判。

二、道德伦理期望的意义

首先，从基本人性的立场来看，人本身就是一个矛盾体。人既有"建设性"的一面，又有"毁灭性"的一面。其建设性是一种与生相联系的善，而毁灭性是与死相联系的恶。"对于人道主义伦理学来说，善就是肯定生命，展现人的力量；美德就是人对自身的存在负责任。恶就是削弱人的力量；罪恶就是人对自己不负责任。"[①]而对于绝大多数正常人而言，他们是乐生而恶死的，因此为了生他得向善，怀有道德伦理的期望，也就成为大多数人所具有的愿景，因为只有道德才能使人向善而求生。人既是独立存在的生命个体，又是不可完全"离群"的社会动物。因而作为独立存在的生命个体的人，既需要有维持个体生命存在的必要物质和精神条件，又离不开与社会群体的相互交往。因此，人必须基于一定的道德伦理，处理好个人利益与社会群体及其他人利益之间的关系，这样才能更好地生存于世。因而对

---

① ［美］埃里希·弗罗姆：《为自己的人》，孙依依译，生活·读书·新知三联书店1988年版，第39页。

于一定的社会道德伦理期望，也就成为每个人立足于社会的"应然"之事。人既有"自私利己"之欲，又有"助人利他"的仁慈之心。为了处理和平衡这两者之间的关系，并能够适当控制一己私欲，表现出常人应具有的仁爱之心，人们往往会具有一定的道德的诉求与期望。通过这种诉求与期望，推动人们道德自律的形成与发展。

其次，人的道德伦理期望是人的道德社会化的必然要求。人虽然"为自身的需要所控制，但又发现只有使自己与自身需要以外更广泛的东西联系起来，他的生活才会有意义"[①]。因此，每个心智健全的人最基本的诉求，就是个人生活于一定的群体中，总要与人打交道，且都期望与人能够平和相处，而不愿生活在一个充满是非、惊扰、尔虞我诈，甚至令人恐惧的环境中。人们最不愿意看到的是基于丛林法则的弱肉强食的世界，都懂得秩序的重要性，无规矩就不成方圆的道理，而在长期的历史沿革和前辈的言传身教中，使人们从小懂得与人相处，怎样才相安无事，怎样规避与人的冲突，怎样才能获得好的回报，同时也希望周围的人与自己一样，守规矩、知礼仪、行正道。这样人们才能生活在一个安全、祥和、有序且充满关怀与温暖的世界中。因此，每个人在现实中都会自觉不自觉地表现出一定的道德伦理期望。

再次，一定的社会组织为了维护正常的社会公共秩序，确保一方平安，往往通过各种教育、宣传等措施，使人们知道恪守一定的道德伦理所具有的个体及社会意义，并通过现实中的各种事实使人们明白，不守道德规则有可能对社会及当事人造成危害；通过一定的舆论宣传弘扬道德精神，彰显道德楷模的力量，使人们在现实生活中，切实感受到道德所具有的价值与意义，从而形成对于维护社会秩序，确保一方平安的道德伦理的期望。

综上，道德伦理期望主要是指人们基于一定的社会道德伦理的需要所产生的一种期望。这种期望往往是因为基于一定的道德伦理，对于社会与个体具有重要意义而又显得缺乏的情况下的一种心理反应。如果这种道德伦理正在发挥其作用，人们也许不会那么强烈期盼它，而只有当人们觉得这些道德伦理既重要而又在现实中尚缺乏的情况下，人们才会表现出对它的期望反映。

事实也能够在一定程度上反映这种状况。人们通过耳闻目睹的社会现实，深切感到道德伦理在整个社会生活中的不可或缺。尤其是看到当今市场经济条件下，因为道德失范在众多的领域和行业造成诸多的社会生活乱象，使越来越多的人感到道德伦理在社会生活中的重要性与必要性，而表现出更为强烈的道德伦理的呼唤，他们也就在生活的诸多方面充满着相应的道德伦理的期望。

人们对于道德的期望也是为了实现其幸福生活的需要。人们很早就发现道德与幸福的关联性，并强调道德对于幸福的作用。古希腊学者亚里士多德认为，没有道

---

① [美]马斯洛等：《人的潜能和价值》，林方主编，华夏出版社 1987 年版，第 413 页。

德就不会有真正的幸福。他明确指出幸福就是合乎德性的实现活动，从而提出来道德的幸福观。中国文化也历来就有"厚德载物"和"积德是福"的提法。另外，人们在鲜活的生活现实中，也目睹了因为失德所酿成的许多生活的不幸。他们真切地感受到，要想过上幸福的生活，就应该恪守为人处世所必须具有的道德。因此，为了过上幸福的生活，人们也就形成了较为一致的道德的期望。

第三节　实现道德伦理期望的条件

"从善如登，从恶如崩。"[①]此言以寓意深刻的道理，揭示出人类从善之不易。由此表明我们要想实现道德伦理的期望并非易事，既需要个体具备良好的道德素质，又需要有必要的社会环境条件，因此，而要想使道德对人产生应有的影响作用，从而实现人们道德伦理的期望，需要同时具备以下条件：

一、实现道德伦理期望的个体条件

实现道德伦理期望的个体条件，主要是指个体的道德伦理素养，而个体道德伦理素具体包括有道德认知能力、道德情感能力、道德意志力、道德践行力和道德内省力等几个相互联系的方面。

(一)道德认知能力

道德认知是指人们关于道德的价值及其判断与评价等方面的知识，而道德认知能力是指人们关于道德的评价及判断等能力。它在人的品德结构中具有导向引领的作用。道德认知发展成熟的重要标志就是道德信念的形成，其突出表现就是所形成的道德自觉性，也就是说当一个人形成了真正的道德信念，而表现出对自己所认可的道德规范的确信不疑，那么在现实生活中，他就会自觉用相应的道德行为规范约束自己的行为举止，形成一种真正的道德自律。如果一个人的道德认知没有达到一种信念水平，那么，他就很难在实际生活中自觉遵守相应的道德行为规范，他的言行举止就难免会有违社会的公序良俗与道德伦理。我们发现在现实中有的人说一套，做的却是另一套，且说得头头是道，但做的却是为人不齿的事情，对此我们就不能说他的道德水平有多高。现实中确实有那么一种人，他们是受过良好教育的高知，但却干出一些有失道德伦理的勾当，如一些网络欺诈、利用高科技的网络赌博、诈骗、黑客攻击等，干出如此失德之事的人一般不会是道德知识的文盲吧。甚至有极个别专门研究道德伦理的专家学者，也做出一些伤风败俗的失德之事。这种知行不一，甚至知行相悖，在一定程度上表明这些人的道德认知并没有发展成熟到

---

① 《国语·周语》。

道德信念的水平，他们尚不能够形成真正的道德自律。由此，也更加说明仅停留在一般的道德知识，而缺乏相应的道德信念的所谓道德认知，是不足以表明人的道德水准的。当然，一定的道德认知也是不可或缺的。如果一个人的道德认知存在缺陷甚至错误，就会因此不辨是非善恶，甚至颠倒是非。这也是极其有害的。在现实生活中我们也不难发现，一些人做出一些失德之事，往往是出于道德的无知或是错误的道德认知所导致。这种状况尤其表现在一些年幼无知的孩子或某些文化素养水平较低的人身上。因此，我们要想实现道德的期望，首先应该具有明辨是非、善恶的道德知识与判断等认知能力，并在一般道德认知的基础上，逐步培养形成应有的道德信念。

(二) 道德情感能力

道德感是人类情感需要超越生物本能需要的最高层次的情感，而道德情感能力主要是指人们的道德需要满足与否所形成的一种主观体验能力。当一个人通过一定的道德认知的作用，发现自己或他人所表现的行为符合自己所掌握的道德标准，满足了自己道德的需要时，会因此产生满意与高兴等道德愉快体验。这是一种个人关于在利他活动中自我体验到的愉快。也许有时候利他活动，会造成行为者的肉体痛苦或其他心理痛苦，但行为者本人却有自我肯定的评价，从而体验到满足的愉快。道德愉快是个人与社会矛盾统一的体现，也是人的生物属性与社会属性统一的体现。道德愉快有减轻和消除心理痛苦的作用。它是信心、勇敢、乐观进取、坚韧不拔等许多优良心理品质的情感基础。如果某人发现自己或他人的某种行为有违自己所掌握的道德标准，而不能够满足其道德的需要时，他会因此而感到不满与责难而产生一种道德痛苦的体验。道德痛苦反映了个人与社会矛盾的对抗性。道德痛苦比任何其他心理痛苦都深刻而剧烈，当一个人陷于自责自罪的痛苦之中时，他就体验不到任何真正的快乐，它可以破坏一个人的价值观和人格，可以使人陷入不能自拔的困境。

道德情感及其体验能力的内容应该是非常丰富的，集中表现在对自己、对他人、对社会、对国家、对人类等情感及体验方面，其基本表现就是憎恶崇善的情感能力。所谓憎恶，就是对于包括个人在内的及其他人的，一切违背社会道德伦理的言行所表现的不满与愤懑之情；崇善是包括对自己在内的及其他人，所体现的各种道德行为举止的热爱与崇尚之情。崇善应该是道德情感的本质所在，而善的第一要义就是爱。爱体现出一定的层次性：首先是自爱，只有爱己才能爱己及人，一个对自己都缺乏爱的人，是不可能形成对其他人的爱的。爱自己就是对自己的生命的敬畏和对自己人生的责任担当。因此，爱自己不是一种自私的表现，是每一个正常人对自我所形成的必要情感。其次是爱自己身边的人，包括爱亲人和朋友以及邻里，同样表现为对这些人生命的尊重和所要背负的责任与义务。再次是对其他人的爱，这应该是一种无私的爱，表现为对他人关心、帮助与支持等方面。最后，就是对社会和国家乃至人类之爱，这是一种更为无私的大爱，也是一种更为崇高的爱，表现为一个人对社会、对国家乃至人类所具有的责任与担当，为了这种责任与担当不惜牺牲个人利益直至生命。这也是一种道义，而道义应该视为人的道德发展的最高境界。

善的第二要义就是同情心。"无恻隐之心，非人也。"①同情心是在爱的基础上衍生而来的一种情感。同情心就是面对弱者或他人等发生的一切不幸，所表现的怜悯与怜爱之情。一个具有同情心的人面对弱者或别人的不幸，绝不会漠视、袖手旁观，更不会冷嘲热讽，甚至落井下石，而是感同身受，尽其所能地给予必要的帮助与支持。那些对弱者或需要帮助的人一味采取袖手旁观甚至采取欺凌的人是不具有同情心的。如果他有同情心，而又表现出如此反应，他的内心世界将感到极其不安，甚至遭到良心的谴责。

羞耻感也是一种重要的道德情感。它主要是指一个人做出有违道德良心之事时所表现的一种耻感。"无羞恶之心，非人也。"②"人无羞耻，百事可为。"这里的百事，当然主要是指有违道德良心之事。因为人们做了符合道德良心之事，更多地体验到一种满意甚至自豪，而不会产生什么羞耻之类的情感反应。这就表明，一定的羞耻感是必要的，它会在一定程度上遏制人的不良行为，而促使人形成一定的道德自律。我们可以这样讲，大凡在今天社会中所经常表现的各种有违道德伦理的人，一般是不具有羞耻感的，由于他们缺乏应有的羞耻感，因此，他们便无所顾忌，做出各种有悖道德伦理之事。而一个具有羞耻感的人，当他做了有违道德伦理之事后，他会因感到羞耻而极其不安与自责的。那么，一旦以后遇到类似的事，他会好好地约束自己的行为，而不再做出让自己感到羞耻的事。

责任感及义务感是一个人对自己、自然界和人类社会，包括家庭、他人、集体、国家等主动施以积极有益作用的情感。它是指人对于作为人的一种所要肩负的各种道德责任和义务的情感体验，是推动人有效履行其社会道德责任及义务的一种积极的情感力量。一个缺乏责任感及义务感的人，是不可能自觉去履行相应的社会道德责任及义务的，同时也是不可能产生因为没有履行其责任及义务的内疚与自责的。他们所表现的往往是事不关己，高高挂起，将自己总是置身于事外，而心安理得。只有当一个人对于家庭、工作、他人及社会等形成应有的道德责任感及义务感，他才有可能去自觉承担其对于家庭、他人及社会等所应尽的责任及义务，并为履行其责任及义务付出自己的努力。

以上分析表明，道德情感能力是推动人的道德行为产生的原动力，也是我们实现道德期望的重要情感基础。因此，我们要想实现道德伦理期望，需要具有良好的道德情感及其体验力，因为"一个具有内在道德体验的人才会产生自觉的道德行

---

① 《孟子·公孙丑上》。

② 《孟子·公孙丑上》。

为，而没有体验支持的重复行为不会持久主动"①。

(三)道德意志力

道德意志力主要是人们在维护与坚守一定的道德行为规范方面所体现的一种心理品质及能力。它表现为人们自觉地根据社会的道德伦理规范为人处世，按照一定的道德伦理标准待人接物，能够约束自己的言行举止，并能够自觉抵制各种诱惑，做到有所为而有所不为，确保自己的言行能够恪守一定的道德伦理规范的要求，同时还敢于同有违社会道德伦理的不良行为作斗争。道德意志与人在其他方面所表现的一般意志是有区别的。平时人们在学习、工作中所表现的一般意志，主要促使人通过一定的意志作用，而实现其某一或某些外部目标，如一个学生在学习活动中所表现的意志，能促使他努力学习，实现自己所确立的学习目标；又如一个登山运动员的登顶意志的作用是使他克服攀登中的各种艰难险阻，直达顶峰。而道德意志所针对的是人内部的欲望、贪婪与自私，是对这些东西的一种克制与消解，而不致使任其膨胀，恣意妄为。"志之难也，不在胜人，在自胜。"②因此，相对一般意志而言，道德意志的形成更难，但对人的影响与作用更大。

道德意志突出体现在自觉坚守道德准则，能够抗拒各种诱惑等方面。一个具有一定道德意志力的人，在现实生活中是不会盲从，不会随波逐流，更不会逾越道德底线的人。他在任何时候都能够保持清醒的头脑，知道什么当为，什么当不能为，在大是大非原则问题上能够站稳脚跟，从不动摇，表现出应有的抗诱惑，拒腐蚀的能力。而那些不具有良好道德意志的人则刚好相反，他们在现实生活中缺乏道德自觉，在原则问题上立场不坚定，容易为外物所左右，不能坚守道德底线，容易为金钱美色所引诱与腐蚀。他们中的某些人不乏学习及工作中所表现的一般意志，因为这些人往往是学霸，是事业的成功人士，没有一般的意志，显然是不可能如此的。因此，那些违背道德操守、徇私枉法、腐化堕落者，那些坑蒙拐骗、祸害社会，殃及他人者，都是缺乏应有的道德意志者。而一个人要想走人间正道，就必须努力铸就自己良好的道德意志，特别是在当今市场经济、物欲横流、诱惑繁多的时代，如果没有一定的道德意志做后盾，很容易陷入其中而不能自拔。

因此，我们要想实现道德伦理期望，就应该形成一定的道德意志，并通过一定的道德意志的作用，一是能够有效管控一己私欲。亚里士多德指出，"每一个自在的事物莫不努力保持其存在"③。人首先是以独立的生物个体而存在的，人所具有的自然生物属性决定了人为了其维持生存及生活，人得为自己争取维持生存与生活

---

① 　[美]夏洛特·布勒：《人本主义心理学导论》，陈宝铠译，华夏出版社1990年版，第25页。

② 　《韩非子·喻老》。

③ 　[美]弗洛姆：《为自己的人》，孙依依译，生活·读书·新知三联书店1988年版，第44页。

的物质及精神条件而努力，如果不能够自己去解决这些问题，也就难以维持其生存。因此，从这点来看人是自私自利的，而人为维护自己正当的利益所做出的努力也是正常的。但其边界恐怕是不能逾越的，那就是为了满足与实现自己个人的利益，而不顾一切地侵占或损害他人及社会的利益。另外，我们也看到，现实中个人利益有时容易与他人利益发生一定的矛盾冲突，而怎样处理这种矛盾冲突，最能反映出人所具有的道德意志水平。人需要通过一定的道德意志去管控好一己私利，而防止其过于膨胀所造成的不良后果。如果人为一己私利而不顾一切地与人发生争斗，其结局是可想而知的。因此，单从为自己的角度，人也应该通过一定的道德意志管控好自己的私欲。

二是能够有效遏制贪恋。人所表现的贪念往往导致其为了得到想得到的东西而不顾一切。特别是现代社会物质的不断丰富，更加剧人的各种贪念。为了有效遏制人的超越底线的贪念，社会往往通过相应的法律加以约束，而人自有的道德意志也起着重要的作用。那些缺乏道德意志的人，往往不能够有效遏制自己的各种贪念，最后受到法律的制裁。

三是能够抵抗各种诱惑。现代社会的高度发展，给人们带来前所未有的可供享受的物质财富，也使人们面临着各种诱惑。面对光怪陆离的现实世界，有的人不具备应有的抵抗各种诱惑的能力，或被金钱或被美色或被各种荣华富贵的东西迷惑，如领导被腐化堕落，普通人醉生梦死，玩物丧志，完全丧失了做人的本分，不仅给社会的正常生态造成恶劣的影响，同时也给自己的人生与前途带来无妄之灾。"邪秽在身，怨之所构。"[1]这些给人们的警醒应该是够深刻的。的确，不管是身处要职的领导，还是寻常百姓，每个人应该具有一定的抵抗各种诱惑的道德意志，这样才能在当今市场经济的大潮中，经得住各种考验，确保人正常的本色，立于不败之地。

另外，人的道德意志力不仅仅是表现对于自我私欲的控制和能够抗拒外在的各种诱惑方面，同时还应该能够反映在，使自己过上充满快乐与幸福的道德生活方面。这种快乐与幸福的道德生活集中，体现在人能够自觉地确立所期望的生活目标，能够充分发挥自己的能力，通过富有创造性的劳动，卓有成效地实现自己所向往的幸福生活，在实现个人幸福生活目的的同时，也为他人和社会作出应有的积极贡献。

(四)道德践行力

道德践行力，也称道德行为力，它是人们在现实生活中所表现的基于一定道德规范的言行举止的掌控能力。它是一种道德认知与道德情感的外化，是道德意志的具体体现，也是衡量人的道德水准的最直接的依据。因为人所具有的道德认知也罢，道德情感及意志也罢，只能通过相应的道德行为加以表现。没有了这种道德行

---

① 《荀子·劝学》。

为及其表现，我们几乎无从知晓人道德的其他状况，也无从分辨出人的道德水平之高低。道德责任与义务是道德行为集中的表现。所谓道德责任与义务是一个具有道德的公民应该承担且必须承担的行为。责任属于一种主体本分，一般情况下是必须履行，甚至需要通过一定的法律制度加以约束与限制。如适龄青年符合条件的有参军、保家卫国的道德责任。"义务是道德主体在道德理想支配下自由选择为善的应然行为"，是人基于道德的考量而产生的一种对他人对社会及对国家乃至人类所作出的一种不带任何报偿的奉献行为。如帮助弱者不图回报，见义勇为不计个人得失等。义务是出自道德自觉而非强迫，可做可不做。义务与责任是具有一定关联性，义务是责任存在的前提条件，但责任本身不是义务。因此，反映一个人是否具备相应的道德素养，关键是看他是否能够自觉履行相应的道德责任与义务。如果一个人不能够较好地履行相应的道德责任与义务，哪怕他的道德认知水平再高，也不能说他是一个具有良好道德素养的人。

道德行为的习惯化，是人的道德自觉性形成的表现，它反映了一个人将社会的有关道德伦理规范完全融入自己的灵魂深处，成为自己性格结构中的有机组成部分。因此，一个人偶尔表现出一定的道德责任及义务反应，也不足以表明其就一定具有良好的道德素养，而只能表明他的某种反应是一种具有道德的行为。只有形成了良好的道德行为习惯，也就是无论是在何时或在怎样的条件下，都能够一贯自觉履行自己应该有的道德责任与义务，我们方能说他具备了应有的道德素养。如一个明星大腕，如果只是偶尔在公开场合为灾区捐款，我们只能说她的这种行为是一种善举，如果她经常在各种场合自觉主动慷慨解囊，帮助有困难的人，甚至不留姓名，那么，我们就可以说她是一个具有爱心和良好道德素养的人。由此可见，形成良好的道德行为习惯并非易事，需要长期的历练与培养。并且一个人一旦形成了良好的道德行为习惯，就在任何情况下都能够自觉遵守有关的道德伦理规范，而不会轻易受外在不良因素的影响，背离自己所恪守的道德行为规范。

因此，道德伦理期望的实现，将最终取决于道德践行力方面。道德践行力应该充分体现在人的社会生活实践的方方面面。如在家庭中应该注重家庭美德，孝敬父母，尊重长辈，爱护幼小，夫妻相互尊重，承担其应有的家庭责任；在工作中自觉遵守职业道德，勤勉自励、兢兢业业，做好本职工作；在社会中做到尊重他人，与人为善，乐于助人，承担一定的社会义务与责任；在公共场所遵守社会公德，举止文明，待人谦和；在大是大非面前，立场坚定，敢于伸张正义。真正做到"勿以恶小而为之，勿以善小而不为"①，而"穷不失义，达不离道……穷则独善其身，达则兼济天下"②。

---

① （南宋）裴松之：《三国志·注》。
② 《孟子·尽心上》。

(五)道德反省能力

由于各种原因，每个人难免在现实生活中有所迷失，或在某些事情上犯错。人无完人，迷途知返、知错就改，善莫大焉。而要想如此，需要我们建立在经常性的道德反省方面，如果我们缺乏这种反省能力，或不能够做到经常性的反躬自省，我们既难以发现我们在生活中所犯的道德错误，当然也就不可能及时有效地纠错。另外，通过一定的道德伦理反省，也有助于我们"见贤思齐焉，见不贤而内自省也"。因此，我们要想实现道德的期望，就应该具备一定的道德反省能力，通过经常性的道德反省，及时发现其在实践中出现的道德失误，并引起一定的自我警醒，采取有效的方式自我纠错，避免在错误的路上愈滑愈远，从而逐步实现道德的自我完善。

二、实现道德伦理期望的社会条件

(一)坚实的物质基础

只有发展生产，促进社会经济繁荣，不断改善与提高人们的物质文化生活水平，才能为提高人们的道德觉悟奠定必要的物质基础。"衣食足，知荣辱。"只有当人们的基本物质生活的需要有了一定保障的前提下，才有可能使其注重廉耻礼仪等道德伦理。只有整个社会的人们过上富裕的生活，才有助于增强与发挥道德的作用，维护社会公平正义。当然，当人的基本物质生活有了保障，逐步走上富裕之路的同时，应该加强精神文明的建设，倡导勤俭节约，反对奢靡之风。

(二)全体公民道德伦理素养的培养

基于改造比塑造难的道理，公民道德伦理教育应从娃娃抓起，如在各级学校卓有成效地开展对学生的道德伦理教育。学校应该切切实实将立德树人作为教育的第一要务，着眼于人的健康成长与发展，明确对未来理想的生活追求，建构完整而系统的德育体系，做到深入而全面实施"大德育"，而不只是满足于当前现实形势的需要而展开"一过性"教育，应该充分挖掘历史文化中道德伦理的素材。中华悠久的历史文化中孕育了非常丰富的道德伦理文化，其中有的历尽数千年，至今仍然熠熠生辉，表现出应有的现实价值与生命力，如"位卑未曾忘国忧""穷则独善其身，达则兼济天下""先天下之忧而忧，后天下之乐而乐"等充满永久的道德价值。在德育过程中，应该防止流于形式，防止空洞地说教，做到如润物细无声，重体验、重真情实感、重内化，实现知、情、意、行的协调统一，形成真正的道德自觉。作为学生教育的第一责任人的教师，应通过言传身教，使学生从小明白，德如树之根，知如树之叶，只有根繁，才能叶茂；德如航船之舵，知能如行船之桨，只有把好人生的道德之舵，才能使才华有所依归并正常施展，从而使其从小能够正确分辨善恶美丑、是非黑白，并且深深将善的东西扎根于心灵深处。如果通过学校的道德教育，使有关道德的内容内化并扎根于学生心灵，成为学生性格的重要组成部分，势必使学生终身受益。

(三)健康向上的社会舆论

一定的道德伦理是通过相应的社会舆论对人产生影响作用的。通过一定的舆论宣传普及相应的道德伦理知识，可使普通民众知道什么事符合相应的道德伦理而该做，什么事有违一定的道德伦理而不可为，该做的事如果没有去做，将会带来什么样的道德伦理后果，不该做的事做了该受到怎样的道德伦理的惩罚。同时，通过一定的舆论监督作用，可使人们更好地约束自己的言行，规范自己的行为。在利用与发挥媒体舆论的过程中，既要发挥好主流媒体的定向导航及监督作用，同时也应引导与发挥好非主流媒体，在宣传健康道德伦理方面的正能量，特别是利用好网络媒体的积极作用，尽可能优化网络环境，有效管控网络，防止一些负面的舆论宣传对人尤其是对青少年产生负面影响。对于在一段时间内具有代表性、具有广泛社会影响的典型道德伦理问题，应该有及时的回声，形成旗帜鲜明的舆论导向，使广大受众及时有效地收到必要的正面反馈信息，从而产生积极的社会心理效应。

(四)完善的道德约束体系

人的道德的期望是建立在一种清明的政治和有效的法律制度基础之上的。没有一种清明的政治环境做保证，没有有效的法律制度的作用，道德有时是无法发挥其应有的效能的。子曰："以约失之者，鲜矣！"①其意思是说因为对自己有所约束而发生过失的，是很少见的。通过一定制度的约束，久而久之，可以达到从他律到自律。社会的发展，导致人们物质享受的欲望表现得比以往任何时候都强烈。在这种欲望的驱使下，难免有人会突破道德的底线，做出一些违背道德伦理的事情，其中有的人即使面对舆论的谴责，也毫无悔改之心。面对这样的人，最有力的方式就是亮出制度的利剑。用一定的制度规范公民的道德行为，维护正常的社会秩序是必不可少的。不难发现，在今天社会中，某些人无视舆论的监督作用，也毫无顾忌自己的名声，一而再，再而三，触碰道德伦理底线，在社会上造成恶劣影响。而要想有效遏制这些现象，国家及地方各类社会组织，应该形成必要的制度，使人们的善举得到一定制度的维护，而使其恶行受到必要的社会惩治。如果人的善行得不到支持与维护，恶行得不到应有的惩治，那么，整个社会就会出现好人难做、坏人逍遥、道德不彰的状况。这样就无法保证人们实现其道德伦理期望。因此，社会的各组织与各行业应该形成一种联动机制，充分利用现代网络技术与手段，通过必要的制度

---

① 《论语·里仁》。

筑起一种道德伦理的防火墙，通过一定的倒逼机制，有效遏制各种有违道德伦理的行为发生，使各类有违道德伦理的现象无处藏身。

(五)榜样的引领作用

榜样的力量是无穷的。我们要想实现道德伦理期望，应该充分利用和发挥榜样的作用。首先，应该利用好历代先贤榜样人物的影响作用。在人类历史的发展进程中，无论中外都不乏道德伦理的楷模，尤其是具有五千年文明历史的华夏，孕育了优秀而丰富的道德伦理文化，诞生了数不胜数的道德伦理楷模，他们或是爱国爱民的典范，或是为民请命的志士，或是保家卫国的卫士，或是铁肩担道义的义士，或为助人为乐的标兵。其次，应该发挥当代榜样的引路作用。每个时代有每个时代的道德伦理楷模，在我们今天的各行各业，都有不可胜数的先锋模范人物，他们有的爱岗敬业，乐于奉献；有的诚实守信，勤劳执业；有的尊老爱幼，扶困济贫；有的主持公道，伸张正义。最后，应该利用好身边榜样的带头作用。在我们每个人的身边，也会经常碰到各种各样的先进分子，他们或是家庭道德的标兵，或是工作中的骨干，或是不计名利报酬的实干家，或是敢于维护社会公平的正义之士，或是不忘初心的人民公仆。我们应该通过各种形式，大力宣传表彰这些源自历史的、现实的各种先进人物，在全社会形成一种学榜样、做先进的良好氛围。

总之，人无德不立，家无德不旺，国无德不兴。道德伦理无论是在个人发展，还是家庭兴旺、国家兴盛方面都具有压舱石和风向标的作用。"秉德无私，参天地兮。"[1]人要立，先立德；家要望，要立德；国要兴，须立德。对于每个个体而言，道德伦理乃立身之本。德不立，无以为人；立之不牢，其祸难逃。正所谓"人为善，福虽未至，祸已远离，人为恶，祸虽未至，福已远离"，"德不优者，不能怀远"[2]，因此，要想避祸祈福，行稳致远。一个人做人须先立德。人之成长，需德相伴而行；人之成才，需德以兼备，"才者，德之资也；德者，才之帅也"[3]；人之幸福，需德以护佑。我们每个人要想健康成长与发展，需要以一定的道德伦理为风向标。道德伦理期望的实现，在我、在你、在全社会方方面面的协同努力，唯其如此，方能使道德伦理的曙光永远照临我们的人生期望之路。

---

① （战国）屈原：《橘颂》。
② （汉）王充：《论衡·别通篇》。
③ （北宋）司马光：《资治通鉴·卷一》。

后　　记

我对期望理论的认知始于大学的专业学习，曾记得老师联系期望知识讲到一个真实感人的事件：在很久以前某一国度一个非常偏僻、交通十分闭塞的山村里，有一个小孩与母亲相依为命生活在那里，小孩对母亲讲，长大了他要当将军，母亲亲切地回应道："孩子，将来你一定会当上将军。"孩子长大后就应征到离家遥远的地方当了兵，母亲在送别儿子时说你将来一定能够当将军。到了部队后，孩子隔三岔五收到远方母亲的来信，每封信中都有类似鼓励孩子能够当上将军的话语。若干年后这个孩子果真当上了将军，当他带着荣耀回乡探亲时，村里人告诉他，他的母亲早已在他去部队不久就病逝，而在她去世前，亲笔留给200余封给远方儿子的信，每封信都有对孩子能够当上将军的鼓励内容。临终前她拜托邻居隔一段时间给远方部队的儿子寄去。这个真实的故事不仅深深打动了我，同时也使我首次认识到期望所具有的强大力量。后来对于期望理论进一步的关注与思考及最初的探讨，始于大学里的专业课教学和拙著《现代教师心理学》中关于教师角色期望的探索，而对于期望更加广泛意义上的专门思考与探讨，是即将退休的那些年。也就是说从最初对于期望专业认知，到对于期望更为广泛意义的专门思考与探讨，前后经过几十载，其间除了承担多门课程的教学外，还先后主持完成多个与本研究没有关联的研究项目和出版几部其他内容的著作及撰写几十篇其他方面的学术论文，而真正专心于一般期望研究的实际时间非常有限，虽然十多年前就拟写这部著作，并已拟好了提纲，也收集了部分相关资料，而且初步完成了前几个章节的初稿，后来因申报成功教育部的另一人文社科项目，为了按要求在规定的时间完成该项目，不得不将此工作搁置下来。当完成教育部项目后不久，已临退休，因此，当时也就没有继续完成其研究的想法。后来，承蒙三峡大学田家炳教育学院院长赵军教授的关照，有意支持我完成此著作，自己也觉得精力尚可，可以继续完成这桩未了之事，故又完全沉浸在此书的撰写之中，经过寒来暑往，"焚膏油以继晷，恒兀兀以穷年"不辞辛劳，伏案而作，如今书稿总算得以告罄，了此夙愿，如释重负。

本书由三峡大学田家炳教育学院资助出版，在即将付梓之际，要特别感谢三峡大学田家炳教育学院赵军院长、杨黎明、肖晶松两位副院长及科研办曾凡昭主任等领导，感谢三峡大学高等教育研究所所长黄首晶教授及其他的同仁为本书的出版所提供的大力支持。同时，还要感谢内人曾庆英女士和爱女彭瑞对于我完成此项研究工作的支持。

　　虽然如今将有关期望的思考与探索用专门的集子呈现出来，由于其期望知识本身的博大精深、与自己浅薄的知识之间形成巨大的"鸿沟"，尽管主观上想尽可能弥合这种鸿沟，但由于本人底子太薄，术业不精，自不量力，因此，所果难以遂愿。若读者能够从中哪怕有点滴受益，我等也感欣慰！拙著所论及许多内容或言不尽意、或言不达意而难免留下诸多的缺漏和不足乃至谬误，尚待有志于此研究的有识之士予以弥补、扶正，且望切盼！

作者谨言于陋宅
2022 年 6 月 30 日